建筑施工安全技术资料系列丛书

建筑工程施工
安全技术交底记录

主编单位 北京土木建筑学会

北　京
冶金工业出版社
2015

内 容 提 要

本书先是对建筑分部分项工程施工部分包括危险性较大的分部分项工程、建筑分项工程施工、设备安装分项工程编制安全技术交底记录；其次是建筑工人安全操作的交底记录，如工人（工种）安全操作技术交底记录；之后对建筑机械安全操作部分进行了编制，包括建筑机械操作安全技术交底等；最后为施工现场安全管理及文明施工部分，包括高处临边作业、施工现场临时用电、现场消防、文明施工等的安全技术交底记录。

本书内容广泛、插图精致、便于掌握，是施工管理人员和施工技术人员必备的工具书，也可作为培训教材和参考书。

图书在版编目（CIP）数据

建筑工程施工安全技术交底记录／北京土木建筑学会主编 . — 北京：冶金工业出版社，2015.11

（建筑施工安全技术资料系列丛书）

ISBN 978-7-5024-7137-8

Ⅰ . ①建… Ⅱ . ①北… Ⅲ . ①建筑工程－工程施工－安全技术 Ⅳ . ①TU714

中国版本图书馆 CIP 数据核字（2015）第 272983 号

出 版 人　谭学余

地　　　址　北京市东城区嵩祝院北巷 39 号　邮编　100009　电话　(010)64027926

网　　　址　www. cnmip. com. cn　电子信箱　yjcbs@cnmip. com. cn

责任编辑　肖　放　美术编辑　杨秀秀　版式设计　李连波

责任校对　齐丽香　责任印制　李玉山

ISBN 978-7-5024-7137-8

冶金工业出版社出版发行；各地新华书店经销；北京百善印刷厂印刷

2015 年 11 月第 1 版，2015 年 11 月第 1 次印刷

787mm×1092mm　1/16；26.5 印张；679 千字；405 页

65.00 元

冶金工业出版社　投稿电话　(010)64027932　投稿信箱　tougao@cnmip. com. cn

冶金工业出版社营销中心　电话　(010)64044283　传真　(010)64027893

冶金书店　地址　北京市东四西大街 46 号(100010)　电话　(010)65289081(兼传真)

冶金工业出版社天猫旗舰店　yjgycbs. tmall. com

（本书如有印装质量问题，本社营销中心负责退换）

建筑工程施工安全技术交底记录
编 委 会 名 单

主编单位： 北京土木建筑学会

主要编写人员所在单位：

中国建筑业协会工程建设质量监督与检测分会

北京万方建知教育科技有限公司

北京筑业志远软件开发有限公司

北京市政建设集团有限责任公司

北京城建集团有限责任公司

北京城建道桥工程有限公司

北京城建地铁地基市政有限公司

北京建工集团有限责任公司

中铁建设集团有限公司

北京住总第六开发建设有限公司

万方图书建筑资料出版中心

主　　审： 吴松勤　葛恒岳

编写人员：

吕珊珊	徐宝双	付海燕	齐丽香	裴哲	赵伟
刘兴宇	张渝	温丽丹	刘建强	崔铮	潘若林
王峰	王文	郑立波	刘福利	丛培源	肖明武
欧应辉	黄财杰	孟东辉	曾方	腾虎	梁泰臣
张义昆	于栓根	张玉海	宋道霞	张勇	蔡芳
李连波	李达宁	叶梦泽	杨秀秀	张凤玉	庞灵玲

前　　言

　　安全技术交底记录是生产负责人在生产作业前对直接生产作业人员进行的该作业的安全操作规程和注意事项的培训并以书面形式进行确认的文件。这不仅仅能够细化、优化施工方案，从施工技术方案选择上保证施工安全，让施工管理、技术人员从施工方案编制、审核上就将安全放到第一的位置，而且能够让一线作业人员了解和掌握该作业项目的安全技术操作规程和注意事项，减少因违章操作而导致事故的可能。

　　应《建设工程安全生产管理条例》（中华人民共和国国务院令第 393 号）关于安全技术交底之规定，北京土木建筑学会组建了《建筑施工安全技术资料系列丛书》编写委员会，依据现行国家现行行业规范标准，如《危险性较大的分部分项工程安全管理办法》建质［2009］87号、《建筑施工安全检查标准》（JGJ 59—2011）等，编写了《建筑施工安全技术资料手册》系列丛书。

　　本分册《建筑工程施工安全技术交底记录》整体分为四大部分：

　　首先是建筑分部分项工程施工部分包括危险性较大的分部分项工程、建筑分项工程施工、设备安装分项工程等的安全技术交底记录；其次是建筑工人安全操作的交底记录，如工人（工种）安全操作技术交底记录；之后对建筑机械安全操作部分进行了编制，包括建筑机械操作安全技术交底等；最后为施工现场安全管理及文明施工部分，包括高处临边作业、施工现场临时用电、现场消防、文明施工等的安全技术交底记录。

　　本书重点突出了它的实用性、可操作性和指导性，是建筑业项目技术负责人、安全员及现场施工人员必备的工具书。

　　由于编者水平所限，疏漏之处在所难免，恳请广大读者批评指正。希望广大读者发现问题并及时联系我们，以便本书下一步的修订和完善。

编　者

2015 年 11 月

目 录

概　论

1. 安全技术交底（定义）

安全技术交底就是，生产负责人在生产作业前对直接生产作业人员进行的该作业的安全操作规程和注意事项的培训，并通过书面文件方式予以确认。建设项目中，分部（分项）工程在施工前，项目部应按批准的施工组织设计或专项安全技术措施方案，向有关人员进行安全技术交底。

2. 安全技术交底的作用

安全技术交底使施工人员了解施工过程中，尤其是危险性较大的分部分项工程的危险源、危险工艺和危险部位的概况、内容和特点，掌握正确的安全施工措施、安全防护方法，最大限度地减少安全事故的发生，保障员工的人身财产安全和健康，确保施工安全目标的实现。安全技术交底的主要目的表现在以下几点：

（1）细化、优化施工方案，从施工技术方案选择上保证施工安全，让施工管理、技术人员从施工方案编制、审核上就将安全放到第一的位置；

（2）让一线作业人员了解和掌握该作业项目的安全技术操作规程和注意事项，减少因违章操作而导致事故的可能；

（3）项目施工中的重要环节，严格意义上讲，不做交底不能开工。

3. 安全技术交底的编制要求

（1）要针对项目施工的特点，对危险点、重要控制环节、每个分部、分项、工序和各种机械设备使用前全面进行安全技术交底。

（2）要明确作业设备、流程及操作要领，特别是安全操作规程。

（3）要根据人员和机械设备，提出保证安全的措施。

（4）要针对工业卫生、环境条件提出安全防护和文明施工标准。

（5）提出出现危险及紧急情况的针对性措施。

4. 安全技术交底的主要内容

安全交底内容一般包括两部分：

（1）施工生产过程中安全防护技术及安全操作要求；

（2）施工生产中可能遇到的问题、存在的隐患及需采取的措施和安全注意事项。

5. 安全技术交底的范围、对象

自工程施工开始至工程结束，安全交底应按分部分项工程和分工种进行，危险性较大的工程部位和施工过程应单独进行。对所有参预施工的劳务队（班组）、特殊工种、生产辅助人员和分承包方及协作人员、实习生等都应进行安全交底。本书将安全技术交底对象分为 8 个方面，即危险性较大的分部分项工程、建筑分项工程、设备安装分项工程、建筑工人（工种）、施工机械、高处临边作业、施工现场临时用电、施工现场消防、文明施工，其中危险性较大的分部分项工程是指在施工过程中存在的、可能导致作业人员群死群伤或造成重大不良社会影响的分部分项工程。

危险性较大的分部分项工程范围：

（1）基坑支护、降水工程

开挖深度超过 3m（含 3m）或虽未超过 3m 但地质条件和周边环境复杂的基坑（槽）支护、降水工程。

（2）土方开挖工程

开挖深度超过 3m（含 3m）的基坑（槽）的土方开挖工程。

（3）模板工程及支撑体系

1）各类工具式模板工程：包括大模板、滑模、爬模、飞模等工程。

2）混凝土模板支撑工程：搭设高度 5m 及以上；搭设跨度 10m 及以上；施工总荷载 10kN/m 及以上；集中线荷载 15kN/m 及以上；高度大于支撑水平投影宽度且相对独立无联系构件的混凝土模板支撑工程。

3）承重支撑体系：用于钢结构安装等满堂支撑体系。

（4）起重吊装及安装拆卸工程

1）采用非常规起重设备、方法，且单件起吊重量在 10KN 及以上的起重吊装工程。

2）采用起重机械进行安装的工程。

3）起重机械设备自身的安装、拆卸。

（5）脚手架工程

1）搭设高度 24m 及以上的落地式钢管脚手架工程。

2）附着式整体和分片提升脚手架工程。

3）悬挑式脚手架工程。

4）吊篮脚手架工程。

5）自制卸料平台、移动操作平台工程。

6）新型及异型脚手架工程。

（6）拆除、爆破工程

1）建筑物、构筑物拆除工程。

2）采用爆破拆除的工程。

（7）其它

1）建筑幕墙安装工程。

2）钢结构、网架和索膜结构安装工程。

3）人工挖扩孔桩工程。

4）地下暗挖、顶管及水下作业工程。

5）预应力工程。

6）采用新技术、新工艺、新材料、新设备及尚无相关技术标准的危险性较大的分部分项工程。

6．安全技术交底的执行要求

（1）安全技术交底必须逐级进行，纵向要延伸到全体作业人员，从企业到项目到班组，最后到个人；

（2）安全技术交底必须具体、明确，要有针对性；

（3）安全技术交底的内容主要针对施工中给作业人员带来潜在危险和存在的问题进行；

（4）应将施工程序、施工方法、安全技术措施向工长、班组长进行详细交底；

（5）定期向两个以上作业队和多个工种进行交叉施工的作业队进行书面交底；

（6）应该优先采用新的安全技术措施；

（7）安全技术交底必须有书面的签字记录。

第1章 危险性较大的分部分项工程

1.1 基坑开挖、支护、排降水工程

1.1.1 基坑开挖安全技术交底

基坑开挖施工现场安全技术交底表

表 AQ-C1-9

工程名称：××大厦工程　　　施工单位：××建设集团有限公司　　　编号：×××

交底部门	安全部	交底人	王××
交底项目	基坑开挖	交底时间	×年×月×日

交底内容：

（1）大型土方和开挖较深的基坑工程，施工前要认真研究整个施工区域和施工场地内的工程地质和水文资料、邻近建筑物或构筑物的质量和分布状况、挖土和弃土要求、施工环境及气候条件等，编制专项施工组织设计（方案），制定有针对性的安全技术措施，严禁盲目施工。

（2）基坑开挖后应及时修筑基础，不得长期暴露。基础施工完毕，应抓紧基坑的回填工作。回填基坑时，必须事先清除基坑中不符合回填要求的杂物。在相对的两侧或四周同时均匀进行，并且分层夯实。

（3）施工机械进入施工现场所经过的道路、桥梁和卸车设备等，应事先做好检查和必要的加宽、加固工作。开工前应做好施工场地内机械运行的道路，开辟适当的工作面，以利安全施工。

（4）在饱和黏性土、粉土的施工现场不得边打桩边开挖基坑，应待桩全部打完并间歇一段时间后再开挖，以免影响边坡或基坑的稳定性，并应防止开挖基坑可能引起的基坑内外的桩产生过大位移、倾斜或断裂。

（5）相邻基坑深浅不等时，一般应按先深后浅的顺序施工，否则应分析后施工的深坑对先施工的浅坑可能产生的危害，并应采取必要的保护措施。

（6）山区施工，应事先了解当地地形地貌、地质构造、地层岩性、水文地质等，如因土石方施工可能产生滑坡时，应采取可靠的安全技术措施。在陡峻山坡脚下施工，应事先检查山坡坡面情况，如有危岩、孤石、崩塌体、古滑坡体等不稳定迹象时，应妥善处理后，才能施工。

交底部门	安全部	交底人	王××
交底项目	基坑开挖	交底时间	×年×月×日

交底内容：

（7）基坑开挖工程应验算边坡或基坑的稳定性，并注意由于土体内应力场变化和淤泥土的塑性流动而导致周围土体向基坑开挖方向位移，使基坑邻近建筑物等产生相应的位移和下沉。验算时应考虑地面堆载、地表积水和邻近建筑物的影响等不利因素，决定是否需要支护，选择合理的支护形式。在基坑开挖期间应加强监测。

（8）施工前，应对施工区域内存在的各种障碍物，如建筑物、道路、沟渠、管线、防空洞、旧基础、坟墓、树木等，凡影响施工的均应拆除、清理或迁移，并在施工前妥善处理，确保施工安全。

（9）挖土方前对周围环境要认真检查，不能在危险岩石或建筑物下面进行作业。

（10）基坑开挖深度超过 9m（或地下室超过二层），或深度虽未超过 9m，但地质条件和周围环境复杂时，在施工过程中要加强监测，施工方案必须由单位总工程师审定，报企业上一级主管部门备查。

（11）上下坑沟应先挖好阶梯或设木梯，不应踩踏土壁及其支撑上下。

（12）土方工程、基坑工程在施工过程中，如发现有文物、古迹遗址或化石等，应立即保护现场和报请有关部门处理。

（13）深基坑四周设防护栏杆，人员上下要有专用爬梯。

（14）用挖土机施工时，挖土机的工作范围内，不得有人进行其他工作；多台机械开挖，挖土机间距大于 10m；挖土要自上而下，逐层进行，严禁先挖坡脚的危险作业。

（15）夜间施工时，应合理安排施工项目，防止挖方超挖或铺填超厚。施工现场应根据需要安设照明设施，在危险地段应设置红灯警示。

（16）基坑开挖应严格按要求放坡，操作时应随时注意边坡的稳定情况，如发现有裂纹或部分塌落现象，要及时进行支撑或改缓放坡，并注意支撑的稳固和边坡的变化。

（17）人工开挖时，两人操作间距应保持 2～3m，并应自上而下挖掘，严禁采用掏洞的挖掘操作方法。

（18）机械挖土，多台阶同时开挖土方时，应验算边坡的稳定，根据规定和验算确定挖土机离边坡的安全距离。

（19）基坑深度超过 14m、地下室为三层或三层以上，地质条件和周围特别复杂及工程影响重大时，有关设计和施工方案，施工单位要协同建设单位组织评审后，报市建设行政主管部门备案。

（20）挖土施工安全要求：

1）在斜坡上方弃土时，应保证挖方边坡的稳定。弃土堆应连续设置，其顶面应向外倾斜，以防山坡水流入挖方场地。但坡度陡于 1/5 或在软土地区，禁止在挖方上侧弃土。在挖方下侧弃土时，要将弃土堆表面整平，并向外倾斜，弃土表面要低于挖方场地的设计标高，或在弃土堆与挖方场地间设置排水沟，防止地面水流入挖方场地。

交底部门	安全部	交底人	王××
交底项目	基坑开挖	交底时间	×年×月×日

交底内容：

2）土方开挖宜从上到下分层分段进行，并随时做成一定的坡势以利泄水，且不应在影响边坡稳定的范围内积水。

3）使用时间较长的临时性挖方，土坡坡度要根据工程地质和土坡高度，结合当地同类土体的稳定坡度值确定。

4）在滑坡地段挖方时，应符合下列要求：

①开挖过程中如发现滑坡迹象（如裂缝、滑动等）时，应暂停施工，必要时，所有人员和机械要撤至安全地点，并采取措施及时处理。

②遵循先整治后开挖的施工顺序，在开挖时，须遵循由上到下的开挖顺序，严禁先切除坡脚；

③爆破施工时，严防因爆破震动产生滑坡。

④不宜雨季施工，同时不应破坏挖方上坡的自然植被，并事先作好地面和地下排水设施。

⑤施工前先了解工程地质勘察资料、地形、地貌及滑坡迹象等情况，并制定相应的施工方法和安全技术措施。

⑥抗滑挡土墙要尽量在旱季施工，基槽开挖应分段跳槽进行，并加设支撑；开挖一段就要将挡土墙做好一段。

（21）基坑（槽）和管沟施工安全要求：

1）基坑（槽）底部的开挖宽度，除基础底部宽度外，应根据施工需要增加工作面、排水设施和支撑结构的宽度。

2）基坑（槽）、管沟的开挖或回填应连续进行，尽快完成。施工中应防止地面水流入坑、沟内，以免边坡塌方或基土遭到破坏。

雨季施工或基坑（槽）、管沟挖好后不能及时进行下一工序时，可在基底标高以上留150～300mm 厚的土层暂时不挖，待下一工序开始前再挖除。

采用机械开挖基坑（槽）或管沟时，可在基底标高以上预留一层用人工清理，其厚度应根据施工机械确定。

3）管沟底部开挖宽度（有支撑者为撑板间的净宽），除管道结构宽度外，应增加工作面宽度。每侧工作面宽度应符合表 1-1 的要求。

表 1-1　　　　　　　　　　　　管沟底部每侧工作面宽度

管道结构宽度/mm	每侧工作面宽度/mm	
	非金属管道	金属管道或砖沟
200～500	400	300
600～1000	500	400
1100～1500	600	600
1600～2500	800	800

注：1.管道结构宽度：无管座按管身外皮计；有管座按管座外皮计，砖砌或混凝土管沟按管沟外皮计。

2.沟底需增设排水沟时，工作面宽度可适当增加。

3.有外防水的砖沟或混凝土沟时，每侧工作面宽度宜取 800mm。

交底部门	安全部	交底人	王××
交底项目	基坑开挖	交底时间	×年×月×日

交底内容：

　　4）土质均匀且地下水位低于基坑（槽）或管沟底面标高时，其挖方边坡可做成直立壁不加支撑。挖方深度应根据土质确定，但不宜超过下列要求：

　　密实、中实的砂土和碎石类土（充填物为砂土）　　　　　　　　　1m

　　硬塑、可塑的轻亚黏土和碎亚黏土　　　　　　　　　　　　　　　1.25m

　　硬塑、可塑的黏土和碎石类土（充填物为黏性土）　　　　　　　　1.5m

　　坚硬的黏土　　　　　　　　　　　　　　　　　　　　　　　　　2m

　　基坑（槽）或管沟挖好后，应及时进行地下结构和安装工程施工。在施工过程中，应经常检查坑壁的稳定情况。

　　注：挖方深度超过本要求时，应按5）条的要求放坡或做成直立壁加支撑。

　　5）地质条件良好、土质均匀且地下水位低于基坑（槽）或管沟底面标高时，挖方深度在5m以内开挖后暴露时间不超过15d的，不加支撑的边坡的最陡坡度应符合表1-2的要求。

表1-2　　　　　　　　**不加支护基坑（槽）边坡的最大坡度**

土的类别	坑壁坡度		
	坑缘无荷载	坑缘静荷载	坑缘有动荷载
中密的砂土	1∶1.00	1∶1.25	1∶1.50
中密的沙石土（充填物为砂土）	1∶0.75	1∶1.00	1∶1.25
稍湿的粉土	1∶0.67	1∶0.75	1∶1.00
中密的碎石土（充填物为黏土）	1∶0.50	1∶0.67	1∶0.45
硬塑的粉质黏土、黏土	1∶0.33	1∶0.50	1∶0.67
软土（经井点降水后）	1∶1.00	—	—
泥岩、白垩土、黏土夹有石块	1∶0.25	1∶0.33	1∶0.67
未风化页岩	1∶0	1∶0.1	1∶0.25
岩石	1∶0	1∶0	1∶0

　　6）坑壁垂直开挖，在土质湿度正常的条件下，对松软土质的基坑，其开挖深度宜小于0.75m；中等密度的（锹挖）土质宜小于1.23m。密实（镐挖）土质宜小于2.0m。黏性土中的垂直坑壁的允许高度尚可用下式决定：

$$h_{max} = 2c/K \cdot \tan(45° - \phi/2) - q/\gamma$$

　　式中：K——安全系数，可采用1.25；

　　　　　γ——坑壁土的重力密度（kN/m²）；

　　　　　ϕ——坑壁土的内摩擦角（°），对饱和软土，取$\phi=0$；

　　　　　q——坑顶护道上的均布荷载（kN/m²）；

交底部门	安全部	交底人	王××
交底项目	基坑开挖	交底时间	×年×月×日

交底内容：

　　c——坑壁土的黏聚力，对饱和软土，取不排水抗剪强度 C_n（kN / m²）；

　　h_{max}——垂直坑壁的允许高度（m）。

　　7）深基坑或雨季施工的浅基坑的边坡开挖以后，必须随即采取护坡措施，以免边坡坍塌或滑移。护坡方法视土质条件、施工季节、工期长短等情况，可采用塑料布和聚丙烯编织物等不透水薄膜加以覆盖、砂袋护坡、碎石铺砌、喷抹水泥砂浆、铁丝网水泥浆抹面等，并应防止地表水或渗漏水冲刷边坡。

　　8）基坑深度大于 5m 且无地下水时，如现场条件许可且较为经济、合理时，可将坑壁坡度适当放缓，或可采取台阶式的放坡形式，并在坡顶和台阶处宜加设宽 1m 以上的平台。

　　9）采用钢筋混凝土地下连续墙作坑壁支撑时，混凝土达到设计强度后，方许进行挖土方。

　　10）开挖基坑（槽）或管沟时，应合理确定开挖顺序和分层开挖深度。当接近地下水位时，应先完成标高最低处的挖方，以便于在该处集中排水。

　　11）基坑（槽）、管沟的直立壁和边坡，在开挖过程和敞露期间应防止塌陷，必要时应加以保护。

　　在挖方边坡上侧堆土或材料以及移动施工机械时，应与挖方边缘保持一定距离，以保证边坡和直立壁的稳定。当土质良好时，堆土或材料应距挖方边缘 0.8m 以外，高度不宜超过1.5m。在柱基周围、墙基或围墙一侧，不得堆土过高。

　　12）基坑（槽）或管沟需设置坑擘支撑时，应根据开挖深度、土质条件、地下水位、施工方法、相邻建筑物和构筑物等情况进行选择和设计。支撑必须牢固可靠，确保安全施工。

　　13）基坑（槽）、管沟回填时，应符合下列要求：

　　①基础或管沟的现浇混凝土应达到一定强度，不致因填土而受损伤时，方可回填。

　　②回填土料、每层铺填厚度和压实要求，应按有关规定执行，如设计允许回填土自行沉实时，可不夯实。

　　③沟（槽）回填顺序，应按基底排水方向由高至低分层进行。

　　④填土前，应清除沟槽内的积水和有机杂物。

　　⑤基坑（槽）回填应在相对两侧和四周同时进行。

　　⑥回填管沟时，为防止管道中心线位移或损坏管道，应用人工先在管子周围夯实，并应从管道两边同时进行，直至管顶 0.5m 以上。在不损坏管道的情况下，方可采用机械回填和压实。

　　14）在软土地区开挖基坑（槽）或管沟时，除应按照本节有关要求外，尚应符合下列要求：

　　①相邻基坑（槽）和管沟开挖时，应遵循先深后浅或同时进行的施工顺序，并应及时做好基础。

　　②基坑（槽）开挖后，应尽量减少对基土的扰动。如基础不能及时施工时，可在基底标高以上留 0.1～0.3m 土层不挖，待做基础时挖除。

交底部门	安全部	交底人	王×××
交底项目	基坑开挖	交底时间	×年×月×日

交底内容：

　　③施工机械行驶道路应填筑适当厚度的碎（砾）石，必要时应铺设工具式路基箱（板）或梢排等。

　　④在密集群桩上开挖基坑时，应在打桩完成后间隔一段时间，再对称挖土，邻近四周不得有震动作用。挖土宜分层进行，并应注意基坑土体的稳定，加强土体变形监测，防止由于挖土过快或边坡过陡使基坑中卸载过速、土体失稳等原因而引起桩身上浮、倾斜、位移、断裂等事故。

　　⑤施工前必须做好地面排水和降低地下水位工作，地下水位应降低至基底以下0.5～1.0m后，方可开挖。降水工作应持续到回填完毕，采用明排水时可不受此限。

　　⑥挖出的土不得堆放在边坡顶上或建筑物（构筑物）附近，应立即转运至规定的距离以外。

　　15）膨胀土地区开挖基坑（槽）或管沟时，除按照本节有关要求外，尚应符合下列要求：

　　①开挖前应做好排水工作，防止地表水、施工用水和生活废水浸入施工场地或冲刷边坡。

　　②基坑（槽）或管沟的开挖、地基与基础的施工和回填土等应连续进行，并应避免在雨天施工；

　　③采用砂地基时，应先将砂浇水至饱和后再铺填夯实，不得采用基坑（槽）或管沟内浇水使砂沉落的施工方法。

　　④开挖后，基土不得受烈日暴晒或雨水浸泡，必要时可预留一层不挖，待做基础时挖除。

　　⑤场地平整后至基坑（槽）、管沟开挖宜间隔一段时间，以减少基土的膨胀变形。

　　⑥回填土料应符合设计要求。如无设计要求时，宜选用非膨胀土、弱膨胀土或掺有适当比例的石灰及其他松散材料的膨胀土。

接底人	李××、章××、刘××、程×××…

1.1.2 基坑支护安全技术交底

基坑支护施工现场安全技术交底表

表 AQ-C1-9

工程名称：××大厦工程　　施工单位：××建设集团有限公司　　编号：×××

交底部门	安全部	交底人	王××
交底项目	基坑支护	交底时间	×年×月×日

交底内容：

1．一般要求

（1）基坑工程应按现行行业标准《建筑基坑支护技术规程》JGJ 120 进行设计；必须遵循先设计后施工的原则；应按设计及施工方案要求，分层、分段，均衡开挖。

（2）施工现场应划定作业区，安设护栏并设安全标志，非作业人员不得入内。

（3）先开挖后支护的沟槽、基坑，支护必须紧跟挖土工序，土壁裸露时间不宜超过 4h。先支护后开挖的沟槽、基坑，必须根据施工设计要求，确定开挖时间。

（4）施工场地应平整、坚实、无障碍物，能满足施工机具的作业要求。

（5）在现场建（构）筑物附近进行桩工作业前，必须掌握其结构和基础情况，确认安全；机械作业影响建（构）筑物结构安全时，必须先对建（构）筑物采取安全技术措施，经验收确认合格，形成文件后，方可进行机械作业。

（6）沟槽、基坑支护施工前，主管施工技术人员应熟悉支护结构施工设计图纸和地下管线等设施状况，掌握支护方法、设计要求和地下设施的位置、埋深等现况。

（7）上下沟槽、基坑应设安全梯或土坡道、斜道，其间距不宜大于 50m，严禁攀登支护结构。

（8）土壁深度超过 6m，不宜使用悬臂桩支护。

（9）施工过程中，严禁利用支护结构支搭作业平台、挂装起重设施等。

（10）拆除支护结构应设专人指挥，作业中应与土方回填密切配合，并设专人负责安全监护。

（11）支护结构施工完成后，应进行检查、验收，确认质量符合施工设计要求，并形成文件后，方可进入沟槽、基坑作业。

（12）大雨、大雪、大雾、沙尘暴和风力六级（含）以上的恶劣天气，必须停止露天桩工、起重机械作业。

（13）施工过程中，对支护结构应经常检查，发现异常应及时处理，并确认合格。

2．基坑开挖的防护

（1）开挖深度超过 2m 的基坑周边必须安装防护栏杆。防护栏杆应符合下列规定：

1）防护栏杆高度不应低于 1.2m；

2）防护栏杆应由横杆及立杆组成；横杆应设 2～3 道，下杆离地高度宜为 0.3～0.6m，上杆离地高度宜为 1.2～1.5m；立杆间距不宜大于 2.0m，立杆离坡边距离宜大于 0.5m；

交底部门	安全部	交底人	王××
交底项目	基坑支护	交底时间	×年×月×日

交底内容：

3）防护栏杆宜加挂密目安全网和挡脚板；安全网应自上而下封闭设置；挡脚板高度不应小于180mm，挡脚板下沿离地高度不应大于10mm；

4）防护栏杆应安装牢固，材料应有足够的强度。

（2）基坑内宜设置供施工人员上下的专用梯道。梯道应设扶手栏杆，梯道的宽度不应小于1m。梯道的搭设应符合相关安全规范的要求。

（3）基坑支护结构及边坡顶面等有坠落可能的物件时，应先行拆除或加以固定。

（4）同一垂直作业面的上下层不宜同时作业。需同时作业时，上下层之间应采取隔离防护措施。

3. 作业要求

（1）在电力管线、通信管线、燃气管线2m范围内及上下水管线1m范围内挖土时，应有专人监护。

（2）基坑支护结构必须在达到设计要求的强度后，方可开挖下层土方，严禁提前开挖和超挖。施工过程中，严禁设备或重物碰撞支撑、腰梁、锚杆等基坑支护结构，亦不得在支护结构上放置或悬挂重物。

（3）基坑边坡的顶部应设排水措施。基坑底四周宜设排水沟和集水井，并及时排除积水。基坑挖至坑底时应及时清理基底并浇筑垫层。

（4）对人工开挖的狭窄基槽或坑井，开挖深度较大并存在边坡塌方危险时，应采取支护措施。

（5）地质条件良好、土质均匀且无地下水的自然放坡的坡率允许值应根据地方经验确定。当无经验时，可符合表1-3的规定。

表1-3　　　　　　　　　　　　自然放坡的坡率允许值

边坡土体类别	状态	坡率允许值（高宽比）	
		坡高小于5米	坡高5～10米
碎石土	密实	1：0.35～1：0.50	1：0.50～1：0.75
	中密	1：0.50～1：0.75	1：0.75～1：1.00
	稍密	1：0.75～1：1.00	1：1.00～1：1.25
粘性土	坚硬	1：0.75～1：1.00	1：1.00～1：1.25
	坚塑	1：1.00～1：1.25	1：1.25～1：1.50

注：1.表中碎石土的充填物为坚硬或硬塑状态的黏性土；

2.对于砂土填充或充填物为砂石的碎石土，其边坡坡率允许值应按自然休止角确定。

（6）在软土场地上挖土，当机械不能正常行走和作业时，应对挖土机械行走路线用铺设渣土或砂石等方法进行硬化。

交底部门	安全部	交底人	王×××
交底项目	基坑支护	交底时间	×年×月×日

交底内容：

（7）场地内有孔洞时，土方开挖前应将其填实。

（8）遇异常软弱土层、流砂（土）、管涌，应立即停止施工，并及时采取措施。

（9）除基坑支护设计允许外，基坑边不得堆土、堆料、放置机具。

（10）采用井点降水时，井口应设置防护盖板或围栏，设置明显的警示标志。降水完成后，应及时将井填实。

（11）施工现场应采用防水型灯具，夜间施工的作业面及进出道路应有足够的照明措施和安全警示标志。

4. 险情预防

（1）深基坑开挖过程中必须进行基坑变形监测，发现异常情况应及时采取措施。

（2）土方开挖过程中，应定期对基坑及周边环境进行巡视，随时检查基坑位移（土体裂缝）、倾斜、土体及周边道路沉陷或隆起、地下水涌出、管线开裂、不明气体冒出和基坑防护栏杆的安全性等。

（3）在冰雹、大雨、大雪、风力 6 级及以上强风等恶劣天气之后，应及时对基坑和安全设施进行检查。

（4）当基坑开挖过程中出现位移超过预警值、地表裂缝或沉陷等情况时，应及时报告有关方面。出现塌方险情等征兆时，应立即停止作业，组织撤离危险区域，并立即通知有关方面进行研究处理。

5. 钢木支护

（1）现场支护材料应分类码放整齐，不得随意堆放。支护时，应随支设随供应，不得集中堆放在沟槽、基坑边上。运入槽、坑内的材料应卧放平稳。

（2）使用起重机从地面向沟槽、基坑内运送支护材料时，应符合下列要求：

1）吊运时，沟槽上下均应划定作业区域，非作业人员禁止入内。

2）起吊时，钢丝绳应保持垂直，不得斜吊。

3）运输车辆和起重机与沟槽、基坑边缘的距离应依荷载、土质、槽深和槽（坑）壁状况确定，且不得小于 1.5m。

4）严禁起重机械超载吊运。

5）作业时，必须由信号工指挥。起吊前，指挥人员应检查吊点、吊索具和周围环境状况，确认安全。

6）作业时，机臂回转范围内严禁有人。

7）起重机、吊索具应完好，防护装置应齐全有效。作业前应检查、试运行，确认符合要求。

交底部门	安全部	交底人	王××
交底项目	基坑支护	交底时间	×年×月×日

交底内容：

　　8）吊运材料距槽底 50cm 时，作业人员方可靠近，吊物落地确认稳固或临时支撑牢固后方可摘钩。

　　（3）支护材料应符合下列要求：

　　1）木质支护材料的材质应均匀、坚实，严禁使用劈裂、腐朽、扭曲和变形的木料。

　　2）支护材料的材质、规格、型号应满足施工设计要求。

　　3）严禁使用断裂、破损、扭曲、变形和腐蚀的钢材。

　　（4）预钻孔埋置桩施工应符合下列要求：

　　1）使用机械吊桩时，必须由信号工指挥。吊点应符合施工设计规定。作业时，应缓起、缓转、缓移，速度均匀并用控制绳保持桩平稳。向钻孔内吊桩时，严禁手、脚伸入桩与孔壁间隙。

　　2）埋置桩间隔设置时，相邻两桩间的土壁在土方开挖过程中，应及时安设挡土板，或挂网喷射护壁混凝混凝土。

　　3）钻孔应连续完成。成孔后，应及时埋桩至施工设计高度。

　　4）挡土板安设应符合下列要求：

　　①挡土板两端的支承长度应满足施工设计要求。

　　②挡土板后的空隙应填实。

　　③挡土板拼接应严密。

　　5）当桩、墙有支撑或土钉时，支撑、土钉施工应符合下列要求：

　　①有横梁的支撑结构，应在横梁连接处或其附近设支撑。横梁为焊接钢梁时，接头位置与近支撑点的距离应在支撑间距的 1/3 以内。

　　②支撑或土钉作业应与挖土密切配合。每层开挖的深度，不得超过底部撑杆或土钉以下30cm，或施工设计规定的位置。

　　③施工中，应按照施工设计规定的位置及时安设撑杆或土钉。

　　6）支撑、土钉必须牢固，严禁碰撞。

　　（5）人工锤击沉入木桩支护应符合下列要求：

　　1）作业中，应划定作业区，非作业人员禁止入内。

　　2）沉桩过程中，应随时检查木夯、铁夯、大锤等，确认操作工具完好，发现松动、破损，必须立即修理或更换。

　　3）锤击时夯头应对准桩头，严禁用手扶夯头或桩帽。

　　4）作业时，必须由作业组长负责指挥，统一信号，作业人员的动作应协调一致。

　　（6）使用人工方法从地面向沟槽、基坑内运送支护材料，应符合下列要求：

交底部门	安全部	交底人	王××
交底项目	基坑支护	交底时间	×年×月×日

交底内容：

　　1）运送材料过程中，被运送物下方严禁有人，槽内作业人员必须位于安全地带。

　　2）使用溜槽溜放时，溜槽应坚固，且必须支搭牢固，使用前应检查，确认合格。

　　3）严禁向沟槽、基坑内投掷和倾卸支护材料。

　　4）手工传送时，应缓慢，上下作业人员应相互呼应，协调一致。

　　5）系放时，应根据系放材料的质量确定绳索直径。绳索应坚固，使用前应检查确认符合要求。

　　（7）拆除支护结构应符合下列要求：

　　1）拆除支护结构应和回填土紧密结合，自下而上分段、分层进行，拆除中严禁碰撞、损坏未拆除部分的支护结构。

　　2）拆除前，应根据槽壁土体、支护结构的稳定情况和沟槽、基坑附近建（构）筑物、管线等状况，制定拆除安全技术措施。

　　3）采用机械拆除沉、埋桩时应符合下列要求：

　　①拆除作业必须由信号工负责指挥。

　　②拔除桩后的孔应及时填实，恢复地面原貌。

　　③吊拔桩的拔出长度至半桩长时，应系控制缆绳保持桩的稳定。

　　④作业前，应划定作业区和设安全标志，非作业人员不得入内。

　　⑤吊拔困难或影响邻近建（构）筑物安全时，应暂停作业，待采取相应的安全技术措施，确认安全后方可实施。

　　⑥拆除前宜先用千斤顶将桩松动。吊拔时应垂直向上，不得斜拉、斜吊，严禁超过机械的起拔能力。

　　4）拆除立板撑，应在还土至撑杆底面 30cm 以内，方可拆除撑杆和相应的横梁；撑板应随还土的加高逐渐上拔，其埋深不得小于施工设计规定。

　　5）拆除相邻桩间的挡土板时，每次拆除高度应依据土质、槽深而定；拆除后应及时回填，槽壁的外露时间不宜超过 4h。

　　6）拆除沉、埋桩的撑杆时，应待回填土还至撑杆以下 30cm 以内或施工设计规定位置，方可倒撑或拆除撑杆。

　　7）拆除与回填土施工过程中，应设专人检查，发现槽壁出现坍塌征兆或支护结构发生劈裂、位移、变形等情况必须暂停施工，待及时采取安全技术措施，确认安全后方可继续施工。

　　8）拆除横板密撑应随还土的加高自下而上拆除，一次拆除撑板不宜大于 30cm 或一横板宽。一次拆撑不能保证安全时应倒撑，每步倒撑不得大于原支撑的间距。

　　9）拆除单板撑、稀撑、井字撑一次拆撑不能保证安全时，必须进行倒撑。

交底部门	安全部	交底人	王××
交底项目	基坑支护	交底时间	×年×月×日

交底内容:

10）采用排水井的沟槽应由排水沟的分水线向两端延伸拆除。

11）拆除的支护材料应及时集中到指定场地，分类码放整齐。

（8）沟槽中采用板撑支护应符合下列要求:

1）施工过程中，应设专人检查，确认支护结构的支设符合施工设计的要求。

2）施工中应根据土质、施工季节、施工环境等情况选用单板撑或井字撑、稀撑、横板密撑、立板密撑支护（如图 1-1～图 1-5 所示）。

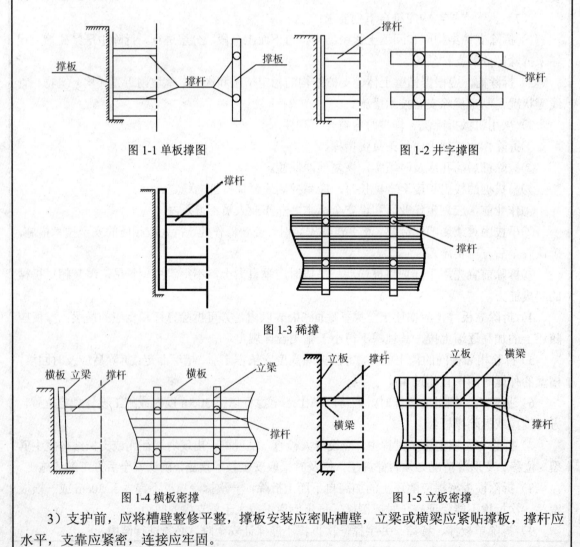

图 1-1 单板撑图　　　　　　　　　图 1-2 井字撑图

图 1-3 稀撑

图 1-4 横板密撑　　　　　　　　图 1-5 立板密撑

3）支护前，应将槽壁整修平整，撑板安装应密贴槽壁，立梁或横梁应紧贴撑板，撑杆应水平，支靠应紧密，连接应牢固。

交底部门	安全部	交底人	王××
交底项目	基坑支护	交底时间	×年×月×日

交底内容：

    4）倒撑或缓撑，必须在新撑安装牢固后，方可松动旧撑。

    5）支护应紧跟沟槽挖土。槽壁开挖后应及时支护，土壤外露时间不宜超过 4h。

    6）沟槽土壤中应无水，有水时应采取排降水措施将水降至槽底 50cm 以下。

    7）安设撑板并稳固后，应立即安设立梁或横梁、撑杆。

    8）严禁用短木接长作撑杆。

    9）槽壁出现裂缝或支护结构发生位移、变形等情况时，必须停止该部位的作业，对支护结构采取加固措施，经检查验收合格，形成文件后，方可继续施工。

    6．碎石压浆混凝土桩支护

    （1）桩的成孔间距应依土质、孔深确定。

    （2）施工前应根据地质条件，桩径、桩长选择适用的成孔机械。

    （3）提出钻孔的钻杆必须放置稳定，并不得影响向钻孔内放钢筋笼、填注碎石和二次注浆作业与危及作业人员的安全。

    （4）注浆应分二次进行：首次注浆应在钻孔达到设计高程，经空钻、清底后进行；在注浆过程中应借助浆液的浮力同步提升钻杆；桩孔内有地下水时，在注浆液面达到无塌孔危险位置以上 50cm 处，方可提出钻杆；向碎石的空隙内二次注浆与首次注浆的间隔时间不得超过 45min。

    （5）桩孔成孔后，应连续作业，及时完成支护桩施工。特殊情况不能连续施工时，孔口应采取加盖或围挡等防护措施，并设安全标志。

    （6）钻孔深度达到设计高程后应空钻、清底。

    （7）向钻孔内置入钢筋笼前，应检查绑扎在钢筋笼内侧的高压注浆管的牢固性、接头的严密性和喷孔的通畅性，确认合格。

    （8）吊装钢筋笼应使用起重机。作业时，必须设信号工指挥。起吊前信号工应检查吊索具及其与钢筋笼的连接和环境状况，确认安全。

    7．土钉墙支护

    （1）土钉钢筋宜采Ⅱ、Ⅲ级钢筋，钢筋直径宜为 16～32mm，钻孔直径宜为 70～120mm。

    （2）土钉墙的墙面坡度不宜大于 1：0.1。

    （3）坡面上下段钢筋网搭接长度应大于 30cm。

    （4）土钉墙支护适用于无地下水的沟槽。当沟槽范围内有地下水时，应在施工前采取排降水措施降低地下水。在砂土、虚填土、房碴土等松散土质中，严禁使用土钉墙支护。

    （5）土钉的长度宜为开挖深度的 0.5～1.2 倍，间距宜为 1～2m，与水平面夹角宜为 5°～20°。

交底部门	安全部	交底人	王×××
交底项目	基坑支护	交底时间	×年×月×日

交底内容：

（6）喷射混凝土和注浆作业人员应按规定佩戴防护用品，禁止裸露身体作业。

（7）注浆材料宜采用水泥浆或水泥砂浆，其强度等级不宜低于 M10。

（8）喷射混凝土面层宜配置钢筋网，钢筋直径宜为 6～10mm，网间距宜为 15～30mm；喷射混凝土强度等级不宜低于 C20，面层厚度不宜小于 8cm。

（9）土钉墙支护，应先喷射混凝土面层后施工土钉。

（10）进入沟槽和支护前，应认真检查和处理作业区的危石、不稳定土层，确认沟槽土壁稳定。

（11）喷射管道安装应正确，连接处应紧固密封。管道通过道路时，应设置在地槽内并加盖保护。

（12）土钉必须和面层有效连接，应设置承压板或加强钢筋等构造措施，承压板、加强钢筋应分别与土钉螺栓、钢筋焊接连接。

（13）喷射支护施工应紧跟土方开挖面。每开挖一层土方后，应及时清理开挖面，安设骨架、挂网，喷射混凝土或砂浆，并符合下列要求：

1）骨架和挂网应安装稳固，挂网应与骨架连接牢固。

2）喷射混凝土或砂浆配比、强度应符合施工设计规定。喷射过程中，应设专人随时观察土壁变化状况，发现异常必须立即停止喷射，采取安全技术措施，确认安全后，方可继续进行。

（14）土钉墙支护应按施工设计规定的开挖顺序自上而下分层进行，随开挖随支护。

（15）施工中应随时观测土体状况，发现墙体裂缝、有坍塌征兆时，必须立即将施工人员撤出基坑、沟槽的危险区，并及时处理，确认安全。

（16）土钉宜在喷射混凝土终凝 3h 后进行施工，并符合下列要求：

1）钻孔应连续完成。作业时，严禁人员触摸钻杆。

2）搬运、安装土钉时，不得碰撞人、设备。

3）土钉类型、间距、长度和排列方式应符合施工设计的规定。

（17）钻孔完成后应及时注浆，并符合下列要求：

1）作业和试验人员应按规定佩戴安全防护用品，严禁裸露身体作业。

2）作业中注浆罐内应保持一定数量的浆液，防止放空后浆液喷出伤人。

3）作业中遗洒的浆液和刷洗机具、器皿的废液，应及时清理，妥善处置。

4）注浆机械操作工和浆液配制人员，必须经安全技术培训，考核合格方可上岗。

5）注浆初始压力不得大于 0.1MPa。注浆应分级、逐步升压至控制压力。填充注浆压力宜控制在 0.1～0.3MPa。

6）浆液原材料中有强酸、强碱等材料时，必须储存在专用库房内，设专人管理，建立领发料制度，且余料必须及时退回。

交底部门	安全部	交底人	王××
交底项目	基坑支护	交底时间	×年×月×日

交底内容:

7)注浆的材料、配比和控制压力等,必须根据土质情况、施工工艺、设计要求,通过试验确定。浆液材料应符合环境保护要求。

8)使用灰浆泵应符合下列要求:

①作业后应将输送管道中的灰浆全部泵出,并将泵和输送管道清洗干净。

②作业前应检查并确认球阀完好,泵内无干硬灰浆等物,各连接件紧固牢靠,安全阀已调到预定安全压力。

③故障停机时,应先打开泄浆阀使压力下降,再排除故障。灰浆泵压力未达到零时,不得拆卸空气室、安全阀和管道。

(18)施工中每一工序完成后,应隐蔽验收,确认合格并形成文件后,方可进入下一工序。

(19)遇有不稳定的土体,应结合现场实际情况采取防塌措施,并应符合下列要求:

1)土钉支护宜与预应力锚杆联合使用。

2)施工中应加强现场观测,掌握土体变化情况,及时采取应急措施。

3)支护面层背后的土层中有滞水时,应设水平排水管,并将水引出支护层外。

4)在修坡后应立即喷射一层砂浆、素混凝土或挂网喷射混凝土,待达到规定强度后方可设置土钉。

(20)土钉墙的土钉注浆和喷射混凝土层达到设计强度的70%后,方可开挖下层土方。

8. 地下连续墙支护

(1)用泥浆护壁挖槽施工的地下连续墙,应先构筑导墙。导墙应能满足地下连续墙的施工导向、蓄积泥浆并维持其表面高度、支承挖槽机械设备和其他荷载、维护槽顶表土层的稳定和阻止地面水流入沟槽的要求。

(2)地下连续墙支护的施工设计应遵守现行《建筑基坑支护技术规程》(JGJ 120)的有关规定。

(3)导墙的构造应符合下列要求:

1)导墙支撑应每隔1~1.5m距离设置。

2)导墙宜采用钢筋混凝土材料构筑,混凝土强度等级不宜低于C20。

3)导墙的平面轴线应与地下连续墙轴线平行,两导墙的内侧间距宜比地下连续墙体厚度大4~6cm。

4)导墙底端埋入土内深度宜大于1m,基底土层应夯实,遇特殊情况应妥善处理。导墙顶面应高出地面,遇地下水位较高时,导墙顶端应高出地下水位。墙后应填土,并与墙顶平齐,全部导墙顶面应保持水平。内墙面应保持垂直。

(4)地下连续墙支护必须具备施工区域内完整的工程地质、水文地质和建(构)筑物结构状况的资料。

交底部门	安全部	交底人	王×××
交底项目	基坑支护	交底时间	×年×月×日

交底内容：

（5）导墙施工应符合下列要求：

1）安装预制块导墙时，块件连接处应严密，防止渗漏。

2）导墙混凝土强度达到设计规定后，方可开挖该导墙槽段下的土方。

3）混凝土导墙浇注和养护时，重型机械、车辆不得在其附近作业。

4）导墙分段施工时，段落划分应与地下连续墙划分的节段错开。

5）导墙土方开挖后，直至导墙混凝土浇注前，必须在导墙槽边设围挡或护栏和安全标志。

（6）槽壁式地下连续墙的沟槽开挖应符合下列要求：

1）开挖到槽底设计高程后，应对成槽质量进行检查，确认符合技术规定并记录。

2）现场应设泥浆沉淀池，周围应设防护栏杆；废弃泥浆和钻渣，应妥善处理，不得污染环境。

3）开挖前应按已划分的单元节段，决定各段开挖先后次序。挖槽开始后应连续进行，直至节段完成。

4）挖掘的槽壁和接头处应竖直，竖直度允许偏差应符合技术规定；接头处相邻两槽段中心线在任一深度的偏差值不得大于墙厚的1/3。

5）成槽机械开挖一定深度后，应立即输入调好的泥浆，并保持槽内浆面不低于导墙顶面30cm。泥浆浓度应满足槽壁稳定的要求，重复使用的泥浆如性能发生变化，应进行再生处理。

6）挖槽时应加强观测，遇槽壁发生坍塌、沟槽偏斜等故障时，应立即停止作业，查明原因，采取相应的安全技术措施，待确认安全后，方可继续作业。遇严重大面积坍塌，应先提出挖掘机械，待采取安全技术措施，确认安全后方可挖掘。

（7）地下连续墙沟槽开挖应选择专业机械，并应符合下列要求：

1）作业前，应检查挖槽机械状况，经试运行，确认合格。

2）施工前应划定作业区，非施工人员不得入内。

3）施工场地应平整、坚实。

4）挖槽机械应安装稳固。

（8）槽段清底应在吊放接头装置前进行，并应符合下列要求：

1）清底工作应包括清除槽底沉淀的泥渣和置换槽中的泥浆。

2）清理槽底和置换泥浆工作结束1h后，应检查槽底以上20cm处的泥浆密度，确认符合施工设计的规定；并检查槽底沉淀物厚度，确认符合施工设计的要求。

3）清底前应检查节段平面、横截面和竖面位置。遇槽壁竖向倾斜、弯曲和宽度不足等超过允许偏差时，应进行修槽，并确认符合要求。节段接头处应用刷子或高压射水清扫。

（9）挖槽前应完成准备工作，保持挖槽和浇注混凝土施工正常连续进行。

接底人	李××、章××、刘××、程××…

1.1.3 排水降水安全技术交底

排水降水工程施工现场安全技术交底表

表 AQ-C1-9

工程名称：××大厦工程　　施工单位：××建设集团有限公司　　编号：×××

交底部门	安全部	交底人	王××
交底项目	排水降水工程	交底时间	×年×月×日

交底内容：

1．一般规定

（1）排降水结束后，集水井、管井和井点孔应及时填实，恢复地面原貌或达到设计要求。

（2）现场施工排水，宜排入已建排水管道内。排水口宜设在远离建（构）筑物的低洼地点并应保证排水畅通。

（3）施工期间施工排降水应连续进行，不得间断。构筑物、管道及其附属构筑物未具备抗浮条件时，不得停止排降水。

（4）施工排水不得在沟槽、基坑外漫流回渗，危及边坡稳定。

（5）排降水机械设备的电气接线、拆卸、维护必须由电工操作，严禁非电工操作。

（6）施工现场应备有充足的排降水设备，并宜设备用电源。

（7）施工降水期间，应设专人对临近建（构）筑物、道路的沉降与变位进行监测，遇异常征兆，必须立即分析原因，采取防护、控制措施。

（8）对临近建（构）筑物的排降水方案必须进行安全论证，确认能保证建（构）筑物、道路和地下设施的正常使用和安全稳定，方可进行排降水施工。

（9）采用轻型井点、管井井点降水时，应进行降水检验，确认降水效果符合要求。降水后，通过观测井水位观测，确认水位符合施工设计规定，方可开挖沟槽或基坑。

2．排水井排水

（1）采用明沟排水，排水井宜布置在管道和构筑物基础的范围以外，并不得扰动地基。当构筑物基坑面积较大或基坑底部呈倒锥形时，可在基坑范围内设置，但应使排水井井筒与基础紧密连接，并在终止排水时，便于采取封堵的安全措施。

（2）采用明沟排水，不得扰动地基，并应保证沟槽、基坑边坡的稳定。

（3）修建排水井应符合下列要求：

1）排水井应设安全梯。

2）排水井井底高程，应保证水泵吸水口距动水位以下不小于 50cm。

3）排水井处于细砂、粉砂等砂土层时，井底应采取过滤或封闭措施。

交底部门	安全部	交底人	王××
交底项目	排水降水工程	交底时间	×年×月×日

交底内容：

　　4）排水井应根据土质、井深情况对井壁采取支护措施。

　　5）排水井进水口处土质不稳定时，应采取支护措施。

　　6）安装预制井筒时，井内严禁有人。

　　（4）排水井应在沟槽、基坑土方开挖至地下水位以下前建成。

　　（5）排水沟开挖过程中，遇土质不良，应采取护坡技术措施，保持排水沟和沟槽、基坑的边坡稳定。

　　（6）排水井内掏挖土方应符合下列要求：

　　1）井内环境恶劣时，人工掏挖应轮换作业，每次下井时间不宜大于 1h；掏挖作业时，井上应设专人监护。

　　2）上、下排水井应走安全梯。

　　3）掏挖过程中，应随时观察土壁和支护的变形、稳定情况，发现土壁有坍塌征兆和支护位移、井筒裂缝和歪斜现象，必须立即停止作业，并撤至地面安全地带，待采取措施，确认安全后方可继续作业。

　　4）在孔口 1m 范围内不得堆土（泥）。

　　（7）排水沟应随沟槽基坑的开挖及时超前开挖，其深度不宜小于 30cm，并保持排水通畅。

3．地表水排除

　　（1）潜水泵运转中 30m 水域内，人、畜不得入内。

　　（2）离心泵运转中严禁人员从机上越过。

　　（3）进入水深超过 1.2m 水域作业时，必须选派熟悉水性的人员，并应采取防止发生溺水事故的措施。

　　（4）施工现场水域周围应设护栏和安全标志。

　　（5）离心式水泵吸水口应设网罩，且距动水位不得小于 50cm；潜水泵泵体距动水位不得小于 50cm。严禁潜水泵陷入污泥中运行。

4．管井井点降水

　　（1）成孔后，应及时安装井管。由于条件限制，不能及时安装时，必须安设围挡、防护栏杆等安全防护设施和安全标志。

　　（2）电缆不得与井壁或其他尖利物摩擦遭受损伤。

　　（3）管井井口必须高出地面，不得小于 50cm。井口必须封闭，并设安全标志。当环境限制不允许井口高出地面时，井口应设在防护井内；防护井盖应与地面同高；防护井必须盖牢。

　　（4）向井管内吊装水泵时，应对准井管，不得将手脚伸入管口，严禁用电缆做吊绳。

　　（5）井管安装时，吊点位置应正确，吊绳必须拴系牢固，并用控制绳保持井管平衡。向孔内下井管时，严禁手脚伸入管与孔之间。

交底部门	安全部	交底人	王×××
交底项目	排水降水工程	交底时间	×年×月×日

交底内容：

　　5. 轻型井点降水

　　（1）高压水冲孔成型应符合下列要求：

　　1）冲孔水压应从 0.2MPa 开始，逐步调试至控制压力值。冲孔过程中，不得超过控制压力，且不宜大于 1.0MPa。

　　2）冲孔时应设专人指挥，并划定作业区。非操作人员不得入内。

　　3）施工场地应平整、坚实，道路通畅，作业空间应满足冲孔机械设备操作的要求。

　　4）作业中，严禁高压水枪对向人、设备、建（构）筑物。

　　5）现场应设泥水沉淀池，冲孔排出的泥水，不得任意漫流。

　　6）严禁在架空线路下方及其附近进行冲孔作业；在电力架空线路一侧冲孔时，应符合施工用电安全要求。

　　7）吊管时，吊点位置应正确，吊索栓系必须牢固，保持吊装稳定；吊管下方禁止有人。

　　（2）拔除井点管时应先试拔，确认松动后，方可将井管抽出，不得强拔、斜拔。

　　（3）降水过程中，应按技术要求观测其真空度和井水位，发现异常应及时采取技术措施，保持正常降水。

　　（4）井点管、干管、机、泵接头安装应严密。真空度应满足降水要求；滤管的顶部高程应在设计动水位以下且不得小于 50cm。

　　（5）多层井点拆除，必须自底层开始逐层向上进行。当拆除下层井点时，上层井点不得中断抽水。

　　6. 砂井降水

　　（1）当钻孔采用套管成孔，吊拔套管时，应垂直向上，边吊拔边填砂滤料，不得一次填满后吊拔。吊拔困难时，应先松动后方可继续吊拔，不得强拔。

　　（2）砂井中滤料回填后，道路范围内的砂井上端，应恢复原道路结构；道路以外的砂井上端应夯填厚度不小于 50cm 的非渗透性材料，并与地面同高。

接底人	李××、章××、刘××、程××…

1.2 土方开挖工程

1.2.1 土石方开挖安全技术交底

土石方开挖施工现场安全技术交底表

表 AQ-C1-9

工程名称：××大厦工程　　**施工单位**：××建设集团有限公司　　**编号**：×××

交底部门	安全部	交底人	王××
交底项目	土石方开挖	交底时间	×年×月×日

交底内容：

1．一般要求

（1）挖土前根据安全技术交底了解地下管线、人防及其他构筑物情况和具体位置。地下构筑物外露时，必须进行加固保护。作业过程中应避开管线和构筑物。在现场电力、通信电缆 2m 范围内和现场燃气、热力、给排水等管道 1m 范围内挖土时，必须在主管单位人员监护下采取人工开挖。

（2）开挖槽、坑、沟深度超过 1.5m，必须根据土质和深度情况按安全技术交底放坡或加可靠支撑，遇边坡不稳、有坍塌危险征兆时，必须立即撤离现场。并及时报告施工负责人，采取安全可靠排险措施后，方可继续挖土。

（3）槽、坑、沟必须设置人员上下坡道或安全梯。严禁攀登固壁支撑上下，或直接从沟、坑边壁上挖洞攀登爬上或跳下。间歇时，不得在槽、坑坡脚下休息。

（4）挖土过程中遇有古墓、地下管道、电缆或其他不能辨认的异物和液体、气体时，应立即停止作业，并报告施工负责人，待查明处理后，再继续挖土。

（5）槽、坑、沟边 1m 以内不得堆土、堆料、停置机具。堆土高度不得超过 1.5m。槽、坑、沟与建筑物、构筑物的距离不得小于 1.5m。开挖深度超过 2m 时，必须在周边设两道牢固护身栏杆，并立挂密目安全网。

（6）钢钎破冻土、坚硬土时，扶钎人应站在打锤人侧面用长把夹具扶钎，打锤范围内不得有其他人停留。锤顶应平整，锤头应安装牢固。钎子应直且不得有飞刺。打锤人不得戴手套。

（7）从槽、坑、沟中吊运送土至地面时，绳索、滑轮、钩子、箩筐等垂直运输设备、工具应完好牢固。起吊、垂直运送时，下方不得站人。

（8）配合机械挖土清理槽底作业时，严禁进入铲斗回转半径范围。必须待挖掘机停止作业后，方准进入铲斗回转半径范围内清土。

交底部门	安全部	交底人	王××
交底项目	土石方开挖	交底时间	×年×月×日

交底内容：

2．机械开挖

（1）土方开挖的顺序应从上而下分层分段依次进行，禁止采用挖空底脚的操作方法，并且应该做好排水措施。

（2）使用机械挖土前，要先发出信号。配合机械挖土的人员，在坑、槽内作业时要按规定坡度顺序作业。任何人不得进入挖掘机的工作范围内。

（3）装土时，任何人不能停留在装土车上。

（4）在有支撑的沟坑中使用机械挖土时，必须注意不使机械碰坏支撑。

3．人工开挖

（1）人工开挖时，作业人员必须按施工员的要求进行放坡或支撑防护。作业人员的横向间距不得小于2m，纵向间距不得小于3m，严禁掏洞和从下向上拓宽沟槽，以免发生塌方事故。

（2）施工中要防止地面水流入坑、沟内，以免边坡塌方。

（3）在深坑、深井内开挖时，要保持坑、井内通风良好，并且注意对有毒气体的检查工作，遇有可疑情况，应该立即停止作业，并且报告上级处理。

（4）开挖的沟槽边1m内禁止堆土、堆料、停置机具。1～3m间堆土高度不得超过1.5m，3～5m间堆土高度不得超过2.5m。

（5）开挖深度超过2m时，必须在边沿处设立两道护身栏杆。危险处，夜间应设红色标志灯。

（6）开挖过程中，作业人员要随时注意土壁变化的情况，如发现有裂纹或部分塌落现象，要立即停止作业，撤到坑上或槽上，并报告施工员待经过处理稳妥后，方可继续进行开挖。

（7）人员上下坑沟应先挖好阶梯或设木梯，不得从上跳下或踩踏土壁及其支撑上下。

（8）在滑坡地段挖方时，应符合下列要求：

1）开挖过程中如发现滑坡迹象（如裂缝、滑动等）时，应暂停施工，必要时，所有人员和机械要撤至安全地点，并采取措施及时处理。

2）遵循先整治后开挖的施工顺序，在开挖时，须遵循由上到下的开挖顺序，严禁先切除坡脚。

3）爆破施工时，严防因爆破震动产生滑坡。

4）不宜雨季施工，同时不应破坏挖方上坡的自然植被。并事先作好地面和地下排水设施。

5）施工前先了解工程地质勘察资料、地形、地貌及滑坡迹象等情况，并制订相应的施工方法和安全技术措施。

6）抗滑挡土墙要尽量在旱季施工，基槽开挖应分段跳槽进行，并加设支撑；开挖一段就要将挡土墙做好一段。

接底人	李××、章××、刘××、程××…

1.2.2 土石方回填安全技术交底

土石方回填施工现场安全技术交底表

表 AQ-C1-9

工程名称：××大厦工程　　施工单位：××建设集团有限公司　　编号：×××

交底部门	安全部	交底人	王××
交底项目	土石方回填	交底时间	×年×月×日

交底内容：

（1）使用推土机回填时，严禁从一侧直接将土推入沟槽（坑），配合施工平整的人员要远离推土机错开作业，以防被机械碰伤。

（2）人工回填用手推车推土时，沟槽（坑）边应设挡板，下方不得有人操作，卸土时不得撒把，以防碰伤他人。

（3）回填土应从基槽两边对称进行，分段分层夯实，切勿一边回填完再回填另一边。

（4）打夯机工作前，应检查电源线是否有缺陷和漏电，机械运转是否正常，机械是否装置电开关保护，按"一机一开关"安装，机械不准带病运转，操作人员应带绝缘手套。

（5）使用蛙式打夯机打夯时，打夯人员必须严格遵守打夯机的安全操作规程。打夯前应对回填的工作面进行清理，排除障碍，搬运蛙夯到沟槽中作业时，应使用起重设备，上下槽时选用跳板。操作蛙夯要防止发生触电事故，必须有两个人协同作业，并穿戴好绝缘用品，一人扶夯一人提电线，两人要密切配合，防止拉线过紧和夯打在线路上造成事故。

（6）基坑（槽）的支撑，应按回填的速度、施工组织设计及要求依次拆除，即填土时应从深到浅分层进行，填好一层拆除一层，不能事先将支撑拆掉。

（7）回填土方时，作业人员不要太密集，作业现场严禁追逐打闹，以防使用的工具（铁锹等）碰伤他人。

接底人	李××、章××、刘××、程××…

1.3 模板工程

1.3.1 模板安装安全技术交底

模板安装工程施工现场安全技术交底表

表 AQ-C1-9

工程名称：××大厦工程　　施工单位：××建设集团有限公司　　编号：×××

交底部门	安全部	交底人	王××
交底项目	模板安装工程	交底时间	×年×月×日

交底内容：

1．一般要求

（1）进入施工现场的操作人员必须戴好安全帽，扣好帽带。操作人员严禁穿硬底鞋及有跟鞋作业。

（2）高处和临边洞口作业应设护栏，挂安全网，如无可靠防护措施，必须佩带安全带，扣好带扣。高空、复杂结构模板的安装与拆除，事先应有切实的安全措施。

（3）工作前应先检查使用的工具是否牢固，扳手等工具必须用绳链系挂在身上，钉子必须放在工具袋内，以免掉落伤人。工作时要思想集中，防止钉子扎脚和空中滑落。

（4）楼层高度超过4m或二层及二层以上的建筑物，安装和拆除钢模板时，周围应设安全网或搭设脚手架和加设防护栏杆。在临街及交通要道地区，尚应设警示牌，并设专人维持安全，防止伤及行人。

（5）模板安装必须按模板的施工设计进行，严禁任意变动。

（6）支模应按规定的作业程序进行，模板未固定前不得进行下一道工序。严禁在连接件和支撑件上攀登上下。

（7）支模时，操作人员不得站在支撑上，而应设立人板，以便操作人员站立。立人板应用木质中板为宜，并适当绑扎固定。不得用钢模板或5cm×10cm的木板。

（8）高空作业要搭设脚手架或操作台，上、下要使用梯子，不许站立在墙上工作；不准站在大梁底模上行走。

（9）遇六级以上的大风时，应暂停室外的高空作业，雪雷雨后应先清扫施工现场，待地面略干不滑时再恢复工作。

2．现浇整体式模板的安装

交底部门	安全部	交底人	王××
交底项目	模板安装工程	交底时间	×年×月×日

交底内容:

（1）小钢模在运输及传递过程中，要放稳接牢，防止倒塌或掉落伤人。

（2）现浇整体式的多层房屋和构筑物安装上层楼板及其支架时，应符合下列要求:

1）下层楼板结构的强度要达到能承受上层模板、支撑系统和新浇筑混凝土的重量时，方可进行。否则下层楼板结构的支撑系统不能拆除，同是上下层支柱应在同一垂直线上。

2）下层楼板混凝土强度达到 1.2MPa 以后，才能上料具。料具要分散堆放，不得过分集中。

3）如采用悬吊模板、桁架支模方法，其支撑结构必须要有足够的强度和刚度。

（3）模板的支设必须严格按工序进行，模板没有固定前，不得进行下道工序的施工。模板及其支撑系统在安装过程中必须设置临时固定设施，而且要牢固可靠，严防倾覆。

（4）使用吊装机械吊装单片柱模时，应采用卡环和柱模连接，严禁用钢筋钩代替，以避免柱模翻转时脱钩造成事故，待模板立稳后并拉好支撑，方可摘取卡环。

（5）严禁在模板的连接件和支撑件上攀登上下，严禁在同一垂直面上安装模板。

（6）支设高度在 3m 以上的柱模板和梁模板时，应搭设工作平台，不足 3m 的，可使用马凳作业，不准站在柱模板上操作和在梁底模上行走，更不允许利用拉杆、支撑攀登上下。

（7）用钢管和扣件搭设双排立柱支架支撑梁模时，扣件应拧紧，横杆步距按设计规定，严禁随意增大。

（8）墙模板在未装对拉螺栓前，板面要向后倾斜一定角度并撑牢，以防倒塌。安装过程中要随时拆换支撑或增加支撑，以保持墙模处于稳定状态。模板未支撑稳固前不得松开卡环。

（9）平板模板安装就位时，要在支架搭设稳固，板下横楞与支架连接牢固后进行。U 形卡要按设计规定安装，以增强整体性，确保模板结构安全，防止整体倒塌。

3．大模板安装

（1）为防止大模板倒塌，存放在施工楼层上的大模板应有可靠的防倾倒措施。在地面存放时，两块大模板应采用板面对板面的存放方法，长期存放应将模板连成整体。对没有支撑或自稳角不足的大模板，应存放在专用的堆放架上，或者平卧堆放，严禁靠放到其他模板或构件上，以防下脚滑移倾翻伤人。

（2）大模板安装时，必须由塔吊等吊运机械配合施工，作业人员必须严格遵守机械的安全操作规程。

（3）吊装模板时，指挥、拆除和挂钩人员必须站在安全可靠的地方方可操作，严禁任何人随大模板起吊，安装外模板的操作人员应挂安全带。如有防止脱钩装置，可吊运同一房间的两块板，但禁止隔着墙同时吊运另一面的一块模板。

（4）大模板起吊前，应将吊机的位置调整适当，并检查吊装用绳索、卡具及每块模板上的吊环是否牢固可靠，然后将吊钩挂好，拆除一切临时支撑，稳起稳吊不得斜牵起吊，禁止用人力搬动模板。吊运安装过程中，严防模板大幅度摆或碰倒其他模板。

交底部门	安全部	交底人	王××
交底项目	模板安装工程	交底时间	×年×月×日

交底内容：

（5）组装平模时，应及时用卡或花篮螺丝将相邻模板连接好，防止倾倒；安装外墙外模板时，必须将悬挑扁担固定，位置调好后，方可摘钩。外墙外模板安装好后要立即穿好销杆，紧固螺栓。

（6）作业人员安装大模板要严格按照操作顺序进行，各种连接件、附件等绝不能省略。同时在安装过程中要有操作平台、上下梯道、防护栏杆等附属设施。

（7）大模板安装时作业人员要团结协作、互相照应。重点是要防止模板的倾倒，当模板安装就位，各支撑均稳固后方可摘钩，未就位和未固定前不得摘钩。

（8）大模板安装就位后，为便于混凝土浇筑，两道墙模板平台间应搭设临时走道，严禁在外墙板上行走。

（9）有平台的大模板起吊时，平台上禁止存放任何物料。里外角模和临时摘挂的板面与大模板必须连接牢固，防止脱开和断裂坠落。

（10）大模板组装时，指挥、拆除和挂钩人员，必须站在安全可靠的地方方可操作，严禁任何人员随大模板起吊，安装外模板的操作人员应配挂安全带。

（11）清扫模板和刷隔离剂时，必须将模板支撑牢固，两板中间保持不应少于 60cm 的走道。

（12）当风力超过 5 级时，要停止大模板的吊装作业。

4．组合钢模板安装

（1）在组合钢模板上架设的电线和使用的电动工具，应采用 36V 的低压电源或采取其他有效的安全措施。

（2）登高作业时，连接件必须放在箱盒或工具袋中，严禁放在模板或脚手板上，扳手等各类工具必须系挂在身上或置放于工具袋内，不得掉落。

（3）钢模板用于高耸建筑施工时，应有防雷击措施。

（4）高空作业人员严禁攀登组合钢模板或脚手架等上下，也不得在高空的墙顶、独立梁及其模板等上面行走。

（5）组合钢模板装拆时，上下应有人接应，钢模板应随装拆随转运，不得堆放在脚手板上，严禁抛掷踩撞，若中途停歇，必须把活动部件固定牢靠。

（6）装拆模板，必须有稳固的登高工具或脚手架，高度超过 3.5m 时，必须搭设脚手架。装拆过程中，除操作人员外，下面不得站人，高处作业时，操作人员应挂上安全带。

（7）安装墙、柱模板时，应随时支撑固定，防止倾覆。

（8）模板的预留孔洞、电梯井口等处，应加盖或设置防护栏，必要时应在洞口处设置安全网。

（9）安装预组装成片模板时，应边就位，边校正和安设连接件，并加设临时支撑稳固。

交底部门	安全部	交底人	王××
交底项目	模板安装工程	交底时间	×年×月×日

交底内容：

（10）预组装模板装拆时，垂直吊运应采取两个以上的吊点，水平吊运应采取四个吊点，吊点应合理布置并作受力计算。

（11）预组装模板拆除时，宜整体拆除，并应先挂好吊索，然后拆除支撑及拼接两片模板的配件，待模板离开结构表面后再起吊，吊钩不得脱钩。

（12）拆除承重模板时，为避免突然整块坍落，必要时应先设立临时支撑，然后进行拆卸。

5. 滑模安装

（1）对参加滑模工程施工的人员，必须进行技术培训和安全教育，使其了解本工程滑模施工特点、熟悉规范的有关条文和本岗位的安全技术操作规程，并通过考核合格后方能上岗工作。主要施工人员应相对固定。

（2）滑模施工中应经常与当地气象台、站取得联系，遇到雷雨、六级和六级以上大风时，必须停止施工。停工前做好停滑措施，操作平台上人员撤离前，应对设备、工具、零散材料、可移动的铺板等进行整理、固定并做好防护，全部人员撤离后立即切断通向操作平台的供电电源。

（3）滑模操作平台上的施工人员应定期体检，经医生诊断凡患有高血压、心脏病、贫血、癫痫病及其他不适应高空作业疾病的，不得上操作平台工作。

（4）滑模施工工程操作人员的上下，应设置可靠楼梯或在建筑物内及时安装楼梯。

（5）液压控制台在安装前，必须预先做加压试车工作，经严格检查后，方准运到工程上去安装。

（6）操作平台上，不得多人聚集一处，下班时应清扫和整理好料具；夜间施工应有足够的照明，操作平台上的照明采用36V低压电灯。

（7）滑模在提升时，应统一指挥，并有专人负责量测千斤顶，升高时出现不正常情况时，应立即停止滑升，再找出原因，并制订相应措施后方准继续滑升。

（8）滑模施工中，应严格按施工组织设计要求分散堆载，平台不得超载且不应出现不均匀堆载的现象。施工人员必须服从统一指挥，不得擅自操作液压设备和机械设备。

（9）滑升过程中，要随时调整平台水平、中心的垂直度，以防平台扭转和水平位移。

（10）人货两用施工电梯，应安装柔性安全卡、限位开关等安全装置，上、下应有通讯联络设备。且应设有安全刹车装置。

（11）平台内，外吊脚手架使用前，应一律安装好轻质牢固的安全网，并将安全网靠紧筒壁，经验收后方可使用。

（12）为了防止高空物体坠落伤人。筒身内底部，一般在2.5m高处搭设保护棚，应十分坚固可靠，并在上部铺一层6～8mm钢板防护。

交底部门	安全部	交底人	王××
交底项目	模板安装工程	交底时间	×年×月×日

交底内容：

（13）滑升机具和操作平台应严格按照施工设计安装。平台四周要有防护栏杆和安全网，平台板铺设不得留空隙。施工区域下面应设安全围栏，经常出入的通道要搭设防护棚。

（14）危险警戒区内的建筑物出入口、地面通道及机械操作场所。应搭设高度不低于 2.5m 的安全防护棚。滑模工程进行立体交叉作业时，上、下工作面间，应搭设隔离防护棚。各种牵拉钢丝绳、滑轮装置、管道、电缆及设备等均应采取防护措施。

（15）地面施工作业人员，在警戒区内防护棚外进行短时间工作时，应与操作平台上作业人员取得联系，并指定专人负责警戒。

（16）模板安装完后，应进行全面检查，确实证明安全可靠后，方可进行下一工序的工作。

接底人	李××、章××、刘××、程××…

1.3.2 模板拆卸安全技术交底

模板拆卸工程施工现场安全技术交底表

表 AQ-C1-9

工程名称：××大厦工程　　施工单位：××建设集团有限公司　　　编号：×××

交底部门	安全部	交底人	王××
交底项目	模板拆卸工程	交底时间	×年×月×日

交底内容：

（1）任何部位模板的拆除必须经过施工员许可，其混凝土达到规定强度（表1-4）时方可拆除，作业人员切不可私自做主拆除模板，以防发生重大事故。

表1-4　　　　　　　　　现浇结构拆模时所需混凝土强度

结构类型	结构宽度（m）	按设计的混凝土强度标准值的百分率（%）
板	<2	50
	>2，≤8	75
	>8	100
梁、拱、壳	≤8	75
	>8	100
悬臂构件	≤2	75
	>2	100

注：本表中"设计的混凝土强度标准值"系指与设计混凝土强度等级相应的混凝土立方体抗压强度标准值。

（2）高处、复杂结构模板的拆除，应有专人指挥和切实的安全措施，并在下面标出工作区，严禁非操作人员进入作业区。

（3）模板拆除工作前，作业人员要事先检查所使用的工具是否完好牢固，扳手等工具必须用绳链系挂在身上，工作时思想要集中，防止钉子扎脚和从空中滑落。

（4）作业人员在拆除模板过程中，如发现混凝土有影响结构安全的质量问题时，应暂停拆除，报告施工员经过处理后方可继续拆除。

（5）拆除模板一般应采用长撬杠，严禁作业人员站在正拆除的模板上。拆模时不要用力过猛，拆下来的模板要及时运走、整理、堆放以再利用。

（6）拆除模板必须严格按照工艺程序进行，一般是后安装的先拆，先安装的后拆，最好是作业人员谁安装的谁拆除。

（7）拆除高度在5m以上的模板时，应搭脚手架，并设防护栏杆，防止上下在同一垂直面操作。

交底部门	安全部	交底人	王××
交底项目	模板拆卸工程	交底时间	×年×月×日

交底内容:

（8）拆模时必须设置警戒区域，并派人监护。拆模必须拆除干净彻底，不得保留有悬空模板。拆下的模板要及时清理，堆放整齐。高处、复杂结构模板的拆除，应有专人指挥和切实可靠的安全措施，并在下面标出作业区，严禁非操作人员进入作业区。操作人员应配挂好安全带，禁止站在模板的横拉杆上操作，拆下的模板应集中吊运，并多点捆牢，不准向下乱扔。

（9）在混凝土墙体、平板上有预留洞时，应在模板拆除后，随即在墙洞上做好安全护栏，或将板的洞盖严。

（10）作业人员不可挤拥在一起，每个人应该有足够的工作面，多人同时操作时，应注意配合，统一信号和行动。

（11）大模板拆除应符合下列要求：

1）起吊时应先稍微移动一下，证明确属无误后，方可正式起吊。

2）拆除模板应先拆穿墙螺栓和铁件等，并使模板面与墙面脱离，方可慢速起吊。起吊前认真检查固定件是否全部拆除。

3）大模板的外模板拆除前，要用吊机事先吊好，然后才准拆除悬挂扁担及固定件。

（12）滑动模板拆除应符合下列要求：

1）滑模装置拆除（包括施工中改变平台结构），必须编制详细的施工方案，明确拆除的内容、方法、程序、使用的机械设备、安全措施及指挥人员的职责等。

2）滑模装置拆除方案，必须经主管部门及主管工程师审批，对拆除工作难度大的工程，尚应经上级主管部门审批后方可实施。

3）滑模装置拆除前必须组织拆除专业队、组，指定专人负责统一指挥。

4）凡参加拆除工作的作业人员，必须是经过技术培训，考试合格。不得中途随意更换作业人员。

5）拆除中使用的垂直运输设备和机具，必须经检查合格后方准使用。

6）滑模装置拆除前应检查各支承点埋设件牢固情况，以及作业人员上下走道是否安全可靠。

当拆除工作利用施工结构作为支承点时，对结构混凝土强度的要求应经结构验算确定，且不低于 15MPa。

7）拆除作业必须在白天进行，宜采用分段整体拆除，在地面解体。拆除的部件及操作平台上的一切物品，均不得从高空抛下。

8）当遇到雷雨、雾、雪或风力达到五级或五级以上的天气时，不得进行滑模装置的拆除作业。

接底人	李××、章××、刘××、程×× …

1.3.3 模板堆放安全技术交底

模板堆放施工现场安全技术交底表

表 AQ-C1-9

工程名称：××大厦工程　　施工单位：××建设集团有限公司　　编号：×××

交底部门	安全部	交底人	王××
交底项目	模板堆放	交底时间	×年×月×日

交底内容：

（1）所有模板和支撑系统应按不同材质、品种、规格、型号、大小、形状分类堆放，应注意在堆放中留出空地或交通道路，以便取用。在多层和高层施工中还应考虑模板和支撑的竖向转运顺序合理化。

（2）木质材料可按品种和规格堆放，钢质模板应按规格堆放，钢管应按不同长度堆放整齐。草药小型零配件应装袋或集中装箱转运。

（3）模板的堆放一般以平卧为主，对桁架或大模板等部件，可采用立放形式，但必须采取抗倾覆措施，每堆材料不宜过多，以免影响部件本身的质量和转运方便。

（4）堆放场地要求整平垫高，应注意通风排水，保持干燥；室内堆放应注意取用方便、堆放安全，露天堆放应加遮盖；钢质材料应防水防锈，木质材料应防腐、防火、防雨、防曝晒。

（5）大模板放置时，下面不得压有电线和气焊管线。

（6）平模叠放运输时，垫木必须上下对齐，绑扎牢固，车上严禁坐人。

（7）平模存放时应满足地区条件要求的自稳角，两块大模板应采取板面对板面的存放方法，长期存放模板，并将模板换成整体。大模板存放在施工楼层上，必须有可靠的防倾倒措施。不得沿外墙围边放置，并垂直于外墙存放。

没有支撑或自稳角不足的大模板，要存放在专用的堆放架上，或者平堆放，不得靠在其他模板或物件上，严防下脚滑移倾倒。

接底人	李××、章××、刘××、程××…

1.4 起重吊装机械操作

1.4.1 履带式起重机操作安全技术交底

履带式起重机操作施工现场安全技术交底表

表 AQ-C1-9

工程名称：××大厦工程　　施工单位：××建设集团有限公司　　编号：×××

交底部门	安全部	交底人	王××
交底项目	履带式起重机操作	交底时间	×年×月×日

交底内容：

1．一般安全操作规程

（1）司机必须须持特种作业资格证书上岗。严禁非起重机驾驶人员驾驶、操作起重机。

（2）起重机作业场地应平整坚实，如地面松软，应夯实后用枕木横向垫于履带下方。起重机工作、行驶与停放时，应按安全技术措施交底的要求与沟渠、基坑保持安全距离，不得停放在斜坡上。

（3）夜间操作必须有足够的照明设备，遇有恶劣气候应停止吊装作业。雨雪后进行吊装作业时，应及时清理冰雪并应采取防滑和防漏电措施，先试吊，确认制动器灵敏可靠后方可进行作业。

（4）新购置或新大修的起重机使用前必须经过检查、试吊，如静载试验（最大起重量加25%）及动载试验（最大起重量加10%），确认合格后方可使用。

（5）操作前应对传动部分试运转一次，重点检查安全装置、操纵装置、制动器和保险装置、钢丝绳及连接部位应符合规定。燃油、润滑油、冷却水等充足，各连接件无松动。

（6）启动前应将主离合器脱开，将各操纵杆放在空挡位置。

（7）内燃机启动后应检查各仪表指示值，待运转正常再连接主离合器，进行空载运转，确认正常，方可作业。

（8）起重机卷筒上的钢丝绳在工作时应排列整齐，钢丝绳在卷筒上至少应保留 3 圈余量。

（9）起重机械在最大工作幅度和高度以外3m范围内，不得有障碍物，特殊情况必须采取有效安全措施。

（10）加油时附近严禁烟火，油料着火严禁浇水，应用泡沫灭火器、沙土或湿麻袋等物扑灭。

2．使用中安全操作规程

交底部门	安全部	交底人	王××
交底项目	履带式起重机操作	交底时间	×年×月×日

交底内容:

　　(1)起吊过程中,在起重机行走、回转、俯仰吊臂、起落吊钩等动作前,起重司机应鸣声示意。一次只宜进行一个动作,待前一动作结束后,再进行下一动作。

　　(2)作业时变幅应缓慢平稳。严禁在起重臂未停稳前变换挡位,满载荷或接近满载荷时严禁下落臂杆。

　　(3)重物起吊离地10~50cm时,应检查机身稳定性,制动灵活可靠,绑扎牢固,确认后方可继续作业。起吊重物下方严禁有人停留或行走。

　　(4)作业时臂杆的最大仰角不得超过说明书的规定。无资料可查时,不得超过78°。

　　(5)起重机在满负荷或接近满负荷时,严禁同时进行两种操作动作和降落臂杆。

　　(6)起吊重物左右回转时,应平稳进行,不得使用紧急制动或在没有停稳前作反向旋转。起重机行驶时,回转、臂杆、吊钩的制动器必须刹住。

　　(7)起重机需带载荷行走时,载荷不得超过额定起重量的70%。行走时,吊物应在起重机行走正前方向,离地高度不得超过50cm,行驶速度应缓慢。严禁带载荷长距离行驶。

　　(8)转弯时,如转弯半径过小,应分次转弯(一次不超过15°)。下坡时严禁空挡滑行。

　　(9)双机抬吊重物时,应使用性能相近的起重机。抬吊时应统一指挥,动作应协调一致。载荷应分配合理,单机荷载不得超过额定起重量的80%。

　　3.停机后安全操作规程

　　(1)起重机转移工地应用长板拖车运送。近距离自行转移时,必须卸去配重,拆短臂杆,主动轮在后面,回转、臂杆、吊钩等必须处于制动位置。

　　(2)起重机通过桥、管道(沟)前,必须按安全技术措施交底,确认安全后方可通过。通过铁路、地面电缆等设施时应铺设木板保护,通过时不得在上面转弯。

　　(3)作业后臂杆应转至顺方向,并降至40°~60°之间,吊钩应提升到接近顶端的位置。各部制动器都应保险固定,操作室和机棚应关门上锁。

接底人	李××、章××、刘××、程××…

1.4.2 汽车、轮胎式起重机操作安全技术交底

汽车、轮胎式起重机操作施工现场安全技术交底表

表 AQ-C1-9

工程名称：××大厦工程　　施工单位：××建设集团有限公司　　编号：×××

交底部门	安全部	交底人	王××
交底项目	汽车、轮胎式起重机操作安全技术交底	交底时间	×年×月×日

交底内容：

（1）机械停放的地面应平整坚实。应按安全技术措施交底的要求与沟渠、基坑保持安全距离。

（2）作业前应伸出全部支腿，撑脚下必须垫方木。调整机体水平度，无荷载时水准泡居中。支腿的定位销必须插上。底盘为弹性悬挂的起重机，放支腿前应先收紧稳定器。

（3）调整支腿作业必须在无载荷时进行，将已伸出的臂杆缩回并转至正前方或正后方，作业中严禁扳动支腿操纵阀。

（4）作业中变幅应平稳，严禁猛起猛落臂杆。在高压线垂直或水平作业时，必须遵守JGJ 46-2005 的规定。

（5）伸缩臂式起重机在伸缩臂杆时，应按规定顺序进行。在伸臂的同时，应相应下放吊钩。当限位器发出警报时应立即停止伸臂。臂杆缩回时，仰角不宜过小。

（6）作业时，臂杆仰角必须符合说明书的规定。伸缩式臂杆伸出后，出现前节臂杆的长度大于后节伸出长度时，必须经过调整，消除不正常情况后方可作业。

（7）作业中出现支腿沉陷、起重机倾斜等情况时，必须立即放下吊物，经调整、消除不安全因素后方可继续作业。

（8）在进行装卸作业时，运输车驾驶室内不得有人，吊物不得从运输车驾驶室上方通过。

（9）两台起重机抬吊作业时，两台性能应相近，单机载荷不得大于额定起重量的80%。

（10）轮胎式起重机需短距离带载行走时，途经的道路必须平坦坚实，载荷必须符合使用说明书规定，吊物离地高度不得超过50cm，并必须缓慢行驶。严禁带载长距离行驶。

（11）行驶前，必须收回臂杆、吊钩及支腿。行驶时保持中速，避免紧急制动。通过铁路道口或不平道路时，必须减速慢行。下坡时严禁空挡滑行，倒车时必须有人监护。

（12）行驶时，在底盘走台上严禁有人或堆放物件。

（13）起重机通过临时性桥梁（管沟）等构筑物前，必须遵守安全技术措施交底，确认安全后方可通过。通过地面电缆时应铺设木板保护。通过时不得在上面转弯。

（14）作业后，伸缩臂式起重机的臂杆应全部缩回、放妥，并挂好吊钩。桁架式臂杆起重机应将臂杆转至起重机的前方，并降至40°～60°之间。各机构的制动器必须制动牢固，操作室和机棚应关门上锁。

接底人	李××、章××、刘××、程××…

1.4.3 塔式起重机操作安全技术交底

塔式起重机操作施工现场安全技术交底表

表 AQ-C1-9

工程名称：××大厦工程　　施工单位：××建设集团有限公司　　编号：×××

交底部门	安全部	交底人	王××
交底项目	塔式起重机操作安全技术交底	交底时间	×年×月×日

交底内容：

1. 使用前安全检查规程

（1）上班必须进行交接班手续，检查机械履历书及交接班记录等的填写情况及记载事项。

（2）操作前应松开夹轨器，按规定的方法将夹轨器固定。清除行走轨道的障碍物，检查路轨两端行走限位止挡离端头不小于 2～3m，并检查道轨的平直度、坡度和两轨道的高差，应符合塔机的有关安全技术规定，路基不得有沉陷、溜坡、裂缝等现象。

（3）轨道安装后，必须符合下列规定：

1）两轨道的高度差不大于 1/1000。

2）纵向和横向的坡度均不大于 1/1000。

3）轨距与名义值的误差不大于 1/1000，其绝对值不大于 6mm。

4）钢轨接头间隙在 2～4mm 之间，接头处两轨顶高度差不大于 2mm，两根钢轨接头必须错开 1.5m。

（4）检查各主要螺栓的紧固情况，焊缝及主角钢无裂纹、开焊等现象。

（5）检查机械传动的齿轮箱、液压油箱等的油位符合标准。

（6）检查各部制动轮、制动带（蹄）无损坏，制动灵敏；吊钩、滑轮、卡环、钢丝绳应符合标准；安全装置（力矩限制器、重量限制器、行走、高度变幅限位及大钩保险等）灵敏、可靠。

（7）操作系统、电气系统接触良好，无松动、无导线裸露等现象。

（8）对于带有电梯的塔机，必须验证各部安全装置安全可靠。

（9）配电箱在送电前，联动控制器应在零位。合闸后，检查金属结构部分无漏电方可上机。

（10）所有电气系统必须有良好的接地或接零保护。每 20m 作一组接地不得与建筑物相连，接地电阻不得大于 4Ω（欧）。

（11）起重机各部位在运转中 1m 以内不得有障碍物。

（12）塔式起重机操作前应进行空载运转或试车，确认无误方可投入生产。

交底部门	安全部	交底人	王××
交底项目	塔式起重机操作安全技术交底	交底时间	×年×月×日

交底内容：

　　2. 使用中安全操作规程

　　（1）司机必须按所驾驶塔式起重机的起重性能进行作业。

　　（2）机上各种安全保护装置运转中发生故障、失效或不准确时，必须立即停机修复，严禁带病作业和在运转中进行维修保养。

　　（3）司机必须在佩有指挥信号袖标的人员指挥下严格按照指挥信号、旗语、手势进行操作。操作前应发出音响信号，对指挥信号辨不清时不得盲目操作。对指挥错误有权拒绝执行或主动采取防范或相应紧急措施。

　　（4）起重量、起升高度、变幅等安全装置显示或接近临界警报值时，司机必须严密注视，严禁强行操作。

　　（5）操作时司机不得闲谈、吸烟、看书、报和做其他与操作无关事情。不得擅离操作岗位。

　　（6）当吊钩滑轮组起升到接近起重臂时应用低速起升。

　　（7）严禁重物自由下落，当起重物下降接近就位点时，必须采取慢速就位。重物就位时，可用制动器使之缓慢下降。

　　（8）使用非直撞式高度限位器时，高度限位器调整为：吊钩滑轮组与对应的最低零件的距离不得小于 1m，直撞式不得小于 1.5m。

　　（9）严禁用吊钩直接悬挂重物。

　　（10）操纵控制器时，必须从零点开始，推到第一挡，然后逐级加挡，每挡停 1～2s，直至最高挡。当需要传动装置在运动中改变方向时，应先将控制器拉到零位，待传动停止后再逆向操作，严禁直接变换运转方向。对慢就位挡有操作时间限制的塔式起重机，必须按规定时间使用，不得无限制使用慢就位挡。

　　（11）操作中平移起重物时，重物应高于其所跨越障碍物高度至少 100mm。

　　（12）起重机行走到接近轨道限位时，应提前减速停车。

　　（13）起吊重物时，不得提升悬挂不稳的重物，严禁在提升的物体上附加重物，起吊零散物料或异形构件时必须用钢丝绳捆绑牢固，应先将重物吊离地面约 50cm 停住，确定制动、物料绑扎和吊索具，确认无误后方可指挥起升。

　　（14）起重机在夜间工作时，必须有足够的照明。

　　（15）起重机在停机、休息或中途停电时，应将重物卸下，不得把重物悬吊在空中。

　　（16）操作室内，无关人员不得进入，禁止放置易燃物和妨碍操作的物品。

　　（17）起重机严禁乘运或提升人员。起落重物时，重物下方严禁站人。

　　（18）起重机的臂架和起重物件必须与高低压架空输电线路的安全距离，应遵守本规程表 7.1.2（6）的规定。

交底部门	安全部	交底人	王××
交底项目	塔式起重机操作安全技术交底	交底时间	×年×月×日

交底内容：

（19）两台搭式起重机同在一条轨道上或两条相平行的或相互垂直的轨道上进行作业时，应保持两机之间任何部位的安全距离，最小不得低于5m。

（20）遇有下列情况时，应暂停吊装作业：

1）遇有恶劣气候如大雨、大雪、大雾和施工作业面有六级（含六级）以上的强风影响安全施工时。

2）起重机发生漏电现象。

3）钢丝绳严重磨损，达到报废标准。

4）安全保护装置失效或显示不准确。

（21）司机必须经由扶梯上下，上下扶梯时严禁手携工具物品。

（22）严禁由塔机上向下抛掷任何物品或便溺。

（23）冬季在塔机操作室取暖时，应采取防触电和火灾的措施。

（24）凡有电梯的塔式起重机，必须遵守电梯的使用说明书中的规定，严禁超载和违反操作程序。

（25）多机作业时，应避免两台或两台以上塔式起重机在回转半径内重叠作业。特殊情况，需要重叠作业时，必须保证臂杆的垂直安全距离和起吊物料时相互之间的安全距离，并有可靠安全技术措施经主管技术领导批准后方可施工。

（26）动臂式起重机在重物吊离地面后起重、回转、行走三种动作可以同时进行，但变幅只能单独进行，严禁带载变幅。允许带载变幅的起重机，在满负荷或接近满负荷时，不得变幅。

（27）起升卷扬不安装在旋转部分的起重机，在起重作业时，不得顺一个方向连续回转。

（28）装有机械式力矩限制器的起重机，在多次变幅后，必须根据回转半径和该半径时的额定负荷，对超负荷限位装置的吨位指示盘进行调整。

（29）弯轨路基必须符合规定，起重机拐弯时应在外轨面上撒上沙子，内轨轨面及两翼涂上润滑脂。配重箱应转至拐弯外轮的方向。严禁在弯道上进行吊装作业或吊重物转弯。

3．停机后安全操作规程

（1）塔式起重机停止操作后，必须选择塔式起重机回转时无障碍物和轨道中间合适的位置及臂顺风向停机，并锁紧全部的夹轨器。

（2）凡是回转机构带有常闭或制动装置的塔式起重机，在停止操作后，司机必须搬开手柄，松开制动，以便起重机能在大风吹动下顺风向转动。

（3）应将吊钩起升到距起重臂最小距离不大于5m位置，吊钩上严禁吊挂重物。在未采取可靠措施时，不得采用任何方法，限制起重臂随风转动。

（4）必须将各控制器拉到零位，拉下配电箱总闸，收拾好工具，关好操作室及配电室（柜）的门窗，拉断其他闸箱的电源，打开高空指示灯。

（5）在无安全防护栏杆的部位进行检查、维修、加油、保养等工作时，必须系好安全带。

交底部门	安全部	交底人	王×××
交底项目	塔式起重机操作安全技术交底	交底时间	×年×月×日

交底内容：

（6）作业完毕后，吊钩小车及平衡重应移到非工作状态位置上。

（7）填写机械履历书及其规定的报表。

4．附着、顶升作业安全操作规程

（1）附着式固定式起重机的基础和附着的建筑物其受力强度必须满足塔机的设计要求。

（2）附着时应用经纬仪检查塔身的垂直并用撑杆调整垂直度，其垂直度偏差不得超过2/1000。

（3）每道附着装置的撑杆布置方式、相互间隔和附墙距离应符合原生产厂家规定。

（4）附着装置在塔身和建筑物上的框架，必须固定可靠，不得有任何松动。

（5）轨道式塔式起重机作附着式使用时，必须加强轨道基础的承载能力和切断行走电机的电源。

（6）风力在四级以上时不得进行顶升、安装、拆卸作业，作业时突然遇到风力加大，必须立即停止作业，并将塔身固定。

（7）顶升前必须检查液压顶升系统各部件的连接情况，并调整好爬升架滚轮与塔身的间隙，然后放松电缆，其长度略大于总的顶升高度，并紧固好电缆卷筒。

（8）顶升操作的人员必须是经专业培训考试合格的专业人员，并分工明确，专人指挥，非操作人员不得登上顶升套架的操作台，操作室内只准一人操作，必须听从指挥。

（9）顶升作业时，必须使塔机处于顶升平衡状态，并将回转部分制动住。严禁旋转臂杆及其他作业。顶升发生故障，必须立即停止，、待故障排除后方可继续顶升。

（10）顶升到规定自由行走高度时必须将搭身附着在建筑物上再继续顶升。

（11）顶升完毕应检查各连接螺栓按规定的预紧力矩紧固，爬升套架滚轮与塔身应吻合良好，左右操纵杆应在中间位置，并切断液压顶升机构电源。

（12）塔尖安装完毕后，必须保证塔身平衡。严禁只上一侧臂就下班或离开安装作业现场。

（13）塔身锚固装置拆除后，必须随之把塔身落到规定的位置。

（14）塔机在顶升拆卸时，禁止塔身标准节未安装接牢以前离开现场，不得在牵引平台上停放标准节（必须停放时要捆牢）或把标准节挂在起重钩上就离开现场。

5．安装、拆卸和轨道铺设安全操作规程

（1）塔式起重机安装、拆卸应遵守以下规定：

1）凡从事塔式起重机安装、拆卸操作人员必须经安全技术培训，考试合格后方可从事安装、拆卸工作。

2）塔式起重机安装、拆卸的人员，应身体健康，并应每年进行一次体检，凡患有高血压、心脏病、色盲、高度近视、耳背、美尼尔症、癫痛、晕高或严重关节炎等疾病者，不宜从事此项操作。

交底部门	安全部	交底人	王××
交底项目	塔式起重机操作安全技术交底	交底时间	×年×月×日

交底内容:

3）安装、拆卸人员必须熟知被安装、拆卸的塔式起重机的结构、性能和工艺规定。必须懂得起重知识，对所安装、拆卸部件应选择合适的吊点和吊挂部位，严禁由于吊挂不当造成零部件损坏或造成钢丝绳的断裂。

4）操作前必须对所使用的钢丝绳、卡环、吊钩、板钩等各种吊具、索具进行检查，凡不合格者不得使用。

5）起重同一个重物时，不得将钢丝绳和链条等混合同时使用于捆扎或吊重物。

6）在安装、拆卸过程中的任何一个部分发生故障及时报告，必须由专业人员进行检修，严禁自行动手修理。

7）安装过程中发现不符合技术要求的零部件不得安装。特殊情况必须由主管技术负责人审查同意，方可安装。

8）塔式起重机安装后，在无负荷情况下，塔身与地面的垂直偏差不得超过2/1000，塔式起重机的安装、拆卸必须认真执行专项安全施工组织设计（施工方案）和安全技术措施交底，并应统一指挥、专人监护。塔身上不得悬挂任何标语牌。

9）安装、拆卸高处作业时，必须穿防滑鞋、系好安全带。

（2）塔式起重机轨道铺设应遵守以下规定：

1）固定式塔式起重机基础必须设置钢筋混凝土基础，该基础必须能够承受工作状态下的最大载荷，并应满足塔机基础的横向偏差、纵向偏差、轨距偏差等各项要求。

2）轨道不得直接敷设在地下建筑物上面（如暗沟、人防等设施）。

3）敷设碎石前的路面，必须压实。轨道碎石基础必须整平捣实，道木之间应填满碎石。钢轨接头处必须有道木支承，不得悬空。

路基两侧或中间应设排水沟，路基不得积水。道碴层厚度不得少于20cm（枕木上、下各10cm）；碴石粒径为25～60mm。

4）起重机轨道应通过垫块与道木连接。轨道每间隔6m设轨距拉杆一个。

5）塔式起重机的轨铺应设不少于两组接地装置。轨道较长的每隔20m应加一组接地装置，接地电阻不大于4Ω。

6）路基土壤承载力必须符合专项安全施工组织设计（施工方案）规定的要求。

7）距轨道终端1.5m处必须设置极限位置阻挡器，其高度应不小于行走轮半径。

8）冬季施工时轨道上的积雪、冰霜必须及时清除干净。起重机在施工期内，每周或雨、雪后应对轨道基础进行检查，发现不符合规定，应及时调整。

9）塔机的轨道铺设完毕，必须经有关人员检查验收合格后方可进行塔机的安装。

10）塔机行走范围内的轨道中间严禁堆放任何物料。

接底人	李××、章××、刘××、程××…

1.4.4 卷扬机操作安全技术交底

卷扬机操作施工现场安全技术交底表

表 AQ-C1-9

工程名称：××大厦工程　　施工单位：××建设集团有限公司　　编号：×××

交底部门	安全部	交底人	王××
交底项目	卷扬机操作安全技术交底	交底时间	×年×月×日

交底内容：

（1）卷扬机司机必须经专业培训，考试合格，持证上岗作业，并应专人专机。

（2）卷扬机安装的位置必须选择视线良好，远离危险作业区域的地点。卷扬机距第一导向轮（地轮）的水平距离应在 15m 左右。"从卷筒中心线到第一导向轮的距离，带槽卷筒应大于卷筒宽度的 15 倍，无槽卷筒应大于卷筒宽度的 20 倍。钢丝绳在卷筒中间位置时，滑轮的位置应与卷筒中心垂直"。导向滑轮不得用开口拉板（俗称开口葫芦）。

（3）卷扬机后面应埋设地锚与卷扬机底座用钢丝绳拴牢，并应在底座前面打桩。

（4）卷筒上的钢丝绳应排列整齐，应至少保留 3～5 圈。导向滑轮至卷扬机卷筒的钢丝绳，凡经过通道处必须遮护。

（5）卷扬机安装完毕必须按标准进行检验，并进行空载、动载、超载试验：

1）空载试验：即不加荷载，按操作中各种动作反复进行，并试验安全防护装置灵敏可靠。

2）动载试验：即按规定的最大载荷进行动作运行。

3）超载试验：一般在第一次使用前，或经大修后按额定载荷的110%～125%逐渐加荷进行。

（6）每日班前应对卷扬机、钢丝绳、地锚、地轮等进行检查，确认无误后，试空车运行，合格后方可正式作业。

（7）卷扬机在运行中，操作人员（司机）不得擅离岗位。

（8）卷扬机司机必须听视信号，当信号不明或可能引起事故时，必须停机待信号明确后方可继续作业。

（9）吊物在空中停留时，除用制动器外并应用棘轮保险卡牢。作业中如遇突然停电必须先切断电源，然后按动刹车慢慢地放松，将吊物匀速缓缓地放至地面。

（10）保养设备必须在停机后进行，严禁在运转中进行维修保养或加油。

（11）夜间作业，必须有足够的照明装置。

（12）卷扬机不得超吊或拖拉超过额定重量的物件。

（13）司机离开时，必须切断电源，锁好闸箱。

接底人	李××、章××、刘××、程××…

1.4.5 桅杆式起重机操作安全技术交底

桅杆式起重机操作施工现场安全技术交底表

表 AQ-C1-9

工程名称：××大厦工程　　施工单位：××建设集团有限公司　　编号：×××

交底部门	安全部	交底人	王××
交底项目	桅杆式起重机操作安全技术交底	交底时间	×年×月×日

交底内容：

（1）桅杆式起重机的卷扬机应符合上述 1.4.4 的规定。

（2）起重机的安装和拆卸应划出警戒区，清除周围的障碍物，在专人统一指挥下，按照出厂说明书或制定的拆装技术方案进行。

（3）安装起重机的地基应平整夯实，底座与地面之间应垫两层枕木，并应采用木块揳紧缝隙。

（4）缆风绳的规格、数量及地锚的拉力、埋设深度等，应按照起重机性能经过计算确定，缆风绳与地面的夹角应在 30°～ 45°之间，缆风绳与桅杆和地锚的连接应牢固。

（5）缆风绳的架设应避开架空电线。在靠近电线的附近，应装有绝缘材料制作的护线架。

（6）提升重物时，吊钩钢丝绳应垂直，操作应平稳，当重物吊起刚离开支承面时，应检查并确认各部无异常时，方可继续起吊。

（7）在起吊满载重物前，应有专人检查各地锚的牢固程度。各缆风绳都应均匀受力，主杆应保持直立状态。

（8）作业时，起重机的回转钢丝绳应处于拉紧状态。回转装置应有安全制动控制器。

（9）起重机移动时，其底座应垫以足够承重的枕木排和滚杠，并将起重臂收紧处于移动方向的前方。移动时，主杆不得倾斜，缆风绳的松紧应配合一致。

接底人	李××、章××、刘××、程××…

1.4.6 门式、桥式起重机与电葫芦使用安全技术交底

门式、桥式起重机与电葫芦使用安全技术交底表

表 AQ-C1-9

工程名称：××大厦工程　　施工单位：××建设集团有限公司　　编号：×××

交底部门	安全部	交底人	王××
交底项目	门式、桥式起重机与电葫芦使用 安全技术交底	交底时间	×年×月×日

交底内容：

（1）起重机路基和轨道的铺设应符合出厂规定，轨道接地电阻不应大于 4Ω。

（2）使用电缆的门式起重机，应设有电缆卷筒，配电箱应设置在轨道中部。

（3）用滑线供电的起重机，应在滑线两端标有鲜明的颜色，滑线应设置防护栏杆。

（4）轨道应平直，鱼尾板连接螺栓应无松动，轨道和起重机运行范围内应无障碍物。门式起重机应松开夹轨器。

（5）门式、桥式起重机作业前的重点检查项目应符合下列要求：

1）机械结构外观正常，各连接件无松动；

2）钢丝绳外表情况良好，绳卡牢固；

3）各安全限位装置齐全完好。

（6）操作室内应垫木板或绝缘板，接通电源后应采用试电笔测试金属结构部分，确认无漏电方可上机；上、下操纵室应使用专用扶梯。

（7）作业前，应进行空载运转，在确认各机构运转正常，制动可靠，各限位开关灵敏有效后，方可作业。

（8）开动前，应先发出音响信号示意，重物提升和下降操作应平稳匀速，在提升大件时不得用快速，并应拴拉绳防止摆动。

（9）吊运易燃、易爆、有害等危险品时，应经安全主管部门批准，并应有相应的安全措施。

（10）重物的吊运路线严禁从人上方通过，亦不得从设备上面通过。空车行走时，吊钩应离地面 2m 以上。

（11）吊起重物后应慢速行驶，行驶中不得突然变速或倒退。两台起重机同时作业时，应保持 3~5m 距离。严禁用一台起重机顶推另一台起重机。

（12）起重机行走时，两侧驱动轮应同步，发现偏移应停止作业，调整好后方可继续使用。

交底部门	安全部	交底人	王××
交底项目	门式、桥式起重机与电葫芦使用安全技术交底	交底时间	×年×月×日

交底内容：

（13）作业中，严禁任何人从一台桥式起重机跨越到另一台桥式起重机上去。

（14）操作人员由操纵室进入桥架或进行保养检修时，应有自动断电联锁装置或事先切断电源。

（15）露天作业的门式、桥式起重机，当遇六级及以上大风时，应停止作业，并锁紧夹轨器。

（16）门式、桥式起重机的主梁挠度超过规定值时，必须修复后方可使用。

（17）作业后，门式起重机应停放在停机线上，用夹轨器锁紧，并将吊钩升到上部位置；桥式起重机应将小车停放在两条轨道中间，吊钩提升到上部位置。吊钩上不得悬挂重物。

（18）作业后，应将控制器拨到零位，切断电源，关闭并锁好操纵室门窗。

接底人	李××、章××、刘××、程××…

1.4.7 倒链操作安全技术交底

倒链操作施工现场安全技术交底表

表 AQ-C1-9

工程名称：××大厦工程　　施工单位：××建设集团有限公司　　　编号：×××

交底部门	安全部	交底人	王××
交底项目	倒链操作安全技术交底	交底时间	×年×月×日

交底内容：

（1）倒链使用前应仔细检查吊钩、链条及轮轴是否有损伤，传动部分是否灵活；挂上重物后，先慢慢拖动链条，等起重链条受力后再检查一次，看齿轮啮合是否妥当，链条自锁装置是否起作用。确认各部分情况良好后，方可继续工作。

（2）倒链在使用中不得超过额定的起重量。在-10℃以下使用时，只能以额定起重量之半进行工作。

（3）手拉动链条时，应均匀和缓，不得猛拉。不得在与链轮不同平面内进行曳动，以免造成跳链、卡环现象。

（4）如起重量不明或构件重量不详时，只要一个人可以拉动，就可继续工作。如一个人拉不动，应检查原因，不宜几人猛拉，以免发生事故。

（5）齿轮部分应经常加油润滑，棘爪、棘轮和棘爪弹簧应经常检查，发现异常情况应予以更换，防止制动失灵使重物自坠。

接底人	李××、章××、刘××、程××⋯

1.5 脚手架工程

1.5.1 扣件式钢管脚手架工程安全技术交底

扣件式钢管脚手架工程施工现场安全技术交底表

表 AQ-C1-9

工程名称：××大厦工程　　施工单位：××建设集团有限公司　　编号：×××

交底部门	安全部	交底人	王××
交底项目	扣件式钢管脚手架工程	交底时间	×年×月×日

交底内容：

1．检查验收的条件

脚手架及其地基基础应在下列阶段进行检查与验收：

（1）基础完成后及脚手架搭设前；

（2）作业层上施加荷载前；

（3）每搭设完 10～13m 高度后；

（4）达到设计高度后；

（5）遇有六级大风与大雨后；寒冷地区开冻后；

（6）停用超过一个月。

2．搭设人员的要求

（1）脚手架搭设人员必须是经过按现行国家标准《建筑施工特种作业人员管理规定》考核合格的专业架子工。

（2）搭设脚手架人员必须戴安全帽、系安全带、穿防滑鞋。

3．纵向水平杆、横向水平杆、脚手板

（1）纵向水平杆的构造应符合下列规定：

1）纵向水平杆宜设置在立杆内侧，其长度不宜小于 3 跨；

2）纵向水平杆接长宜采用对接扣件连接，也可采用搭接。对接、搭接应符合下列规定：

①纵向水平杆的对接扣件应交错布置：两根相邻纵向水平杆的接头不宜设置在同步或同跨内；不同步或不同跨两个相邻接头在水平方向错开的距离不应小于 500mm；各接头中心至最近主节点的距离不宜大于纵距的 1/3（图 1-6）；

②搭接长度不应小于 1m，应等间距设置 3 个旋转扣件固定，端部扣件盖板边缘至搭接纵向水平杆杆端的距离不应小于 100mm；

交底部门	安全部	交底人	王×××
交底项目	扣件式钢管脚手架工程	交底时间	×年×月×日

交底内容：

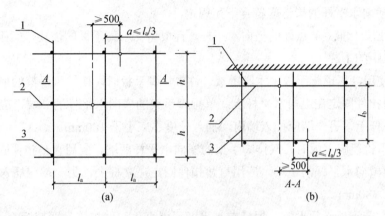

图 1-6 纵向水平杆对接接头布置

（a）接头不在同步内（立面）；（b）接头不在同跨内（平面）

1-立杆；2-纵向水平杆；3-横向水平杆

3）当使用冲压钢脚手板、木脚手板、竹串片脚手板时，纵向水平杆应作为横向水平杆的支座，用直角扣件固定在立杆上；当使用竹笆脚手板时，纵向水平杆应采用直角扣件固定在横向水平杆上，并应等间距设置，间距不应大于 400mm（图 1-7）。

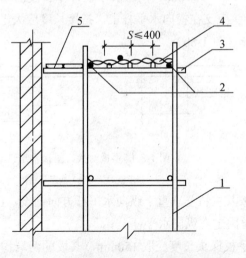

图 1-7 铺竹笆脚手板时纵向水平杆的构造

1-立杆；2-纵向水平杆；3-横向水平杆；4-竹笆脚手板；5-其它脚手板

交底部门	安全部	交底人	王××
交底项目	扣件式钢管脚手架工程	交底时间	×年×月×日

交底内容：

（2）横向水平杆的构造应符合下列规定：

1）作业层上非主节点处的横向水平杆，宜根据支承脚手板的需要等间距设置，最大间距不应大于纵距的1/2；

2）当使用冲压钢脚手板、木脚手板、竹串片脚手板时，双排脚手架的横向水平杆两端均应采用直角扣件固定在纵向水平杆上；单排脚手架的横向水平杆的一端，应用直角扣件固定在纵向水平杆上，另一端应插入墙内，插入长度不应小于180mm。

3）使用竹笆脚手板时，双排脚手架的横向水平杆两端，应用直角扣件固定在立杆上；单排脚手架的横向水平杆的一端，应用直角扣件固定在立杆上，另一端应插入墙内，插入长度亦不应小于180mm。

（3）主节点处必须设置一根横向水平杆，用直角扣件扣接且严禁拆除。

（4）脚手板的设置应符合下列规定：

1）作业层脚手板应铺满、铺稳、铺实；

2）冲压钢脚手板、木脚手板、竹串片脚手板等，应设置在三根横向水平杆上。当脚手板长度小于2m时，可采用两根横向水平杆支承，但应将脚手板两端与其可靠固定，严防倾翻。脚手板的铺设应采用对接平铺或搭接铺设。脚手板对接平铺时，接头处必须设两根横向水平杆，脚手板外伸长应取130～150mm，两块脚手板外伸长度的和不应大于300mm（图1-8a）；脚手板搭接铺设时，接头应支在横向水平杆上，搭接长度应大于200mm，其伸出横向水平杆的长度不应小于100mm（图1-8b）。

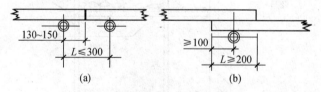

图1-8 脚手板对接、搭接构造

（a）脚手板对接；（b）脚手板搭接

3）竹笆脚手板应按其主竹筋垂直于纵向水平杆方向铺设，且采用对接平铺，四个角应用直径1.2mm的镀锌钢丝固定在纵向水平杆上。

4）作业层端部脚手板探头长度应取150mm，其板的两端均应固定于支承杆上。

4．立杆

（1）每根立杆底部应设置底座或垫板。

交底部门	安全部	交底人	王××
交底项目	扣件式钢管脚手架工程	交底时间	×年×月×日

交底内容：

（2）脚手架必须设置纵、横向扫地杆。纵向扫地杆应采用直角扣件固定在距钢管底端不大于 200mm 处的立杆上。横向扫地杆亦应采用直角扣件固定在紧靠纵向扫地杆下方的立杆上。

（3）立杆基础不在同一高度上时，必须将高处的纵向扫地杆向低处延长两跨与立杆固定，高低差不应大于1m。靠边坡上方的立杆轴线到边坡的距离不应小于500mm（图1-9）。

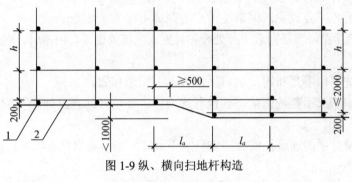

图1-9 纵、横向扫地杆构造

1-横向扫地杆；2-纵向扫地杆

（4）单、双排脚手架底层步距均不应大于2m。

（5）单排、双排与满堂脚手架立杆接长除顶层顶步外，其余各层各步接头必须采用对接扣件连接。

（6）脚手架立杆的对接、搭接应符合下列规定：

1）当立杆采用对接接长时，立杆的对接扣件应交错布置，两根相邻立杆的接头不应设置在同步内，同步内隔一根立杆的两个相隔接头在高度方向错开的距离不宜小于500mm；各接头中心至主节点的距离不宜大于步距的1/3；

2）当立杆采用搭接接长时，搭接长度不应小于1m，并应采用不少于2个旋转扣件固定。端部扣件盖板的边缘至杆端距离不应小于100mm。

（7）立杆顶端宜高出女儿墙上端1m，高出檐口上端1.5m。

5．连墙件

（1）脚手架连墙件设置的位置、数量应按专项施工方案确定。

（2）连墙件数量的设置除应满足《建筑施工扣件式钢管脚手架安全技术规范》计算要求外，尚应符合表1-5的规定。

交底部门	安全部	交底人	王××
交底项目	扣件式钢管脚手架工程	交底时间	×年×月×日

交底内容：

表 1-5　　　　　　　　　　　　连墙件布置最大间距

脚手架高度		竖向间距（h）	水平间距（l_a）	每根连墙件覆盖面积（m²）
双排	≤50m	3h	3l_a	≤40
	>50m	2h	3l_a	≤27
单排	≤24m	3h	3l_a	≤40

（3）连墙件的布置应符合下列规定：

1）应靠近主节点设置，偏离主节点的距离不应大于 300mm；

2）应从底层第一步纵向水平杆处开始设置，当该处设置有困难时，应采用其它可靠措施固定；

3）宜优先采用菱形布置，也可采用方形、矩形布置。

（4）开口型脚手架的两端必须设置连墙件，连墙件的垂直间距不应大于建筑物的层高，并且不应大于 4m。

（5）连墙件中的连墙杆或拉筋宜呈水平设置，当不能水平设置时，应向脚手架一端下斜连接；

（6）连墙件必须采用可承受拉力和压力的构造。对高度 24m 以上的双排脚手架，必须采用刚性连墙件与建筑物可靠连接。

（7）当脚手架下部暂不能设连墙件时应采取防倾措施。当设抛撑时，抛撑应采用通长杆件与脚手架可靠连接，与地面的倾角应在 45°～60°之间；连接点中心至主节点的距离不应大于 300mm。抛撑应在连墙件搭设后方可拆除。

（8）架高超过 40m 且有风涡流作用时，应采取抗上升翻流作用的连墙措施。

6．门洞

（1）单、双排脚手架门洞宜采用上升斜杆、平行弦杆桁架结构型式（图 1-10），斜杆与地面的倾角 α 应在 45°～60°之间。门洞桁架的型式宜按下列要求确定：

1）当步距（h）小于纵距（l_a）时，应采用 A 型；

2）当步距（h）大于纵距（l_a）时，应采用 B 型，并应符合下列规定：

①h=1.8m 时，纵距不应大于 1.5m；

②h=2.0m 时，纵距不应大于 1.2m。

（2）单、双排脚手架门洞桁架的构造应符合下列规定：

1）单排脚手架门洞处，应在平面桁架（图 1-10 中 ABCD）的每一节间设置一根斜腹杆；双排脚手架门洞处的空间桁架，除下弦平面外，应在其余 5 个平面内的图示节间设置一根斜腹杆（图 1-10 中 1-1、2-2、3-3 剖面）；

交底部门	安全部	交底人	王××
交底项目	扣件式钢管脚手架工程	交底时间	×年×月×日

交底内容：

　　2）斜腹杆宜采用旋转扣件固定在与之相交的横向水平杆的伸出端上，旋转扣件中心线至主节点的距离不宜大于 150mm。当斜腹杆在 1 跨内跨越 2 个步距（图 1-10A 型）时，宜在相交的纵向水平杆处，增设一根横向水平杆，将斜腹杆固定在其伸出端上；

　　3）斜腹杆宜采用通长杆件，当必须接长使用时，宜采用对接扣件连接，也可采用搭接，搭接构造应符合上述第 4 条（6）款的规定。

　　（3）单排脚手架过窗洞时应增设立杆或增设一根纵向水平杆（图 1-11）。

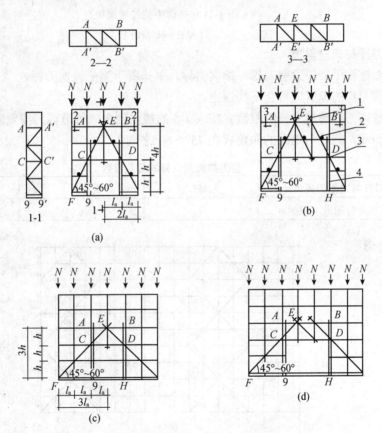

图 1-10 门洞处上升斜杆、平行弦杆桁架

（a）挑空一根立杆（A 型）；（b）挑空二根立杆（A）型；（c）挑空一根立杆（B 型）；（d）挑空二根立杆（B 型）

1-防滑扣件；2-增设的横向水平杆；3-副立杆；4-主立杆

　　（4）门洞桁架下的两侧立杆应为双管立杆，副立杆高度应高于门洞口 1～2 步。

　　（5）门洞桁架中伸出上下弦杆的杆件端头，均应增设一个防滑扣件（图 1-10），该扣件宜紧靠主节点处的扣件。

交底部门	安全部	交底人	王××
交底项目	扣件式钢管脚手架工程	交底时间	×年×月×日

交底内容：

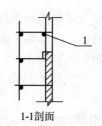 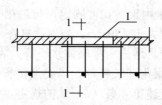

1-1剖面

图 1-11 单排脚手架过窗洞构造

1-增设的纵向水平杆

7．剪刀撑与横向斜撑

（1）双排脚手架应设剪刀撑与横向斜撑，单排脚手架应设剪刀撑。

（2）剪刀撑的设置应符合下列规定：

1）每道剪刀撑跨越立杆的根数宜按表 1-6 的规定确定。每道剪刀撑宽度不应小于 4 跨，且不应小于 6m，斜杆与地面的倾角宜在 45°～60°之间；

表 1-6　　　　　　　　　　　　剪刀撑跨越立杆的最多根数

剪刀撑斜杆与地面的倾角 α	45°	50°	60°
剪刀撑跨越立杆的最多根数 n	7	6	5

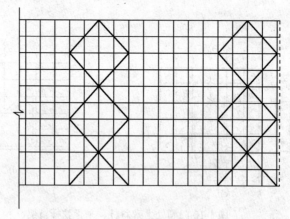

图 1-12 剪刀撑布置

2）剪刀撑斜杆的接长宜采用搭接或对接，搭接应符合上述第 4 条（6）款的规定；

3）剪刀撑斜杆应用旋转扣件固定在与之相交的横向水平杆的伸出端或立杆上，旋转扣件中心线至主节点的距离不宜大于 150mm。

交底部门	安全部	交底人	王××
交底项目	扣件式钢管脚手架工程	交底时间	×年×月×日

交底内容：

（3）高度在 24m 及以上的双排脚手架应在外侧全立面连续设置剪刀撑；高度在 24m 以下的单、双排脚手架，均必须在外侧两端、转角及中间间隔不超过 15m 的立面上，各设置一道剪刀撑，并应由底至顶连续设置（图1-12）。

（4）双排脚手架横向斜撑的设置应符合下列规定：

1）横向斜撑应在同一节间，由底至顶层呈之字型连续布置，斜撑的固定应符合上述第6条（2）款2）目的规定；

2）高度在 24m 以下的封闭型双排脚手架可不设横向斜撑，高度在 24m 以上的封闭型脚手架，除拐角应设置横向斜撑外，中间应每隔 6 跨设置一道。

（5）开口型双排脚手架的两端均必须设置横向斜撑；

8．斜道

（1）人行并兼作材料运输的斜道的型式宜按下列要求确定：

1）高度不大于 6m 的脚手架，宜采用一字型斜道；

2）高度大于 6m 的脚手架，宜采用之字型斜道。

（2）斜道的构造应符合下列规定：

1）斜道宜附着外脚手架或建筑物设置；

2）运料斜道宽度不宜小于 1.5m，坡度宜采用 1∶6；人行斜道宽度不宜小于 1m，坡度宜采用 1∶3；

3）拐弯处应设置平台，其宽度不应小于斜道宽度；

4）斜道两侧及平台外围均应设置栏杆及挡脚板。栏杆高度应为 1.2m，挡脚板高度不应小于 180mm；

5）运料斜道两侧、平台外围和端部均应按上述第 5 条的规定设置连墙件；每两步应加设水平斜杆；上述第 7 条的规定设置剪刀撑和横向斜撑。

（3）斜道脚手板构造应符合下列规定：

1）脚手板横铺时，应在横向水平杆下增设纵向支托杆，纵向支托杆间距不应大于 500mm；

2）脚手板顺铺时，接头宜采用搭接；下面的板头应压住上面的板头，板头的凸棱处宜采用三角木填顺；

3）人行斜道和运料斜道的脚手板上应每隔 250～300mm 设置一根防滑木条，木条厚度宜为 20～30mm。

9．满堂支撑架

（1）满堂支撑架立杆步距与立杆间距不宜超过《建筑施工扣件式钢管脚手架安全技术规范》（JGJ 130-2011）附录 C 表 C.2～表 C.5 规定的上限值，立杆伸出顶层水平杆中心线至支撑点的长度 a 不应超过 0.5m。满堂支撑架搭设高度不宜超过 30m。

交底部门	安全部	交底人	王×××
交底项目	扣件式钢管脚手架工程	交底时间	×年×月×日

交底内容：

（2）满堂支撑架立杆、水平杆的构造要求应符合述第 3 条及第 4 条的规定。

（3）满堂支撑架应根据架体的类型设置剪刀撑，并应符合下列规定：

1）普通型：

①在架体外侧周边及内部纵、横向每 5m～8m，应由底至顶设置连续竖向剪刀撑，剪刀撑宽度应为 5m～8m（图 1-13）。

②在竖向剪刀撑顶部交点平面应设置连续水平剪刀撑。当支撑高度超过 8m，或施工总荷载大于 $15kN/m^2$，或集中线荷载大于 20kN/m 的支撑架，扫地杆的设置层应设置水平剪刀撑。水平剪刀撑至架体底平面距离与水平剪刀撑间距不宜超过 8m（图 1-13）。

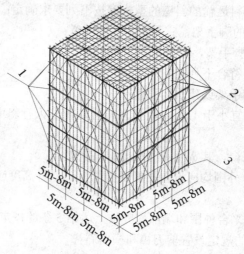

图 1-13 普通型水平、竖向剪刀撑布置图
1-水平剪刀撑；2-竖向剪刀撑；3-扫地杆设置层

2）加强型：

①当立杆纵、横间距为 0.9m×0.9m～1.2m×1.2m 时，在架体外侧周边及内部纵、横向每 4 跨（且不大于 5m），应由底至顶设置连续竖向剪刀撑，剪刀撑宽度应为 4 跨。

②当立杆纵、横间距为 0.6m×0.6m～0.9m×0.9m（含 0.6m×0.6m，0.9m×0.9m）时，在架体外侧周边及内部纵、横向每 5 跨（且不小于 3m），应由底至顶设置连续竖向剪刀撑，剪刀撑宽度应为 5 跨。

③当立杆纵、横间距为 0.4m×0.4m～0.6m×0.6m（含 0.4m×0.4m）时，在架体外侧周边及内部纵、横向每 3m～3.2m 应由底至顶设置连续竖向剪刀撑，剪刀撑宽度应为 3m～3.2m。

交底部门	安全部	交底人	王××
交底项目	扣件式钢管脚手架工程	交底时间	×年×月×日

交底内容：

④在竖向剪刀撑顶部交点平面应设置水平剪刀撑，扫地杆的设置层水平剪刀撑的设置应符合上述第9条（3）款1）目的规定，水平剪刀撑至架体底平面距离与水平剪刀撑间距不宜超过6m；剪刀撑宽度应为3m～5m（图1-14）。

（4）竖向剪刀撑斜杆与地面的倾角应为45°～60°，水平剪刀撑与支架纵（或横）向夹角应为45°～60°，剪刀撑斜杆的接长应符合上述第7条的规定。

（5）剪刀撑的固定应符合上述第7款的规定。

（6）满堂支撑架的可调底座、可调托撑螺杆伸出长度不宜超过300mm，插入立杆内的长度不得小于150mm。

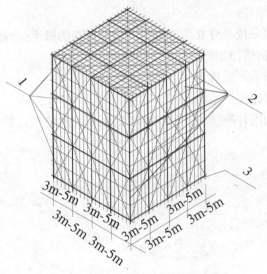

图1-14 加强型水平、竖向剪刀撑构造布置图

1-水平剪刀撑；2-竖向剪刀撑；3-扫地杆设置层

（7）当满堂支撑架高宽比不满足《建筑施工扣件式钢管脚手架安全技术规范》（JGJ 130-2011）附录C表C.2～表C.5规定（高宽比大于2或2.5）时，满堂支撑架应在支架的四周和中部与结构柱进行刚性连接，连墙件水平间距应为6m～9m，竖向间距应为2m～3m。在无结构柱部位应采取预埋钢管等措施与建筑结构进行刚性连接，在有空间部位，满堂支撑架宜超出顶部加载区投影范围向外延伸布置2～3跨。支撑架高宽比不应大于3。

10. 脚手架拆除

（1）拆除脚手架前的准备工作应符合下列规定：

1）全面检查脚手架的扣件连接、连墙件、支撑体系等是否符合构造要求；

交底部门	安全部	交底人	王××
交底项目	扣件式钢管脚手架工程	交底时间	×年×月×日

交底内容:

2) 应根据检查结果补充完善施工组织设计中的拆除顺序和措施,经主管部门批准后方可实施;

3) 应由单位工程负责人进行拆除安全技术交底;

4) 应清除脚手架上杂物及地面障碍物。

（2）拆脚手架时,应符合下列规定:

1) 拆除作业必须由上而下逐层进行,严禁上下同时作业;

2) 连墙件必须随脚手架逐层拆除,严禁先将连墙件整层或数层拆除后再拆脚手架;分段拆除高差不应大于两步,如高差大于两步,应增设连墙件加固;

3) 当脚手架拆至下部最后一根长立杆的高度（约 6.5m）时,应先在适当位置搭设临时抛撑加固后,再拆除连墙件;

4) 当脚手架采取分段、分立面拆除时,对不拆除的脚手架两端,应先按 JGJ 130-2011 的规定设置连墙件和横向斜撑加固。

（3）卸料时应符合下列规定:

1) 各构配件严禁抛掷至地面;

2) 运至地面的构配件应按 JGJ 130-2011 的规定及时检查、整修与保养,并按品种、规格随时码堆存放。

接底人	李××、章××、刘××、程××…

1.5.2 门式钢管脚手架工程安全技术交底

门式钢管脚手架工程施工现场安全技术交底表

表 AQ-C1-9

工程名称：××大厦工程　　施工单位：××建设集团有限公司　　编号：×××

交底部门	安全部	交底人	王××
交底项目	门式钢管脚手架工程	交底时间	×年×月×日

交底内容：

门式脚手架搭设完毕或每搭设 2 个楼层高度，满堂脚手架、模板支架搭设完毕或每搭设 4 步高度，应对搭设质量及安全进行一次检查，经检验合格后方可交付使用或继续搭设。

1．门架

（1）门架应能配套使用，在不同组合情况下，均应保证连接方便、可靠，且应具有良好的互换性。

（2）不同型号的门架与配件严禁混合使用。

（3）上下榀门架立杆应在同一轴线位置上，门架立杆轴线的对接偏差不应大于 2mm。

（4）门式脚手架的内侧立杆离墙面净距不宜大于 150mm；当大于 150mm 时，应采取内设挑架板或其他隔离防护的安全措施。

（5）门式脚手架顶端栏杆宜高出女儿墙上端或檐口上端 1.5m。

2．配件

（1）配件应与门架配套，并应与门架连接可靠。

（2）门架的两侧应设置交叉支撑，并应与门架立杆上的锁销锁牢。

（3）上下榀门架的组装必须设置连接棒，连接棒与门架立杆配合间隙不应大于 2mm。

（4）门式脚手架或模板支架上下榀门架间应设置锁臂，当采用插销式或弹销式连接棒时，可不设锁臂。

（5）门式脚手架作业层应连续满铺与门架配套的挂扣式脚手板，并应有防止脚手板松动或脱落的措施。当脚手板上有孔洞时，孔洞的内切圆直径不应大于 25mm。

（6）底部门架的立杆下端宜设置固定底座或可调底座。

（7）可调底座和可调底座的调节螺杆直径不应小于 35mm，可调底座的调节螺杆伸出长度不应大于 200mm。

3．加固件

（1）门式脚手架剪刀撑的设置必须符合下列规定：

1）当门式脚手架搭设高度在 24m 及以下时，在脚手架的转角处、两端及中间间隔不超过 15m 的外侧立面必须各设置一道剪刀撑，并应由底至顶连续设置；

交底部门	安全部	交底人	王××
交底项目	门式钢管脚手架工程	交底时间	×年×月×日

交底内容：

　　2）当脚手架搭设高度超过24m时，在脚手架全外侧立面上必须设置连续剪刀撑；

　　3）对于悬挑脚手架，在脚手架全外侧立面上必须设置连续剪刀撑。

　　（2）剪刀撑的构造应符合下列规定（图1-15）：

　　1）剪刀撑斜杆与地面的倾角宜为45°～60°；

　　2）剪刀撑应采用旋转扣件与门架立杆扣紧；

　　3）剪刀撑斜杆应采用搭接接长，搭接长度不宜小于1000mm，搭接处应采用3个及以上旋转扣件扣紧；

　　4）每道剪刀撑的宽度不应大于6个跨距，且不应大于10m；也不应小于4个跨距，且不应小于6m。设置连续剪刀撑的斜杆水平间距宜为6m～8m。

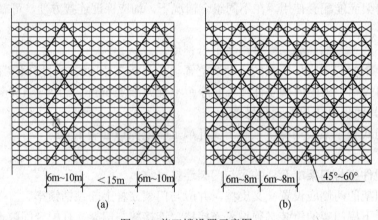

图1-15 剪刀撑设置示意图

（a）脚手架搭设高度24m及以下、（b）超过24m时剪刀撑设置

　　（3）门式脚手架应在门架两侧的立杆上设置纵向水平加固杆，并应采用扣件与门架立杆扣紧。水平加固杆设置应符合下列要求：

　　1）在顶层、连墙件设置层必须设置；

　　2）当脚手架每步铺设挂扣式脚手板时，至少每4步应设置一道，并宜在有连墙件的水平层设置；

　　3）当脚手架搭设高度小于或等于40m时，至少每两步门架应设置一道；当脚手架搭设高度大于40m时，每步门架应设置一道；

　　4）在脚手架的转角处、开口型脚手架端部的两个跨距内，每步门架应设置一道；

　　5）悬挑脚手架每步门架应设置一道；

交底部门	安全部	交底人	王××
交底项目	门式钢管脚手架工程	交底时间	×年×月×日

交底内容：

　　6）在纵向水平加固杆设置层面上应连续设置。

　　（4）门式脚手架的底层门架下端应设置纵、横向通长的扫地杆。纵向扫地杆应固定在距门架立杆底端不大于 200mm 处的门架立杆上，横向扫地杆宜固定在紧靠纵向扫地杆下方的门架立杆上。

　　4．转角处门架连接

　　（1）在建筑物的转角处，门式脚手架内、外两侧立杆上应按步设置水平连接杆、斜撑杆，将转角处的两榀门架连成一体（图 1-16）。

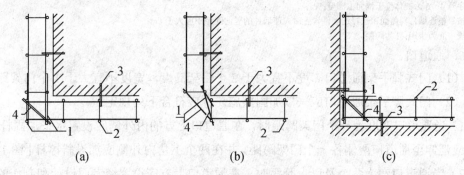

(a)　　　　　　　(b)　　　　　　　(c)

图 1-16 转角处脚手架连接

（a）、（b）阳角转角处脚手架连接；（c）阴角转角处脚手架连接；

1-连接杆；2-门架；3-连墙件；4-斜撑杆

　　（2）连接杆、斜撑杆应采用钢管，其规格应与水平加固杆相同。

　　（3）连接杆、斜撑杆应采用扣件与门架立杆及水平加固杆扣紧。

　　5．连墙件

　　（1）连墙件设置的位置、数量应按专项施工方案确定，并应按确定的位置设置预埋件。

　　（2）连墙件的设置除应满足的计算要求外，尚应满足表 1-7 的要求。

　　（3）在门式脚手架的转角处或开口型脚手架端部，必须增设连墙件，连墙件的垂直间距不应大于建筑物的层高，且不应大于 4.0m。

　　（4）连墙件应靠近门架的横杆设置，距门架横杆不宜大于 200mm。连墙件应固定在门架的立杆上。

　　（5）连墙件宜水平设置，当不能水平设置时，与脚手架连接的一端，应低于与建筑结构连接的一端，连墙杆的坡度宜小于 1∶3。

交底部门	安全部	交底人	王××
交底项目	门式钢管脚手架工程	交底时间	×年×月×日

交底内容:

表 1-7　　　　　　　　　　　连墙件最大间距或最大覆盖面积

序号	脚手架搭设方式	脚手架高度（m）	连墙件间距（m）		每根连墙件覆盖面积（m²）
			竖向	水平向	
1	落地、密目式安全网全封闭	≤40	3h	3	≤40
2					
3		>40	2h	3l	≤27
4	悬挑、密目式安全网全封闭	≤40	3h	3l	≤40
5		40～60	2h	3l	≤27
6		>60	2h	2l	≤20

注：1 序号 4～6 为架体位于地面上高度；
　　2 按每根连墙件覆盖面积选择连墙件设置时，连墙件的竖向间距不应大于 6m；
　　3 表中 h 为步距；l 为跨距。

6. 通道口

（1）门式脚手架通道口高度不宜大于 2 个门架高度，宽度不宜大于 1 个门架跨距。

（2）门式脚手架通道口应采取加固措施，并应符合下列规定：

1）当通道口宽度为一个门架跨距时，在通道口上方的内外侧应设置水平加固杆，水平加固杆应延伸至通道口两侧各一个门架跨距，并在两个上角内外侧应加设斜撑杆［图 1-17（a）］；

2）当通道口宽为两个及以上跨距时，在通道口上方应设置经专门设计和制作的托架梁，并应加强两侧的门架立杆［图 1-17（b）］。

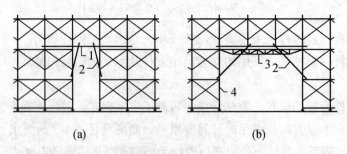

(a)　　　　　　　　　　(b)

图 1-17 通道口加固示意

（a）通道口宽度为一个门架跨距加固示意；（b）通道口宽度为两个及以上门架跨距加固示意

1-水平加固杆；2-斜撑杆；3-托架梁；4-加强杆

7. 斜梯

（1）作业人员上下脚手架的斜梯应采用挂扣式钢梯，并宜采用"之"字形设置，一个梯段宜跨越两步或三步门架再行转折。

交底部门	安全部	交底人	王××
交底项目	门式钢管脚手架工程	交底时间	×年×月×日

交底内容：

（2）钢梯规格应与门架规格配套，并应与门架挂扣牢固。

（3）钢梯应设栏杆扶手、挡脚板。

8．满堂脚手架

（1）满堂脚手架的门架跨距和间距应根据实际荷载计算确定，门架净间距不宜超过 1.2m。

（2）满堂脚手架的高宽比不应大于 4，搭设高度不宜超过 30m。

（3）满堂脚手架的构造设计，在门架立杆上宜设置底座和托梁，使门架立杆直接传递荷载。门架立杆上设置的托梁应具有足够的抗弯强度和刚度。

（4）满堂脚手架在每步门架两侧立杆上应设置纵向、横向水平加固杆，并应采用扣件与门架立杆扣紧。

（5）满堂脚手架的剪刀撑设置（图 1-18）除应符合上述第 3 条的规定外，尚应符合下列要求：

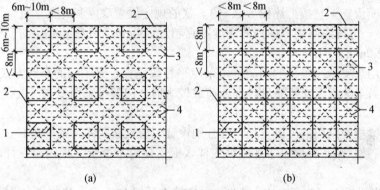

(a) (b)

图 1-18 剪刀撑设置示意图

（a）搭设高度 12m 及以下时剪刀撑设置；（b）搭设高度超过 12m 时剪刀撑设置

1-竖向剪刀撑；2-周边竖向剪刀撑；3-门架；4-水平剪刀撑

1）搭设高度 12m 及以下时，在脚手架的周边应设置连续竖向剪刀撑；在脚手架的内部纵向、横向间隔不超过 8m 应设置一道竖向剪刀撑；在顶层应设置连续的水平剪刀撑；

2）搭设高度超过 12m 时，在脚手架的周边和内部纵向、横向间隔不超过 8m 应设置连续竖向剪刀撑；在顶层和竖向每隔 4 步应设置连续的水平剪刀撑；

3）竖向剪刀撑应由底至顶连续设置。

（6）在满堂脚手架的底层门架立杆上应分别设置纵向、横向扫地杆，并应采用扣件与门架立杆扣紧。

（7）满堂脚手架顶部作业区应满铺脚手板，并应采用可靠的连接方式与门架横杆固定。操作平台上的孔洞应按现行行业标准《建筑施工高处作业安全技术规范》（JGJ 80）的规定防护。操作平台周边应设置栏杆和挡脚板。

交底部门	安全部	交底人	王××
交底项目	门式钢管脚手架工程	交底时间	×年×月×日

交底内容：

（8）对高宽比大于 2 的满堂脚手架，宜设置缆风绳或连墙件等有效措施防止架体倾覆，缆风绳或连墙件设置宜符合下列规定：

1）在架体端部及外侧周边水平间距不宜超过 10m 设置；宜与竖向剪刀撑位置对应设置；

2）竖向间距不宜超过 4 步设置。

（9）满堂脚手架中间设置通道口时，通道口底层门架可不设垂直通道方向的水平加固杆和扫地杆，通道口上部两侧应设置斜撑杆，并应按现行行业标准《建筑施工高处作业安全技术规范》（JGJ 80）的规定在通道口上部设置防护层。

9．模板支架

（1）门架的跨距与间距应根据支架的高度、荷载由计算和构造要求确定，门架的跨距不宜超过 1.5m，门架的净间距不宜超过 1.2m。

（2）模板支架的高宽比不应大于 4，搭设高度不宜超过 24m。

（3）模板支架宜按上述第 8 条（3）款的规定设置底座和托梁，宜采用调节架、可调底座调整高度，可调底座调节螺杆的高度不宜超过 300mm。底座和底座与门架立杆轴线的偏差不应大于 2.0mm。

（4）用于支承梁模板的门架，可采用平行或垂直于梁轴线的布置方式（图 1-19）。

（5）当梁的模板支架高度较高或荷载较大时，门架可采用复式（重叠）的布置方式（图 1-20）。

（6）梁板类结构的模板支架，应分别设计。板支架跨距（或间距）宜是梁支架跨距（或间距）的倍数，梁下横向水平加固杆应伸入板支架内不少于 2 根门架立杆，并应与板下门架立杆扣紧。

（7）当模板支架的高宽比大于 2 时，宜按上述第 8 条（8）款的规定设置缆风绳或连墙件。

（8）模板支架在支架的四周和内部纵横向应按现行行业标准《建筑施工模板安全技术规范》（JGJ 162）的规定与建筑结构柱、墙进行刚性连接，连接点应设在水平剪刀撑或水平加固杆设置层，并应与水平杆连接。

（9）模板支架应按上述第 8 条（6）款的规定设置纵向、横向扫地杆。

（10）模板支架在每步门架两侧立杆上应设置纵向、横向水平加固杆，并应采用扣件与门架立杆扣紧。

（11）模板支架应设置剪刀撑对架体进行加固，剪刀撑的设置除应符合上述第 3 条（2）款的规定外，尚应符合下列要求：

1）在支架的外侧周边及内部纵横向每隔 6m～8m，应由底至顶设置连续竖向剪刀撑；

2）搭设高度 8m 及以下时，在顶层应设置连续的水平剪刀撑；搭设高度超过 8m 时，在顶层和竖向每隔 4 步及以下应设置连续的水平剪刀撑；

3）水平剪刀撑宜在竖向剪刀撑斜杆交叉层设置。

交底部门	安全部	交底人	王××
交底项目	门式钢管脚手架工程	交底时间	×年×月×日

交底内容:

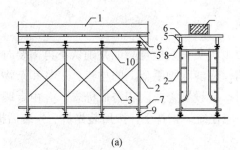

(a)

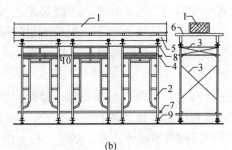

(b)

图1-19 梁模板支架的布置方式(一)

(a)门架垂直于梁轴线布置;(b)门架平行于梁轴线布置

1-混凝土梁;2-门架;3-交叉支撑;4-调节架;5-托梁;6-小楞;

7-扫地杆;8-可调底座;9-可调底座;10-水平加固杆

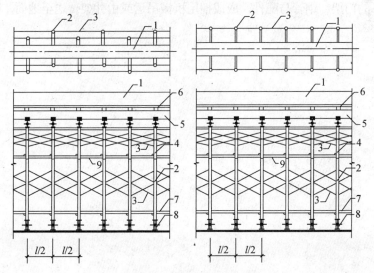

图1-20 梁模板支架的布置方式(二)

1-混凝土梁;2-门架;3-交叉支撑;4-调节架;5-托梁;6-小楞;7-扫地杆;8-可调底座;9-水平加固杆

交底部门	安全部	交底人	王××
交底项目	门式钢管脚手架工程	交底时间	×年×月×日

交底内容：

10. 脚手架拆除

（1）脚手架经单位工程负责人检查验证并确认不再需要时，方可拆除。

（2）拆除脚手架前，应清除脚手架上的材料、工具和杂物。

（3）拆除脚手架时，应设置警戒区和警戒标志，并由专职人员负责警戒。

（4）脚手架的拆除应在统一指挥下，按后装先拆、先装后拆的顺序及下列安全作业的要求进行：

1）脚手架的拆除应从一端向另一端、自上而下逐层地进行；

2）同一层的构配件和加固件应按先上后下、先外后里的顺序进行，最后拆除连墙件；

3）在拆除过程中，脚手架的自由悬臂高度不得超过两步，当必须超过两步时，应加设临时拉结；

4）连墙杆、通长水平杆和剪刀撑等，必须在脚手架拆卸到相关的门架时方可拆除；

5）工人必须站在临时设置的脚手板上进行拆卸作业，并按规定使用安全防护用品；

6）拆除工作中，严禁使用榔头等硬物击打、撬挖，拆下的连接棒应放入袋内，锁臂应先传递至地面并放室内堆存；

7）拆卸连接部件时，应先将锁座上的锁板与卡钩上的锁片旋转至开启位置，然后开始拆除，不得硬拉，严禁敲击；

8）拆下的门架、钢管与配件，应成捆用机械吊运或由井架传送至地面，防止碰撞，严禁抛掷。

接底人	李××、章××、刘××、程××…

1.5.3 附着式脚手架工程安全技术交底

附着式脚手架工程施工现场安全技术交底表

表 AQ-C1-9

工程名称：××大厦工程 　　施工单位：××建设集团有限公司 　　编号：×××

交底部门	安全部	交底人	王××
交底项目	附着式脚手架工程	交底时间	×年×月×日

交底内容：

1. 构配件性能要求

（1）附着式升降脚手架和外挂防护架架体用的钢管，应采用现行国家标准《直缝电焊钢管》（GB/T 13793）和《低压流体输送用焊接钢管》（GB/T 3091）中的 Q235 号普通钢管，应符合现行国家标准《焊接钢管尺寸及单位长度重量》（GB/T 21835）的规定，其钢材质量应符合现行国家标准《碳素结构钢》（GB/T 700）中 Q235-A 级钢的规定，且应满足下列规定：

1）钢管应采用 ϕ48.3×3.6mm 的规格；

2）钢管应具有产品质量合格证和符合现行国家标准《金属材料室温拉伸试验方法》（GB/T 228）有关规定的检验报告；

3）钢管应平直，其弯曲度不得大于管长的 1/500，两端端面应平整，不得有斜口，有裂缝、表面分层硬伤、压扁、硬弯、深划痕、毛刺和结疤等不得使用；

4）钢管表面的锈蚀深度不得超过 0.25mm；

5）钢管在使用前应涂刷防锈漆。

（2）工具式脚手架主要的构配件应包括：水平支承桁架、竖向主框架、附墙支座、悬臂梁、钢拉杆、竖向桁架、三角臂等。当使用型钢、钢板和圆钢制作时，其材质应符合现行国家标准《碳素结构钢》（GB/T 700）中 Q235-A 级钢的规定。

（3）当室外温度大于或等于-20℃时，宜采用 Q235 钢和 Q345 钢。承重桁架或承受冲击荷载作用的结构，应具有 0℃冲击韧性的合格保证。当冬季室外温度低于-20℃时，尚应具有-20℃冲击韧性的合格保证。

（4）钢管脚手架的连接扣件应符合现行国家标准《钢管脚手架扣件》（GB 15831）的规定。在螺栓拧紧的扭力矩达到 65 N·m 时，不得发生破坏。

（5）架体结构的连接材料应符合下列规定：

1）手工焊接所采用的焊条，应符合现行国家标准《碳钢焊条》（GB/T 5117）或《低合金钢焊条》（GB/T 5118）的规定，焊条型号应与结构主体金属力学性能相适应，对于承受动力荷载或振动荷载的桁架结构宜采用低氢型焊条；

2）自动焊接或半自动焊接采用的焊丝和焊剂，应与结构主体金属力学性能相适应，并应符合国家现行有关标准的规定；

交底部门	安全部	交底人	王××
交底项目	附着式脚手架工程	交底时间	×年×月×日

交底内容：

　　3）普通螺栓应符合现行国家标准《六角头螺栓 C 级》（GB/T 5780）和《六角头螺栓》（GB/T 5782）的规定；

　　4）锚栓可采用现行国家标准《碳素结构钢》（GB/T 700）中规定的 Q235 钢或《低合金高强度结构钢》（GB/T 1591）中规定的 Q345 钢制成。

　　（6）脚手板可采用钢、木、竹材料制作，其材质应符合下列规定：

　　1）冲压钢板和钢板网脚手板，其材质应符合现行国家标准《碳素结构钢》（GB/T 700）中 Q235A 级钢的规定。新脚手板应有产品质量合格证；板面挠曲不得大于 12mm 和任一角翘起不得大于 5mm；不得有裂纹、开焊和硬弯。使用前应涂刷防锈漆。钢板网脚手板的网孔内切圆直径应小于 25mm。

　　2）竹脚手板包括竹胶合板、竹芭板和竹串片脚手板。可采用毛竹或楠竹制成；竹胶合板、竹芭板宽度不得小于 600mm，竹胶合板厚度不得小于 8mm，竹芭板厚度不得小于 6mm，竹串片脚手板厚度不得小于 50mm；不得使用腐朽、发霉的竹脚手板。

　　3）木脚手板应采用杉木或松木制作，其材质应符合现行国家标准《木结构设计规范》（GB 50005）中Ⅱ级材质的规定。板宽度不得小于 200mm，厚度不得小于 50mm，两端应用直径为 4mm 镀锌钢丝各绑扎两道。

　　4）胶合板脚手板，应选用现行国家标准《胶合板第 3 部分：普通胶合板通用技术条件》（GB/T 9846.3）中的Ⅱ类普通耐水胶合板，厚度不得小于 18mm，底部木方间距不得大于 400mm，木方与脚手架杆件应用钢丝绑扎牢固，胶合板脚手板与木方应用钉子钉牢。

　　2. 安全构造措施

　　（1）附着式升降脚手架应由竖向主框架、水平支承桁架、架体构架、附着支承结构、防倾装置、防坠装置等组成。

　　（2）附着式升降脚手架结构构造的尺寸应符合下列规定：

　　1）架体高度不得大于 5 倍楼层高；

　　2）架体宽度不得大于 1.2m；

　　3）直线布置的架体支承跨度不得大于 7m，折线或曲线布置的架体，相邻两主框架支撑点处的架体外侧距离不得大于 5.4m；

　　4）架体的水平悬挑长度不得大于 2m，且不得大于跨度的 1/2；

　　5）架体全高与支承跨度的乘积不得大于 110m^2。

　　（3）附着式升降脚手架应在附着支承结构部位设置与架体高度相等的与墙面垂直的定型的竖向主框架，竖向主框架应是桁架或刚架结构，其杆件连接的节点应采用焊接或螺栓连接，并应与水平支承桁架和架体构架构成有足够强度和支撑刚度的空间几何不可变体系的稳定结构。竖向主框架结构构造（图 1-21）应符合下列规定：

　　1）竖向主框架可采用整体结构或分段对接式结构。结构形式应为竖向桁架或门型刚架形式等。各杆件的轴线应汇交于节点处，并应采用螺栓或焊接连接，如不交汇于一点，应进行附加弯矩验算；

交底部门	安全部	交底人	王××
交底项目	附着式脚手架工程	交底时间	×年×月×日

交底内容：

2）当架体升降采用中心吊时，在悬臂梁行程范围内竖向主框架内侧水平杆去掉部分的断面，应采取可靠的加固措施；

3）主框架内侧应设有导轨；

4）竖向主框架宜采用单片式主框架［图 1-21（a）］；或可采用空间桁架式主框架［图 1-21（b）］。

（4）在竖向主框架的底部应设置水平支承桁架，其宽度应与主框架相同，平行于墙面，其高度不宜小于 1.8m。水平支承桁架结构构造应符合下列规定：

1）桁架各杆件的轴线应相交于节点上，并宜采用节点板构造连接，节点板的厚度不得小于 6mm；

2）桁架上下弦应采用整根通长杆件或设置刚性接头。腹杆上下弦连接应采用焊接或螺栓连接；

3）桁架与主框架连接处的斜腹杆宜设计成拉杆；

4）架体构架的立杆底端应放置在上弦节点各轴线的交汇处；

5）内外两片水平桁架的上弦和下弦之间应设置水平支撑杆件，各节点应采用焊接或螺栓连接；

6）水平支承桁架的两端与主框架的连接，可采用杆件轴线交汇于一点，且为能活动的铰接点；或可将水平支承桁架放在竖向主框架的底端的桁架底框中。

（5）附着支承结构应包括附墙支座、悬臂梁及斜拉杆，其构造应符合下列规定：

1）竖向主框架所覆盖的每个楼层处应设置一道附墙支座；

2）在使用工况时，应将竖向主框架固定于附墙支座上；

3）在升降工况时，附墙支座上应设有防倾、导向的结构装置；

4）附墙支座应采用锚固螺栓与建筑物连接，受拉螺栓的螺母不得少于两个或应采用弹簧垫圈加单螺母，螺杆露出螺母端部的长度不应少于 3 扣，并不得小于 10mm，垫板尺寸应由设计确定，且不得小于 100mm ×100mm×10mm；

5）附墙支座支承在建筑物上连接处混凝土的强度应按设计要求确定，且不得小于 C10。

（6）架体构架宜采用扣件式钢管脚手架，其结构构造应符合现行行业标准《建筑施工扣件式钢管脚手架安全技术规范》（JGJ 130）的规定。架体构架应设置在两竖向主框架之间，并应以纵向水平杆与之相连，其立杆应设置在水平支承桁架的节点上。

（7）水平支承桁架最底层应设置脚手板，并应铺满铺牢，与建筑物墙面之间也应设置脚手板全封闭，宜设置可翻转的密封翻板。在脚手板的下面应采用安全网兜底。

（8）架体悬臂高度不得大于架体高度的 2/5，且不得大于 6m。

（9）当水平支承桁架不能连续设置时，局部可采用脚手架杆件进行连接，但其长度不得大于 2.0m，且应采取加强措施，确保其强度和刚度不得低于原有的桁架。

（10）物料平台不得与附着式升降脚手架各部位和各结构构件相连，其荷载应直接传递给建筑工程结构。

交底部门	安全部	交底人	王××
交底项目	附着式脚手架工程	交底时间	×年×月×日

交底内容：

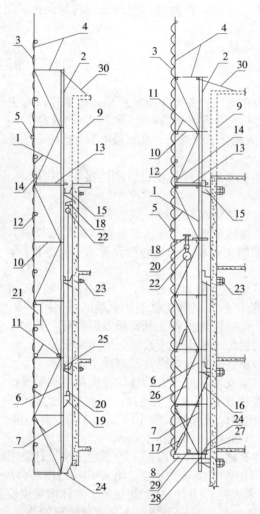

图 1-21 两种不同主框架的架体断面构造图

(a) 竖向主框架为单片式；(b) 竖向主框架为空间桁架式

1-竖向主框架；2-导轨；3-密目安全网；4-架体；5-剪刀撑（45°～60°）；6-立杆；7-水平支承桁架；8-竖向主框架底部托盘；9-正在施工层；10-架体横向水平杆；11-架体纵向水平杆；12-防护栏杆；13-脚手板；14-作业层挡脚板；15-附墙支座（含导向、防倾装置）；16-吊拉杆（定位）；17-花篮螺栓；18-升降上吊挂点；19-升降下吊挂点；20-荷载传感器；21-同步控制装置；22-电动葫芦；23-锚固螺栓；24-底部脚手板及密封翻板；25-定位装置；26-升降钢丝绳；27-导向滑轮；28-主框架底部托座与附墙支座临时固定连接点；29-升降滑轮；30-临时拉结

交底部门	安全部	交底人	王×××××
交底项目	附着式脚手架工程	交底时间	×年×月×日

交底内容：

（11）当架体遇到塔吊、施工升降机、物料平台需断开或开洞时，断开处应加设栏杆和封闭，开口处应有可靠的防止人员及物料坠落的措施。

（12）架体外立面应沿全高连续设置剪刀撑，并应将竖向主框架、水平支承桁架和架体构架连成一体，剪刀撑斜杆水平夹角应为 45°～60°；应与所覆盖架体构架上每个主节点的立杆或横向水平杆伸出端扣紧；悬挑端应以竖向主框架为中心成对设置对称斜拉杆，其水平夹角不应小于 45°。

（13）架体结构应在以下部位采取可靠的加强构造措施：

1）与附墙支座的连接处；

2）架体上提升机构的设置处；

3）架体上防坠、防倾装置的设置处；

4）架体吊拉点设置处；

5）架体平面的转角处；

6）架体因碰到塔吊、施工升降机、物料平台等设施而需要断开或开洞处；

7）其他有加强要求的部位。

（14）附着式升降脚手架的安全防护措施应符合下列规定：

1）架体外侧应采用密目式安全立网全封闭，密目式安全立网的网目密度不应低于 2000 目/100cm^2，且应可靠地固定在架体上；

2）作业层外侧应设置 1.2m 高的防护栏杆和 180mm 高的挡脚板；

3）作业层应设置固定牢靠的脚手板，其与结构之间的间距应满足现行行业标准《建筑施工扣件式钢管脚手架安全技术规范》（JGJ 130）的相关规定。

（15）附着式升降脚手架构配件的制作应符合下列规定：

1）应具有完整的设计图纸、工艺文件、产品标准和产品质量检验规程；制作单位应有完善有效的质量管理体系；

2）制作构配件的原材料和辅料的材质及性能应符合设计要求，上述"构配件性能要求"中的规定对其进行验证和检验；

3）加工构配件的工装、设备及工具应满足构配件制作精度的要求，并应定期进行检查，工装应有设计图纸；

4）构配件应按工艺要求及检验规程进行检验；对附着支承结构、防倾、防坠落装置等关键部件的加工件应进行 100％检验；构配件出厂时，应提供出厂合格证。

（16）附着式升降脚手架应在每个竖向主框架处设置升降设备，升降设备应采用电动葫芦或电动液压设备，单跨升降时可采用手动葫芦，并应符合下列规定：

1）升降设备应与建筑结构和架体有可靠连接；

2）固定电动升降动力设备的建筑结构应安全可靠；

交底部门	安全部	交底人	王××
交底项目	附着式脚手架工程	交底时间	×年×月×日

交底内容：

3）设置电动液压设备的架体部位，应有加强措施。

（17）两主框架之间架体的搭设应符合现行行业标准《建筑施工扣件式钢管脚手架安全技术规范》（JGJ 130）的规定。

3. 安全装置

（1）附着式升降脚手架必须具有防倾覆、防坠落和同步升降控制的安全装置。

（2）防倾覆装置应符合下列规定：

1）防倾覆装置中应包括导轨和两个以上与导轨连接的可滑动的导向件；

2）在防倾导向件的范围内应设置防倾覆导轨，且应与竖向主框架可靠连接；

3）在升降和使用两种工况下，最上和最下两个导向件之间的最小间距不得小于2.8m或架体高度的1/4；

4）应具有防止竖向主框架倾斜的功能；

5）应采用螺栓与附墙支座连接，其装置与导轨之间的间隙应小于5mm。

（3）防坠落装置必须符合下列规定：

1）防坠落装置应设置在竖向主框架处并附着在建筑结构上，每一升降点不得少于一个防坠落装置，防坠落装置在使用和升降工况下都必须起作用；

2）防坠落装置必须采用机械式的全自动装置，严禁使用每次升降都需重组的手动装置；

3）防坠落装置技术性能除应满足承载能力要求外，还应符合表1-8的规定；

表1-8　　　　　　　　　　　防坠落装置技术性能

脚手架类别	制动距离（mm）
整体式升降脚手架	≤80
单片式升降脚手架	≤150

4）防坠落装置应具有防尘、防污染的措施，并应灵敏可靠和运转自如；

5）防坠落装置与升降设备必须分别独立固定在建筑结构上；

6）钢吊杆式防坠落装置，钢吊杆规格应由计算确定，且不应小于$\phi 25$mm。

（4）同步控制装置应符合下列规定：

1）附着式升降脚手架升降时，必须配备有限制荷载或水平高差的同步控制系统。连续式水平支承桁架，应采用限制荷载自控系统；简支静定水平支承桁架，应采用水平高差同步自控系统；当设备受限时，可选择限制荷载自控系统；

2）限制荷载自控系统应具有下列功能：

①当某一机位的荷载超过设计值的15%时，应采用声光形式自动报警和显示报警机位；当超过30%时，应能使该升降设备自动停机；

②应具有超载、失载、报警和停机的功能；宜增设显示记忆和储存功能；

③应具有自身故障报警功能，并应能适应施工现场环境；

交底部门	安全部	交底人	王××
交底项目	附着式脚手架工程	交底时间	×年×月×日

交底内容：

④性能应可靠、稳定，控制精度应在5％以内。

3）水平高差同步控制系统应具有下列功能：

①当水平支承桁架两端高差达到30mm时，应能自动停机；

②应具有显示各提升点的实际升高和超高的数据，并应有记忆和储存的功能；

③不得采用附加重量的措施控制同步。

4．安装

（1）附着式升降脚手架应按专项施工方案进行安装，可采用单片式主框架的架体（图1-22），也可采用空间桁架式主框架的架体（图1-23）。

（2）附着式升降脚手架在首层安装前应设置安装平台，安装平台应有保障施工人员安全的防护设施，安装平台的水平精度和承载能力应满足架体安装的要求。

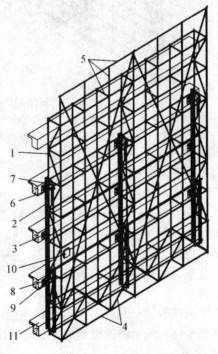

图 1-22 单片式主框架的架体示意图

1-竖向主框架（单片式）；2-导轨；3-附墙支座（含防倾覆、防坠落装置）；

4-水平支承桁架；5-架体构架；6-升降设备；7-升降上吊挂件；

8-升降下吊点（含荷载传感器）；9-定位装置；10-同步控制装置；11-工程结构

交底部门	安全部	交底人	王××
交底项目	附着式脚手架工程	交底时间	×年×月×日

交底内容：

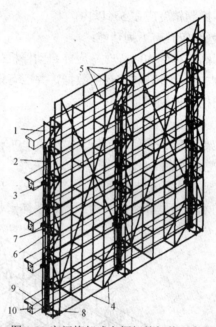

图 1-23 空间桁架式主框架的架体示意图

1-竖向主框架（空间桁架式）；2-导轨；3-悬臂梁（含防倾覆装置）；4-水平支承桁架；
5-架体构架；6-升降设备；7-悬吊梁；8-下提升点；9-防坠落装置；10-工程结构

（3）安装时应符合下列规定：

1）相邻竖向主框架的高差不应大于 20mm；

2）竖向主框架和防倾导向装置的垂直偏差不应大于 5‰，且不得大于 60mm；

3）预留穿墙螺栓孔和预埋件应垂直于建筑结构外表面，其中心误差应小于 15mm；

4）连接处所需要的建筑结构混凝土强度应由计算确定，但不应小于 C10；

5）升降机构连接应正确且牢固可靠；

6）安全控制系统的设置和试运行效果应符合设计要求；

7）升降动力设备工作正常。

（4）附着支承结构的安装应符合设计规定，不得少装和使用不合格螺栓及连接件。

（5）安全保险装置应全部合格，安全防护设施应齐备，且应符合设计要求，并应设置必要的消防设施。

（6）电源、电缆及控制柜等的设置应符合现行行业标准《施工现场临时用电安全技术规范》（JGJ 46）的有关规定。

（7）采用扣件式脚手架搭设的架体构架，其构造应符合现行行业标准《建筑施工扣件式钢管脚手架安全技术规范》（JGJ 130）的要求。

交底部门	安全部	交底人	王××
交底项目	附着式脚手架工程	交底时间	×年×月×日

交底内容:

（8）升降设备、同步控制系统及防坠落装置等专项设备，均应采用同一厂家的产品。

（9）升降设备、控制系统、防坠落装置等应采取防雨、防砸、防尘等措施。

5．检查维护

（1）当附着式升降脚手架停用超过 3 个月时，应提前采取加固措施。

（2）当附着式升降脚手架停用超过 1 个月或遇 6 级及以上大风后复工时，应进行检查，确认合格后方可使用。

（3）螺栓连接件、升降设备、防倾装置、防坠落装置、电控设备、同步控制装置等应每月进行维护保养。

6．安全管理

（1）工具式脚手架安装前，应根据工程结构、施工环境等特点编制专项施工方案，并应经总承包单位技术负责人审批、项目总监理工程师审核后实施。

（2）专项施工方案应包括下列内容：

1）工程特点；

2）平面布置情况；

3）安全措施；

4）特殊部位的加固措施；

5）工程结构受力核算；

6）安装、升降、拆除程序及措施；

7）使用规定。

（3）总承包单位必须将工具式脚手架专业工程发包给具有相应资质等级的专业队伍，并应签订专业承包合同，明确总包、分包或租赁等各方的安全生产责任。

（4）工具式脚手架专业施工单位应当建立健全安全生产管理制度，制订相应的安全操作规程和检验规程，应制定设计、制作、安装、升降、使用、拆除和日常维护保养等的管理规定。

（5）工具式脚手架专业施工单位应设置专业技术人员、安全管理人员及相应的特种作业人员。特种作业人员应经专门培训，并应经建设行政主管部门考核合格，取得特种作业操作资格证书后，方可上岗作业。

（6）施工现场使用工具式脚手架应由总承包单位统一监督，并应符合下列规定：

1）安装、升降、使用、拆除等作业前，应向有关作业人员进行安全教育；并应向作业人员进行安全技术交底；

2）应对专业承包人员的配备和特种作业人员的资格进行审查；

3）安装、升降、拆卸等作业时，应派专人进行监督；

4）应组织工具式脚手架的检查验收；

5）应定期对工具式脚手架使用情况进行安全巡检。

交底部门	安全部	交底人	王××
交底项目	附着式脚手架工程	交底时间	×年×月×日

交底内容：

（7）监理单位应对施工现场的工具式脚手架使用状况进行安全监理并应记录，出现隐患应要求及时整改，并应符合下列规定：

1）应对专业承包单位的资质及有关人员的资格进行审查；

2）在工具式脚手架的安装、升降、拆除等作业时应进行监理；

3）应参加工具式脚手架的检查验收；

4）应定期对工具式脚手架使用情况进行安全巡检；

5）发现存在隐患时，应要求限期整改，对拒不整改的，应及时向建设单位和建设行政主管部门报告。

（8）工具式脚手架所使用的电气设施、线路及接地、避雷措施等应符合现行行业标准《施工现场临时用电安全技术规范》（JGJ 46）的规定。

（9）进入施工现场的附着式升降脚手架产品应具有国务院建设行政主管部门组织鉴定或验收的合格证书，并应符合本规范的有关规定。

（10）工具式脚手架的防坠落装置应经法定检测机构标定后方可使用；使用过程中，使用单位应定期对其有效性和可靠性进行检测。安全装置受冲击载荷后应进行解体检验。

（11）临街搭设时，外侧应有防止坠物伤人的防护措施。

（12）安装、拆除时，在地面应设围栏和警戒标志，并应派专人看守，非操作人员不得入内。

（13）在工具式脚手架使用期间，不得拆除下列杆件：

1）架体上的杆件；

2）与建筑物连接的各类杆件（如连墙件、附墙支座）等。

（14）作业层上的施工荷载应符合设计要求，不得超载。不得将模板支架、缆风绳、泵送混凝土和砂浆的输送管等固定在架体上；不得用其悬挂起重设备。

（15）遇5级以上大风和雨天，不得提升或下降工具式脚手架。

（16）当施工中发现工具式脚手架故障和存在安全隐患时，应及时排除，对可能危及人身安全时，应停止作业。应由专业人员进行整改。整改后的工具式脚手架应重新进行验收检查，合格后方可使用。

（17）剪刀撑应随立杆同步搭设。

（18）扣件的螺栓拧紧力矩不应小于40N·m，且不应大于65N·m。

（19）各地建筑安全主管部门及产权单位和使用单位应对工具式脚手架建立设备技术档案，其主要内容应包含：机型、编号、出厂日期、验收、检修、试验、检修记录及故障事故情况。

（20）工具式脚手架在施工现场安装完成后应进行整机检测。

（21）工具式脚手架作业人员在施工过程中应戴安全帽、系安全带、穿防滑鞋，酒后不得上岗作业。

接底人	李××、章××、刘××、程××…

1.5.4 碗扣式钢管脚手架工程安全技术交底

碗扣式钢管脚手架工程施工现场安全技术交底表

表 AQ-C1-9

工程名称：××大厦工程　　施工单位：××建设集团有限公司　　编号：×××

交底部门	安全部	交底人	王××
交底项目	碗扣式钢管脚手架工程	交底时间	×年×月×日

交底内容：

1. 检查验收的条件

双排脚手架搭设质量应按下列情况进行检查验收：

（1）首段高度达 6m 时，应进行检查与验收；

（2）架体随施工进度升高应按结构层进行检查；

（3）架体高度大于 24m 时，在 24m 处或在设计高度 H/2 处及达到设计高度后，进行全面检查与验收；

（4）遇有 6 级及以上大风、大雨、大雪后施工前检查；

（5）停工超过一个月恢复使用前。

2. 主要构配件材料要求

（1）碗扣式钢管脚手架用钢管应符合现行国家标准《直缝电焊钢管》（GB/T 13793）、《低压流体输送用焊接钢管》（GB/T 3091）中的 Q235A 级普通钢管的要求，其材质性能应符合现行国家标准《碳素结构钢》（GB/T 700）的规定。

（2）上碗扣、可调底座及可调托撑螺母应采用可锻铸铁或铸钢制造，其材料机械性能应符合现行国家标准《可锻铸铁件》（GB 9440）中 KTH330-08 及《一般工程用铸造碳钢件》（GB 11352）中 ZG 270-500 的规定。

（3）下碗扣、横杆接头、斜杆接头应采用碳素铸钢制造，其材料机械性能应符合现行国家标准《一般工程用铸造碳钢件》（GB 11352）中 ZG 230-450 的规定。

（4）采用钢板热冲压整体成型的下碗扣，钢板应符合现行国家标准《碳素结构钢》（GB/T 700）中 Q235A 级钢的要求，板材厚度不得小于 6mm，并应经 600～650℃ 的时效处理。严禁利用废旧锈蚀钢板改制。

（5）碗扣式钢管脚手架主要构配件种类、规格及质量应符合表 1-9 的规定。

交底部门	安全部	交底人	王××
交底项目	碗扣式钢管脚手架工程	交底时间	×年×月×日

交底内容：
表1-9　　　　　　　　　　主要构配件种类、规格及质量

名称	常用型号	规格（mm）	理论质量（Kg）
立杆	LG-120	φ48×1200	7.05
	LG-180	φ48×1800	10.19
	LG-240	φ48×2400	13.34
	LG-300	φ48×3000	16.48
横杆	HG-30	φ48×300	1.32
	HG-60	φ48×600	2.47
	HG-90	φ48×900	3.63
	HG-120	φ48×1200	4.78
	HG-150	φ48×1500	5.93
	HG-180	φ48×1800	7.08
间横杆	JHG-90	φ48×900	4.37
	JHG-120	φ48×1200	5.52
	JHG-120+30	φ48×（1200+300）用于窄挑梁	6.85
	JHG-120+60	φ48×（1200+600）用于宽挑梁	8.16
专用外斜杆	XG-0912	φ48×1500	6.33
	XG-1212	φ48×1700	7.03
	XG-1218	φ48×2160	8.66
	XG-1518	φ48×2340	9.30
	XG-1818	φ48×2550	10.01
专用斜杆	ZXG-0912	φ48×1270	5.89
	ZXG-0918	φ48×1750	7.73
	ZXG-1212	φ48×1500	6.76
	ZXG-1218	φ48×1920	8.37
窄挑梁	T1-30	宽度300	1.53
宽挑梁	T1-60	宽度600	8.60
立杆连接销	LLX	φ10	0.18
可调底座	KTZ-45	T38×6 可调范围≤300	5.82
	KTZ-60	T38×6 可调范围≤450	7.12

交底部门	安全部	交底人	王××
交底项目	碗扣式钢管脚手架工程	交底时间	×年×月×日

交底内容：

续表：

可调底座	KTZ-75	T38×6 可调范围≤600	8.50
可调托撑	KTC-45	T38×6 可调范围≤300	7.01
	KTC-60	T38×6 可调范围≤450	8.31
	KTC-75	T38×6 可调范围≤600	9.69
脚手板	JB-120	1200×270	12.8
	JB-150	1500×270	15.00
	JB-180	1800×270	17.90

3．地基与基础处理

（1）脚手架基础必须按专项施工方案进行施工，按基础承载力要求进行验收。

（2）当地基高低差较大时，可利用立杆 0.6m 节点位差进行调整。

（3）土层地基上的立杆应采用可调底座和垫板。

（4）双排脚手架立杆基础验收合各后，应按专项施工方案的设计进行放线定位。

4．双排脚手架

（1）双排脚手架应按要求搭设；当连墙件按二步三跨设置，二层装修作业层、二层脚手板、外挂密目安全网封闭，且符合下列基本风压值时，其允许搭设高度宜符合表 1-10 的规定。

表 1-10　　　　　　　　　　　双排落地脚手架允许搭设高度

步距（m）	横距（m）	纵距（m）	允许搭设高度（m）		
			基本风压值 ω_0（kN/m^2）		
			0.4	0.5	0.6
1.8	0.9	1.2	68	62	52
		1.5	51	43	36
	1.2	1.2	59	53	46
		1.5	41	34	26

注：本表计算风压高度变化系数，系按地面粗糙度为 C 类采用，当具体工程的基本风压值和地面粗糙度与此表不相符时，应另行计算。

（2）当曲线布置的双排脚手架组架时，应按曲率要求使用不同长度的内外横杆组架。曲率半径应大于 2.4m。

（3）当双排脚手架拐角为直角时，宜采用横杆直接组架（见图 1-24a）；当双排脚手架拐角为非直角时，可采用钢管扣件组架（见图 1-24b）。

交底部门	安全部	交底人	王××
交底项目	碗扣式钢管脚手架工程	交底时间	×年×月×日

交底内容：

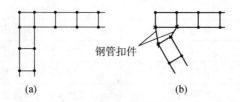

图 1-24 拐角组架

（a）横杆组架；（b）钢管扣件组架

（4）双排脚手架首层立杆应采用不同的长度交错布置，底层纵、横向横杆作为扫地杆距地面高度应小于或等于 350mm，严禁施工中拆除扫地杆，立杆应配置可调底座或固定底座（见图 1-25）。

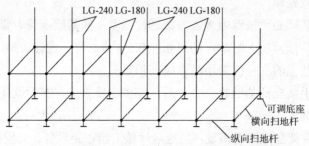

图 1-25 首层立杆布置示意

（5）双排脚手架专用外斜杆设置（见图 1-26）应符合下列规定：

1）斜杆应设置在有纵、横向横杆的碗扣节点上；

2）在封圈的脚手架拐角处及一字形脚手架端部应设置竖向通高斜杆；

3）当脚手架高度小于或等于 24m 时，每隔 5 跨应设置一组竖向通高斜杆；当脚手架高度大于 24m 时，每隔 3 跨应设置一组竖向通高斜杆；斜杆应对称设置；

4）当斜杆临时拆除时，拆除前应在相邻立杆间设置相同数量的斜杆。

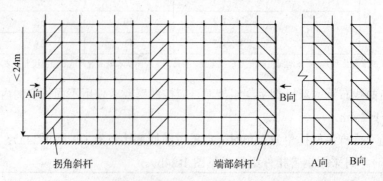

图 1-26 专用外斜杆设置示意

交底部门	安全部	交底人	王××
交底项目	碗扣式钢管脚手架工程	交底时间	×年×月×日

交底内容:

（6）当采用钢管扣件作斜杆时应符合下列规定:

1）斜杆应每步与立杆扣接，扣接点距碗扣节点的距离不应大于 150mm；当出现不能与立杆扣接时，应与横杆扣接，扣件扭紧力矩应为 40～65N·m；

2）纵向斜杆应在全高方向设置成八字形且内外对称，斜杆间距不应大于 2 跨（见图 1-27）。

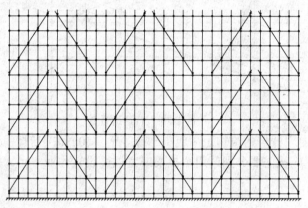

图 1-27 钢管扣件作斜杆设置

（7）连墙件的设置应符合下列规定:

1）连墙件应呈水平设置，当不能呈水平设置时，与脚手架连接的一端应下斜连接；

2）每层连墙件应在同一平面，其位置应由建筑结构和风荷载计算确定，且水平间距不应大于 4.5m；

3）连墙件应设置在有横向横杆的碗扣节点处，当采用钢管扣件做连墙件时，连墙件应与立杆连接，连接点距碗扣节点距离不应大于 150mm；

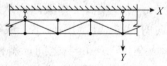

图 1-28 水平斜杆设置示意图

4）连墙件应采用可承受拉、压荷载的刚性结构，连接应牢固可靠。

（8）当脚手架高度大于 24m 时，顶部 24m 以下所有的连墙件层必须设置水平斜杆，水平斜杆应设置在纵向横杆之下（见图 1-28）。

（9）脚手板设置应符合下列规定:

1）工具式钢脚手板必须有挂钩，并带有自锁装置与廊道横杆锁紧，严禁浮放；

2）冲压钢脚手板、木脚手板、竹串片脚手板，两端应与横杆绑牢，作业层相邻两根廊道横杆间应加设间横杆，脚手板探头长度应小于或等于 150mm。

（10）人行通道坡度宜小于或等于 1:3，并应在通道脚手板下增设横杆，通道可折线上升（见图 1-29）

交底部门	安全部	交底人	王××
交底项目	碗扣式钢管脚手架工程	交底时间	×年×月×日

交底内容：

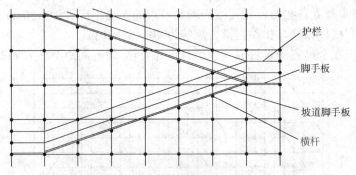

图 1-29 人行通道设置

（11）　脚手架内立杆与建筑物距离应小于或等于 150mm；当脚手架内立杆与建筑物距离大于 150mm 时，应按需要分别选用窄挑梁或宽挑梁设置作业平台。挑梁应单层挑出，严禁增加层数。

5．模板支撑架

（1）模板支撑架应根据所承受的荷载选择立杆的间距和步距，底层纵、横向水平杆作为扫地杆，距地面高度应小于或等于 350mm，立杆底部应设置可调底座或固定底座；立杆上端包括可调螺杆伸出顶层水平杆的长度不得大于 0.7m。

（2）模板支撑架斜杆设置应符合下列要求：

1）当立杆间距大于 1.5m 时，应在拐角处设置通高专用斜杆，中间每排每列应设置通高八字形斜杆或剪刀撑；

2）当立杆间距小于或等于 1.5m 时，模板支撑架四周从底到顶连续设置竖向剪刀撑；中间纵、横向由底至顶连续设置竖向剪刀撑，其间距应小于或等于 4.5m；

3）剪刀撑的斜杆与地面夹角应在 45°～60°之间，斜杆应每步与立杆扣接。

（3）当模板支撑架高度大于 4.8m 时，顶端和底部必须设置水平剪刀撑，中间水平剪刀撑设置间距应小于或等于 4.8m。

（4）当模板支撑架周围有主体结构时，应设置连墙件。

（5）模板支撑架高宽比应小于或等于 2；当高宽比大于 2 时可采取扩大下部架体尺寸或采取其他构造措施。

（6）模板下方应放置次楞（梁）与主楞（梁），次楞（梁）与主楞（梁）应按受弯杆件设计计算。支架立杆上端应采用 U 形托撑，支撑应在主楞（梁）底部。

6．门洞设置要求

（1）当双排脚手架设置门洞时，应在门洞上部架设专用梁，门洞两侧立杆应加没斜杆（见图 1-30）。

交底部门	安全部	交底人	王××
交底项目	碗扣式钢管脚手架工程	交底时间	×年×月×日

交底内容：

　　（2）模板支撑架设置人行通道时（见图1-31），应符合下列规定：

　　1）通道上部应架设专用横梁，横梁结构应经过设计计算确定；

　　2）横梁下的立杆应加密，并应与架体连接牢固；

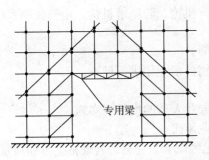

图 1-30 双排外脚手架门洞设置

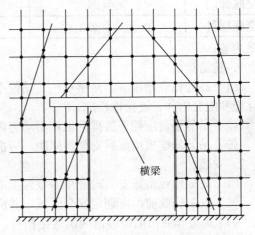

图 1-31 模板支撑架人行通道设置

　　3）通道宽度应小于或等于 4.8m；

　　4）门洞及通道顶部必须采用木板或其他硬质材料全封闭，两侧应设置安全网；

　　5）通行机动车的洞口，必须设置防撞击设施。

接底人	李××、章××、刘××、程××…

1.5.5 吊篮脚手架工程安全技术交底

吊篮脚手架工程施工现场安全技术交底表

表 AQ-C1-9

工程名称：××大厦工程　　**施工单位：**××建设集团有限公司　　**编号：**×××

交底部门	安全部	交底人	王××
交底项目	吊篮脚手架工程	交底时间	×年×月×日

交底内容：

1．构造措施

（1）高处作业吊篮应由悬挑机构、吊篮平台、提升机构、防坠落机构、电气控制系统、钢丝绳和配套附件、连接件构成。

（2）吊篮平台应能通过提升机构沿动力钢丝绳升降。

（3）吊篮悬挂机构前后支架的间距，应能随建筑物外形变化进行调整。

2．安装

（1）高处作业吊篮安装时应按专项施工方案，在专业人员的指导下实施。

（2）安装作业前，应划定安全区域，并应排除作业障碍。

（3）高处作业吊篮组装前应确认结构件、紧固件已经配套且完好，其规格型号和质量应符合设计要求。

（4）高处作业吊篮所用的构配件应是同一厂家的产品。

（5）在建筑物屋面上进行悬挂机构的组装时，作业人员应与屋面边缘保持 2m 以上的距离。组装场地狭小时应采取防坠落措施。

（6）悬挂机构宜采用刚性联结方式进行拉结固定。

（7）悬挂机构前支架严禁支撑在女儿墙上、女儿墙外或建筑物挑檐边缘。

（8）前梁外伸长度应符合高处作业吊篮使用说明书的规定。

（9）悬挑横梁前高后低，前后水平高差不应大于横梁长度的 2%。

（10）配重件应稳定可靠地安放在配重架上，并应有防止随意移动的措施。严禁使用破损的配重件或其他替代物。配重件的重量应符合设计规定。

（11）安装时钢丝绳应沿建筑物立面缓慢下放至地面，不得抛掷。

（12）当使用两个以上的悬挂机构时，悬挂机构吊点水平间距与吊篮平台的吊点间距应相等，其误差不应大于 50mm。

（13）悬挂机构前支架应与支撑面保持垂直，脚轮不得受力。

（14）安装任何形式的悬挑结构，其施加于建筑物或构筑物支承处的作用力，均应符合建筑结构的承载能力，不得对建筑物和其他设施造成破坏和不良影响。

（15）高处作业吊篮安装和使用时，在 10m 范围内如有高压输电线路，应按照现行行业标准《施工现场临时用电安全技术规范》（JGJ 46）的规定，采取隔离措施。

接底人	李××、章××、刘××、程××…

1.6 建筑、构造物拆除工程

1.6.1 人工拆除工程安全技术交底

人工拆除工程施工现场安全技术交底表

表 AQ-C1-9

工程名称：××大厦工程　　　施工单位：××建设集团有限公司　　　编号：×××

交底部门	安全部	交底人	王××
交底项目	人工拆除工程	交底时间	×年×月×日

交底内容：

　　（1）根据拆除工程施工现场作业环境，应制订相应的消防安全措施。施工现场应设置消防车通道，保证充足的消防水源，配备足够的灭火器材。拆除施工采用的脚手架、安全网，必须由专业人员按设计方案塔设，验收后方可使用。

　　（2）检查周围危房，必要时进行临时加固。

　　（3）被拆除建筑物倾倒方向和范围、警戒区的范围要标明位置及尺寸。封闭围挡高度不应低于 1.8m，非施工人员不得进入施工区。当临街的被拆除建筑与交通道路的安全距离不能满足要求时，必须采取相应的安全隔离措施，对建筑内的人员进行撤离安置。

　　（4）进行人工拆除作业时，楼板上严禁人员聚集或堆放材料，作业人员应站在稳定的结构或脚手架上操作。被拆除的构件应有安全的放置场所。

　　（5）人工拆除施工应从上至下逐层拆除，分段进行，不得垂直交叉作业。作业面的孔洞应封闭。

　　（6）人工拆除建筑墙体时。严禁采用掏掘或推倒的方法。

　　（7）拆除建筑的栏杆、楼梯、楼板等构件，应与建筑结构整体拆除进度相配合，不得先行拆除。建筑的承重梁、柱，应在其所承载的全部构件拆除后，再进行拆除。

　　（8）拆除梁或悬挑构件时，应采取有效的下落控制措施，方可切断两端的支撑。

　　（9）拆除柱子时，应沿柱子底部剔凿出钢筋，使用手动倒链定向牵引，再采用气焊切割柱子三面钢筋，保留牵引方向正面的钢筋。

　　（10）拆除管道及容器时，必须要查清残留物的性质，并采取相应措施确保安全后，方可进行拆除施工。

　　（11）工人从事拆除工作的时候，应该站在专门搭设的脚手架上或者其他稳固的结构部分上操作。

交底部门	安全部	交底人	王××
交底项目	人工拆除工程	交底时间	×年×月×日

交底内容：

（12）拆除建筑物。应该自上而下顺序进行，禁止数层同时拆除。当拆除某一部分的时候应该防止其他部位的倒塌。

（13）拆除石棉瓦及轻型结构屋面工程时，严禁施工人员直接踩踏在石棉瓦及其他轻型板上进行工作，必须使用移动板梯，板梯上端必须挂牢，防止高处坠落。

（14）在恶劣的气候条件下，严禁进行拆除作业。

接底人	李××、章××、刘××、程×× …

1.6.2 机械拆除工程安全技术交底

机械拆除工程施工现场安全技术交底表

表 AQ-C1-9

工程名称：××大厦工程　　　施工单位：××建设集团有限公司　　　编号：×××

交底部门	安全部	交底人	王××
交底项目	机械拆除工程	交底时间	×年×月×日

交底内容：

（1）当采用机械拆除建筑时，应从上至下、逐层分段进行；应先拆除非承重结构，再拆除承重结构。拆除框架结构建筑，必须按楼板、次梁、主梁、柱子的顺序进行施工。对只进行部分拆除的建筑，必须先将保留部分加固，再进行分离拆除。

（2）施工中必须由专人负责监测被拆除建筑的结构状态，做好记录。当发现有不稳定状态的趋势时，必须停止作业，采取有效措施，消除隐患。

（3）拆除施工时，应按照施工组织设计选定的机械设备及吊装方案进行施工，严禁超载作业或任意扩大使用范围。供机械设备使用的场地必须保证足够的承载力。作业中机械不得同时回转、行走。

（4）进行高处拆除作业时，对较大尺寸的构件或沉重的材料，必须采用起重机具及时吊下。拆卸下来的各种材料应及时清理，分类堆放在指定场所，严禁向下抛掷。

（5）采用双机抬吊作业时，每台起重机载荷不得超过允许载荷的80%。且应对第一吊进行试吊作业，施工中必须保持两台起重机同步作业。

（6）拆除吊装作业的起重机司机，必须严格执行操作规程。信号指挥人员必须按照现行国家标准的规定作业。

（7）拆除钢屋架时，必须采用绳索将其拴牢，待起重机吊稳后，方可进行气焊切割作业。吊运过程中，应采用辅助措施使被吊物处于稳定状态。

（8）当日拆除施工结束后，所有机械设备应远离被拆除建筑。施工期间的临时设施，应与被拆除建筑保持安全距离。

接底人	李××、章××、刘××、程××…

1.6.3 爆破拆除工程安全技术交底

爆破拆除工程施工现场安全技术交底表

表 AQ-C1-9

工程名称：××大厦工程 　　施工单位：××建设集团有限公司 　　编号：×××

交底部门	安全部	交底人	王××
交底项目	爆破拆除工程	交底时间	×年×月×日

交底内容：

（1）从事爆破拆除工程的施工单位，必须持有工程所在地法定部门核发的《爆炸物品使用许可证》，承担相应等级的爆破拆除工程。爆破拆除设计人员应具有承担爆破拆除作业范围和相应级别的爆破工程技术人员作业证。从事爆破拆除施工的作业人员应持证上岗。

（2）爆破器材必须向工程所在地法定部门申请《爆炸物品购买许可证》，到指定的供应点购买。爆破器材严禁赠送、转让、转卖、转借。

（3）运输爆破器材时，必须向工程所在地法定部门申请领取《爆炸物品运输许可证》，派专职押运员押送，按照规定路线运输。

（4）爆破器材临时保管地点，必须经当地法定部门批准。严禁同室保管与爆破器材无关的物品。

（5）爆破拆除的预拆除施工应确保建筑安全和稳定。预拆除施工可采用机械和人工方法拆除非承重的墙体或不影响结构稳定的构件。

（6）对烟囱、水塔类构筑物采用定向爆破拆除工程时，爆破拆除设计应控制建筑倒塌时的触地振动。必要时应在倒塌范围铺设缓冲材料或开挖防振沟。

（7）为保护临近建筑和设施的安全，爆破震动强度应符合现行国家标准《爆破安全规程》（GB 6722-2014）的有关规定。建筑基础爆破拆除时，应限制一次同时使用的药量。

（8）爆破拆除施工时，应对爆破部位进行覆盖和遮挡。覆盖材料和遮挡设施应牢固可靠。

（9）爆破拆除应采用电力起爆网路和非电导爆管起爆网路。电力起爆网路的电阻和起爆电源功率，应满足设计要求；非电导爆管起爆应采用复式交叉封闭网路。爆破拆除不得采用导爆索网路或导火索起爆方法。

装药前，应对爆破器材进行性能检测。试验爆破和起爆网路模拟试验应在安全场所进行。

（10）爆破拆除工程的实施应在工程所在地有关部门领导下成立爆破指挥部，应按照施工组织设计确定的安全距离设置警戒。

接底人	李××、章××、刘××、程××…

1.6.4 静力破碎工程安全技术交底

静力破碎工程施工现场安全技术交底表

表 AQ-C1-9

工程名称：××大厦工程　　施工单位：××建设集团有限公司　　编号：×××

交底部门	安全部	交底人	王××
交底项目	静力破碎工程	交底时间	×年×月×日

交底内容：

　　（1）采用具有腐蚀性的静力破碎剂作业时，灌浆人员必须戴防护手套和防护眼镜。孔内注入破碎剂后，作业人员应保持安全距离，严禁在注孔区域行走。

　　（2）静力破碎剂严禁与其他材料混放。

　　（3）在相邻的两孔之间，严禁钻孔与注入破碎剂同步进行施工。

　　（4）静力破碎时，发生异常情况，必须停止作业。查清原因并采取相应措施确保安全后，方可继续施工。

接底人	李××、章××、刘××、程××…

1.7 玻璃、幕墙工程

1.7.1 玻璃、幕墙工程安全技术交底

玻璃、幕墙工程施工现场安全技术交底表

表 AQ-C1-9

工程名称：××大厦工程   施工单位：××建设集团有限公司   编号：×××

交底部门	安全部	交底人	王××
交底项目	玻璃、幕墙工程	交底时间	×年×月×日

交底内容：

 1．玻璃安装

 （1）安装屋顶采光玻璃，应铺设脚手板或采取其他安全防护措施。

 （2）裁割玻璃，应在指定场所进行。边角余料要集中堆放在容器或木箱内，并及时处理。集中装配大批玻璃场所，应设置围栏或标志。

 （3）安装门窗玻璃时，禁止在无隔离防护措施的情况上下楼层同时操作，取出而未安装上的玻璃应放置平稳。所用的小钉子、卡子和工具等放入工具袋内，随安随装。严禁将铁钉放在口里、安装玻璃的楼层下方，禁止人员来往和停留。

 （4）安装高处外开窗玻璃时，应在牢固的脚手架上操作或挂好安全带，严禁无安全防护措施而蹲在窗框上操作。

 （5）大屏幕玻璃安装应搭设吊架或挑架从上而下逐层安装。

 （6）独立悬空作业时必须挂好安全带，不准一手腋下挟住玻璃，一手扶梯攀登上下。使用梯子时，不论玻璃厚薄均不准将梯子靠在玻璃面上操作。

 （7）门窗等安装好的玻璃应平整、牢固，不得有松动现象；并在安装完后，应随即将风钩挂好插上插销，以防风吹窗扇碰碎玻璃掉落伤人。

 （8）天窗及高层房屋安装玻璃时，施工点的下面及附近严禁行人通过，以防玻璃及工具掉落伤人。

 （9）搬运玻璃必须戴手套或用布、纸垫住玻璃边口部分与手及身体裸露部分分隔，如数量较大应装箱搬运，玻璃片直立于箱内，箱底和四周要用稻草或其他软性物品垫稳。两人以上共同搬抬较大较重的玻璃时，要互相配合，呼应一致。

 （10）搬运玻璃前应先检查玻璃是否有裂纹，特别要注意暗裂，确认完好后方可搬运。

 （11）安装完后所剩下的残余破碎玻璃应及时清扫和集中堆放，并要尽快处理，以避免伤人。

交底部门	安全部	交底人	王××
交底项目	玻璃、幕墙工程	交底时间	×年×月×日

交底内容:

2. 铝合金幕墙安装

（1）安装时使用的焊接机械及电动螺丝刀、手电钻、冲击电钻、曲线锯等手持式电动工具，应按照响应的安全交底操作。

（2）铝合金幕墙安装人员应经专门安全技术培训，考核合格后方能上岗操作。施工前要详细进行安全技术交底。

（3）幕墙安装时操作人员应在脚手架上进行，作业前必须检查脚手架必须牢靠，脚手板有无空洞或探头等，确认安全可靠后方可作业。高处作业时，应按照相关的"高处作业"安全交底要求进行操作。

（4）使用天那水清洁幕墙时，室内要通风良好，戴好口罩，严禁吸烟，周围不准有火种。沾有天那水的棉纱、布应收集在金属容器内，并及时处理。

（5）玻璃搬运应遵守下列要求：

1）风力在 5 级或以上难以控制玻璃时，应停止搬运和安装玻璃。

2）搬运玻璃必须戴手套或用布、纸垫住玻璃边口部分与手及身体裸露部分分隔，如数量较大应装箱搬运，玻璃片直立于箱内，箱底和四周要用稻草或其他软性物品垫稳。两人以上共同搬抬较大较重的玻璃时，要互相配合，呼应一致。

3）若幕墙玻璃尺寸过大，则要用专门的吊装机具搬运。

4）对于隐框幕墙，若玻璃与铝框是在车间粘结的，要待结构胶固化后才能搬运。

5）搬运玻璃前应先检查玻璃是否有裂纹，特别要注意暗裂，确认完好后方可搬运。

接底人	李××、章××、刘××、程××…

1.8 人工挖扩孔桩工程

1.8.1 人工挖扩孔桩工程安全技术交底

人工挖扩孔桩工程施工现场安全技术交底表

表 AQ-C1-9

工程名称：××大厦工程　　施工单位：××建设集团有限公司　　编号：×××

交底部门	安全部	交底人	王××
交底项目	人工挖扩孔桩工程	交底时间	×年×月×日

交底内容：

　　（1）人工挖扩桩孔的人员必须经过技术与安全操作知识培训，考试合格，持证上岗。下孔作业前，应排除孔内有害气体，并向孔内输新鲜空气或氧气。

　　（2）每日作业前应检查桩孔及施工工具，如钻孔和挖扩桩孔施工所使用的电气设备，必须装有漏电保护装置，孔下照明必须使用 36V 安全电压灯具，提土工具、装土容器应符合轻、柔、软，并有防坠落措施。

　　（3）挖扩桩孔施工现场应配有急救用品（氧气等）。遇有异常情况，如孔、地下水、黑土层、有害气体等，应立即停止作业，撤离危险区，不得擅自处理，严禁冒险作业。

　　（4）孔口应设防护设施，凡下孔作业人员均需戴安全帽、系安全绳，必须从专用爬梯上下，严禁沿孔壁或乘运土设施上下。

　　（5）每班作业前要打开孔盖进行通风。深度超过 5m 或遇有黑色土、深色土层时，要进行强制通风。每个施工现场应配有害气体检测器，发现有毒、有害气体必须采取防范措施。下班（完工）必须将孔口盖严、盖牢。

　　（6）机钻成孔作业完成后，人工清孔、验孔要先放安全防护笼，钢筋笼放入孔时，不得碰撞孔壁。

　　（7）人工挖孔必须采用混凝土护壁，其首层护壁应根据土质情况作成沿口护圈，护圈混凝土强度达到 5MPa 以后，方可进行下层土方的开挖。必须边挖、边打混凝土护壁（挖一节、打一节），严禁一次挖完，然后补打护壁的冒险作业。

　　（8）人工提土须用垫板时，垫板必须宽出孔口每侧不小于 1m，宽度不小于 30cm，板厚不小于 5cm。孔口径大于 1m 时，孔上作业人员应系安全带。

交底部门	安全部	交底人	王××
交底项目	人工挖扩孔桩工程	交底时间	×年×月×日

交底内容：

（9）挖出的土方，应随出随运，暂不运走的，应堆放在孔口边 1m 以外，高度不超过 1m。容器装土不得过满，孔口边不准堆放零散杂物，3m 内不得有机动车辆行驶或停放，孔上任何人严禁向孔内投扔任何物料。

（10）凡孔内有人作业时，孔上必须有专人监护，并随时与孔内人员保持联系，不得擅自撤离岗位。孔上人员应随时监护孔壁变化及孔底作业情况，发现异常，应立即协助孔内人员撤离，并向领导报告。

接底人	李××、章××、刘××、程××…

1.9 钢结构工程

1.9.1 钢结构吊装工程安全技术交底

钢结构吊装工程施工现场安全技术交底表

表 AQ-C1-9

工程名称：××大厦工程　　施工单位：××建设集团有限公司　　编号：×××

交底部门	安全部	交底人	王××
交底项目	钢结构吊装工程	交底时间	×年×月×日

交底内容：

（1）在柱、梁安装后而未设置浇筑板楼用的压型钢板时，为了便于柱子螺栓等施工的方便，需在钢梁上铺设适当数量的走道板及防护设施。

（2）在钢结构吊装时，为防止人员、物料和工具坠落或飞出造成安全事故，需铺设安全网。安全平网设置在梁面上2m处，当楼层高度小于4.5m时，安全平网可隔层设置。安全平网要求在建筑平面范围内满铺。安全竖网铺设在建筑物外围，防止人和物飞出造成安全事故。竖网铺设的高度一般为两节柱的高度，宜采用全封闭。

（3）为了便于接柱施工，在接柱处要设操作平台，平台周边应有操作人员的护身圈或护栏装置。平台固定在下节柱的高度。

（4）需在刚安装的钢梁上设置存放电焊机、空压机、氧气瓶、乙炔瓶等设备用的平台。放置距离符合安全生产的有关规定。

（5）为便于施工登高，吊装柱子前要先将登高钢梯固定在钢柱上，为便于进行柱梁节点紧固高强螺栓和焊接，需在柱梁节点下方安装挂篮脚手。

（6）施工用的电动机械和设备均须接地或接零并实行二级漏电保护，绝对不允许使用破损的电线和电缆，严防设备漏电。施工用电设备和机械的电缆，须集中在一起，并随楼层的施工而逐节升高。每层楼面须分别设置配电箱，供每层楼面施工用电需要。

（7）六级以上大风和雷雨、大雾天气，应暂停露天起重和高空作业。

（8）施工时还应该注意防火，提供必要的灭火设备和防火监护人员。

接底人	李××、章××、刘××、程××…

1.9.2 钢结构安装工程安全技术交底

钢结构安装工程施工现场安全技术交底表

表 AQ-C1-9

工程名称：××大厦工程　　施工单位：××建设集团有限公司　　　编号：×××

交底部门	安全部	交底人	王××
交底项目	钢结构安装工程	交底时间	×年×月×日

交底内容：

1．基本规定

（1）金属焊接作业人员，必须经专业安全技术培训，考试合格，持特种作业操作证方准上岗独立操作。非电焊工严禁进行电焊作业。

（2）操作时应穿电焊工作服、绝缘鞋和戴电焊手套、防护面罩等安全防护用品，高处作业时系安全带。

（3）电焊作业现场周围10m范围内不得堆放易燃易爆物品。

（4）雨、雪、风力六级以上（含六级）天气不得露天作业。雨、雪后应清除积水、积雪后方可作业。

（5）操作前应首先检查焊机和工具，如焊钳和焊接电缆的绝缘、焊机外壳保护接地和焊机的各接线点等，确认安全合格方可作业。

（6）在密封容器内施焊时，应采取通风措施。间歇作业时焊工应到外面休息。容器内照明电压不得超过12V。焊工身体应用绝缘材料与焊件隔离。焊接时必须设专人监护，监护人应熟知焊接操作规程和抢救方法。

（7）在有害介质场所进行焊接时，应采取防毒措施，必要时进行强制通风。

（8）施焊地点潮湿或焊工身体出汗后而使衣服潮湿时，严禁靠在带电钢板或工件上，焊工应在干燥的绝缘板或胶垫上作业，配合人员应穿绝缘鞋或站在绝缘板上。

（9）焊接时临时接地线头严禁浮搭，必须固定、压紧，用胶布包严。

（10）操作时遇下列情况必须切断电源：

1）改变电焊机接头时。

2）更换焊件需要改接二次回路时。

3）转移工作地点搬动焊机时。

4）焊机发生故障需进行检修时。

5）更换保险装置时。

6）工作完毕或临时离操作现场时。

交底部门	安全部	交底人	王××
交底项目	钢结构安装工程	交底时间	×年×月×日

交底内容:

（11）高处作业必须遵守下列规定:

1）必须使用标准的安全带,并系在可靠的构架上。

2）必须在作业点正下方 5m 外设置护栏,并设专人监护。必须清除作业点下方区域易燃、易爆物品。

3）必须戴盔式面罩。焊接电缆应绑紧在固定处,严禁绕在身上或搭在背上作业。

4）焊工必须站在稳固的操作平台上作业,焊机必须放置平稳、牢固,设有良好的接地保护装置。

（12）作时严禁焊钳夹在腋下去搬被焊工件或将焊接电缆挂在脖颈上。

（13）焊接时二次线必须双线到位,严禁借用金属管道、金属脚手架、轨道及结构钢筋作回路地线。焊把线无破损,绝缘良好。焊把线必须加装电焊机触电保护器。

（14）焊接电缆通过道路时,必须架高或采取其他保护措施。

（15）焊把线不得放在电弧附近或炽热的焊缝旁。不得碾轧焊把线。应采取防止焊把线被尖利器物损伤的措施。

（16）清除焊渣时应佩戴防护眼镜或面罩。焊条头应集中堆放。

（17）下班后必须拉闸断电,必须将地线和把线分开,并确认火已熄灭方可离开现场。

2．电焊设备的使用

（1）电焊机必须安放在通风良好、干燥、无腐蚀介质、远离高温高湿和多粉尘的地方。露天使用的焊机应搭设防雨棚,焊机应用绝缘物垫起,垫起高度不得小于 20cm,按规定配备消防器材。

（2）电焊机使用前,必须检查绝缘及接线情况,接线部分必须使用绝缘胶布缠严,不得腐蚀、受潮及松动。

（3）电焊机必须设单独的电源开关、自动断电装置。一次侧电源线长度应不大于 5m,二次线焊把线长度应不大于 30m。两侧接线应压接牢固,必须安装可靠防护罩。电焊机的外壳必须设可靠的接零或接地保护。

（4）电焊机焊接电缆线必须使用多股细铜线电缆,其截面应根据电焊机使用规定选用。电缆外皮应完好、柔软,其绝缘电阻不小于 $1M\Omega$。

（5）电焊机内部应保持清洁。定期吹净尘土。清扫时必须切断电源。

（6）电焊机启动后,必须空载运行一段时间。调节焊接电流及极性开关应在空载下进行。直流焊机空载电压不得超过 90V,交流焊机空载电压不得超过 80V。

（7）使用交流电焊机作业应遵守下列规定:

1）多台焊机接线时三相负载应平衡,初级线上必须有开关及熔断保护器。

2）电焊机应绝缘良好。焊接变压器的一次线圈绕组与二次线圈绕组之间、绕组与外壳之间的绝缘电阻不得小于 $1M\Omega$。

交底部门	安全部	交底人	王××
交底项目	钢结构安装工程	交底时间	×年×月×日

交底内容:

　3）电焊机的工作负荷应依照设计规定，不得超载运行。作业中应经常检查电焊机的温升，超过 A 级 60C、B 级 80C 时必须停止运转。

　（8）焊钳和焊接电缆应符合下列规定:

　1）焊钳应保证任何斜度都能夹紧焊条，且便于更换焊条。

　2）焊钳必须具有良好的绝缘、隔热能力。手柄绝热性能应良好。

　3）焊钳与电缆的连接应简便可靠，导体不得外露。

　4）焊钳弹簧失效，应立即更换。钳口处应经常保持清洁。

　5）焊接电缆应具有良好的导电能力私绝缘外层。

　6）焊接电缆的选择应根据焊接电流的大小和电缆长度，按规定选用较大的截面积。

接底人	李××、章××、刘××、程××…

1.10 预应力工程

1.10.1 预应力工程先张法施工安全技术交底

预应力工程先张法施工安全技术交底表

表 AQ-C1-9

工程名称：××大厦工程　　施工单位：××建设集团有限公司　　编号：×××

交底部门	安全部	交底人	王××
交底项目	预应力工程先张法施工	交底时间	×年×月×日

交底内容：

1．一般要求

（1）预应力操作工必须经过有关部门安全技术培训，经考核合格方可上岗。

（2）预应力张拉施工应由主管施工技术人员主持。张拉作业应由作业组长指挥。

（3）预应力钢筋的张拉方法、顺序和控制应力应符合施工设计的要求。

（4）在施工组织设计中，应根据设计要求和现场条件规定预应力张拉程序、控制应力和伸长值，选择适宜的张拉机具，并制定相应的安全技术措施。

（5）张拉现场必须划定作业区，并设护栏，非施工人员严禁入内。

（6）使用高压油泵应符合下列要求：

1）油泵应置于构件侧面；

2）操作工必须服从作业组长指挥，严禁擅离岗位；

3）油泵与千斤顶或拉伸机之间的所有连接部件必须完好。且连接牢固，压力表接头应用纱布包裹；

4）操作工应经安全技术培训，考核合格后方可上岗；

5）高压油泵不得超载作业；

6）操作工必须戴防目镜和手套；

（7）张拉锚固完毕，对锚具外端的钢束或钢筋应妥善保护，不得施压重物。严禁撞击锚具、钢束或钢筋。

（8）张拉预应力筋时，两端均必须设防护挡板。张拉时，应严格控制加荷、卸荷速度。

（9）张拉施工中出现断丝、滑丝、油表剧烈震动、漏油和电机声音异常等情况，必须立即停机检查并处理，经处理确认安全后，方可恢复施工。

（10）高处张拉作业必须搭设作业平台，并应符合下列要求：

1）使用之前应经检查、验收，确认合格并形成文件。

交底部门	安全部	交底人	王××
交底项目	预应力先张法施工	交底时间	×年×月×日

交底内容：

2）作业平台的脚手板必须铺满、铺稳。

3）上下作业平台必须设安全梯、斜道等攀登设施。

4）作业平台临边必须设防护栏杆。

5）搭设与拆除脚手架应符合脚手架施工安全技术交底的具体要求。

（11）使用起重机吊装预应力钢筋等应符合下列要求：

1）构件吊装就位，必须待构件稳固后，作业人员方可离开现场；

2）现场及其附近有电力架空线路时应设专人监护，确认起重机作业应符合相关安全技术交底的具体要求；

3）吊装时，吊臂、吊钩运行范围，严禁人员入内；

4）作业场地应平整、坚实。地面承载力不能满足起重机作业要求时，必须对地基进行加固处理；

5）吊装中遇地基沉陷、机体倾斜、吊具损坏或吊装困难等，必须立即停止作业，待处理并确认安全后方可继续作业；

6）吊装中严禁超载；

7）吊装作业必须设信号工指挥。指挥人员必须检查吊索具、环境等状况；

8）现场配合吊梁的全体作业人员应站位于安全地方，待吊钩和梁体离就位点距离50cm时方可靠近作业，严禁位于超重机臂下；

9）吊梁作业前应划定作业区，设护栏和安全标志，严禁非作业人员入内；

10）作业前施工技术人员应了解现场环境、电力和通讯等架空线路、附近建（构）筑物和被吊梁等状况，选择适宜的起重机，并确定对吊装影响范围的架空线、建（构）筑物采取保护措施。

2．先张法施工

（1）张拉时，张拉工具与预应力筋应在一条直线上；顶紧锚塞时，用力不要过猛，以防钢丝折断；拧紧螺母时，应注意压力表读数，一定要保持所需的张拉力。

（2）预应力筋放张的顺序应按下列要求进行：

1）轴心受预压的构件（如拉杆、桩等），所有预应力筋应同时放张。

2）偏心受预压的构件（如梁等），应先同时放张预压力较小区域的预应力筋，然后放张预压力较大区域的预应力筋。

（3）切断钢丝时应严格测定钢丝向混凝土内的回缩情况，且应先从靠近生产线中间处切断，然后再按剩下段的中点处逐次切断。

（4）台座两端应设有防护设施，并在张拉预应力筋时，沿台座长度方向每隔4~5m设置一个防护架，两端严禁站人，更不准进入台座。

交底部门	安全部	交底人	王××
交底项目	预应力先张法施工	交底时间	×年×月×日

交底内容：

（5）预应力筋放张时，混凝土强度必须符合设计要求，如无设计规定时，则不得低于强度等级的70%。

（6）预应力筋放张时，应分阶段、对称、交错地进行；对配筋多的钢筋混凝土构件，所有的钢丝应同时放松，严禁采用逐根放松的方法。

（7）放张时，应拆除侧模，保证放松时构件能自由伸缩。

（8）预应力筋的放张工作，应缓慢进行，防止冲击。若用乙炔或电弧切割时，应采取隔热措施，严防烧伤构件端部混凝土。

（9）电弧切割时的地线应搭在切割点附近，严禁搭在另一头，以防过电后使预应力筋伸张造成应力损失。

（10）钢丝的回缩值，冷拔低碳钢丝不应大于0.6mm，碳素钢丝不应大于1.2mm，测试数据不得超过上列数值规定的20%。

接底人	李××、章××、刘××、程××…

1.10.2 预应力工程后张法施工安全技术交底

预应力工程后张法施工安全技术交底表

表 AQ-C1-9

工程名称：××大厦工程　　　施工单位：××建设集团有限公司　　　编号：×××

交底部门	安全部	交底人	王××
交底项目	预应力工程后张法施工	交底时间	×年×月×日

交底内容：

1. 一般要求

内容同 1.10.1 第 1 款。

2. 后张法（无粘结预应力）施工

（1）孔道直径：

1）粗钢筋，其孔道直径应比预应力筋直径、钢筋对焊接头处外径、需穿过孔道的锚具或连接器外径大 10~15mm，见表 1-10。

表 1-10　　　　　　　　　　φ⁵5 碳素钢丝束孔道直径

钢丝束根数	12	14	16	18	20	24	28
钢质锥形锚具	GZ12			GZ18		GZ24	
孔道直径/mm	40			45		53	
镦头锚具型号	DM5-12~14		DM5-16~18		DM5-20~24		DM5-28
中间孔道直径/mm	40		45		50		55
端部扩孔直径/mm	60		68		76		83
锥形螺杆锚具	LZ5-14	LZ5-16		LZ5-20		LZ5-24	LZ5-28
中间孔道直径/mm	50	53		56		63	70
端部扩孔直径/mm	65	70		75		83	89

2）钢丝或钢绞线：其孔道应比预应力束外径大 5~10mm，其孔道面积应大于预应筋面积的两倍，见表 1-11。

3）预应力筋孔道之间的净距不应小于 25mm；孔道至构件边缘的净距不应小于 25mm，且不应小于孔道直径的一半；凡需起拱的构件，预留孔道宜随构件同时起拱。

（2）采用分批张拉时，先批张拉的预应力筋，其张拉应力 σ_{con} 应增加 $\alpha_E\sigma_{hp}$（α_E 为预应力筋和混凝土的弹性模量比值。σ_{hp} 为张拉后批预应力筋时，在其重心处预应力对混凝土所产生的法向应力）。或者每批采用同一张拉值，然后逐根复technique补足。

（3）曲线预应力筋和长度大于 24m 的直线预应力筋，应在两端张拉，长度等于或小于 24m 的直线预应力筋，可在一端张拉，但张拉端宜分别设置在构件的两端。

（4）在构件两端及跨中应设置灌浆孔，其孔距不应大于 12m。

交底部门	安全部	交底人	王××
交底项目	预应力先张法施工	交底时间	×年×月×日

交底内容：

（5）平卧重叠构件的张拉，应根据不同预应力筋与不同隔离剂的平卧重叠构件逐层增加其张拉力的百分率，见表1-12。对于大型或重要工程应在正式张拉前至少必须实测二堆屋架的各层压缩值，然后计算出各层应增加的张拉力百分率。

表 1-11　　　　　　　　　　　　φⁱ钢绞线束孔道直径表

钢绞线束根数	4	5	6	7	8	9	12
JM 型锚具型号	JM15-4		JM15-6				
孔道直径/mm	50		65				
XM 型锚具型号	XM15-4	XM15-5	XM15-6	XM15-7	XM15-8	XM15-9	XM15-12
中间孔道直径/mm	50	55	65	65	70	75	85
端部扩孔直径/mm	75	85	95	95	110	120	135
端部扩孔长度/mm	240	320	340	340	390	500	500

表 1-12　　　　　　　　　　平卧叠层浇筑构件逐层增加的张拉力百分率

预应力筋类别	隔离剂类别	层增加的张拉力百分率/（%）			
		顶层	第二层	第三层	底层
高强钢丝束	I	0	1.0	2.0	3.0
	II	0	1.5	3.0	4.0
	III	0	2.0	3.5	5.0
II级冷拉钢筋	I	0	2.0	4.0	6.0
	II	1.0	3.0	6.0	9.0
	III	2.0	4.0	7.0	10.0

注：第一类隔离剂：塑料薄膜、油纸。

　　第二类隔离剂：废机油、滑石粉、纸筋灰、石灰水废机油、柴油石膏。

　　第三类隔离剂：废机油、石灰水、石灰水滑石灰。

（6）操作千斤顶和测量伸长值的人员，要严格遵守操作规程，应站在千斤顶侧面操作。油泵开运过程中，不得擅自离开岗位，如需离开，必须把油阀门全部松开或切断电路。

（7）在进行预应力张拉时，任何人员不得站在预应力筋的两端，同时在千斤顶的后面应设立防护装置。

（8）张拉时应认真做到孔道、锚环与千斤顶三对中，以便保证张拉工作顺利进行。

（9）预应力筋张拉时，构件的混凝土强度应符合设计要求，如无设计要求时，不应低于设计强度等级的70%。主缝处混凝土或砂浆强度如无设计要求时，不应低于15MPa。

（10）钢丝、钢绞线、热处理钢筋及冷拉IV级钢筋，严禁采用电弧切割。

（11）预应力筋张拉完后，为减少应力松弛损失应立即进行灌浆。

（12）采用锥锚式千斤顶张拉钢丝束时，应先使千斤顶张拉缸进油，至压力表略有启动时暂停，检查每根钢丝的松紧进行调整，然后再打紧楔块。

接底人	李××、章××、刘××、程××…

第 2 章 建筑分项工程施工

2.1 地基与基础工程

2.1.1 地基处理工程安全技术交底

1.地基强夯处理施工安全技术交底

地基强夯处理施工现场安全技术交底表

表 AQ-C1-9

工程名称：××大厦工程　　施工单位：××建设集团有限公司　　编号：×××

交底部门	安全部	交底人	王××
交底项目	地基强夯处理施工	交底时间	×年×月×日

交底内容：

（1）进入施工现场人员应戴好安全帽，施工操作人员穿戴好必要的劳动防护用品。

（2）凡患有高血压及视力不清等症的人员，不得进行机上作业。

（3）施工现场应全面规划，并有施工现场平面布置图；其现场道路应平坦、坚实、畅通，交叉点及危险地区，应设明显标志。

（4）各种机电设备的操作人员，都必须经过专业培训、考试合格并具有上岗证书，懂得本机械的构造、性能、操作规程，能维护保养和排除一般故障。

（5）驾驶人员及操作者，须领取经有关部门批准的驾驶证或操作证后方准开车。禁止其他人员擅自开车或开机。

（6）粉化石灰、石灰过筛及使用水泥的操作人员，必须配戴口罩、眼镜、手套等。

（7）电气设备的电源，应按有关规定架设安装；电气设备均须有良好的接地接零，接地电阻不大于4Ω，并装有可靠的触电保护装置。

（8）使用夯打操作工艺时，严禁夯击电缆线。

（9）为减少吊锤机械吊臂在夯锤下落时的晃动及反弹，应专门设置吊臂撑杆系统。每天开机前，必须检查吊锤机械各部位是否正常及钢丝绳有无磨损等情况，发现问题及时处理。

（10）吊锤机械停稳并对好坑位后方可进行强夯作业，起吊夯锤时速度应均匀，夯锤或挂钩不得碰吊臂，应在适当位置挂废汽车外胎加以保护。

（11）夯锤起吊后，吊臂和夯锤下15m内不得站人。非工作人员应远离夯击点30m以外。

（12）干燥天气作业，可在夯击点附近洒水降尘。吊锤机械驾驶室前面宜在不影响视线的前提下设置防护罩。驾驶人员应戴防护眼镜，预防落锤弹起砂石，击碎驾驶室玻璃伤害驾驶员眼睛。

接底人	李××、章××、刘××、程××…

2.挤密桩施工安全技术交底

挤密桩施工现场安全技术交底表

表 AQ-C1-9

工程名称：××大厦工程　　施工单位：××建设集团有限公司　　编号：×××

交底部门	安全部	交底人	王××
交底项目	挤密桩施工	交底时间	×年×月×日

交底内容：

（1）进入施工现场人员应戴好安全帽，施工操作人员应穿戴好必要的劳动防护用品。

（2）凡患有高血压及视力不佳等症的人员，不得进行机上作业。

（3）施工现场应全面规划，并有施工现场平面布置图；其现场道路应平坦、坚实、畅通，交叉点及危险地区，应设明显标志。打桩场地必须平整、坚实，以利于桩机运行。

（4）各种机电设备的操作人员，都必须经过专业培训，懂得本机械的构造、性能、操作规程，能维护保养和排除一般故障。

（5）驾驶人员及操作者，须领取经有关部门批准的驾驶证或操作证后方准开车。禁止其他人员擅自开车或开机。

（6）电气设备的电源，应按有关规定架设安装；电气设备均须有良好的接地接零，接地电阻不大于 4Ω，并装有可靠的触电保护装置。

（7）打桩前邻近施工范围内的已有建筑物、构筑物等必须经过检查，必要时应采取加固措施，以确保施工安全。

（8）振动沉管时若用收紧钢丝绳加压，应根据桩管沉入度随时调整离合器，防止抬起桩架发生事故。锤击沉管时，严禁用手扶正桩尖垫料。不得在桩锤未打到管顶就起锤或过早刹车，以免损坏桩机设备。

（9）在打桩过程中，遇有地面隆起或下陷时，应随时调平或垫平机架及路轨。

（10）施工过程中如遇大风，应将桩管插入地下嵌固，以确保桩机安全。

（11）机械司机，在施工操作时应集中思想，服从指挥信号，不得随意离开岗位，并经常注意机械运转是否正常，发现异常应立即纠正。

接底人	李××、章××、刘××、程××…

3.深层搅拌桩施工安全技术交底

深层搅拌桩施工现场安全技术交底表

表 AQ-C1-9

工程名称：××大厦工程　　**施工单位：**××建设集团有限公司　　**编号：**×××

交底部门	安全部	交底人	王××
交底项目	深层搅拌桩施工	交底时间	×年×月×日

交底内容：

（1）进入施工现场人员应戴好安全帽，施工操作人员应穿戴好必要的劳动防护用品。

（2）凡患有高血压及视力不佳等症的人员，不得进行机上作业。

（3）施工现场应全面规划，并有施工现场平面布置图；其现场道路应平坦、坚实、畅通，交叉点及危险地区，应设明显标志。

（4）各种机电设备的操作人员，都必须经过专业培训、考试合格具有上岗证书，懂得本机械的构造、性能、操作规程、能维护保养和排除一般故障。

（5）驾驶人员及操作者，须领取经有关部门批准的驾驶证或操作证后方准开车。禁止其他人员擅自开车或开机。

（6）电气设备的电源，应按有关规定架设安装；电气设备均须有良好的接地接零，接地电阻不大于4Ω，并装有可靠的触电保护装置。

（7）所有操作人员，在施工操作时，应集中思想服从指挥，不得随意离开岗位，并经常注意机械运转是否正常，发现异常应及时纠正。

（8）起重机臂下，严禁站人。

（9）搅拌机转动，应设专人看管，严禁伤人。

（10）每天下班后，应有专人负责关闭、切断电源。

接底人	李××、章××、刘××、程××…

2.1.2 桩基工程安全技术交底

1.钢筋混凝土预制桩施工安全技术交底

钢筋混凝土预制桩施工现场安全技术交底表

表 AQ-C1-9

工程名称：××大厦工程　　施工单位：××建设集团有限公司　　编号：×××

交底部门	安全部	交底人	王××
交底项目	钢筋混凝土预制桩施工	交底时间	×年×月×日

交底内容：

（1）现场所有施工人员均须戴好安全帽，高空作业需系好安全带。

（2）施工现场应全面规划，并有施工现场平面布置图；其现场道路应平坦、坚实、畅通，交叉点及危险地区，应设明显标志及围护措施。

（3）凡患有高血压及视力不佳的人员不得进行机械操作业，各工种应持证上岗。

（4）机械设备应由专人持证操作，操作者应严格遵守安全操作规程。

（5）施工中所有机操人员和配合工种，必须听从指挥讯号，不得随意离开岗位，并经常注意机械运转是否正常，发现异常应立即检查处理。

（6）机械设备都应有漏电保护装置和良好的接地接零。

（7）打桩前，桩头的衬垫严禁用手拨正，不得在桩锤未落到桩顶就起锤，或过早刹车。

（8）登上机架高空作业时，应有防护措施，工具、零件严禁下抛。

（9）硫磺胶泥的原料及制品在运输、储存和使用时应注意防火，熬制胶泥时，操作人员应穿戴防护用品，熬制场地应通风良好，胶泥浇注后，上节柱应缓缓下放，防止胶泥飞溅。

（10）定期检查钢丝绳的磨损情况和其他易损部件，当发现问题及时更换。

（11）每天下班后，应有专人负责关闭、切断电源。

（12）施工时尚应遵守施工现场的常规建筑安装工程安全操作规程和国家有关安全法规、规则、条例等。

接底人	李××、章××、刘××、程××…

2.泥浆护壁机械成孔灌注桩施工安全技术交底

泥浆护壁机械成孔灌注桩施工现场安全技术交底表

表 AQ-C1-9

工程名称：××大厦工程　　　施工单位：××建设集团有限公司　　　编号：×××

交底部门	安全部	交底人	王××
交底项目	泥浆护壁机械成孔灌注桩施工	交底时间	×年×月×日

交底内容：

（1）进入施工现场人员应戴好安全帽，施工操作人员应穿戴好必要的劳动防护用品。

（2）在施工全过程中，应严格执行有关机械的安全操作规程，由专人操作并加强机械维修保养，经安全部门检验认可，领证后方可投入使用。

（3）电气设备的电源，应按有关规定架设安装；电气设备均须有良好的接地接零，接地电阻不大于 4Ω，并装有可靠的触电保护装置。

（4）注意现场文明施工，对不用的泥浆地沟应及时填平；对正在使用的泥浆地沟（管）加强管理，不得任泥浆溢流，捞取的沉渣应及时清走。各个排污通道必须有标志，夜间有照明设备，以防踩入泥浆，跌伤行人。

（5）机底枕木要填实，保证施工时机械不倾斜、不倾倒。

（6）护筒周围不宜站人，防止不慎跌入孔中。

（7）吊车作业时，在吊臂转动范围内，不得有人走动或进行其他作业。

（8）湿钻孔机械钻进岩石时，或钻进地下障碍物时，要注意机械的震动和颠覆，必要时停机查明原因方可继续施工。

（9）拆卸导管人员必须戴好安全帽，并注意防止扳手、螺丝等往下掉落。拆卸导管时，其上空不得进行其他作业。

（10）导管提升后继续浇注混凝土前，必须检查其是否垫稳或挂牢。

（11）钻孔时，孔口加盖板，以防工具掉入孔内。

接底人	李××、章××、刘××、程××…

3.干作业螺旋钻孔成孔灌注桩施工安全技术交底

干作业螺旋钻孔成孔灌注桩施工现场安全技术交底表

表 AQ-C1-9

工程名称：××大厦工程　　施工单位：××建设集团有限公司　　编号：×××

交底部门	安全部	交底人	王××
交底项目	干作业螺旋钻孔成孔灌注桩	交底时间	×年×月×日

交底内容：

（1）现场所有施工人员均必须戴好安全帽，高空作业系好安全带。

（2）工地负责人及专职安全员应树立"安全第一"的思想，加强安全宣传管理工作。

（3）各种机电设备的操作人员，都必须经过专业培训，领取驾驶证或操作证后方准开车。禁止其他人员擅自开车或开机。

（4）所有操作人员应严格执行有关"操作规程"。在桩机安装、移位过程中，注意上部有无高压线路。熟悉周围地下管线情况，防止物体坠落及轨枕沉陷。

（5）总、分配电箱都应有漏电保护装置，各种配电箱、板均必须防雨，门锁齐全，同时线路要架空，轨道两端应设两组接地。

（6）桩机所有钢丝绳要检查保养，发现有断股情况，应及时调换，钻机运转时不得进行维修。

接底人	李××、章××、刘××、程××…

4.锚杆静压桩施工安全技术交底

锚杆静压桩施工现场安全技术交底表

表 AQ-C1-9

工程名称：××大厦工程　　施工单位：××建设集团有限公司　　编号：×××

交底部门	安全部	交底人	王××
交底项目	锚杆静压桩施工	交底时间	×年×月×日

交底内容：

（1）锚杆静压桩施工前应对有关人员进行技术培训和安全教育。

（2）机械设备必须实行专机专人持证操作，严格执行交接班制度和机具保养制度。

（3）熬制硫磺胶泥的操作人员必须穿戴好必要的防护用品，不准赤膊和光脚，防止胶泥溅伤；半成品胶泥的运输和贮存，应做到单独存放，防湿、避高温；熬胶工棚应做到防火、防漏和通风良好。

（4）锚杆静压桩施工用电，应认真执行施工现场用电安全规定。电动葫芦的电线应置在桩架以外，严禁与电动葫芦的铁链相互摩擦，以致损坏伤人；电动葫芦、油压泵的用电应配备专用电箱，并应配触电保护器；专用电箱应防漏、防潮、夜间施工应有足够照明。

（5）应经常检查和维修压桩机具，并建立安全员负责制。对设备、电路等进行全面检查，对压

（6）安装锚杆静压桩桩架时，应首先固定桩架与锚杆的连接螺栓。桩架顶端连接板安装应二人同时操作（一人扶正连接板，一人安装连接板与桩架的螺栓）。安装连接板及电动葫芦，应搭设简易脚手架，铺好脚手板，电动葫芦的吊钩与桩架连接板上的挂钩要有保险装置。

（7）桩段搬运起吊时，起桩架安装应稳妥，吊索与桩段应保持垂直，操作人员应扶住桩段两头，使桩段保持平稳。拉动葫芦的操作人员站立位置应与桩段离开一段距离，以防桩段坠落伤人。

（8）压桩时千斤顶位置应置于钢梁中心，钢梁应置于钢销子中心，钢销子后跟应顶紧桩架孔，防止钢销子脱孔造成事故。

（9）每天下班后，应有专人负责关闭、切断电源。

接底人	李××、章××、刘××、程××…

5.人工挖孔灌注桩施工安全技术交底

人工挖孔灌注桩施工现场安全技术交底表

表 AQ-C1-9

工程名称：××大厦工程   施工单位：××建设集团有限公司   编号：×××

交底部门	安全部	交底人	王××
交底项目	人工挖孔灌注桩施工	交底时间	×年×月×日

交底内容：

（1）每日开工前应检测井下有无危害气体和不安全因素，孔深大于 10m 以及腐殖质土层较厚时，应有专门送风设备，风量不应小于 25 L / s，向桩孔内作业面送入新鲜空气。桩孔下爆破后，必须向桩孔内送风，或向桩孔内均匀喷水，使炮烟全部排除或凝聚沉落后，才能下桩孔内作业。当桩孔内土层中含有害气体及有机物质较多时除加强通风外，还应对有害气体加强监测。

（2）桩孔口应严格管理。桩孔口应设置高于地面 200mm 的护板，防止地面石子或其他杂物等被踢入桩孔中。地面孔口四周必须有护栏，高度不低于 800mm。无关人员不得靠近桩孔口，桩孔口机械操作人员不准离开岗位。口袋内不得放置物品（如钥匙、钢笔、怀表、打火机、小型工具、玩物等），以防坠入桩孔中。

（3）桩孔下作业人员必须戴好安全帽。穿好绝缘胶鞋、桩孔口与下部作业人员应有可靠的联络设施。如桩孔口管理混乱，桩孔内应立即停止作业回到地面上。地面孔口作业人员需待井下作业人员上来后方可离岗。

（4）用常规法（包括先封底法）浇灌桩身混凝土，桩孔上口必须密封（仅留漏斗口），其最大间隙不得超过 3m，密封板及方木应有足够的强度，以确保下部作业人员安全。串筒应用 8 号镀锌铁丝加固扎牢，串筒下口应临时拉牢，防止串筒摆动伤人。密封后应加强向桩孔内送风，或在桩孔口密封平台上预设高度大于 1m 的通风口。

（5）桩孔洞口上应设置悬挂软梯，并随桩孔深放长，以备意外情况时有关人员能顺利上下。正常情况下，操作人员上下应乘坐吊篮或专用吊桶。开机人员应专机专人，并持证上岗，集中思想认真注意桩孔内一切动态，电器开关不得离手。吊钩应有弹簧式脱钩装置，防止翻桶、翻篮、脱钩等恶性事故发生，严禁站在装渣桶边缘口上下。垂直运输机具和装置，必须配有自动卡紧保险装置。

（6）装渣桶、吊篮、吊桶上下用电动葫芦提放，上下应对准桩孔中心。

（7）在任何情况下严禁提升设备超载运行，上、下班前对提升架及轨道应进行检查，工作时发现异常情况应立即停止工作，找出原因，认真检修，不准带病运转。

交底部门	安全部	交底人	王××
交底项目	人工挖孔灌注桩施工	交底时间	×年×月×日

交底内容：

（8）吊放钢筋入桩孔时，应绑紧系牢（下口宜用铁盘兜住），确保不溜脱坠落。应待钢筋吊入孔底后，才能下人进入桩孔解钩。

（9）在桩孔内绑扎钢筋骨架时，操作平台方木必须放在实处（可放在混凝土护壁突出面上或钢筋骨架加强环筋上），并与平台木板钉牢，防止方木滑动位移，平台坠落。

（10）桩孔下照明应采用安全矿灯或 12V 低压电源。进入桩孔内的所有电器及用电设备均应接零接地，电线必须绝缘。拉动电线时禁止与一切硬物产生摩擦。电器开关应集中在桩孔口，并应装置漏电保护器，防止漏电触电事故，一旦发现漏电，必须迅速拉闸断电，值班电工必须对所有电器设备及线路加强检查维修，及时发现问题，妥善处理。

（11）桩孔内的抽水管、通风管、电线等应妥加处理并临时固定，一般应沿壁敷设，以防装渣桶及吊篮（吊桶）上下时挂住或撞断，引起事故。

（12）由桩孔中排出的土渣，应及时运走，不得堆在孔口周围，如须临时堆放，应距孔口 5m 以外，且不得堆积过多，以防塌孔。

（13）桩孔内爆破处理孤石或基岩时，应由取得爆破操作证的技术工人操作。爆破后间歇时间不得小于 45min，经检查确认桩孔壁无松动石块、土块，护壁完好后方可下桩孔作业。

（14）成孔间隙期及混凝土浇灌完成后孔口应加盖。

接底人	李××、章××、刘××、程××…

2.1.3 沉井工程安全技术交底

沉井工程施工现场安全技术交底表

表 AQ-C1-9

工程名称：××大厦工程　　施工单位：××建设集团有限公司　　　编号：×××

交底部门	安全部	交底人	王××
交底项目	沉井工程	交底时间	×年×月×日

交底内容：

（1）所有操作人员应严格执行有关"操作规程"，树立"安全第一"的思想。

（2）施工中所有机操人员和配合工种，必须听从指挥讯号，不得随意离开岗位，应经常注意机械运转情况，发现异常，应立即停机检查处理。

（3）机械设备必须实行专机专人持证操作，严格执行交接班制度和机具保养制度。

（4）潜水泵等水下设备应有安全保险装置严防漏电。井下照明必须采用安全电压。

（5）挖土下沉过程中应有专人指挥，井内不得采用人工和机械同时挖土。

（6）进行水下作业时必须由潜水员承担。

（7）应严格执行施工现场的一切规章制度。

（8）当进行井下作业时，井口应派专人看护。

接底人	李××、章××、刘××、程××…

2.1.4 地下防水工程安全技术交底

地下防水工程施工现场安全技术交底表

表 AQ-C1-9

工程名称：××大厦工程   施工单位：××建设集团有限公司   编号：×××

交底部门	安全部	交底人	王××
交底项目	地下防水工程	交底时间	×年×月×日

交底内容：

  1.安全技术交底内容

  （1）材料存放于专人负责的库房，严禁烟火并挂有醒目的警告标志和防火措施

  （2）施工现场和配料厂应通风良好，操作人员应穿软底鞋、工作服、扎进袖口，并应佩带口罩及鞋盖。涂刷处理剂及胶黏剂时，必须带防毒口罩和防护眼镜。外露皮肤应涂擦防护膏。操作时禁止用手揉擦皮肤。

  （3）患有皮肤病、眼病、刺激过敏着，不得参加防水作业，施工中发生头晕、恶心、过敏者应停止作业。

  （4）使用液化气喷枪及汽油喷灯，点火时，火嘴不准对人，汽油喷灯加油不得过满，打气不得过足。

  （5）装卸苯汽油的容器，必须配软垫，不准猛推猛撞。使用容器后，其容器盖必须盖严。

  （6）防水卷材使用热熔粘时，使用明火操作时，应申请办理用火证，并设专人看火。配有灭火器时，周围 30 米内不准有易燃物。

  （7）雪、雨、霜天及六级以上大风应停止室外作业。

  （8）涂料在存储使用过程中应注意放放火。

  （9）施工过程中应做好基坑和地下结构的临边防护，防止抛物，滑坡和出现坠落事故。

  （10）施工中废弃物要及时清理干净，外运至指定地点，避免污染环境，做到工完厂清、自产自清。

  （11）遵章守纪，杜绝违章指挥和违章作业，现场设立职业健康安全措施，既有针对性的职业健康安全宣传牌、标语和职业健康安全标志。

  2.施工现场针对性安全技术交底

  （1）进入施工现场，必须带好安全帽；检查施工现场有无外架漏洞、防护不严、高空坠物等隐患，如有问题，应及时向有关人员反映，决不可违章指挥，盲目作业。

  （2）地下防水作业，应保持通风良好，光线充足。

  （3）检查施工现场有无边坡不稳、护坡不严、防护洞口未加盖板等安全隐患。如有问题，应及时向有关人员反映，决不可违章，指挥盲目作业。

  （4）现场施工时，应精力集中，认真作业，不可嬉戏打闹。

接底人	李××、章××、刘××、程××…

2.1.5 地下连续墙工程安全技术交底

地下连续墙工程施工现场安全技术交底表

表 AQ-C1-9

工程名称：××大厦工程　　　施工单位：××建设集团有限公司　　　编号：×××

交底部门	安全部	交底人	王××
交底项目	地下连续墙工程	交底时间	×年×月×日

交底内容：

　　（1）施工前必须制订严格的安全制度。

　　（2）现场施工区域应有安全标志和围护设施。

　　（3）挖槽的平面位置、深度、宽度和垂直度，必须符合设计要求。

　　（4）机械设备应由专人持证操作，操作者应严格遵守安全操作规程。

　　（5）潜水电钻等水下电器设备应有安全保险装置，严防漏电。电缆收放应与钻进同步进行，严防拉断电缆，造成事故。

　　（6）应控制钻进速度和电流大小，遇有地下障碍物要妥善处理，禁止超负荷强行钻进。

　　（7）地下连续墙的接头（接缝）处仅有少量夹泥，无漏水现象。

　　（8）泥浆配置质量、稳定性、槽底清渣和置换泥浆必须符合施工规范的规定。

接底人	李××、章××、刘××、程××…

2.2 建筑主体结构工程

2.2.1 混凝土工程安全技术交底

1.现浇混凝土工程施工安全技术交底

现浇混凝土工程施工现场安全技术交底表

表 AQ-C1-9

工程名称：××大厦工程　　施工单位：××建设集团有限公司　　编号：×××

交底部门	安全部	交 底 人	王××
交底项目	现浇混凝土工程	交底时间	×年×月×日

交底内容：

　　1. 原材料运输和堆放的安全要求

　　（1）运输通道要平整，走桥要钉牢，不得有未钉稳的空头板，并保持清洁，及时清除落料和杂物。

　　（2）临时堆放备用水泥，不应堆叠过高，如堆放在平台上时，应不超过平台的容许承载能力。叠垛要整齐平稳。

　　（3）用手推车运输水泥、砂、石子，不应高出车斗，行驶不应抢先爬头。

　　（4）上落斜坡时，坡度不应太陡，坡面应采取防滑措施，在必要时坡面设专人负责帮助拉车。

　　（5）取袋装水泥时必须逐层顺序拿取。

　　（6）车子向搅拌机料斗卸料时，不得用力过猛和撒把，防车翻转，料斗边沿应高出落料平台 10cm 左右为宜，过低的要加设车挡。

　　2. 混凝土搅拌

　　（1）现场搅拌必须遵守如下安全要求：

　　1）清理搅拌机料斗坑底的砂、石时，必须与司机联系，将料斗升起并用链条扣牢后，方能进行工作。

　　2）向搅拌机料斗落料时，脚不得踩在料斗上；料斗升起时，料斗的下方不得有人。

　　3）搅拌机使用应按"混凝土搅拌机安全交底"有关要求执行。

　　4）搅拌机的操作人员，应经过专门技术和安全规定的培训，并经考试合格后，方能正式操作。

　　5）进料时，严禁将头、手伸入料斗与机架之间察看或探摸进料情况，运转中不得用手、工具或物体伸进搅拌机滚筒（拌和鼓）内抓料出料。

交底部门	安全部	交底人	王××
交底项目	现浇混凝土工程	交底时间	×年×月×日

交底内容：

（2）混凝土拌合站（楼）必须遵守如下安全要求：

1）未经主管部门同意，不得任意改变电气线路及元件。检查故障时允许装接辅助连线，但故障排除后必须立即拆除。

2）电气作业人员属特种作业人员，须经安全技术培训、考核合格并取得操作证后，方可独立作业；应熟悉电气原理和设备、线路及混凝土生产基本知识，懂得高处作业的安全常识。作业时每班不得少于 2 人。

3）禁止用明火取暖。必要时可用蒸汽集中供热、保温。

4）操作人员必须穿戴工作服和防护用品，女工应将发辫塞入帽内。

5）消防设施必须齐全、良好，符合消防规定要求。操作人员均应掌握一般消防知识和会使用这些设施。

6）操作人员应熟悉本拌合站（楼）的机械原理和混凝土生产基本知识，懂得电气、高处、起重等作业的一般安全常识。

7）严禁酒后及精神不正常的人员登楼操作。非操作人员未经许可不准上楼。

8）电气设备的金属外壳，必须有可靠接地，其接地电阻应不大于 4Ω。雷雨季节前应加强检查。

9）电气设备的带电部分，当断开电源及电子秤后，对地绝缘电阻应不小于 0.5MΩ。

10）各电动机必须兼有过热和短路两种保护装置。

11）拌合站（楼）内禁止存放汽油、酒精等易燃物品和易爆物品，必须使用时应采取可靠的安全措施，用后立即收回。其他润滑油脂也应存放在指定地点。废油、棉纱应集中存放，定期处理，不准乱扔、乱泼。

12）当发生触电事故时，应立即断开有关电源，并进行急救。

13）拌合站（楼）的操作人员，必须经过专门技术培训，熟悉本拌合站（楼）要求，具有相当熟练的操作技能，并经考试合格后，方可正式上岗操作。

14）拌合站（楼）上的通风、除尘设备应配备齐全，效果良好。大气中水泥粉尘、骨料粉尘质量浓度应符合工业三废排放标准规定，不超过 150mg/m³。

3．混凝土输送

（1）禁止手推车推到挑檐、阳台上直接卸料。

（2）用输送泵输送混凝土，管道接头、安全阀必须完好，管道的架子必须牢固且能承受输送过程中所产生的水平推力；输送前必须试送，检修时必须卸压。

（3）使用吊罐（斗）浇筑混凝土时，应设专人指挥。要经常检查吊罐（斗）、钢丝绳和卡具，发现隐患应及时处理。

交底部门	安全部	交底人	王××
交底项目	现浇混凝土工程	交底时间	×年×月×日

交底内容：

（4）用铁桶向上传递混凝土时，人员应站在安全牢固且传递方便的位置上；铁桶交接时，精神要集中，双方配合好，传要准，接要稳。

（5）两部手推车碰头时，空车应预先放慢停靠一侧让重车通过。车子向料斗卸料，应有挡车措施，不得用力过猛和撒把。

（6）使用钢井架物料提升机运输时，手推车推进吊笼时车把不得伸出吊笼外，车轮前后要挡牢，稳起稳落。

（7）临时架设混凝土运输用的桥道的宽度，应能容两部手推车来往通过并有余地为准，一般不小于1.5m。架设要牢固，桥板接头要平顺。

（8）禁止在混凝土初凝后、终凝前在其上面行走手推车（此时也不宜铺设桥道行走），以防震动影响混凝土质量。当混凝土强度达到 1.2MPa 以后，才允许上料具等。运输通道上应铺设桥道，料具要分散放置，不得过于集中。混凝土强度达到 1.2MPa 的时间可通过试验决定，也可参照表2-1。

表 2-1　　　　　　　　　混凝土达到 1.2MPa 强度所需龄期参考表

外界温度 /℃	泥品种及标号	混凝土强度等级	期限 /h	外界温度 /℃	泥品种及标号	混凝土强度等级	期限 /h
1～5	普硅425	C15	48	10～15	普硅425	C15	24
		C20	44			C20	20
	矿渣325	C15	60		矿渣325	C15	32
		C20	50			C20	24
5～10	普硅425	C15	32	15 以上	普硅425	C15	20 以下
		C20	28			C20	20 以下
	矿渣325	C15	40		矿渣325	C15	20
		C20	32			C20	20

4．混凝土浇筑与振捣

（1）浇筑混凝土使用的溜槽及串筒节间应连接牢固。操作部位应有护身栏杆，不准直接站在溜槽帮上操作。

（2）夜间浇筑混凝土时，应有足够的照明设备。

（3）浇筑房屋边沿的梁、柱混凝土时，外部应有脚手架或安全网。如脚手架平桥离开建筑物超过20cm时，需将空隙部位牢固遮盖或装设安全网。

（4）浇筑无楼板的框架梁、柱混凝土时，应架设临时脚手架，禁止站在梁或柱的模板或临时支撑上操作。

（5）浇筑拱形结构时，应自两边拱脚对称地同时进行；浇圈梁、雨篷、阳台，应设防护措施；浇筑料仓时，下出料口应先行封闭，并搭设临时脚手架，以防人员下坠。

交底部门	安全部	交底人	王×××
交底项目	现浇混凝土工程	交底时间	×年×月×日

交底内容：

　　（6）浇筑深基础混凝土前和在施工过程中，应检查基坑边坡土质有无崩裂倾塌的危险。如发现危险现象，应及时排除。同时，工具、材料不应堆置在基坑边沿。

　　（7）使用振捣器时，应符合安全技术的具体要求。湿手不得接触开关，电源线不得有破损和漏电。开关箱内应装设防溅的漏电保护器，漏电保护器其额定漏电动作电流应不大于30mA，额定漏电动作时间应小于0.1s。

　　5. 混凝土养护

　　（1）覆盖养护混凝土时，楼板如有孔洞，应钉板封盖或设置防护栏杆或安全网。

　　（2）已浇完的混凝土，应加以覆盖和浇水，使混凝土在规定的养护期内，始终能保持足够的湿润状态。

　　（3）禁止在混凝土养护窑（池）边沿上站立或行走，同时应将窑盖板和地沟孔洞盖牢和盖严，严防失足坠落。

　　（4）拉移胶水管浇水养护混凝土时，不得倒退走路，注意梯口、洞口和建筑物的边沿处，以防误踏失足坠落。

接底人	李××、章××、刘××、程××…

2.混凝土养护工程安全技术交底

混凝土养护工程施工现场安全技术交底表

表 AQ-C1-9

工程名称：××大厦工程　　施工单位：××建设集团有限公司　　编号：×××

交底部门	安全部	交底人	王××
交底项目	混凝土养护工程	交底时间	×年×月×日

交底内容：

（1）使用覆盖物养护混凝土时，预留孔洞必须按规定设牢固盖板或围栏，并设安全标志。

（2）使用电热法养护时，应设警示牌、围栏，无关人员不得进入养护区域。

（3）用软管浇水养护时，应将水管接头连接牢固，移动皮管不得猛拽，不得倒行拉移皮管。

（4）蒸汽养护、操作和冬施测温人员，不得在混凝土养护坑（池）边沿站立和行走。应注意脚下孔洞与磕绊物等。

（5）覆盖物养护材料使用完毕后，必须及时清理并存放到指定地点，码放整齐。

接底人	李××、章××、刘××、程××…

2.2.2 砌体工程安全技术交底

1.砖砌体工程施工安全技术交底

砖砌体工程施工现场安全技术交底表

表 AQ-C1-9

工程名称：××大厦工程　　施工单位：××建设集团有限公司　　　编号：×××

交底部门	安全部	交底人	王××
交底项目	砖砌体工程	交底时间	×年×月×日

交底内容：

（1）在台风到来之前，已砌好的山墙应临时用联系杆（例如桁条）放置各跨山墙间，联系稳定。否则，应另行作好支撑措施。

（2）砖垛上取砖时，应先取高处后取低处，防止垛倒砸人。

（3）当在坑内工作时，操作人员必须戴好安全帽。操作地段上面要有明显标志，警示基坑内有人操作。

（4）脚手架站脚处的高度，应低于已砌砖的高度。

（5）砌砖在一层以上或高度超过 4m 时，若建筑物外边没有架设脚手架平桥，则应支架安全网或护身栏杆。

（6）不准站在墙上做划线、称角、清扫墙面等工作。上下脚手架应走斜道，严禁踏上窗台出入平桥。

（7）基坑边堆放材料距离坑边不得少于 1m。尚应按土质的坚实程序确定。当发现土壤出现水平或垂直裂缝时，应立即将材料搬离并进行基坑装顶加固处理。

（8）砍砖时应面向内打，注意砖碎弹出伤人。

（9）基础砌砖时，应经常注意和检查基坑土质变化情况，有无崩裂和塌陷现象。当深基坑装设挡板支顶时，操作人员应设梯子上落，不应攀爬支顶和踩踏砌体上落；运料下基坑不得碰撞支顶。

（10）砌砖使用的工具、材料应放在稳妥的地方，工作完毕应将脚手板和砖墙上的碎砖、灰浆等清扫干净，防止掉落伤人。

接底人	李××、章××、刘××、程××…

2.砌块砌体工程施工安全技术交底

砌块砌体工程施工现场安全技术交底表

表 AQ-C1-9

工程名称：××大厦工程　　施工单位：××建设集团有限公司　　编号：×××

交底部门	安全部	交底人	王××
交底项目	砌块砌体工程	交底时间	×年×月×日

交底内容：

（1）堆放在楼板上的砌块不得超过楼板的允许承载力。采用内脚手架施工时，在二层楼面以上必须沿建筑物四周设置安全网，并随施工高度逐层提升，屋面工程未完工前不得拆除。

（2）安装砌块时，不准站在墙上操作和墙上设置支撑、缆绳等。在施工过程中，对稳定性较差的窗间墙、独立柱应加稳定支撑。

（3）吊装砌块和构件时应注意其重心位置，禁止用起重拔杆拖运砌块，不得起吊有破裂脱落危险的砌块。起重拔杆回转时，严禁将砌块停留在操作人员的上空或在空中整修、加工砌块。吊装较长构件时应加稳绳。吊装时不得在其下一层楼内进行任何工作。

（4）当遇到下列情况时，应停止吊装工作：

1）起吊设备、索具、夹具有不安全因素而没有排除时。

2）因刮风，使砌块和构件在空中摆动不能停稳时。

3）噪声过大，不能听清指挥信号时。

4）大雾或照明不足时。

接底人	李××、章××、刘××、程××…

3.石砌体工程施工安全技术交底

石砌体工程施工现场安全技术交底表

表 AQ-C1-9

工程名称：××大厦工程　　施工单位：××建设集团有限公司　　编号：×××

交底部门	安全部	交底人	王××
交底项目	石砌体工程	交底时间	×年×月×日

交底内容：

1．条石（料石）基础砌体工程

（1）搬运水泥和操作搅拌机的工人应佩戴防护面具。

（2）操作人员应佩戴安全帽和帆布手套。

（3）砌筑基础时，应经常观察基槽边坡土体变化情况，防止基槽边坡土方滑移、坍塌。

（4）距离基槽边缘1m范围内，不得堆放料石。

（5）不准向基槽内直接抛石，也不准在基槽边缘修改料石。防止飞石伤人。也不能码石过高。

（6）基槽较深时，操作人员上下应设梯子，转递料石应搭架子。

2．条石（料石）墙体砌体工程

（1）搬运水泥和操作搅拌机的工人应佩戴防护面具。

（2）操作人员应佩戴安全帽和帆布手套。

（3）墙身砌体高度超过地坪1.2m以上时，应搭设脚手架。

（4）脚手架应稳定，脚手架上堆放料石不得超过规定荷载。

（5）砌石用的脚手架和防护栏板应经检查验收，方可使用，施工中不得随意拆除或改动。

（6）搬运料石应检查搬运工具及绳索是否牢固，抬石应用双绳。防止石块坠落伤人。

（7）砌筑时脚手架上堆石不可过多，应随砌随运。

（8）不准站在墙顶上做划线、刮缝、清扫墙面、检查大角垂直等工作。

（9）不准在墙顶或架上修改石材，以免震动墙体影响质量或石片掉下伤人。

（10）不准徒手移动上墙的料石，以免压破或擦伤手指。

（11）不准勉强在超过胸部以上的墙体上砌筑料石，以免将墙体碰撞倒塌或上石时失手掉下造成安全事故。

（12）支撑石拱的模板，必须在砌筑砂浆的强度大于设计强度的70%时方可拆除。

（13）石块不得往下投掷。运石上下时，脚手板要钉装牢固，并钉防滑条及扶手栏杆。

（14）冬期施工时，脚手板上如有冰霜、积雪，应先清除后才能上架子进行操作。

3．毛石基础砌体工程

交底部门	安全部	交底人	王×××
交底项目	石砌体工程	交底时间	×年×月×日

交底内容：

（1）搬运水泥和操作搅拌机的工人应佩戴防护面具。

（2）操作人员应佩戴安全帽和帆布手套。

（3）施工过程中，应防止基槽边坡土方滑移、坍塌。

（4）不能向下（基槽）直接抛石，基槽边缘不能码石过高。

（5）施工现场必须按规定进行三级配电两级保护，用电设备实行"一机一闸一漏一箱"。

（6）搅拌机等机械必须专人操作。

（7）超过 2m 的基坑，应设梯或坡道，不得攀跳槽、沟、坑，不得站在墙上操作。

（8）在基槽、坑、沟施工时，应制订防塌方的措施。

（9）堆放材料必须离开槽、坑、沟边沿 1m 以外，堆放高度不得高于 0.5m；往槽、坑、沟内运石料及其他物质时，应用溜槽或吊运，下方严禁有人停留。

4．毛石墙体砌体工程

（1）操作工人用铁锤修整石块时，应戴上手套和口罩，防止石屑等飞人眼中和口内。

（2）在潮湿或有水环境中施工时，应穿雨靴。

（3）搬运石块应检查搬运工具及绳索是否牢固，抬石应用双绳。

（4）毛石墙身砌筑高度超过 1.2m 以上时，应搭设脚手架。在一层以上或高度超过 4m 时，采用里脚手架必须支搭安全网；采用外脚手架应设护身栏杆和挡脚板后方可砌筑。

（5）脚手架上堆料不得超过规定荷载；在楼层施工时，堆放机具、毛石等物品不得超过使用荷载。

（6）在架子上凿石应注意打凿方向。避免飞石伤人。

（7）用锤打石时，应先检查铁锤有无破裂，锤柄是否牢固。打锤要按照石纹走向落锤，锤口要平，落锤要准，同时要看清附近情况有无危险，然后落锤，以免伤人。

（8）不准在墙顶或脚手架上修改石材，以免振动墙体影响质量或石片掉下伤人。

（9）石块不得往下掷。运石上下时，脚手板要钉装牢固，并钉防滑条及扶手栏杆。

接底人	李××、章××、刘××、程×× …

4.填充墙砌体工程施工安全技术交底

填充墙砌体工程施工现场安全技术交底表

表 AQ-C1-9

工程名称：××大厦工程　　施工单位：××建设集团有限公司　　　编号：×××

交底部门	安全部	交底人	王××
交底项目	填充墙砌体工程	交底时间	×年×月×日

交底内容：

（1）砌体施工脚手架要搭设牢固。

（2）外墙施工时，必须有外墙防护及施工脚手架，墙与脚手架间的间隙应封闭以防高空坠物伤人。

（3）严禁站在墙上做划线、吊线、清扫墙面、支设模板等施工作业。

（4）现场施工机械等应根据《建筑机械使用安全技术规程》（JGJ 33-2001）检查各部件工作是否正常，确认运转合格后方能投入使用。

（5）现场施工临时用电必须按照施工方案布置完成并根据《施工现场临时用电安全技术规范》（JGJ 46-2005）检查合格后才可以投入使用。

（6）在脚手架上，堆放普通砖不得超过2层。

（7）操作时精神要集中，不得嬉笑打闹，以防意外事故发生。

（8）现场实行封闭化施工，有效控制噪声、扬尘、废物、废水等的排放。

接底人	李××、章××、刘××、程××…

5.砌体工程季节性施工安全技术交底

砌体工程季节性施工施工现场安全技术交底表

表 AQ-C1-9

工程名称：××大厦工程　　　施工单位：××建设集团有限公司　　　编号：×××

交底部门	安全部	交底人	王××
交底项目	砌体工程季节性施工	交底时间	×年×月×日

交底内容：

1. 冬期砌体工程

（1）操作和清理时，不得从窗口、留洞口和架子上直接向外抛掷废土、垃圾、碎砖等杂物。

（2）施工前，应检查电线绝缘、接地线、开关安装等情况，应符合用电要求。

（3）脚手架上、下行梯道要有防滑措施，外脚手架要经常检查。大雪后必须将架子上的积雪清扫干净。并检查马道平台；如有松动下沉现象，务必及时处理。

（4）施工时接触汽源、热水，要防止烫伤。使用氯化钙、漂白粉时，要防止腐蚀皮肤。

（5）亚硝酸钠有剧毒，必须设专人保管和配置，防止误食中毒。

（6）现场使用的锅炉、火坑等用煤炭时。应有完善的通风条件，防止煤气中毒。

（7）采用暖棚法施工时，如利用天然气、焦炭炉或火炉等加热时，施工时应严格注意安全防火或煤气中毒。

（8）现场火源，要加强管理。电源开关、控制箱等设施要统一布置，加锁保护，防止乱拉电线，设专人负责管理，防止漏电、触电。使用电焊、气焊时，应注意防止发生火灾。

（9）冻结法施工的砌体解冻期内进行加固时，应特别注意安全，在变形迅速发展时，抢修工作带有一定程度的危险性，必要时解冻期施工操作作业应当暂停。

（10）现场应建立防火组织机构，设防火工具。

2. 雨期砌体工程

（1）石灰、水泥等含碱性对操作人员的手有腐蚀作用。施工人员应佩戴防护手套。

（2）砂浆的拌制过程中操作人员应戴口罩防尘。

（3）雨期施工基础放坡，除按规定要求外，必须作补强扩坡。

（4）塔式起重机每天作业完毕后，须将轨钳卡牢，防止遭大雨时滑走。

（5）脚手架下的基土夯实，搭设稳固，并有可靠的防雷接地措施。

（6）雨天使用电气设备，要有可靠防漏电措施，防止漏电伤人。

（7）对各操作面上露天作业人员，准备好足够的防雨、防滑防护用品，确保工人的健康安全，同时避免造成安全事故。

交底部门	安全部	交底人	王××
交底项目	砌体工程季节性施工	交底时间	×年×月×日

交底内容：

（8）严格控制"四口五临边"的围护，设置道路防滑条。

（9）雷雨时，工人不要在高墙旁或大树下避雨，不要走近电杆、铁塔、架空电线和避雷针的接地导线周围 10m 以内地区。

（10）人若遭雷击触电后，应立即采用人工呼吸急救并请医生采取抢救措施。

（11）当有大雨或暴雨时，砌体工程一般应停工。

接底人	李××、章××、刘××、程××…

2.2.3 钢筋工程安全技术交底

1.钢筋加工安全技术交底

钢筋加工施工现场安全技术交底表

表 AQ-C1-9

工程名称：××大厦工程　　施工单位：××建设集团有限公司　　编号：×××

交底部门	安全部	交底人	王××
交底项目	钢筋加工	交底时间	×年×月×日

交底内容：

（1）一切材料、构件的堆放必须平整稳固，应放在不妨碍交通和吊装安全的地方，边角余料应及时清除。

（2）机械和工作台等设备的布置应便于安全操作，通道宽度不得小于 1m。

（3）一切机械、砂轮、电动工具、气电焊等设备都必须设有安全防护装置。

（4）对电气设备和电动工具，必须保证绝缘良好，露天电气开关要设防雨箱并加锁。

（5）凡是受力构件用电焊点固后，在焊接时不准在点焊处起弧，以防熔化塌落。

（6）焊接、切割锰钢、合金钢、有色金属部件时，应采取防毒措施。接触焊件，必要时应用橡胶绝缘板或干燥的木板隔离，并隔离容器内的照明灯具。

（7）焊接、切割、气刨前，应清除现场的易燃易爆物品。离开操作现场前，应切断电源，锁好闸箱。

（8）在现场进行射线探伤时，周围应设警戒区，并挂"危险"标志牌，现场操作人员应背离射线 10m 以外。在 30°投射角范围内，一切人员要远离 50m 以上。

（9）构件就位时应用撬棍拨正，不得用手扳或站在不稳固的构件上操作。严禁在构件下面操作。

（10）用撬杠拨正物件时，必须手压撬杠，禁止骑在撬杠上，不得将撬杠放在肋下，以免回弹伤人。在高空使用撬杠不能向下使劲过猛。

（11）用尖头扳子拨正配合螺栓孔时，必须插入一定深度方能撬动构件，如发现螺栓孔不符合要求时，不得用手指塞入检查。

（12）保证电气设备绝缘良好。在使用电气设备时，首先应该检查是否有保护接地，接好保护接地后再进行操作。另外，电线的外皮、电焊钳的手柄，以及一些电动工具都要保证有良好的绝缘。

交底部门	安全部	交底人	王××
交底项目	钢筋加工	交底时间	×年×月×日

交底内容：

（13）带电体与地面、带电体之间，带电体与其他设备和设施之间，均需要保持一定的安全距离。如常用的开关设备的安装高度应为 1.3～1.5m；起重吊装的索具、重物等与导线的距离不得小于 1.5m（电压在 4kV 及其以下）。

（14）工地或车间的用电设备，一定要按要求设置熔断器、断路器、漏电开关等器件。如熔断器的熔丝熔断后，必须查明原因，由电工更换，不得随意加大熔丝断面或用铜丝代替。

（15）手持电动工具，必须加装漏电开关，在金属容器内施工必须采用安全低电压。

（16）推拉闸刀开关时，一般应带好干燥的皮手套，头部要偏斜，以防推拉开关时被电火花灼伤。

（17）使用电气设备时操作人员必须穿胶底鞋和戴胶皮手套，以防触电。

（18）工作中，当有人触电时，不要赤手接触触电者，应该迅速切断电源，然后立即组织抢救。

接底人	李××、章××、刘××、程××…

2.钢筋绑扎安全技术交底

钢筋绑扎施工现场安全技术交底表

表 AQ-C1-9

工程名称：××大厦工程　　　施工单位：××建设集团有限公司　　　编号：×××

交底部门	安全部	交底人	王××
交底项目	钢筋绑扎	交底时间	×年×月×日

交底内容：

1. 一般要求

（1）作业前必须检查机械设备、作业环境、照明设施等，并试运行符合安全要求。作业人员必须经安全培训考试合格，上岗作业。

（2）脚手架上不得集中码放钢筋，应随使用随运送。

（3）操作人员必须熟悉钢筋机械的构造性能和用途。并应按照清洁、调整、紧固、防腐、润滑的要求，维修保养机械。

（4）机械运行中停电时，应立即切断电源。收工时应按顺序停机，拉闸，锁好闸箱门，清理作业场所。电路故障必须由专业电工排除，严禁非电工接、拆、修电气设备。

（5）操作人员作业时必须扎紧袖口，理好衣角，扣好衣扣，严禁戴手套。女工应戴工作帽，将发挽入帽内不得外露。

（6）机械明齿轮、皮带轮等高速运转部分，必须安装防护罩或防护板。

（7）电动机械的电闸箱必须按规定安装漏电保护器，并应灵敏有效。

（8）工作完毕后，应用工具将铁屑、钢筋头清除，严禁用手擦抹或嘴吹。切好的钢材、半成品必须按规格码放整齐。

2. 高处绑扎

（1）在高处（2m 或 2m 以上）、深坑绑扎钢筋和安装钢筋骨架，必须搭投脚手架或操作平台，临边应搭设防护栏杆。

（2）绑扎立柱和墙体钢筋时，不得站在钢筋骨架上或攀登骨架上下。

（3）绑扎在建施工工程的圈梁、挑梁、挑檐、外墙和边柱等钢筋时，应站在脚手架或操作平台上作业。无脚手架必须搭设水平安全网。悬空大梁钢筋的绑扎，必须站在满铺脚手板或操作平台上操作。

（4）绑扎基础钢筋，应设钢筋支架或马凳，深基础或夜间施工应使用低压照明灯具。

（5）钢筋骨架安装，下方严禁站人，必须待骨架降落至楼、地面 1m 以内方准靠近，就位支撑好，方可摘钩。

（6）绑扎和安装钢筋，不得将工具、箍筋或短钢筋随意放在脚手架或模板上。

（7）在高处楼层上拉钢筋或钢筋调向时，必须事先观察运行上方或周围附近是否有高压线，严防碰触。

接底人	李××、章××、刘××、程××…

3.钢结构安全技术交底

钢结构工程施工现场安全技术交底表

表 AQ-C1-9

工程名称：××大厦工程　　施工单位：××建设集团有限公司　　编号：×××

交底部门	安全部	交底人	王××
交底项目	钢结构工程	交底时间	×年×月×日

交底内容：

（1）进入现场，必须戴好安全帽，扣好帽带，并正确使用个人劳动防护用具。

（2）操作人员必须身体健康，并经过专业培训考试合格，在取得有关部门颁发的操作证或特殊工种操作证后，方可独立操作。学员必须在师傅的指导下进行操作。

（3）悬空作业处应有牢靠的立足处，并必须视具体情况、配置防护网、栏杆或其他安全设施。

（4）悬空作业所用的索具、脚手板、吊篮、吊笼、平台等设备，均需经过技术鉴定或检验方可使用。

（5）在柱、梁安装后而未设置浇筑楼板用的压型钢板时，为了便于柱子螺栓等施工的方便，需在钢梁上铺设适当数量的走道板。

（6）在钢结构吊装时，为防止人员、物料和工具坠落或飞出造成安全事故，需铺设安全网。安全平网设置在梁面以上 2m 处，当楼层高度小于 4.5m 时，安全平网可隔层设置。安全平网要求在建筑平面范围内满铺。安全竖网铺设在建筑物外围，防止人和物飞出造成安全事故，竖网铺设的高度一般为两节柱的高度。

（7）为了便于接柱施工，在接柱处要设操作平台，平台固定在下节柱的顶部。

（8）需在刚安装的钢梁上设置存放电焊机、空压机、氧气瓶、乙炔瓶等设备用的平台，放置距离符合安全生产的有关规定。

（9）为便于施工登高，吊装柱子前要先将登高钢梯固定在钢柱上，为便于进行柱梁节点紧固高强螺栓和焊接，需在柱梁节点下方安装挂篮脚手。

（10）施工用的电动机械和设备均须接地，绝对不允许使用破损的电线和电缆，严防设备漏电。施工用的电动机械、设备和机械的电缆，须集中在一起，并随楼层的施工而逐节升高，每层楼面须分别设置配电箱，供每层楼面施工用电需要。

（11）高空施工，当风速达到 15m/s 时，所有工作均须停止。

（12）施工时还应该注意防火，提出必要的灭火设备和消防监护人员。

（13）装运易倒的结构构件应用专用架子，卸车后应放稳搁实，支撑牢固，防止坍塌。

（14）将构件直接吊卸在工程结构楼面时，严禁超负荷堆放。

交底部门	安全部	交底人	王××
交底项目	钢结构工程	交底时间	×年×月×日

交底内容:

（15）吊装作业人员，起重司机、指挥、司索和其他起重工人，均要持特种作业证上岗。

（16）吊装前应检查机械索具、夹具、吊环等是否符合要求并进行试吊。

（17）吊装时必须有统一的指挥、统一的信号。

（18）起吊屋架由里向外板起时，应先起钩稳定配合伸降臂；由外向里板起时，应先伸臂配合起钩。任何情况下，均必须吊机支腿伸出支撑牢靠后，方可进行作业。

（19）禁止未伸支腿进行伸臂。

（20）就位的屋架应搁置在预埋铁板上，两侧斜撑不少于三道，应有焊工配合及时烧焊。禁止斜靠在柱子上。

（21）吊引柱子进杯口，事先在杯口放十字轴线对中，吊点棍应反撬，临时固定柱的楔子每边需二只，松钩前应敲紧。

（22）无缆风绳校正柱子应随吊随校。但偏心较大，细长，杯口深度不足柱子长度的 1/20 或不足 60cm 时，禁止无缆风绳校正。

（23）禁止将任何物件放在板形等构件上起吊。

（24）吊装不易放稳的构件，应用卡环，不得直接用吊钩。

（25）吊装屋面板、楼面板时，禁止在结构楼层上超荷载堆放板料。

（26）遇有大雨、大雾、大雪或六级以上阵风大风等恶劣气候，必须立即停止作业。

（27）严格执行"十不吊"的规定:

1）起重指挥信号不明不吊;

2）超负荷不吊;

3）工件紧固不牢不吊;

4）吊物上有人不吊;

5）安全装置不灵不吊;

6）工件埋在地下不吊;

7）斜拉工件不吊;

8）光线阴暗看不清不吊;

9）小配件或短料装盛过满不吊;

10）棱角物件没有采取包垫等护角措施不吊。

接底人	李××、章××、刘××、程××…

2.2.4 预制构件安装工程安全技术交底

1.构件运输与堆放安全技术交底

构件运输与堆放施工现场安全技术交底表

表 AQ-C1-9

工程名称：××大厦工程　　　施工单位：××建设集团有限公司　　　编号：×××

交底部门	安全部	交底人	王××
交底项目	构件运输与堆放安全技术交底	交底时间	×年×月×日

交底内容：

（1）构件装车时，不论平放、侧放、竖放，相邻构件间应接触紧密或楔稳，防止由于行车颠荡导致倾侧倒塌。多层堆叠，每层垫枋应在同一直线上，最大偏差不应超过垫枋横截面宽度的一半。构件支承点按结构要求以不起反作用为准。构件悬臂（即由垫枋起至构件端部的一段），一般不应大于50cm。

（2）凡运载构件不应高出车厢围栏，而且应用绳索绑牢，更不许将构件一端搁置在驾驶室的顶面。

（3）起运物件，首先分清底面，按规定吊点起吊，两个或两个以上物件的面如互相不能平贴接触者，不许捆成一束起吊。

（4）各种构件应按施工组织设计的规定分区堆放，各区之间应保持一定距离。堆放地点的土质要坚实，不得堆放在松土和坑洼不平的地方，防止下沉或局部下沉，引起倾侧甚至构件破裂。

（5）卸下构件应轻轻放落，垫平垫稳，方可除钩。

（6）堆放单个屋架时，两边要用木枋支撑，堆放数个屋架时，除第一个用两边支撑外，其余各个应用木枋将各个作水平联系。

（7）堆放单件薄腹或吊车梁时，每侧用不少于2根斜杆支牢。

（8）构件长度超出车厢长度50cm以上者必须使用超长架，小型零星构件不应乱堆，应叠垛整齐，周围垫稳。

（9）外墙壁板、内隔墙板应放置在金属插放架内，下端垫长木枋，两侧用木楔楔紧。手放架的高度应为构件高度的2/3以上，上面要搭设30cm宽的走道和上下梯道，便于挂钩。现场搭设的插放架，立杆埋入地下不少于50cm，立杆中间要绑扎剪刀撑，上下水平拉杆、支撑和方垫木必须绑扎成整体，稳定牢固。

（10）叠垛高度以不压坏最下一层为准，尤其注意较薄构件。巨大或异形构件应采用特制工具载运。

交底部门	安全部	交底人	王×××
交底项目	构件运输与堆放安全技术交底	交底时间	×年×月×日

交底内容：

（11）靠放架一般宜采用金属材料制作，使用前要认真检查和验收。内外墙板靠放时，下端必须压在与靠放架相连的垫木上，只允许靠放同一规格型号的墙板，两面靠放应平衡，吊装时严禁从中间抽吊，防止倾倒。

（12）汽车载运构件行走在崎岖不平、拐弯转角或过桥下坡的路段，应放慢行车速度，不得急开急刹。

（13）撬拔重物时，支垫要选用坚固物体，工作时注意棍子打滑伤人。

（14）几个工人共同搬运重物时，应在一个人指挥下进行，所有动作必须互相一致，并呼号子，稳步前进，同起同落，不得任意撒手。

（15）重物搬移（起重）不允许利用建筑物或结构作为承力点，如受环境或机具限制时，应先行准确地计算重力对结构的影响，是否有足够的安全度，才可实施。

（16）在车船上装卸重物，靠近车厢或船旁时，不得背空站立，需以弓字马步站稳在物体两侧挪动，防止脱手坠落。

接底人	李××、章××、刘××、程××…

2.构件吊装安全技术交底

构件吊装施工现场安全技术交底表

表 AQ-C1-9

工程名称：××大厦工程　　施工单位：××建设集团有限公司　　编号：×××

交底部门	安全部	交底人	王××
交底项目	构件吊装安全技术交底	交底时间	×年×月×日

交底内容：

1. 一般要求

（1）建筑物外围必须设置安全网或防护栏杆，操作人应避开物件吊运路线和物件悬空时的垂直下方，并不得用手抓住运行中的起重绳索和滑车。

（2）操作人员必须戴安全帽，高处作业应配挂安全带或设安全护栏。工作前严禁饮酒，作业时严禁穿拖鞋、硬底鞋或易滑鞋操作。

（3）起重所用的材料、工具（如主拔杆、风缆、地锚、滑车、吊钩、钢丝绳、卷扬机和卡具等）应经常检查、保养和加油，发现不正常时，应及时修理或更换。土法起重应使用慢速卷扬机。

（4）凡起重区均应按规定避开输电线路，或采取防护措施，并且应划出危险区域和设置警示标志，禁止非有关人员停留和通行。交通要道应设专人警戒。

（5）指挥人员应以色旗、手势、哨子等进行指挥。操作前应使全体人员统一熟悉指挥信号，指挥人应站在视线良好的位置上，但不得站在无护栏的墙头和吊物易碰触的位置上。

（6）起重用的钢丝绳应力，应根据使用情况确定安全系数。用作风缆的钢丝绳的抗拉强度不得小于荷载的 3.5 倍；手动机具不得小于 4.5 倍，电动机具不得小于 5～6 倍，用作水平吊重缆索时不得小于 10 倍。

（7）通过滑轮的钢丝绳不准有接头，起重钢丝绳的接头只许采用编结固接，用作风缆时可用卡具接；钢丝绳采用编结固接时，编结部分的长度不得小于钢丝绳直径的 15 倍，并不得少于 300mm，其编结部分应捆扎细钢丝。采用绳卡固接时，数量不得少于 3 个。绳卡的规格数量应与钢丝绳直径匹配（见表 2-2）。最后一个卡子距绳头的长度不小于 140mm。绳卡滑鞍（夹板）应在钢丝绳工作时受力的一侧，U 形螺栓需栓在钢丝绳的尾端，不得正反交错。绳卡固定后，待钢丝绳受力后再度紧固，并应拧紧到使两绳直径高度压扁 1/3 左右。作业中必须经常检查紧固情况。

表 2-2　　　　　　　　　　　与绳径匹配的绳卡数

钢丝绳直径/mm	10 以下	10～20	21～26	28～36	36～40
最少绳卡数/个	3	4	5	6	7
绳卡间距/mm	80	140	160	220	240

交底部门	安全部	交底人	王××
交底项目	构件吊装安全技术交底	交底时间	×年×月×日

交底内容：

（8）风缆的锚点一般采用角钢或圆木短桩，锚桩按具体情况设置一根或两三根，桩入土深度不小于 1.5m。如附近有坚固可靠的钢筋混凝土建筑物或构筑物，通过检查计算，也可栓系；但禁止栓在电杆、输电塔、管道、生产运行中的设备、树木、旧桩、脚手架（包括棚架）和新砌筑的或薄弱的砖结构上。风缆锚点与拔杆（或井架）的距离应不小于拔杆高度（即与地面夹角不大于 45°为宜）。如遇土质较软或受力较大的风缆则应挖坑埋置地锚，地锚用料和规格尺寸应经过计算，锚坑长度应不小于 1.5m，埋入深度也不小于 1.5m，但如果拔杆过长，井架过高（超过 20m）或风力较大，土质较软时，仍应通过计算加长加深。地坑复土应分层（必要时掺进砂石）夯实。

（9）垂直方向，不准用开口滑轮，滑轮的挂钩在挂着绳索后，需用 8 号以上的铅丝绑牢，以防滑脱。起重用的吊钩表面要光洁，不许有毛刺、裂痕、变形等缺陷，同时禁止在吊钩上焊接和钻孔或超荷使用。

（10）钢丝绳在起重卷筒上应排列整齐，磨损或腐蚀超过平均直径 7%与节距断丝根数超过表 2-3 规定时，应更换不准使用。

表 2-3　　　　　　　　　　　　钢丝绳断丝更换标准（根）钢丝绳结构

钢丝绳结构型式	断丝长度范围	钢丝绳号			
		6×10+1	6×37+1	6×61+1	18×19+1
交捻	6d	10	19	29	27
	30d	19	38	58	54
顺捻	6d	5	10	15	18
	30d	10	19	30	27

注：d 为钢丝绳直径。

（11）起重工作前应详细检查锚点和一切起重机具的牢靠程度，进行试吊；试吊时选择不利角度进行，观察拔杆（钢塔）的刚度有无发生过大弯曲、倾斜和扭转现象。吊起离地 20～30cm 时，应稍停而做四周检查，如无异常，再继续进行操作。

（12）夜间作业应有足够的照明，遇恶劣天气及 5 级以上大风时，应停止高处起重作业。

（13）起吊较重、太长的物体，除绳索钩紧吊环外，还应加跨过底部安全绳索一道以作保险；并应平稳缓慢上升，两端用拉缆拉稳。

（14）凡起吊物体构件左右两侧有临时支撑固定者（如屋架、吊车梁等），必须在吊钩钩紧、吊索张紧后，方准除掉临时支撑。

（15）风缆横跨交通时，应遵照交通安全规定的高度，并且做明显的标志（如挂红布等）。牵引钢丝绳横跨路面时，应挖地坑埋置，坑面应铺上强度能承受来往车辆重量的盖板。牵引绳和变向滑轮在吊装中严禁一切人员在其内侧停留，变向滑轮应固定于牢固的物体或锚桩上。

交底部门	安全部	交底人	王××
交底项目	构件吊装安全技术交底	交底时间	×年×月×日

交底内容:

2. 构件安装

（1）构件就位而还没有固定前，不准用手搬或脚蹬构件。

（2）安装人员必须配挂安全带，清理鞋底泥土，扎好（衬）衫裤脚，佩上工具袋，小工具和零件应放进袋内，不准抛掷或随意放置。

（3）安装混凝土柱时，柱子插入杯口以后，每边打入两个木楔，方可除钩。如柱长度在12m，重量在10t以上，校正柱子时，只许微松木楔，不许整个拿出。大柱子校正完毕后，随用风缆拉紧或撑木固定。当灌缝混凝土强度达到70%时，才可除去拉缆或支撑。严禁没有配挂安全带而在牛腿上工作；应搭设工作台或采用轻便的悬挂脚手。

（4）各种预制构件安装，必须按施工顺序对号就位，应保持垂直稳起。就位后，立即将构件的拉杆和支撑焊牢或锚固，方可除钩。禁止站在外墙板边沿探身推拉构件。

（5）不准在浮摆的构件上和沿钢丝绳上行走，必须在构件上行走操作时，应在构件已经放置在支座并稳定之后，而且构件应预先装设简便易装拆的临时护身栏。

（6）从插放架起吊墙板应用卡环卡牢，垂直稳起，墙板必须超过障碍物允许高度方可回转臂杆。

（7）起吊中的构件，禁止在上面放置不稳固的浮动物。

（8）墙板就位固定后不得撬动，需要撬动调整时，应重新挂钩。墙板安装过程中禁止拆移支撑和拉杆。

（9）安装壁板时，第一层（或第一块）应在装好拉顶斜撑后方可除钩，而且应在完成一个闭合间焊接牢固后才可拆除斜撑。上下层壁板就位后，应将预留钢筋立即焊牢，禁止下层壁板未焊牢前安装上层构件。

（10）外墙为砖砌体，内墙浇灌混凝土前，必须将外砖墙加固，防止墙体外胀。在拆除时，禁止把加固材料悬挂在墙体上和直接下扔。

（11）纵向壁板与横向壁板的交接或转角部位，应用特制的转角固定器，进行固定和校正。在未经焊接固定前不许拆除转角固定器。在安装过程中，应严密注意吊件或其他物体不得碰触各支撑件。

（12）阳台栏板合站（楼）梯栏板，应随楼层安装。如不能及时安装，必须在外侧搭设防护栏杆。

（13）安装悬挑构件（如阳台、挑檐），在未焊接牢固前应逐层支顶其外挑部分，而且支顶应在整个建筑物安装完成后才可拆除，并严禁在悬挑部分放置重物或借力起重。

（14）挂钩应从里向外钩，起吊屋面板前检查四角是否钩紧。

（15）预制构件就位焊接牢固后，应立即将吊环割掉，防止绊脚。

交底部门	安全部	交底人	王××
交底项目	构件吊装安全技术交底	交底时间	×年×月×日

交底内容：

（16）凡楼面或屋面板有足以坠人的孔洞者，在安装好后随即钉封洞口。

（17）安装第一个屋架时，在焊牢支座后，应在屋架两侧拉好缆风绳或采用其他固定性固定，方可除钩。以后安装每个屋架都要用不少于 2 根木条交相邻两屋架作水平联系稳定。跨度较长的屋架，应有防止变形的加固夹枋（水平撑杆和斜撑杆），其他相类似的构件均应同样办理。

（18）重大构件应加保险绳（过底绳），带有锐利棱角的构件应用麻袋木板等衬楔，以防切割绳索。

（19）安装多层结构时，应在建筑物四周，随吊装进度，逐层架设安全网。

（20）在坡度比较陡的屋面操作时，屋面两侧如无脚手架，应装设临时护身栏或架设安全网，或在屋面板上系好安全带。

（21）采用梯子上落时，梯脚应支牢。在梯子上工作时，踏脚点必须离梯顶端不小于 1m。

（22）进行吊装的场地，应划出危险地带，禁止非有关人员来往和停留。

接底人	李××、章××、刘××、程××…

2.3 建筑屋面工程

2.3.1 卷材屋面工程安全技术交底

卷材屋面工程施工现场安全技术交底表

表 AQ-C1-9

工程名称：××大厦工程　　施工单位：××建设集团有限公司　　编号：×××

交底部门	安全部	交底人	王××
交底项目	卷材屋面工程	交底时间	×年×月×日

交底内容：

（1）施工过程中，应有专人负责督促，严格按照安全规程进行各项操作，合理使用劳动保护用品，操作人员不得赤脚或穿短袖衣服进行作业，防止胶粘液溅泼和污染，应将袖口和裤脚扎紧，应戴手套，不得直接接触油溶型胶泥油膏。

（2）接触有毒材料应戴口罩并加强通风。

（3）施工时禁止穿带高跟鞋、带钉鞋、光滑底面的塑料鞋和拖鞋，以确保上下屋面或在屋面上行走及上下脚手架的安全。

（4）患有皮肤病、支气管炎、结核病、眼病以及对胶泥油膏有过敏的人员，不得参加操作。

（5）操作时应注意风向，防止下风操作以免人员中毒、受伤。在较恶劣条件下，操作人员应戴防毒面具。

（6）运输线路要畅通，各项运输设施应牢固可靠，屋面孔洞及檐口应有安全防护措施。

（7）为确保施工安全，对有电器设备的屋面工程，在防水层施工时，应将电源临时切断或采取安全措施，对施工照明用电，应使用 36V 安全电压，对其他施工电源也应安装触电保护器，以防发生触电事故。

（8）油毡、沥青、改性沥青卷材及辅助材料均属易燃物品，存放及施工中应严禁明火，必须备齐防火设施。

（9）人工装卸桶装沥青时，应遵守下列规定：

1）运输车辆应停放在平坡地段，并拉上手闸。

2）跳板应有足够的强度，坡度不应过陡。

3）沥青桶不得漏油，否则应先堵漏，后搬运。

4）放倒的沥青桶经跳板向上（下）滚动装（卸）车时，要在露出跳板两侧的铁桶上各套一根绳索，收放绳索时要缓慢，并应两端同步上下。

（10）人工运送液态沥青，装油量不得超过容器的 2/3。

交底部门	安全部	交底人	王×××
交底项目	卷材屋面工程	交底时间	×年×月×日

交底内容：

（11）支搭的沥青锅灶，应距建筑物至少 30m，距电线垂直下方在 10m 以上。周围不得有易燃易爆物品，并应备用锅盖、灭火器等防火用具。

（12）油锅上方搭设的防雨棚，严禁使用易燃材料；沥青锅的前沿（有人操作的一面）应高出后沿 10cm 以上，并高出地面 0.8～1.0m。舀、盛热沥青的勺、桶、壶等不得锡焊。

（13）操作人员应注意沥青突然喷出，如发现沥青从桶的砂眼中喷出，应在桶外的侧面，铲以湿泥涂封，不得用手直接涂封。

（14）烤油中如发现沥青桶口堵塞时，操作人员应站在侧面用热铁棍疏通。

（15）熬油锅内不得有水和杂物，沥青投入量不得超过油锅容积的 2/3，块状沥青应改小并装在铁丝瓢内下锅，不得直接向锅内抛掷，严禁烈火加热空锅时加入沥青。

（16）熬油现场临时堆放的沥青及燃料不应过多，堆放位置距沥青锅炉应在 5m 以外。

（17）屋面铺贴卷材，四周应设置 1.2m 高的围栏，靠近屋面四周沿边应侧身操作。

（18）六级以上大风时，应停止操作。

（19）配制冷底子油，下料应分批、少量、缓慢，不停搅拌，不得超过锅容量的 1/2，温度不得超过 80℃，并严禁烟火。

接底人	李××、章××、刘××、程××…

2.3.2 隔热屋面工程安全技术交底

隔热屋面工程施工现场安全技术交底表

表 AQ-C1-9

工程名称：××大厦工程　　施工单位：××建设集团有限公司　　　编号：×××

交底部门	安全部	交底人	王××
交底项目	隔热屋面工程	交底时间	×年×月×日

交底内容：

（1）屋面材料垂直运输或吊运中应严格遵守相应的安全操作规程。

（2）对屋面余料、杂物进行清理；并清扫表面灰尘。

（3）根据设计和规范要求，进行弹线分格，做好隔热板的平面布置。分格时要注意：

1）进风口宜设于炎热季节最大频率风向的正压区，出风口宜设在负压区。

2）当屋面宽度大于10m时，应设通风屋脊。

3）隔热板应按设计要求设置分格缝，若设计无要求可依照防水保护层的分格或以不大于12m为原则进行分格。

（4）如基层为软质基层（如：涂膜、卷材等）须对砖墩或板脚处进行防水加强处理，一般用与防水层相同的材料加做一层：

1）砖墩处以突出砖墩周边150～200mm为宜。

2）板脚处以不小于150mm×150mm的方形为宜。

（5）无高女儿墙的屋面，须着重强调临边安全，防止高空坠落，施工中由临边向内施工，严禁由内向外施工。

（6）屋面作业人员严禁高空抛物。

（7）高温天气施工，须采取防暑降温措施。

（8）职业健康方面要防止粉尘危害。

（9）清扫及砂浆拌合过程要避免灰尘飞扬。

（10）施工中生成的建筑垃圾要及时清理、清运。

（11）轻质隔热夹心板屋面施工安全要求：

1）起吊夹心板时，应使用尼龙吊索或其他专用器具。吊点位置如无规定，一般以吊点到板端距离为0.2L为宜（L＝板长）。

2）风速达到10m/s时，应停止起重及屋面作业。雨后及露水大的天气，要做好屋面的防滑工作。

3）屋面堆放夹心板时，应放在主桁架的位置上。堆放高度不得超过10块，且应有措施保证夹心板不滑落。下班前或天气不好时应用绳索将夹心板与桁条系牢，以防跌落。

4）施工场地及夹心板堆放位置要严格做好防火工作。堆放夹心板等材料的地方要防止电焊溅落火花而损坏夹心板表面的涂漆。密封胶是易燃物品，注意烟火勿近。

接底人	李××、章××、刘××、程××…

2.3.3 瓦屋面工程安全技术交底

瓦屋面工程施工现场安全技术交底表

表 AQ-C1-9

工程名称：××大厦工程　　施工单位：××建设集团有限公司　　　编号：×××

交底部门	安全部	交底人	王××
交底项目	瓦屋面工程	交底时间	×年×月×日

交底内容：

（1）瓦运输时应轻拿轻放，不得抛扔、碰撞；进入现场后应堆放整齐。

（2）砂浆勾缝应随勾随清洁瓦面。

（3）采用砂浆卧瓦做法时，砂浆强度未达到要求时，不得在上面走动或踩踏。

（4）屋面上瓦应两坡同时进行，保持屋面受力均衡，瓦要放稳。屋面无望板时，应铺设通道。不准在桁条、瓦条上行走。

（5）悬空作业处应有牢靠的立足点，并必须视具体情况，配置防护网、栏杆或其他安全设施。

（6）凡不符合高处作业的人员，一律禁止高处作业。并严禁酒后高处作业。

（7）凡有严重心脏病、高血压、神经衰弱症及贫血症等不适于高空作业者不得进行屋面工程施工。上屋面前检查有关安全设施，如栏杆、安全网等是否牢固，检查合格后，才能进行高空作业。

（8）在屋架承重的结构上施丁时，运瓦上屋面要两坡同时进行，脚要踏在橡条或桁条上，不得踏在挂瓦条中间；禁止穿硬底易滑的鞋上屋面操作；在屋面踩踏行动时应特别注意安全，谨防绊脚跌倒，在平瓦屋面上行走，要踩踏在瓦头处，不得在瓦片中间部位踩踏。

（9）应注意保证木基层上的油毡不残缺破裂，铺钉牢固，且油毡铺设应与屋檐平齐，自下往上铺。横跨屋脊互相搭接至少 100mm，在屋脊处应挑出 25mm。

（10）挂瓦时应互相扣搭安装块瓦的边筋（左右侧），风雨檐（上下搭接部位）搭接要满足瓦材的产品施工要求。

（11）挂瓦条应分档均匀。铺钉平整、牢固；瓦面平整，行列整齐，搭接紧密，檐口平直。

（12）脊瓦应搭盖正确。间距均匀，封固严密；屋脊和斜脊应顺直，无起伏现象。

（13）泛水做法应符合设计要求，顺直整齐，结合严密，无渗漏。

（14）平瓦必须铺置牢固。大风和地震设防地区以及坡度超过 30°的屋面必须用镀锌钢丝或铜丝将瓦与挂瓦条扎牢。

（15）瓦缝应避开当地暴雨的主导风向。

（16）冬季施工要有防滑措施，屋面霜雪必须先清扫干净。必要时应系好安全带。

接底人	李××、章××、刘××、程××…

2.3.4 防火屋面工程安全技术交底

防火屋面工程施工现场安全技术交底表

表 AQ-C1-9

工程名称：××大厦工程　　施工单位：××建设集团有限公司　　编号：×××

交底部门	安全部	交底人	王××
交底项目	防火屋面工程	交底时间	×年×月×日

交底内容：

（1）施工人员应着工作服、工作鞋、戴手套。操作时若皮肤上沾上涂料，应及时用沾有相应溶剂的棉纱擦除，再用肥皂和清水洗净。

（2）涂膜防水层应表面平整、涂布均匀，不得有流淌、皱折、鼓泡、裸露胎体增强材料和翘边等质量缺陷，发现问题，及时修复。

（3）屋面四周无女儿墙处按要求搭设防护栏杆或防护脚手架。

（4）浇筑混凝土时混凝土不得集中堆放。

（5）水泥、砂、石、混凝土等材料运输过程不得随处溢洒，及时清扫撒落的材料，保持现场环境整洁。

（6）溶剂型防水涂料易燃有毒，应存放于阴凉、通风、无强烈日光直晒、无火源的库房内，并备有消防器材。

（7）使用溶剂型防水涂料时，施工现场周围严禁烟火，应备有消防器材。

（8）混凝土振捣器使用前必须经电工检验确认合格后方可使用。开关箱必须装设漏电保护器，插头应完好无损，电源线不得破皮漏电，操作者必须穿绝缘鞋（胶鞋），戴绝缘手套。

接底人	李××、章××、刘××、程××…

2.3.5 石棉水泥玻璃钢波形屋面工程安全技术交底

石棉水泥玻璃钢波形屋面工程施工现场安全技术交底表

表 AQ-C1-9

工程名称：××大厦工程   施工单位：××建设集团有限公司   编号：×××

交底部门	安全部	交底人	王××
交底项目	石棉水泥玻璃钢波形屋面工程	交底时间	×年×月×日

交底内容：

（1）进入现场，必须戴好安全帽，扣好帽带，并正确使用个人劳动防护用具。

（2）凡不符合高处作业的人员，一律禁止高处作业。并严禁酒后高处作业。

（3）严格正确使用劳动保护用品。遵守高处作业规定，工具必须入袋，物件严禁高处抛掷。

（4）悬空作业处应有牢靠的立足处，并必须视具体情况，配置防护网、栏杆或其他安全设施。

（5）工具和螺栓（螺母、垫圈等）应放在工具袋内，严禁散丢在屋面上，以防掉下伤人。

（6）屋面檐口周围应设不低于 1.4m 高的防护栏杆。

（7）操作时精神要集中，严禁嬉笑打闹，也不准互相上下抛掷物品。

（8）运瓦工作应在两坡对称进行，铺瓦时，亦沿两坡对称进行。

（9）施工时应搭设有防滑条的临时走道板，并随铺瓦进度随移随搭。

（10）架设和移动走道板时，必须特别注意安全，屋面上操作人员不宜过多；在波瓦上行走时，应踩踏在钉位或桁条上边，不应在两桁之间的瓦面上行走，严禁在瓦面上跳动、踩踏或随意敲打等。石棉波瓦质量应严格检查，凡裂纹超过质量要求规定者不得使用，在边缘操作人员必须系好安全带。

（11）安装石棉瓦，必须做好各项安全措施。在没有望板的屋面上安装石棉瓦，应在屋架下全面积张挂安全网或其他安全措施，无安全网或安全措施不准施工。

接底人	李××、章××、刘××、程××…

2.4 装修装饰工程

2.4.1 地面工程安全技术交底

地面工程工现场安全技术交底表

表 AQ-C1-9

工程名称：××大厦工程　　施工单位：××建设集团有限公司　　编号：×××

交底部门	安全部	交底人	王××
交底项目	地面工程	交底时间	×年×月×日

交底内容：

（1）施工前，应逐级做好安全技术交底，检查安全防护措施。并对现场所使用的脚手材料、机械设备和电气设施等，进行认真检查，确认其符合安全要求后方能使用。

（2）进入施工现场必须戴好安全帽。进入施工地点应按照施工现场设置的禁止、警告、提示等安全标志和路线行走。在有害于身体健康的区域内施工，必须戴好防护面具，还应采取相应的防范措施。

（3）严禁任意拆除或变更安全防范设施。若施工中必须拆除时，须经工地技术负责人批准后方可拆除或变更。施工完毕，应立即恢复原状，不得留有隐患。

（4）使用外加剂（如氢氧化钠、盐酸、硫酸等）时，不准赤手拿取，应穿鞋盖、戴手套和口罩，以防烧伤皮肤。

（5）机电设备的操作人员，必须经过专门培训，持有操作合格证。电工的所有绝缘、检验工具应妥善保管，严禁他用，并应定期检查、校验。每种施工机械，应专线专闸，线路不得乱搭。

（6）使用磨石机应戴绝缘手套并穿胶靴，电源线应完整，金刚砂块安装必须牢固，经试运正常，方可操作。

（7）操作手电钻时，应先启动后接触工件。钻薄板要垫平垫实，钻斜孔应防止滑钻。操作时应用杠杆压住，不得用身体直接压在上面。

（8）治理地面合站（楼）面基层时，不得从窗口向外乱抛杂物，以免伤人。

（9）搬运陶瓷锦砖等易碎面砖时，宜用木板整联托住。

（10）陶瓷砖板加热或粉末材料烘干地点，要有专人看管。

（11）塑料板、拼花硬木等地面与楼面操作时应遵守下列规定：

1）在施工地点和贮存塑料板材、胶粘剂的仓库内外，必须置备足够的消防用品。施工现场存放丙酮、松节油、汽油、胶粘剂等的数量，不得多于当天用量，用后必须及时盖严。

交底部门	安全部	交底人	王××
交底项目	地面工程	交底时间	×年×月×日

交底内容：

2）施工场所必须空气流通，必要时可用人工通风。使用氯丁橡胶胶粘剂和其他带毒性、刺激性的胶粘剂时，操作人员应戴防毒口罩。刷胶人员还应在手上涂防腐蚀油膏。一般连续作业 2h 后，应到户外休息半小时。有心脏病、气管炎、皮肤过敏者不宜作此项施工。

3）木材、刨花、沥青及其他胶粘剂均属易燃品，在操作过程中严禁吸烟，现场必须置备足够消防设施。

（12）夜间操作场所照明，应有足够的照度，临时照明电线及灯具的高度应不低于 2.5m。易爆场所，应用防爆灯具。对于危险区段必须悬挂警戒红灯，并有专人负责安全工作。

接底人	李××、章××、刘××、程××…

2.4.2 抹灰工程安全技术交底

抹灰工程施工现场安全技术交底表

表 AQ-C1-9

工程名称：××大厦工程　　施工单位：××建设集团有限公司　　编号：×××

交底部门	安全部	交底人	王××
交底项目	抹灰工程	交底时间	×年×月×日

交底内容：

（1）进入现场，必须戴好安全帽，扣好帽带，并正确使用个人劳动防护用具。

（2）凡不符合高处作业的人员，一律禁止高处作业。并严禁酒后高处作业。

（3）严格正确使用劳动保护用品。遵守高处作业规定，工具必须入袋，物件严禁高处抛掷。

（4）悬空作业处应有牢靠的立足处，并必须视具体情况，配置防护网、栏杆或其他安全设施。

（5）悬空作业所用的索具、脚手板、吊篮、吊笼、平台等设备，均需经过技术鉴定或检证方可使用。

（6）多种施工机械和电源电器必须由持证人员操作，无证人员不得开机和接电，防止伤人。

（7）在外脚手架下穿行要戴好安全帽，在高空危险处操作要系好安全带。

（8）高空作业时，大风及雨后作业，应检查脚手架是否牢固。

（9）施工前应全面检查脚手架及围护设施，及时排除隐患，符合安全操作要求后方可操作。

距地面 3m 以上作业要有防护栏杆、挡板或安全网。抹檐口的脚手架，一定要有高出口檐口 1m 的保护栏杆设施，严禁搭飞跳板。

（10）对脚手板不牢固之处和跷头板等应及时处理，要铺有足够的宽度，以保证手推车运灰浆时的安全。

（11）脚手架上的材料、工具应分散堆放，不得超载。脚手板上不允许多人集中在一起操作，一块脚手板上不得超过两人集中操作。禁止与其他工种垂直交叉作业。

（12）用塔吊上料时，要有专人指挥，遇六级以上大风时暂停作业。

（13）砂浆机应有专人操作维修、保养，电器设备应绝缘良好并接地。

（14）严格控制脚手架施工负载。

（15）不准随意拆除、斩断脚手架软硬拉结，不准随意拆除脚手架上的安全设施，如妨碍施工必须经施工负责人批准后，方能拆除妨碍部位。

（16）墙面抹灰的高度超过 1.5m 时，要搭设马凳或操作平台，大面积抹灰时，要搭设脚手架，高处作业要系好安全带。

（17）作业人员要分散开，保证足够的工作面，使用的灰铲、刮杠等不要乱丢。

接底人	李××、章××、刘××、程××…

2.4.3 门窗安装工程安全技术交底

门窗安装工程施工现场安全技术交底表

表 AQ-C1-9

工程名称：××大厦工程　　　施工单位：××建设集团有限公司　　　编号：×××

交底部门	安全部	交底人	王××
交底项目	门窗安装工程	交底时间	×年×月×日

交底内容：

　　（1）木工使用各种木作机械，如圆锯、带锯、刨木机等均应按照建筑工程操作员相应安全技术交底施工。

　　（2）所有锯出的副材、边角料和板皮等，应分类按指定地点堆放。一切材料、成品要堆放整齐稳固，在一定的高度时，应用板皮隔开垫稳，防止塌落和损坏。

　　（3）安装门窗框、扇作业时，操作人员不得站在窗台和阳台栏板上作业。当门窗临时固定，封填材料尚未达到其应有强度时，不准手拉门、窗进行攀登。

　　（4）上班前不得饮酒，下班后要清理机械和周围环境的刨花、木屑。

　　（5）安装二层楼以上外墙窗扇，应设置脚手架和安全网，如外墙无脚手架和安全网时，必须挂好安全带。安装窗扇的固定扇，必须钉牢固。

　　（6）使用手提电钻操作，必须配戴绝缘胶手套，机械生产和圆锯锯木，一律不得戴手套操作，并必须遵守用电和有关机械安全操作规程。

　　（7）操作过程中如遇停电、抢修或因事离开岗位时，除对本机关掣外，并应将闸掣拉开，切断电源。

　　（8）使用电动螺丝刀、手电钻、冲击钻、曲线锯等必须选用Ⅱ类手持式电动工具，每季度至少全面检查一次，确保使用安全。

　　（9）凡使用机械操作，在开机时，必须挥手扬声示意，方可接通电源，并不准使用金属物体合闸。

　　（10）在机械锯木操作中，对有木眼、裂缝、畸形层、大节疤、翘曲和"鸡胸"木时，应减低推进速度。对于"鸡胸"木，除注意推送外，并应边锯边用木契（即木尖）打入使之分离，防止事故发生。

　　（11）经常清理车间一切易燃物品（刨花、木屑等）。如有特殊工艺须要用火处理时，应严格管理；当工作完毕后，应即用水淋熄。各种灭火器具要布置在适当的地方。安置灭火器具和装设电气开关的地方，不能堆塞材料和杂物，保持通畅无阻。车间范围内除特定吸烟室外，一律不准吸烟。

　　（12）使用射钉枪必须符合下列要求：

　　1）射钉弹要按有关爆炸和危险物品的规定进行搬运、贮存和使用，存放环境要整洁、干燥、通风良好、温度不高于40℃，不得碰撞、用火烘烤或高温加热射钉弹，哑弹不得随地乱丢。

交底部门	安全部	交底人	王××
交底项目	门窗安装工程	交底时间	×年×月×日

交底内容：

2）操作人员要经过培训，严格按规定程序操作，作业时要戴防护眼镜，严禁枪口对人。

3）墙体必须稳固、坚实并具承受射击冲击的刚度。在薄墙、轻质墙上射钉时，墙的另一面不得有人，以防射穿伤人。

（13）使用特种钢钉应选用重量大的锤头，操作人员应戴防护眼镜。为防止钢钉飞跳伤人，可用钳子夹住再行敲击。

接底人	李××、章××、刘××、程×××…

2.4.4 吊顶工程安全技术交底

吊顶工程施工现场安全技术交底表

表 AQ-C1-9

工程名称：××大厦工程　　施工单位：××建设集团有限公司　　编号：×××

交底部门	安全部	交底人	王××
交底项目	吊顶工程	交底时间	×年×月×日

交底内容：

（1）在使用电动工具时，用电应符合《施工现场临时用电安全技术规范》（JGJ 46-2005）。

（2）施工过程中防止粉尘污染应采取相应的防护措施。

（3）电、气焊的特殊工种，应注意对施工人员健康劳动保护设备配备齐全。

（4）脚手架上堆料量不得超过规定荷载，跳板应用钢丝绑扎固定，不得有探头板。

（5）顶棚高度超过 3m 应设满堂红脚手架，跳板下应安装安全网。

（6）吊顶的房间或部位要由专业架子工搭设满堂红脚手架，脚手架的临边处设两道防护栏杆和一道挡脚板，吊顶人员站于脚手架操作面上作业，操作面必须满铺脚手板。

（7）吊顶的主、副龙骨与结构面要连接牢固，防止吊顶脱落伤人。

（8）作业人员使用的工具要放于工具袋内，不要乱丢乱扔，同时，高空作业人员禁止从上向下投掷物体，以防砸伤他人。

（9）作业人员要穿防滑鞋，高大工业厂房的吊顶，搭设满堂红脚手架要有马道，以供作业人员上下行走及材料的运输，严禁从架管爬上爬下。

（10）吊顶下方不得有其他人员来回行走，以防掉物伤人。

（11）工人操作应戴安全帽，高空作业应系安全带。

（12）施工现场必须工完场清，清扫时应洒水，不得扬尘。

（13）有噪声的电动工具应在规定的作业时间内施工，防止噪声污染、扰民。

（14）废弃物应按环保要求分类堆放及消纳（如废塑料板、矿棉板、硅钙板等）。

（15）安装饰面板时，施工人员应戴线手套，以防污染板面及保护皮肤。

接底人	李××、章××、刘××、程××…

2.4.5 饰面板（砖）工程安全技术交底

饰面板（砖）工程施工现场安全技术交底表

表 AQ-C1-9

工程名称：××大厦工程　　　施工单位：××建设集团有限公司　　　编号：×××

交底部门	安全部	交底人	王××
交底项目	饰面板（砖）工程	交底时间	×年×月×日

交底内容：

　　（1）进入施工现场必须戴好安全帽，系好风紧扣。

　　（2）高空作业必须佩带安全带，上架子作业前必须检查脚手板搭放是否安全可靠，确认无误后方可上架进行作业。

　　（3）操作前检查脚手架和跳板是否搭设牢固，高度是否满足操作要求，合格后才能上架操作，凡不符合安全之处应及时修整。

　　（4）禁止穿硬底鞋、拖鞋、高跟鞋在架子上工作，架子上人不得集中在一起，工具要搁置稳定，以防止坠落伤人。

　　（5）在两层脚手架上操作时，应尽量避免在同一垂直线上工作，必须同时作业时，下层操作人员必须戴安全帽，并应设置防护措施。

　　（6）抹灰时应防止砂浆掉人眼内；采用竹片或钢筋固定八字靠尺板时，应防止竹片或钢筋回弹伤人。

　　（7）施工现场临时用电线路必须按用电规范布设，严禁乱接乱拉，远距离电缆线不得随地乱拉，必须架空固定。

　　（8）小型电动工具，必须安装"漏电保护"装置，使用时应经试运转合格后方可操作。

　　（9）电器设备应有接地、接零保护，现场维护电工应持证上岗，非维护电工不得乱接电源。

　　（10）电源、电压须与电动机具的铭牌电压相符，电动机具移动应先断电后移动，下班或使用完毕必须拉闸断电。

　　（11）夜间临时用的移动照明灯，必须用安全电压。机械操作人员须培训持证上岗，现场一切机械设备，非机械操作人员一律禁止操作。

　　（12）裁割面砖要在下面进行，无齿锯或切割机要有安全防护罩，作业人员要遵守其安全操作规程，并戴好绝缘手套和防护面罩。

　　（13）用滑轮和绳索提拉水泥砂浆时，滑轮一定要固定好，绳索要结实，以防绳索断裂，落物伤人。

　　（14）禁止搭设飞跳板，严禁从高处往下乱投东西。脚手架严禁搭设在门窗、暖气片、水暖等管道上。

交底部门	安全部	交底人	王×××
交底项目	饰面板（砖）工程	交底时间	×年×月×日

交底内容：

（15）雨后、春暖解冻时应及时检查外架子，防止沉陷出现险情。

（16）外架必须满搭安全网。各层设围栏。出人口应搭设人行通道。

（17）施工现场严禁扬尘作业，清理打扫时必须洒少量水湿润后方可打扫，并注意对成品的保护。废料及垃圾必须及时清理干净，装袋运至指定堆放地点，堆放垃圾处必须进行围挡。

（18）遇有大风天气要停止外墙面砖的施工，高处作业的人员严禁从上往下抛杂物。

接底人	李××、章××、刘××、程××…

2.4.6 轻质隔墙工程安全技术交底

轻质隔墙工程施工现场安全技术交底表

表 AQ-C1-9

工程名称：××大厦工程　施工单位：××建设集团有限公司　　编号：×××

交底部门	安全部	交底人	王××
交底项目	轻质隔墙工程	交底时间	×年×月×日

交底内容：

（1）施工现场必须根据实际情况设置隔墙材料贮藏间，并派专人看管，禁止他人随意挪用。

（2）隔墙安装前必须先清理好操作现场，特别是地面，保证搬运通道畅通，防止搬运人员绊倒和撞到他人。

（3）搬运时设专人在旁边监护，非安装人员禁止在搬运通道和施工现场停留。

（4）现场操作人员必须佩戴安全帽，搬运时可佩戴手套，防止刮伤。

（5）推拉式活动隔墙安装好后，应该推拉平稳、灵活、无噪声，不得有弹跑卡阻现象。

（6）板材隔墙和骨架隔墙安装好后，应该夹带、牢固，不得有倾斜、摇晃现象。

（7）玻璃隔断安装好后应该平整牢固，密封胶与玻璃、玻璃槽口的边缘应粘结牢固，不得有松动现象。

（8）施工现场必须完工场清，设专人洒水、打扫，不能扬尘污染环境。

接底人	李××、章××、刘××、程××…

2.4.7 涂饰工程安全技术交底

涂饰工程施工现场安全技术交底表

表 AQ-C1-9

工程名称：××大厦工程   施工单位：××建设集团有限公司   编号：×××

交底部门	安全部	交底人	王××
交底项目	涂饰工程	交底时间	×年×月×日

交底内容：

（1）喷涂时，如发现喷枪出漆不匀，严禁对首喷嘴察看，可调整出气嘴和出漆嘴之间的距离来解决。最好在施工前用水代替喷漆进行试喷，无问题后再正式进行。

（2）梯子脚部要包裹麻布或胶皮，用人字梯（鐢梯）在光滑地面操作时，必须先检查拉绳（或链条）是否拴紧。上下扶梯时，防止断挡及滑下跌伤，仰角不得小于 60°。

（3）各类油漆，因其易燃或有毒，应存放在专用库房内，不准与其他材料混堆。对挥发性油料必须存放于密闭容器内，必须设专人保管。

（4）用钢丝刷、扳锉、气动或电动工具清除铁锈、铁麟时，要戴上防护眼镜。在涂刷红丹防锈漆及含铅颜料的油漆时，要注意防止中毒，操作时要戴口罩。用喷砂除锈，喷嘴接头要牢固，不准对人。喷嘴堵塞时，应停机消除压力后，方可进行修理或更换。

（5）为避免静电聚集，喷漆室（棚）或罐体涂漆应设有接地保护装置。

（6）油漆涂料库房应有良好的通风，并应设置消防器材，悬挂醒目的"严禁烟火"的标志。库房与其他建筑物应保持一定的安全距离，严禁住人。

（7）使用天然漆（生漆）时，由于有毒性，操作时要防止中毒。在操作前先用软凡士林（花土林）油膏涂抹两手及面部，用以封闭外露皮肤毛细孔。操作时要配戴好口罩和手套。若手上沾染漆污时，可用煤油（火水）、豆油擦拭干净，不应用松香水或汽油洗涤，禁止用已沾漆的手去碰身体别的部位。中毒后应停止工作，可用杉木或香樟木熬煎的温水洗刷患处或去医院治疗。

（8）使用煤油、汽油、松香水、丙酮等易燃调配油料，应配戴好防护用品，禁止吸烟。

（9）木金字架在安装前，不应在架上涂抹漆油，以防高处作业人员滑脚坠落。

（10）油漆窗子时，严禁站或骑在窗槛上操作，以防槛断人落。

（11）高处作业（如上立杆或烟囱涂刷埋件等）时，要配挂好安全带或搭设安全网，或两者同时配置。

（12）涂刷外开窗时，应将安全带挂在牢靠的地方。刷封檐板应利用外装修架或搭设挑架进行；刷水落管亦应利用外架或单独搭设吊架进行。

交底部门	安全部	交底人	王××
交底项目	涂饰工程	交底时间	×年×月×日

交底内容：

（13）雨后初晴，脚手架、梯子和屋面受湿易于滑跌，应采取防滑措施，或待稍干后方可进行操作。

（14）刷涂坡度大于 25°的铁皮屋面时，应设置活动板梯、防护栏杆和安全网。

（15）在有电源的房间操作时，应先关闭电闸，闸门加锁。在机械设备附近操作时，必须在机械停机后进行。

（16）夜间作业时，照明应采取防爆措施。涂刷大面积场地时，室内照明和电气设备必须按防爆等级规定进行安装。

（17）容器内喷涂，必须保持良好的通风，一般应尽量在露天喷涂。作业的周围不得有火种。

（18）在室内或容器内喷涂时，应隔 2h 左右到室外换换空气。

（19）操作前，必须检查脚手架、梯子是否安全牢固，脚手板有无空洞或探头等，如发现有不安全之处，应进行修理加固后方可作业。

（20）喷涂对人体有害的油漆涂料时，要戴防毒口罩，如对眼睛有害，必须戴上密闭式的眼镜进行防护。

（21）喷涂硝基漆或其他挥发性、易燃性溶剂稀释的涂料时，不准使用明火或吸烟。

（22）沾染油漆或稀释油类的棉纱、破布等物，应全部收集存放在有盖的金属箱内，待不能使用时应集中销毁或用碱将油污洗净以备再用。

（23）大面积喷涂时，电气设备必须按防爆等级进行安装。

（24）使用喷灰水机械，必须经常检查胶皮管有无裂缝，接头是否松动，安全阀是否有效。禁止用塑料管代替胶皮管。喷涂灰水，必须戴好防护眼镜、口罩及手套。当班工完要洗净胶皮管，下班后要切断电源。手上沾有灰水时，不准开关电闸，以防触电。

（25）喷涂作业人员进行施工时，感觉头痛、心悸和恶心时，应立即停止工作远离工作地点到通风处换气，如仍不缓解，应医疗所治疗。

（26）刷涂耐酸、耐腐蚀的过氯乙烯漆时，由于气味较大，有毒性，在刷漆时应戴上防毒口罩，每隔 1h 到室外换气一次，同时还应保持工作场所有良好的通风。

（27）使用喷灯时，汽油不得过满，打气不得过足，应在避风处点燃喷灯，火嘴不能直接对人和易燃物品。使用时间不宜过长，以免发生爆炸。停歇时应立即熄火。

（28）使用高压无气喷涂泵必须遵守如下要求：

1）喷枪专用的高压软管，不得任意代用，软管接头应为具有规定强度的导电材料制成，其最大电阻不超过 1MΩ。

2）喷嘴堵塞时，应先卸压，关上安全锁，然后拆下喷嘴进行清洗。排除喷嘴孔堵塞时，应用竹木等物进行，不得用铁丝等紧硬物品当作通针。

交底部门	安全部	交底人	王××
交底项目	涂饰工程	交底时间	×年×月×日

交底内容：

　　3）作业前检查电动机、电器，机身应接地（接零）良好，检查吸入软管、回路软管接头和压力表、高压软管与喷枪均应连接牢固。

　　4）喷涂燃点在 21℃以下的易燃涂料（如硝基纤维素等）时，喷涂泵和被喷涂物件均应接地（接零）。喷涂泵不得放置在喷涂作业的同一房间内。

　　5）作业中喷枪严禁对人，不得用手碰触喷出的涂料，发生喷射受伤应立即送医院治疗。

　　6）喷涂过程中高压软管的最小弯曲半径不得小于 250mm。

　　7）工作间断停止喷涂时，应切断电源，关上喷枪安全锁，卸去压力，并将喷枪放在溶剂桶内。

　　8）作业前应先空载运转，然后使用水或溶剂进行运转检查，确认运转正常后，方可作业。

　　9）清洗喷枪时，不得把涂料（尤其是燃点在21℃以下的）喷向密闭的溶器里。

　　（29）油漆施工常见毒物防止方法：

　　1）铅：包括铅白、铅铬绿、红丹、黄丹等含铅化合物。它是一种慢性中毒的化合物，日久方能发觉体弱易倦、食欲不振、体重减轻、脸色苍白、肚痛、头痛、关节痛等。预防的方法是以刷涂施工方法为宜，加强通风等防护措施，饭前洗手，下班淋浴，最好能用其他防锈漆来代替红丹防锈漆。

　　2）苯：无色、透明具有芳香的液体，油漆中用来作溶剂，沸点 80℃，极易挥发。苯中毒后头痛、头昏、记忆力减退、无力、失眠等。另外还能引起皮肤干燥搔痒，发红。热苯还可以引起皮肤水泡，出现脱脂性皮炎。预防的方法，应加强自然通风和局部的机械通风，严禁用苯洗手。

　　3）汽油：无色透明液体，具有很强的挥发性，若在超过汽油蒸汽容许浓度时的环境中长期工作，能使神经系统和造血系统损害，皮肤接触后可能产生皮炎、湿疹和皮肤干燥。因此，在高浓度环境工作时，要戴防毒面具或加强机械通风；手上可涂保护性糊剂进行保护；工作结束后，用肥皂水洗净，并用水冲洗干净。

　　4）刺激性气体如氯气，对呼吸道、皮肤和眼睛有损害。应加强个人防护，加强通风和局部机械通风，使作业场所有害气体浓度降低到容许浓度的下限。

接底人	李××、章××、刘××、程××…

2.4.8 裱糊与软包工程安全技术交底

裱糊与软包工程施工现场安全技术交底表

表 AQ-C1-9

工程名称：××大厦工程　　施工单位：××建设集团有限公司　　编号：×××

交底部门	安全部	交底人	王××
交底项目	裱糊与软包工程	交底时间	×年×月×日

交底内容：

（1）选择材料时，必须选择符合国家规定的材料

（2）对软包面料及填塞料的阻燃性能严格把关，达不到防火要求时，不得选用。

（3）软包布附近尽量避免使用碘钨灯或其他高温照明设备，不得动用明火，避免损坏。

（4）材料应堆放整齐、平稳，并应注意防火。

（5）夜间临时用的移动照明灯，必须使用安全电压。机械操作人员必须经培训持证上岗，现场一切机械设备，非操作人员一律禁止动用。

接底人	李××、章××、刘××、程××…

第3章 设备安装分项工程

3.1 管道工程

3.1.1 管道堆放安全技术交底

管道堆放施工现场安全技术交底表

表 AQ-C1-9

工程名称：××大厦工程　　　施工单位：××建设集团有限公司　　　编号：×××

交底部门	安全部	交底人	王××
交底项目	管道堆放安全技术交底	交底时间	×年×月×日

交底内容：

（1）施工现场应整齐清洁，各种设备、材料和废料应按指定地点堆放。各种管材堆放应符合下列要求：

1）公称直径小于或等于300mm的管子，其堆放高度不得高于1m；

2）公称直径300~500mm的管子，堆放高度不得高于3层；

3）公称直径大于500mm的管子，应单层堆放；

4）取管时应从上至下分层取管。严禁从侧面及下部取管。

（2）不得在起吊物体下作业、通过或停留，应与运转机械保持一定的安全距离。

接底人	李××、章××、刘××、程××…

3.1.2 管道加工安全技术交底

管道加工施工现场安全技术交底表

表 AQ-C1-9

工程名称：××大厦工程　　施工单位：××建设集团有限公司　　　编号：×××

交底部门	安全部	交底人	王××
交底项目	管道加工安全技术交底	交底时间	×年×月×日

交底内容：

（1）取管时应从上至下分层取，严禁从侧面及下部取管。

（2）人力搬运管子、阀门等时，小心轻装轻卸，动作一致，互相照应。起吊重物，必须先认真检查吊具、绳索是否可靠。不得在起吊物体下作业、通过或停留，应与运转机械保持一定的安全距离。

（3）使用手锤，不得戴手套。锤柄、锤头部位不得有油污，防止打滑。锤头与锤柄连接牢固可靠。挥锤时四周不得有障碍，人员应避让。

（4）气、电焊作业时，应先清除作业区的易燃物品，并防止火星溅落于缝隙留下火种。配合气、电焊作业时应戴防护眼镜或面罩。

（5）管子被夹于台钳或套丝机上，除本身应夹紧外，较长一侧管子应有支撑，使管子保持水平状态。

（6）切断管子时，速度不得太快，快被切断跌落的管子，应将其托住，防止坠落伤人。

（7）管子套丝时，人工套丝应防止扳把旋转打伤人或铰板未咬上口跌落伤人。机械套丝不得戴手套操作，防止手被卷入。

（8）弯管时，液压机应注意检查液压软管完好，防止爆裂。电动机应注意旋转轴旋转时，手和衣服不得接近旋转轴。脱下弯管模具时，锤击不宜过重，防止脱模时伤人。

（9）采用高速砂轮片割管时，必须先夹紧管子，砂轮片往下压时，应缓慢而均匀，同时人身不能面对砂轮片，并应戴防护眼镜，砂轮上应设置防护罩。

（10）在地炉上加热管煨弯时，应脚上戴鞋盖，用卷扬机煨弯时，平台应固定牢靠，人不得站在钢丝绳内侧。

（11）在砖墙、楼板上打洞时，应戴防护镜。快打穿时应通知隔墙或楼下人员，防止击穿时伤人。

（12）架空管道未正式固定前，应有临时性绑扎或卡定，防止滚动、滑落。

（13）管道安装前应清理和检查管道内杂物。管道施工中途停工时应临时堵封管子敞口，防止小支物进入管内。

（14）阀门安装后，应关闭严密。试压时可打开，试压后仍关闭。待调试或试运时加以开启调节流量。

接底人	李××、章××、刘××、程××…

3.1.3 管道安装安全技术交底

管道安装施工现场安全技术交底表

表 AQ-C1-9

工程名称：××大厦工程　　施工单位：××建设集团有限公司　　　编号：×××

交底部门	安全部	交底人	王××
交底项目	管道安装安全技术交底	交底时间	×年×月×日

交底内容：

（1）凡是从事管道安装工作的人员应执行国家、行业有关安全技术规程。

（2）新工人，应进行安全技术培训和教育，没有经过安全技术教育的人不得上岗施工，对本工种安全技术规程不熟悉的人，不得独立作业。

（3）凡编制施工组织设计或施工技术措施文件时，应同时编制切合实际情况的安全技术措施。

（4）每项工程开工前，在进行技术交底的同时，均应进行安全技术交底，重要部位重点交底。

（5）进入施工现场，必须戴好安全帽，扣好帽带，正确使用劳动防护用品。

（6）凡参与管道施工的电焊工、气焊工、起重吊车司机和现场叉车司机，必须经过当地劳动部门安全培训，考试合格后方可参与施工。

（7）凡在有易爆、易燃物质的地点施工时，应按专门的防护规定进行操作。

（8）在有毒性、刺激性或腐蚀性的气体、液体或粉尘的场所工作时，应编制专门的防护措施进行作业。

（9）管沟开挖时土方离管沟边沿不得小于 800mm，所用材料及工具不得在沟边存放，施工时，应经常检查沟壁两侧是否有松动和裂缝或渗水现象，可能有塌方时应及时加护板和支撑。

（10）铸铁管打口用工具不得放在管子上，两人同时打口应互相配合，精力集中。

（11）使用大锤和手锤之前，应检查木柄是否牢靠。

（12）两人使用套丝板套丝时应均匀用力，并随时检查松板，压力挂钩是否扣紧，退套丝板应慢退，防止套丝板快速滑下伤人。

（13）使用管钳或扳手时在近地面、墙、设备操作，手指应撒开把柄，而用手掌用力。

（14）管道组装对口或水平移动时，严禁用手摸管口，以免将手指切伤或压伤。

（15）使用手提砂轮或角向磨光时，应戴防护眼镜，进入工件时应缓慢，旋转方向应正确，操作时面部与砂轮偏侧，停用时待停转后才可将砂轮放于安全处。

（16）吊装管子时，两端应栓好拉绳，预制件翻身或转动时应考虑重心位置，防止滑动或重心偏移而伤人。

交底部门	安全部	交底人	王×××
交底项目	管道安装安全技术交底	交底时间	×年×月×日

交底内容：

（17）在协助电焊工组对管道焊口时，应有必要的防护措施，以免弧光刺伤眼睛，脚应站在干燥的木板或其他绝缘板上。

（18）新旧管道交叉时，应弄清旧管道中介质并采取安全措施，防止爆炸、燃烧及中毒事故发生。

（19）氧气管道在安装、吹扫、试压时所用的工具及防护用品不得有油。

（20）氨管道充氨、试运转应配置防毒面具、灭火器、湿毛巾。

接底人	李××、章××、刘××、程××…

3.1.4 管道试压清洗、吹扫安全技术交底

管道试压清洗、吹扫施工现场安全技术交底表

表 AQ-C1-9

工程名称：××大厦工程   施工单位：××建设集团有限公司   编号：×××

交底部门	安全部	交底人	王××
交底项目	管道试压清洗、吹扫安全技术交底	交底时间	×年×月×日

交底内容：

（1）压力试验用压力表，必须经校验合格后方可使用，表数应为两块以上。

（2）管道试压前应检查管道与支架的紧固性和管道堵板的牢靠性，确认无问题后，方能进行试压。

（3）压力较高的管道试压时，应划定危险区，并安排人员警戒，禁止无关人员进入。

（4）试压时升压和降压应缓慢进行，不能过急。压力必须按设计或验收规范要求进行，不得任意增加，停泵稳压后方可进行检查，发现渗漏时严禁带压修理，排放口不得对准电线、基础和有人操作的场地。

（5）管道清洗及脱脂应在通风良好的地方进行，如用易燃物品清洗或脱脂时，周围严禁有火源，并应配备消防设备。脱脂剂不得与浓酸、浓碱接触，二氯乙烷与精馏酒精不得同时使用，脱脂后的废液应妥善处理。

（6）用酸碱清洗管子时，应戴防护面罩、耐酸手套和穿耐酸胶靴，裤脚应置于胶靴外，调配酸液时，必须先放水后倒酸。

（7）管道吹扫口应设置在开阔安全地域。

（8）吹扫口和气源之间应设置通讯联络，并设专人负责安全。

（9）用氧气、煤气、天然气吹扫时，排气口必须远离火源，用天然气吹扫管线时，必须以不大于 4m／s 的流速缓慢地置换管内空气，当管内天然气含量达 95％时，方可在吹扫压力下进行吹扫，吹扫口的天然气必须烧掉。

（10）管内存水必须在吹扫前排放完毕。

（11）乙炔和管道宜在空气吹扫后再用氮气进行置换，在管道终端取样检查，气体内氧气含量不大于 3％为合格。

（12）如遇特殊情况或本分册未规定安全操作要领时，应按有关规定执行。

接底人	李××、章××、刘××、程××…

3.2 通风与空调工程

3.2.1 风管、部件制作安全技术交底

风管、部件制作施工现场安全技术交底表

表 AQ-C1-9

工程名称：××大厦工程　　施工单位：××建设集团有限公司　　编号：×××

交底部门	安全部	交底人	王××
交底项目	风管、部件制作安全技术交底	交底时间	×年×月×日

交底内容：

（1）使用剪板机时，手严禁伸入机械压板空隙中。上刀架不准放置工具等物品，调整板料时。脚不能放在踏板上。使用固定振动剪两手要扶稳钢板，手离刀口不得小于 5cm，用力均匀适当。

（2）咬口时，手指距滚轮护壳不小于 5cm，手柄不得放在咬口机轨道上，扶稳板料。

（3）折方时应互相配合并与折方机保持距离，以免被翻转的钢板和配重击伤。

（4）操作卷圆机、压缩机，手不得直接推送工件。

（5）电动机具应布置安装在室内或搭设的工棚内，防止雨雪的侵袭。使用剪板机床时，应检查机件是否灵活可靠，严禁用手摸刀片及压脚底面。两人配合下料时，更要互相协调，在取得一致的情况下，才能按下开关。

（6）使用型材切割机时，要先检查防护罩是否可靠，锯片运转是否正常。切割时，型材要量准、固定后再将锯片下压切割。用力要均匀，适度。使用钻床时，不准戴手套操作。

（7）使用四氯化碳等有毒溶剂对铝板涂油时，应注意在露天进行；若在室内，应开启门窗或采用机械通风。

（8）玻璃钢风管、玻璃纤维风管制作过程均会产生粉尘或纤维飞扬，现场制作人员必须戴口罩操作。

（9）作业地点必须配备灭火器或其他灭火器材。

（10）制作工序中使用的胶黏剂应妥善存放，注意防火且不得直接在阳光下曝晒。失效的胶黏剂及空的胶黏剂容器不得随意抛弃或燃烧。应集中堆放处理。

（11）使用电动工机具时，应按照机具的使用说明进行操作．防止因操作不当造成人员或机具的损害。

（12）使用手锤、大锤，不准戴手套，锤柄、锤头上不得有油污，打大锤时甩转方向不得有人。

交底部门	安全部	交底人	王××
交底项目	风管、部件制作安全技术交底	交底时间	×年×月×日

交底内容：

（13）使用剪板机，上刀架不准放置工具等物品。调整工件时，脚不得站在踏板上。剪切时，手禁止伸入压板空隙中。

（14）使用折边机时，手拿工作物不要过紧，手离刀口和压脚均须大于 20mm。

（15）使用压口机时，应利用机械自动拉走铁皮，不得用力推铁皮。压横接口要先将咬口部分铲掉，以防损坏机械，手离压轮要大于 20mm。

（16）使用咬口机，要将铁皮咬口处对好后再开车。风管咬口时，拉杆必须复原后再开车。开车后手指不得放在轨道上。

（17）使用辊床时，手应离开两压辊的缝隙不小于 20mm。

（18）使用法兰弯曲机时，调节机轮应停车拉闸，手指不得靠近机轮。

（19）搬运大型过重通风设备时，要步调一致，配合密切，防止砸伤。

（20）酒精等易燃品使用后，要严格保管，以防发生火灾。

（21）组装风管法兰孔时。应用尖冲撬正，严禁用手指触摸。

（22）熔锡时，严禁锡液着水，防止飞溅，盐酸要妥善保管。

（23）进行焊锡时，应戴好手套，不得仰焊，使用的烙铁及盐酸应妥善保管。

（24）各类油漆和其他易燃、有毒材料，应存放在专用库房内，不得与其他材料混放，挥发性材料应装入密闭容器内，妥善保管，并采取相应的消防措施。

（25）使用煤油、汽油、松香水、丙酮等对人体有害的材料时，应配备相应的防护用品。

接底人	李××、章××、刘××、程××…

3.2.2 风管系统安装安全技术交底

风管系统安装施工现场安全技术交底表

表 AQ-C1-9

工程名称：××大厦工程　　施工单位：××建设集团有限公司　　编号：×××

交底部门	安全部	交底人	王××
交底项目	风管系统安装	交底时间	×年×月×日

交底内容：

（1）各工种的工人，必须熟悉和遵守本工种的安全操作规程。凡未受过安全技术教育的施工人员不得参加施工。

（2）针对工作的特点、施工方法编制具体的安全技术措施，在施工前进行安全技术交底。

（3）土建、装饰、安装等几个单位在同一现场施工时，必须共同拟定确保安全施工的措施。否则不许工人在同一垂直线下方工作。

（4）进入施工现场应穿戴好必要的防护用品。工作服应做到三紧（袖口、腰身、裤脚），长发应入帽，不得外露。

（5）在屋面、框架和管架上铺设铁皮时，不应将半张以上铁皮举得太高，以防大风吹落伤人，下班前应将铁皮钉牢或拴扎牢固。

（6）吊运风管或材料时，应注意周围有无障碍物，特别注意不得碰到电线。

（7）吊装风管或风机时，应加溜绳稳住，防止冲撞吊装设备及被吊装物品。

（8）风管、部件或设备未经稳固，严禁脱钩。

（9）不得在未固定好的风管上或架空的铁皮上站立。

（10）悬吊的风管应在适当位置设置防止摆动的固定支撑架。

（11）在平顶顶棚上安装通风管道、部件时，事先应检查通道、栏杆、吊筋、楼板等处的牢固程度，并应将孔洞、深坑盖好盖板，以防发生意外。

（12）起吊风管、部件或设备前应认真检查工具、索具，不得使用有缺陷或损坏的工具、索具。

（13）吊装风管所用的索具要牢固，吊装时应加溜绳稳住，与电线应保持安全距离。

接底人	李××、章××、刘××、程××…

3.2.3 通风与空调设备安装安全技术交底

通风与空调设备安装施工现场安全技术交底表

表 AQ-C1-9

工程名称：××大厦工程　　施工单位：××建设集团有限公司　　　编号：×××

交底部门	安全部	交底人	王××
交底项目	通风与空调设备安装	交底时间	×年×月×日

交底内容：

（1）凡是从事设备安装工作的人员应执行国家、行业有关安全技术规程。

（2）新参加工作的工人，应进行安全技术培训和教育，没有经过安全技术教育的人不得上岗施工，对本工种安全技术规程不熟悉的人，不得独立作业。

（3）凡编制施工组织设计或施工技术措施文件时，应同时编制切合实际情况的安全技术措施。

（4）凡参与设备安装施工的电焊工、气焊工、起重吊车司机和现场叉车司机，必须经过当地劳动部门安全培训，考试合格后方可参与施工。

（5）土建、装饰、安装等几个单位在同一现场施工时，必须共同拟定确保安全施工的措施。否则不许工人在同一垂直线下方工作。

（6）设备吊装必须按施工方案规定选用索具、工具以及机械设备。

（7）吊点应按技术资料指定部位，如无据可查，应使吊点设在质心以上且不得损坏设备。

（8）钢丝绳吊索挂好后，应稍加受力，以调整使千斤受力均匀，同时也使设备的部件保持平衡，然后再起吊离地5～10cm，检查是否平衡，一切正常后方可正式起吊。

（9）严禁在精加工面，传动轴上捆扎千斤或扛撬。

（10）设备组装或就位对孔时，严禁用手插入连接面或用手去摸螺丝孔。

（11）设备和附件未经固定或放稳，严禁松钩。

（12）严禁易滚动或未经捆扎的工件，随设备或部件一并起吊。

（13）擦洗机件或设备的汽油、柴油等易燃物应按防火规定妥善处理，严禁明火靠近。

（14）拆装部件或调整间隙时，必须切断电源，拆去保险丝并挂上"有人操作，禁止合闸"等警告牌。

（15）拆装配件时（如轴和精密工件）应用铜棒、木棒或橡皮锤，不得用大锤敲打。

（16）将轴吊起后，在其下面检查时，必须将倒链的链子打结保险。

接底人	李××、章××、刘××、程×× ⋯

3.2.4 通风与空调系统调试与试运转安全技术交底

通风与空调系统调试与试运转施工现场安全技术交底表

表 AQ-C1-9

工程名称：××大厦工程　　施工单位：××建设集团有限公司　　编号：×××

交底部门	安全部	交底人	王××
交底项目	通风与空调系统调试与试运转	交底时间	×年×月×日

交底内容：

1．系统调试

（1）进入施工现场或进行施工作业时必须穿戴劳动防护用品，在高处、吊顶内作业时要戴安全帽。

（2）高处作业人员应按规定轻便着装，严禁穿硬底、铁掌等易滑的鞋。

（3）所使用的梯子不得缺档，不得垫高使用，下端要采取防滑措施。

（4）在吊顶内作业时一定要穿戴利索，切勿踏在非承重的地方。

（5）在开启空调机组前，一定要仔细检查，以防杂物损坏机组，调试人员不应立于风机的进风方向。

（6）使用仪器、设备时要遵守该仪器的安全操作规程，确保其处于良好的运转状态，合理使用。

2．系统试运转

（1）严格遵守专业有关技术规定，制订设备运转方案，并严格执行。

（2）试运转前必须周密检查，并与有关单位和其他配合工种取得联系与配合。

（3）先以单机运转合格后再进行联动试车。

（4）机械运转时，不得加油、擦洗和修理。当皮带轮转动时。严禁挂皮带。

（5）有足够的润滑油和冷却水。

（6）严禁将手和头伸入机械行程范围内。

（7）要运转时，应围有警戒线，严禁无关人员入内。

接底人	李××、章××、刘××、程××…

3.3 建筑电气工程

3.3.1 变配电设备安装安全技术交底

1.变压器、箱式变电所安装安全技术交底

变压器、箱式变电所安装施工现场安全技术交底表

表 AQ-C1-9

工程名称：××大厦工程　　施工单位：××建设集团有限公司　　编号：×××

交底部门	安全部	交底人	王××
交底项目	变压器、箱式变电所安装	交底时间	×年×月×日

交底内容：

（1）环境管理

1）变压器、箱式变电所施工应针对重要环境因素，如噪声、粉尘、废弃物、化学品等制定环境管理方案，严格监控、监测，防止环境污染。

2）施工场地应做到活完料净脚下清，现场垃圾应及时清运，收集后运至指定地点集中处理。

3）环境温度及湿度符合设备安装要求。

（2）安全管理

1）变压器运输应编制运输吊装方案。进行吊装作业前，索具、机具必须先经过检查，不合格不得使用。

2）安装使用的各种电气机具要符合《施工现场临时用电安全技术规范》（JGJ 46-2005）的要求。

3）安装电力变压器时，必须注意人身和设备的安全。

4）安装电力变压器时，常使用的电气机具的布置和装设都应符合有关的安全规程。在使用移动式照明时，严禁拿着 220V 的行灯进入油箱里工作或用绝缘不良的导线敷设临时电源等。

5）在变压器上安装套管和油箱顶部上的附件，以及在注油和做试验时，必须采取措施防止滑跌和摔下。

6）在进行变压器、电抗器干燥、变压器油过滤时，应慎重作业，备好消防器材，要求灭火器状态完好、在有效期内，并采取有效措施注意防火。

7）在检查电力变压器芯部和安装油箱顶盖上的附件时，要严防螺帽、垫圈、小型工具、甚至安装人员衣袋内的物品落入油箱。

8）手持活动型电动工具应设漏电保护装置，以防止触电。

9）设备通电调试前，必须检查线路接线是否正确，保护措施是否齐全，确认无误后，方可通电调试。

接底人	李××、章××、刘××、程×× …

2.成套配电柜、控制柜（屏、台）和动力、照明配电箱（盘）安装安全技术交底

成套配电柜、控制柜（屏、台）和动力、照明配电箱（盘）安装安全技术交底表

表 AQ-C1-9

工程名称：××大厦工程　　施工单位：××建设集团有限公司　　编号：×××

交底部门	安全部	交底人	王××
交底项目	成套配电柜、控制柜（屏、台）和动力、照明配电箱（盘）安装	交底时间	×年×月×日

交底内容：

（1）环境管理

1）不间断电源柜试运行时应有噪声监测。正常运行时产生的噪声不应大于 45dB，输出额定电流 5A 及以下的小型不间断电源的噪声不应大于 30dB。调试后达不到标准，应由设备生产厂家处理。

2）施工场地应做到活完料净脚下清，现场设垃圾池，垃圾应分类存放、及时清运，收集后集中处理。

（2）安全管理

1）吊装就位必须由起重吊装工作业。大型控制柜、连体柜、现场条件吊装位置不便处均应事先制定安全措施，采取防范措施。

2）设备通电调试前，必须检查线路接线是否正确，保护措施是否齐全，确认无误后，方可通电调试；送电调试阶段应严格值守制度，严格执行停送电程序。

3）设备安装完暂时不能送电运行的变配电室、控制室应将门窗封闭。设置保安人员。注意土建施工影响，防止室内潮湿。

4）对柜、屏、台、箱、盘保护接地的电阻值，PE 线和 PEN 线的规格、中性线重复接地应认真核对，要求标识明显，连接可靠。

接底人	李××、章××、刘××、程××…

3.3.2 裸母线、封闭母线、接插式母线安装安全技术交底

裸母线、封闭母线、接插式母线安装安全技术交底表

表 AQ-C1-9

工程名称：××大厦工程　　　施工单位：××建设集团有限公司　　　编号：×××

交底部门	安全部	交底人	王××
交底项目	裸母线、封闭母线、接插式母线安装	交底时间	×年×月×日

交底内容：

（1）环境管理

1）母线施工所用机械设备必须完好并进行定期保养维护，使其在正常状态下运行，减少噪声污染。

2）母线涂色所用油漆等材料，专人管理并进行严格控制，在现场使用时，专人监督负责；若有遗洒，马上进行清理移走，剩余油漆不得随意丢弃，派专人进行回收，以免造成土地和水体污染。

3）母线施工时固体废弃物做到工完场清，分类管理，统一回收到规定的地点存放清运。

4）母线加工时尽量远离办公区和生活区，预制加工场地要根据场地的具体情况，充分利用天然地形、建筑屏障条件，阻断或屏蔽一部分噪声的传播。

（2）安全管理

1）母线施工时脚手架搭设必须牢固可靠，便于工作，检查合格后方可施工。

2）当母线进行电、气焊操作时，清理周围易燃物，并备有消防设施。

3）母线送电后，不得在母线附近工作或走动，以免造成触电事故。

4）工程验收交工前，不得使母线投入运行。

5）下班前或工作结束后要切断电源，检查操作地点，确认安全后，方可离开。

接底人	李××、章××、刘××、程×× …

3.3.3 电缆敷设、电缆头制作、接线和线路绝缘测试安全技术交底

1.电缆敷设安全技术交底

电缆敷设施工现场安全技术交底表

表 AQ-C1-9

工程名称：××大厦工程　　施工单位：××建设集团有限公司　　编号：×××

交底部门	安全部	交底人	王××
交底项目	电缆敷设安全技术交底	交底时间	×年×月×日

交底内容：

（1）环境管理

1）电缆敷设完工，应工完场清，不遗留杂物，防止化学物品散落在现场。

2）电缆属于贵重物品注意集中保存，废料统一处理。

（2）安全管理

1）施工中的安全技术措施，应遵守现行有关安全技术规程的规定。对重要工序，还要编制安全技术措施，经主管部门批准后方可执行。

2）架设电缆盘的地面必须平实，支架必须采用有底平面的专用支架，不得用千斤顶代替。

3）采用撬杠撬动电缆盘的边框敷设电缆时，不要用力过猛；不要将身体伏在撬棍上面，并应采取措施防止撬棍脱落、折断。

4）人力拉电缆时，用力要均匀，速度要平稳，不可猛拉猛跑，看护人员不可站于电缆盘的前方。

5）敷设电缆时，处于电缆转向拐角的人员，必须站在电缆弯曲半径的外侧，切不可站在电缆弯曲度的内侧，以防挤伤事故发生。

6）敷设电缆时，电缆过管处的人员必须做到：接迎电缆时，施工人员的眼及身体的位置不可直对管口，防止挫伤。

7）拆除电缆盘木包装时，应随时拆除随时整理，防止钉子扎脚或损伤电缆。

8）人工滚动运输电缆盘时要做到：

①推盘的人员不得站在电缆盘的前方，两侧人员站位不得超过电缆盘轴心，防止压伤事故发生。

②电缆盘上下坡时，可采用在电缆盘中心孔穿钢管，在钢管上拴绳拉放的方法，但必须放平稳，缓慢进行。为防止电缆滚坡，中途停顿时，要及时在电缆盘底面与地坪之间加锲制动。人力滚动电缆盘时，路面的坡度不宜超过15°。

9）小型电缆盘可搬抬转弯，不允许采取在地面上用物阻止电缆盘一侧前进的方法转弯。

10）用汽车运输电缆时，电缆应尽量放在车斗前方，并用钢丝绳固定，以防止汽车启动或紧急刹车时电缆冲撞车体。

交底部门	安全部	交底人	王××
交底项目	电缆敷设安全技术交底	交底时间	×年×月×日

交底内容：

11）在已送电运行的变电室沟内进行电缆敷设时，必须做到电缆所进入的开关柜停电；施工人员操作时应有防止触及其他带电设备的措施（如采用绝缘隔板隔离）；在任何情况下与带电体操作安全距离不得小于 1m（10kV 以下开关柜）；电缆敷设完毕，如余度较大，应采取措施防止电缆与带电体接触（如绑扎固定）。

12）在交通道路附近或较繁华的地区施工电缆时，电缆沟要设栏杆和标志牌，夜间设标志灯（红色）。

13）挖电缆沟时，因土质松软或深度较大，为防止塌方应适当放坡。

14）在隧道内敷设电缆时，所用临时照明电源电压不得大于 36V。施工前，应将地面进行清理，积水排净。工作时应穿长袖上衣和长裤，戴安全帽，穿防护鞋。

接底人	李××、章××、刘××、程××…

2.电缆头制作、接线和线路绝缘测试安全技术交底

电缆头制作、接线和线路绝缘测试安全技术交底表

表 AQ-C1-9

工程名称：××大厦工程　　　施工单位：××建设集团有限公司　　　编号：×××

交底部门	安全部	交底人	王××
交底项目	电缆头制作、接线和线路绝缘测试	交底时间	×年×月×日

交底内容：

（1）环境管理

1）施工现场应清洁、无灰尘、光线充足，周围空气不应含有导电粉尘和腐蚀性气体，并避开雾、雪、雨天，选择气候良好的条件下进行操作。制作塑料绝缘电缆终端头，环境温度及电缆温度一般应在0℃以上。

2）包装用的塑料布及草带等物品应及时分类清除出现场。

（2）安全管理

1）电缆头制作安装时，操作人员应穿长袖上衣和长裤，戴手套和护目眼镜，戴脚套。

2）热缩电缆头制作时，注意加热时周围无易燃易爆物品。

3）使用电气设备、电动工具要有可靠的保护接地（接零）措施。

4）各种气瓶的存放，要距离明火10m以上，挪动时不能碰撞。氧气瓶不能和可燃气瓶同放一处。

接底人	李××、章××、刘××、程××…

3.3.4 配管配线安全技术交底

配管配线施工现场安全技术交底表

表 AQ-C1-9

工程名称：××大厦工程　　　施工单位：××建设集团有限公司　　　编号：×××

交底部门	安全部	交底人	王××
交底项目	配管配线安全技术交底	交底时间	×年×月×日

交底内容：

　　（1）施工场地应做到活完料净脚下清，现场垃圾应及时收集、分类、清运，运至指定地点妥善处理。

　　（2）现场机具布置必须符合安全规范，机具摆放间距必须充分考虑操作空间，机具摆放整齐，留出行走及材料运输通道。严格按照机具使用的有关规定进行操作。

　　（3）对加工用的电动工具要坚持日常保养维护，定期做安全检查。不用时应立即切断电源。

　　（4）登高作业时应采用梯子或脚手架进行，并采用相应的防滑措施。高度超过 2m 时必须系好安全带。

　　（5）使用明火时，必须经现场管理人员报有关部门批准，明火应远离易燃物，并在现场备足灭火器材，且做好必要防护，设专职看火人。

接底人	李××、章××、刘××、程××…

3.3.5 电气照明安装安全技术交底

1.灯具安装安全技术交底

灯具安装施工现场安全技术交底表

表 AQ-C1-9

工程名称：××大厦工程　　施工单位：××建设集团有限公司　　编号：×××

交底部门	安全部	交底人	王××
交底项目	灯具安装安全技术交底	交底时间	×年×月×日

交底内容：

（1）环境管理

1）组装灯具及安装灯具所剩的电线头及绝缘层等不得随地乱丢，应分类收集放于指定地点。

2）灯具的包装带、灯泡和灯管的包装纸等不得随地乱丢，应分类收集放于指定地点。

3）灯具安装过程中掉下的建筑灰渣，应及时清理干净。

4）烧坏的灯泡及灯管等不得随地乱丢，应分类收集交给指定负责人统一处理。

（2）安全管理

1）应根据灯具的安装高度选用合适的合梯，合梯顶部应连接牢固，距合梯底 40cm～60cm 处要设强度足够的拉绳，不准站在合梯最上一层工作。严禁从高合梯上下抛工具及工具带。

2）手持电动工具的外壳、手柄、负荷线、插头、开关等必须完好无损，使用前要做空载试验检查，运转正常后方可使用。

3）手持电动工具使用前，对电动工具开关箱的隔离开关、短路保护、过负荷保护和漏电保护器进行仔细检查，开关箱检查合格后，才能使用手持电动工具。

4）在露天或潮湿环境场所施工，优先使用带隔离变压器的Ⅱ类手持电动工具，如果使用Ⅱ类手持电动工具，必须装设防溅型的漏电保护器，把隔离变压器或漏电保护器装在狭窄场所外边，并设专人看护。

5）手持电动工具的负荷线采用耐气候型的橡皮护套铜芯软电缆，并不得有接头。

接底人	李××、章××、刘××、程××…

2.开关、插座、风扇安装安全技术交底

开关、插座、风扇安装施工现场安全技术交底表

表 AQ-C1-9

工程名称：××大厦工程　　施工单位：××建设集团有限公司　　编号：×××

交底部门	安全部		交底人	王××
交底项目	开关、插座、风扇安装安全技术交底		交底时间	×年×月×日

交底内容：

（1）环境管理

1）开关、插座及吊扇安装所剩的电线头及绝缘层等不得随地乱丢，应分类收集放于指定地点。

2）吊扇的包装带、开关及插座的包装盒等不得随地乱丢，应分类收集放于指定地点。

3）吊扇安装过程中掉下的建筑灰渣应及时清除干净。

（2）安全管理

1）熔化焊锡丝或锡块时，锡锅要干燥，防止锡液爆溅；锡锅手柄处要使用隔热效果比较好的材料。

2）吊扇安装完毕后一定做通电试验，检查吊扇转动是否平稳，若不平稳及时查找原因。

3）托儿所、幼儿园及小学等儿童活动场所插座安装高度小于 1.8m，要采用安全型插座。

4）插座安装完成后，全数用插座三相检测仪检测插座接线是否正确及漏电开关动作情况，并且用漏电检测仪检测插座的所有漏电开关动作时间，不合格的必须更换。

接底人	李××、章××、刘××、程××…

3.3.6 防雷及接地安装安全技术交底

防雷及接地安装施工现场安全技术交底表

表 AQ-C1-9

工程名称：××大厦工程　　施工单位：××建设集团有限公司　　编号：×××

交底部门	安全部	交底人	王××
交底项目	防雷及接地安装	交底时间	×年×月×日

交底内容：

1. 接地装置安装

（1）环境管理

1）挖土时将挖出的土应集中堆放使用编织袋封盖好防止风吹扬尘。挖完土后，应立即安装接地装置，隐蔽验收后立即回填。

2）使用机械时产生的噪声要有防止噪声扩散的措施。

3）施工现场保持清洁，做到工完场清。施工中产生的垃圾，机械产生的油污应及时清理干净。

（2）安全管理

1）在室外作业时，如挖接地体地沟，接地体及接地干线的施工，要求操作人员必须戴安全帽，施工现场上空范围内要搭设防护板，以防建筑物上空坠落物体的打击。

2）使用绳索吊装物体时，绳索必须有足够的承重能力，将物体系牢，吊装物体下严禁有人。

3）搬运材料、机具、设备时，应小心谨慎，防止碰撞损坏材料、机具和设备，同时注意人身安全，防止碰伤、砸伤。

2. 避雷引下线和变配电室接地干线敷设

1）使用电焊、气焊焊接时，应远离易燃易爆的物体。焊接时应用铁板遮挡焊星飞溅，防止烧坏建筑成品及机械设备并随机配备灭火器，以防引起火灾时灭火之用。

2）使用电动机具，如电锤、电钻、切割机、电焊机等，必须有可靠的接地线，与供电系统的重复接地线可靠连接。电动机具接线要正确连接，牢固可靠，并设闸刀开关和漏电保护器防雨配电箱，机具配电线路应符合临时供电规范要求。

3）搬运材料、机具、设备时，应小心谨慎，防止碰撞损坏材料、机具和设备，同时注意人身安全，防止碰伤、砸伤。

4）刷油防腐现场严禁有火源、热源，操作时严禁吸烟等。熔化焊锡、锡块，工具要干燥，防止爆溅。

3. 接闪器安装

交底部门	安全部	交底人	王××
交底项目	防雷及接地安装	交底时间	×年×月×日

交底内容：

（1）环境管理

注意有毒有害废弃物的分类管理，油漆作业结束后，应及时回收包装材料。

（2）安全管理

1）避雷针、带（网）敷设安装属于高空作业，必须穿软底鞋，不得穿硬底鞋和钉子鞋。

2）在 5 级以上的大风和暴雨、雷电影响施工安全时，应立即停止高空作业。

3）随身携带和使用的作业工具，应搁置在顺手稳妥的地方，防止坠落伤人。

4）避雷带及引下线焊接时，焊条应妥善装好，焊条头要妥善处理，不要随意投扔，以防伤人。

接底人	李××、章××、刘××、程××…

3.3.7 智能建筑工程安全技术交底

1.综合布线系统安装安全技术交底

综合布线系统安装施工现场安全技术交底表

表 AQ-C1-9

工程名称：××大厦工程　　施工单位：××建设集团有限公司　　编号：×××

交底部门	安全部	交底人	王××
交底项目	综合布线系统安装	交底时间	×年×月×日

交底内容：

1．一般要求

（1）凡参加施工的人员必须严格遵守《电工安全技术操作规范》通用部分的全部条款。

（2）进入施工现场必须正确戴好安全帽，系紧帽带，在施工过程，严禁脱帽解，严禁穿拖鞋、带钉易滑鞋、高跟鞋、短裤、短衫等上班。严禁酒后上班。

（3）施工前，应检查周围环境是否符合安全生产要求，劳动保护用户是否完好，如发现危及安全工作的因素，应立即向技安部门或施工负责人报告，清除不安全因素后，方能进入工作。

（4）各专业交叉施工过程中，应按指定的现场道路行走，不能从危险区域通过，尽可能地避开土建塔吊物运行轨迹，不能在吊物下通过、停留。要注意与运转着的机械保持一定的安全距离。

（5）在预埋管道时，应注意操作区域内的钢筋及模板，防止铁钉轧脚和被钢筋绊倒，同时也要注意上方的脚手架临时走道防止高处物体坠落打击伤人。

（6）在高空作业时，（2.5 米以上）要正确佩戴牢固无损的安全带，被挂点要牢固可靠，安全带实行高挂低用，严禁在高处向下抛物。

（7）使用人字梯时，必须垫平放稳，两梯脚与地面的夹角应不大于 60 度，且两梯面应用挂钩或索具接牢，不允许两人或两人以上在同一张人字梯上作业。使用单面梯时，低脚与地面的角度应不小于 45 度，在梯上操作时，地面应有专人配合和监护，严禁借身体来缩短与施工点的水平距离，把重心移至人字梯外，操作时应用绊位人字梯档。

（8）使用各种电动工具时，必须采用一机一闸一保一箱一锁等保护措施，电源线路必须回空引走，架空线路以高于人体头部 0.5 米为宜。严禁将线路直接拖挂或绑扎在钢管脚手架上，使用手持电动工具必须戴好绝缘手套。

（9）使用电焊机设备，首先要进行绝缘测试，符合标准方可使用，并要定期测试，做好记录，在使用过程中，焊机一次线不得超过 5 米，二次线不得超过 30 米，并做好焊机的防潮与防雨水措施。

交底部门	安全部	交底人	王××
交底项目	综合布线系统安装	交底时间	×年×月×日

交底内容:

（10）使用气焊设备时必须彩检验合格的氧气表，乙炔瓶上必须配有回火装置。严禁在气焊瓶处明火抽烟，使用气焊设备时，氧气乙炔瓶与割焊点必须保持 10 米以上距离。气焊设备旁严禁堆放易燃物品。

（11）施工现场临时电线路严禁乱接乱接在施工中需要用电时，必须由现场专职电工进行搭接，所用的电箱必须符合"临电规范"要求。

（12）施工现场必须搭设危险品库。并配置 1211 灭火器对所使用的氧气瓶，乙炔实行归类堆放，在危险品库内严禁堆放其它物件。

2．综合布线系统安装

（1）机柜上的各种零部件不得脱落或损坏。漆面如有脱落应予以补漆，各种标志完整清晰。

（2）搬运设备、器材过程中，不仅要保证不损伤器材，还要注意不要碰伤人。

（3）施工现场要做到活完场清，现场垃圾和废料要堆放在指定地点，并及时清运，严禁随意抛撒。

（4）操作工人的手头工具应随手放在工具袋中，严禁乱抛乱扔。

（5）采用光功率计测量光缆时，严禁用肉眼直接观测。

接底人	李××、章××、刘××、程××…

2.电话插线与组装箱安装安全技术交底

电话插线与组装箱安装施工现场安全技术交底表

表 AQ-C1-9

工程名称：××大厦工程　　　施工单位：××建设集团有限公司　　　编号：×××

交底部门	安全部	交底人	王××
交底项目	电话插线与组装箱安装	交底时间	×年×月×日

交底内容：

（1）电话出线面板、电话组线箱、分线箱、电线电缆的规格、型号应符合设计要求，有产品合格证及"CCC"认证标识，表面不应有破损、划痕等缺陷。

（2）敷设在竖井、吊顶、通道、夹层及设备层等处的线槽应符合现行国家标准《高层民用建筑设计防火规范》（GB 50045）的有关防火要求。

（3）应及时清除盒、箱内杂物，以防盒、箱内管路堵塞。

（4）导线在箱、盒内应预留适当裕量，并绑扎成束，防止箱内导线杂乱。

（5）导线压接应牢固，以防导线松动或脱落。

施工现场的垃圾、废料应堆放在指定地点，及时清运并洒水降尘，严禁随意抛撒。

（6）对现场强噪声施工机具，应采取相应措施，最大限度降低噪声。

（7）交叉作业时应注意周围环境，禁止乱抛工具和材料。

（8）设备通电调试前，必须检查线路接线是否正确，保护措施是否齐全，确认无误后，方可通电调试。

（9）登高作业时，脚手架和梯子应安全可靠，脚手架不得铺有探头板，梯子应有防滑措施，不允许两人同梯作业。

接底人	李××、章××、刘××、程××…

3.有线电视系统安装安全技术交底

有线电视系统安装施工现场安全技术交底表

表 AQ-C1-9

工程名称：××大厦工程　　**施工单位：**××建设集团有限公司　　**编号：**×××

交底部门	安全部	交底人	王××
交底项目	有线电视系统安装	交底时间	×年×月×日

交底内容：

（1）天线应根据不同的接收频道、接收卫星、场强、环境及系统规模选择开路天线和卫星天线，以满足接收图像品质要求，并应有产品合格证。

（2）各种铁件（角钢、扁钢、槽钢、圆钢等）应全部采用镀锌处理。不能镀锌处理时应进行防腐处理。各种规格的机螺钉、木螺钉、金属胀管螺栓、垫圈、弹簧垫等应采用镀锌处理。

（3）用户终端面板分单孔和双孔，插座插孔输出阻抗为 75Ω，并应有产品合格证、"CCC"认证标识。

（4）电视电缆应采用屏蔽性能较好的物理高发泡聚乙烯绝缘电缆，特性阻抗为 75Ω，并应有产品合格证及"CCC"认证标识。

（5）分支、分配器等无源器件应符合设计要求，并应有产品合格证及"CCC"认证标识。

（6）机房设备应符合设计要求选型，设备外观应完整无损，配件应齐全，并应有产品合格证及"CCC"认证标识；进口产品应提供原产地证明和商检证明、配套提供的质量合格证明、检测报告及安装、使用、维护说明书的中文文本（或附中文译文）。

（7）当架空电缆或沿墙敷设电缆引入地下时，在距离地面不小于 2.5m 的地方采用钢管保护；钢管应埋入地下 0.3m～0.5m。

（8）直埋电缆时，必须用具有铠装层的电缆，其埋深不得小于 0.8m。紧靠电缆处要用细土覆盖 100mm，盖好沟盖板，并做标记。在寒冷的地区应埋在冻土层以下。

（9）风力大于 4 级或雷雨天气，严禁进行高空或户外安装作业。

（10）架设天线等高空作业时。操作人员必须佩带安全带。

（11）架设天线主杆时，应安排充足的施工人员，且用力一致. 不宜过猛。防止在竖杆过程中造成倾斜，砸伤人员。

（12）使用吊车吊装天线时，天线的重量与吊车的载重应相符，吊点应连接可靠、牢固。

（13）在搬运设备、器材时，不要碰伤人。

接底人	李××、章××、刘××、程××…

4.火灾自动报警系统安装及联动调试安全技术交底

火灾自动报警系统安装及联动调试安全技术交底表

表 AQ-C1-9

工程名称：××大厦工程　　施工单位：××建设集团有限公司　　编号：×××

交底部门	安全部	交底人	王××
交底项目	火灾自动报警系统安装及联动调试	交底时间	×年×月×日

交底内容：

1．钢管内导线敷设线槽配线应满足如下要求：

（1）火灾自动报警系统传输线路，应采用铜芯绝缘线或铜芯电缆，其电压等级不应低于交流250V，最好选用500V，以提高绝缘和抗干扰能力。 为满足导线和电缆的机械强度要求，穿管敷设的绝缘导线，线芯截面最小不应小于$1mm^2$；线槽内敷设的绝缘导线最小截面不应小于$0.75mm^2$；多芯电缆线芯最小截面不应小于$0.5mm^2$。穿管绝缘导线或电缆的总面积不应超过管内截面积的40%，敷设于封闭式线槽内的绝缘导线或电缆的总面积不应大于线槽的净截面积的50%。

（2）导线在管内或线槽内，不应有接头或扭结。导线的接头应在接线盒内焊接或压接。

（3）不同系统、不同电压、不同电流类别的线路不应穿在同一根管内或线槽的同一槽孔内。

（4）横向敷设的报警系统传输线路如果采用穿管布线时，不同防火分区的线路不宜穿入同一根管内。采用总线制不受此限制。

（5）火灾报警器的传输线路应选择不同颜色的绝缘导线，探测器的"+"线为红色，"-"线应为蓝色，其余线应根据不同用途采用其它颜色区分。但同一工程中相同用途的导线颜色应一致，接线端子应有标号。

（6）导线或电缆在接线盒、伸缩缝、消防设备等处应留有足够的余量。

2．火灾自动报警设备安装应满足如下要求：

（1）探测器（含底座）安装

1）当梁突出顶棚高度小于200mm的顶棚上设置感烟、感温探测器时，可不考虑对探测器保护面积的影响。当梁突出顶棚的高度在200mm～600 mm时，应确定梁对探测器保护面积的影响和一只探测器能够保护的梁间区域的个数。当梁突出顶棚的高度超过600mm，被梁隔断的每个梁间区域应至少设置一只探测器。当梁间距小于1m时，可不计梁对探测器保护面积的影响。

2）在宽度小于 3m 的走道顶棚上设置探测器时，宜从中布置。感温探测器的安装间距不应超过10m，感烟探测器安装间距不应超过 15m，探测器至端墙的距离，不应大于探测器安装间距的一半。探测器周围 0.5m 内，不应有遮挡物，探测器至墙壁、梁边的水平距离，不应小于 0.5m。

交底部门	安全部	交底人	王×××
交底项目	火灾自动报警系统安装及联动调试	交底时间	×年×月×日

交底内容：

3）探测器宜水平安装，如必须倾斜安装时，倾斜角不应大于45°。探测器至空调送风口边的水平距离不应小于1.5m，并宜接近回风口安装。探测器至多孔送风顶棚口得水平距离不应小于0.5m。

4）探测器底座的穿线孔宜封堵，安装时应采取保护措施（如装上防护罩）。

5）探测器的底座应固定可靠，在吊顶上安装时应先把盒子固定在主龙骨上或在顶棚上生根作支架，其连接导线必须可靠压接或焊接，当采用焊接时不得使用带腐蚀性的助焊剂，外接导线应有0.15m的余量，入端处应有明显标志。

6）探测器确认灯应面向便于人员观察的主要入口方向。在电梯井、升降机井设置探测器时，其位置宜在井道上方的机房顶棚上。

7）探测器安装完毕要将防尘罩带上，以免现场灰尘将探测器污染影响调试。

8）现场复合探测器如个别与灯具重合，可以适当调整位置，一般偏离灯中心线900mm，并核对烟感保护半径不小于5.8m，温感保护半径不小于3.6m。

9）风道下明装的感烟、温探测器，管线由其附近的梁或墙上的接线盒引出，安装高度为风道下方100mm。安装如遇风口距离小于1.5m时，要请设计单位办理变更通知后，再移位，不得自行更改设计。吊顶下安装探测器时其金属软管长度一般不得超过1m，且在金属软管与探头底座间要加设固定接线盒。

（2）手动报警按钮/消防电话插孔的安装

1）手动火灾报警按钮应安装在明显和便于操作的墙上，距地高度 1.5m，安装牢固并不应倾斜。

2）手动报警按钮/消防电话插孔安装需使用专用安装盒，为板后接线，外接导线应留有0.10m的余量，安装时，螺丝对准安装孔，要平正，装卸版面要与墙面平齐。

3）手动火灾报警按钮/消防电话插孔外接导线应留有0.10m的余量，且在端部应有明显标志。

（3）端子箱和模块箱安装。

1）用对线器进行对线编号，然后将导线留有一定的余量，把控制中心来的干线和火灾报警器及其它的控制线路分别绑扎成束，分别设在端子板两侧，左边为控制中心引来的干线，右侧为火灾报警探测器和其它设备来的控制线路。

2）压线前应对导线的绝缘进行摇测，合格后再按设计和厂家要求压线。

3）模块箱内的模块按厂家和设计要求安装配线，合理布置，且安装应牢固端正，并有用途标志和线号。

4）控制模块箱为就地安装时接线口至模块采用的耐火金属软管，长度应小于1m，若条件不允许时，可采用外涂防火涂料的金属管明敷设到位，其余可涂防火涂料的金属管明敷方式进行施工。

交底部门	安全部	交底人	王×××
交底项目	火灾自动报警系统安装及联动调试	交底时间	×年×月×日

交底内容：

　　5）模块安装严格遵照深化设计图纸所确定位置施工。小间、机房内可距地 1.2m 明装，有吊顶的在吊顶内安装，无吊顶、走道等公共部分距地不低于 2.4m 明装。

　　3．火灾自动报警系统调试应满足如下要求：

　　（1）按火灾自动报警系统施工及验收规范的要求检查系统的施工质量。对属于施工中出现的问题，应会同有关单位协商解决，并有文字记录。

　　（2）调试前检查检验系统线路的配线、接线、线路电阻、绝缘电阻，接地电阻、终端电阻、线号、接地、线的颜色等是否符合设计和规范要求，发现错线、开路、短路等达不到要求的应及时处理，排除故障。

　　（3）火灾报警系统应先分别对探测器、消防控制设备等逐个进行单机通电检查试验。单机检查试验合格，进行系统调试，报警控制器通电接入系统做火灾报警自检功能、消音、复位功能、故障报警功能、火灾优先功能、报警记忆功能、电源自动转换和备用电源的自动充电功能、备用电源的欠压和过压报警功能等功能检查。在通电检查中上述所有功能都必须符合条例《GB 4717 火灾报警控制器通用技术条件》的要求。

　　（4）按设计要求分别用主电源和备用电源供电，逐个逐项检查试验火灾报警系统的各种控制功能和联动功能，其控制功能和联动功能应正常。

接底人	李××、章××、刘××、程××…

第4章 工人（工种）安全操作技术交底

4.1 建筑工程施工操作人员（工种）安全技术交底

4.1.1 钢筋工操作安全技术交底

钢筋工操作施工现场安全技术交底表

表 AQ-C1-9

工程名称：××大厦工程　　　施工单位：××建设集团有限公司　　　编号：×××

交底部门	安全部	交底人	王××
交底项目	钢筋工操作安全技术交底	交底时间	×年×月×日

交底内容：

1. 一般安全操作规程

（1）作业前必须检查机械设备、作业环境、照明设施等，并试运行符合安全要求。作业人员必须经安全培训考试合格，上岗作业。

（2）脚手架上不得集中码放钢筋，应随使用随运送。

（3）操作人员必须熟悉钢筋机械的构造性能和用途。并应按照清洁、调整、紧固、防腐、润滑的要求，维修保养机械。

（4）机械运行中停电时，应立即切断电源。收工时应按顺序停机，拉闸，锁好闸箱门，清理作业场所。电路故障必须由专业电工排除，严禁非电工接、拆、修电气设备。

（5）操作人员作业时必须扎紧袖口，理好衣角，扣好衣扣，严禁戴手套。女工应戴工作帽，将发挽入帽内不得外露。

（6）机械明齿轮、皮带轮等高速运转部分，必须安装防护罩或防护板。

（7）电动机械的电闸箱必须按规定安装漏电保护器，并应灵敏有效。

（8）工作完毕后，应用工具将铁屑、钢筋头清除，严禁用手擦抹或嘴吹。切好的钢材、半成品必须按规格码放整齐。

2. 钢筋绑扎安装安全操作规程

（1）在高处（2m 或 2m 以上）、深坑绑扎钢筋和安装钢筋骨架，必须搭投脚手架或操作平台，临边应搭设防护栏杆。

（2）绑扎立柱和墙体钢筋时，不得站在钢筋骨架上或攀登骨架上下。

交底部门	安全部	交底人	王××
交底项目	钢筋工操作安全技术交底	交底时间	×年×月×日

交底内容：

（3）绑扎在建施工工程的圈梁、挑梁、挑檐、外墙和边柱等钢筋时，应站在脚手架或操作平台上作业。无脚手架必须搭设水平安全网。悬空大梁钢筋的绑扎，必须站在满铺脚手板或操作平台上操作。

（4）绑扎基础钢筋，应设钢筋支架或马凳，深基础或夜间施工应使用低压照明灯具。

（5）钢筋骨架安装，下方严禁站人，必须待骨架降落至楼、地面1m以内方准靠近，就位支撑好，方可摘钩。

（6）绑扎和安装钢筋，不得将工具、箍筋或短钢筋随意放在脚手架或模板上。

（7）在高处楼层上拉钢筋或钢筋调向时，必须事先观察运行上方或周围附近是否有高压线，严防碰触。

接底人	李××、章××、刘××、程××…

4.1.2 砌筑工操作安全技术交底

砌筑工操作施工现场安全技术交底表

表 AQ-C1-9

工程名称：××大厦工程　　　施工单位：××建设集团有限公司　　　编号：×××

交底部门	安全部	交底人	王××
交底项目	砌筑工操作安全技术交底	交底时间	×年×月×日

交底内容：

（1）在深度超过 1.5m 砌基础时，应检查槽帮有无裂缝、水浸或坍塌的危险隐患。送料、砂浆要设有溜槽，严禁向下猛倒和抛掷物料工具等。

（2）距槽帮上口 1m 以内，严禁堆积土方和材料。砌筑 2m 以上深基础时，应设有梯或坡道，不得攀跳槽、沟、坑上下，不得站在墙上操作。

（3）砌筑使用的脚手架，未经交接验收不得使用。验收使用后不准随便拆改或移动。

（4）在架子上用刨锛斩砖，操作人员必须面向里，把砖头斩在架子上。挂线用的坠物必须绑扎牢固。作业环境中的碎料、落地灰、杂物、工具集中下运，做到日产日清、自产自清、活完料净场地清。

（5）脚手架上堆放料量不得超过规定荷载（均布荷载每 m^2 不得超过 3kN，集中荷载不超过 1.5kN）。

（6）采用里脚手架砌墙时，不准站在墙上清扫墙面和检查大角垂直等作业。不准在刚砌好的墙上行走。

（7）在同一垂直面上上下交叉作业时，必须设置安全隔离层。

（8）用起重机吊运砖时，当采用砖笼往楼板上放砖时，要均匀分布，并必须预先在楼板底下加设支柱及横木承载。砖笼严禁直接吊放在脚手架上。

（9）在地坑、地沟砌砖时，严防塌方并注意地下管线、电缆等。在屋面坡度大于 25°时，挂瓦必须使用移动板梯，板梯必须有牢固挂钩。檐口应搭设防护栏杆，并立挂密目安全网。

（10）屋面上瓦应两坡同时进行，保持屋面受力均衡，瓦要放稳。屋面无望板时，应铺设通道，不准在桁条、瓦条上行走。

（11）在石棉瓦等不能承重的轻型屋面上作业时，必须搭设临时走道板，并应在屋架下弦搭设水平安全网，严禁在石棉瓦上作业和行走。

（12）冬季施工有霜、雪时，必须将脚手架等作业环境的霜、雪清除后方可作业。

接底人	李××、章××、刘××、程××…

4.1.3 防水工操作安全技术交底

防水工操作施工现场安全技术交底表

表 AQ-C1-9

工程名称：××大厦工程　　　施工单位：××建设集团有限公司　　　编号：×××

交底部门	安全部	交底人	王××
交底项目	防水工操作安全技术交底	交底时间	×年×月×日

交底内容：

1．一般安全操作规程

（1）材料存放于专人负责的库房，严禁烟火并挂有醒目的警告标志和防火措施。

（2）施工现场和配料场地应通风良好，操作人员应穿软底鞋、工作服、扎紧袖口，并应配戴手套及鞋盖。涂刷处理剂和胶粘剂时，必须戴防毒口罩和防护眼镜。外露皮肤应涂擦防护膏。操作时严禁用手直接揉擦皮肤。

（3）患有皮肤病、眼病、刺激过敏者，不得参加防水作业。施工过程中发生恶心、头晕、过敏等，应停止作业。

（4）用热玛蹄脂粘铺卷材时，浇油和铺毡人员，应保持一定距离，浇油时，檐口下方不得有人行走或停留。

（5）使用液化气喷枪及汽油喷灯，点火时，火嘴不准对人。汽油喷灯加油不得过满，打气不能过足。

（6）装卸溶剂（如苯、汽油等）的容器，必须配软垫，不准猛推猛撞。使用容器后，其容器盖必须及时盖严。

（7）高处作业屋面周围边沿和预留孔洞，必须按"洞口、临边"防护规定进行安全防护。

（8）防水卷材采用热熔粘结，使用明火（如喷灯）操作时，应申请办理用火证，并设专人看火。配有灭火器材，周围 30m 以内不准有易燃物。

（9）雨、雪、霜天应待屋面干燥后施工。六级以上大风应停止室外作业。

（10）下班清洗工具。未用完的溶剂，必须装入容器，并将盖盖严。

2．熬油作业安全操作规程

（1）熬油炉灶必须距建筑物 10m 以上，上方不得有电线，地下 5m 内不得有电缆，炉灶应设在建筑物的下风方向。

（2）炉灶附近严禁放置易燃、易爆物品，并应配备锅盖或铁板、灭火器、砂袋等消防器材。

（3）加入锅内的沥青不得超过锅容量的 3/4。

（4）熬油的作业人员应严守岗位，注意沥青温度变化，随着沥青温度变化，应慢火升温。沥青熬制到由白烟转黄烟到红烟时，应立即停火。着火，应用锅盖或铁板覆盖。地面着火，应用灭火器、干砂等扑灭，严禁浇水。

交底部门	安全部	交底人	王××
交底项目	防水工操作安全技术交底	交底时间	×年×月×日

交底内容：

（5）配制、贮存、涂刷冷底子油的地点严禁烟火，并不得在 30m 以内进行电焊、气焊等明火作业。

3．热沥青运送安全操作规程

（1）装运油的桶壶，应用铁皮咬口制成，严禁用锡焊桶壶，并应设桶壶盖。

（2）运输设备及工具，必须牢固可靠，竖直提升，平台的周边应有防护栏杆，提升时应拉牵引绳，防止油桶摇晃，吊运时油桶下方 10m 半径范围内严禁站人。

（3）不允许两人抬送沥青，桶内装油不得超过桶高的 2/3。

（4）在坡度较大的屋面运油，应穿防滑鞋，设置防滑梯，清扫屋面上的砂粒等。油桶下设桶垫，必须放置平稳。

接底人	李××、章××、刘××、程××…

4.1.4 抹灰工操作安全技术交底

抹灰工操作施工现场安全技术交底表

表 AQ-C1-9

工程名称：××大厦工程　　施工单位：××建设集团有限公司　　编号：×××

交底部门	安全部	交底人	王××
交底项目	抹灰工操作安全技术交底	交底时间	×年×月×日

交底内容：

（1）脚手架使用前应检查脚手板是否有空隙、探头板、护身栏、挡脚板，确认合格，方可使用。吊篮架子升降由架子工负责，非架子工不得擅自拆改或升降。

（2）作业过程中遇有脚手架与建筑物之间拉接，未经领导同意，严禁拆除。必要时由架子工负责采取加固措施后，方可拆除。

（3）脚手架上的工具、材料要分散放稳，不得超过允许荷载。

（4）采用井字架、龙门架、外用电梯垂直运送材料时，预先检查卸料平台通道的两侧边安全防护是否齐全、牢固，吊盘（笼）内小推车必须加挡车掩，不得向井内探头张望。

（5）外装饰为多工种立体交叉作业，必须设置可靠的安全防护隔离层。贴面使用的预制件、大理石、瓷砖等，应堆放整齐、平稳，边用边运。安装时要稳拿稳放，待灌浆凝固稳定后，方可拆除临时支撑。废料、边角料严禁随意抛掷。

（6）脚手板不得搭设在门窗、暖气片、洗脸池等非承重的物器上。阳台通廊部位抹灰，外侧必须挂设安全网。严禁踩踏脚手架的护身栏杆和阳台栏板进行操作。

（7）室内抹灰采用高凳上铺脚手板时，宽度不得少于两块（50cm）脚手板，间距不得大于 2m，移动高凳时上面不得站人，作业人员最多不得超过 2 人。高度超过 2m 时，应由架子工搭设脚手架。

（8）室内推小车要稳，拐弯时不得猛拐。

（9）在高大门、窗旁作业时，必须将门窗扇关好，并插上插销。

（10）夜间或阴暗处作业，应用 36V 以下安全电压照明。

（11）瓷砖墙面作业时，瓷砖碎片不得向窗外抛扔。剔凿瓷砖应戴防护镜。

（12）使用电钻、砂轮等手持电动机具，必须装有漏电保护器，作业前应试机检查，作业时应戴绝缘手套。

（13）遇有六级以上强风、大雨、大雾，应停止室外高处作业。

接底人	李××、章××、刘××、程××…

4.1.5 混凝土工操作安全技术交底

混凝土工操作施工现场安全技术交底表

表 AQ-C1-9

工程名称：××大厦工程　　施工单位：××建设集团有限公司　　编号：×××

交底部门	安全部	交底人	王××
交底项目	混凝土工操作安全技术交底	交底时间	×年×月×日

交底内容：

1．材料运输安全操作规程

（1）搬运袋装水泥时，必须逐层从上往下阶梯式搬运，严禁从下抽拿。存放水泥时，必须压碴码放，并不得码放过高（一般不超过 10 袋为宜）。水泥袋码放不得靠近墙壁。

（2）使用手推车运料，向搅拌机料斗内倒砂石时，应设挡掩，不得撒把倒料；运送混凝土时，装运混凝土量应低于车厢 5～10cm。不得抢跑，空车应让重车；并及时清扫遗撒落地材料，保持现场环境整洁。

（3）垂直运输使用井架、龙门架、外用电梯运送混凝土时，车把不得超出吊盘（笼）以外，车轮挡掩，稳起稳落；用塔吊运送混凝土时，小车必须焊有牢固吊环，吊点不得少于 4 个，并保持车身平衡；使用专用吊斗时吊环应牢固可靠，吊索具应符合起重机械安全规程要求。

2．混凝土浇灌安全操作规程

（1）浇灌混凝土使用的溜槽节间必须连接牢靠，操作部位应设护身栏杆，不得直接站在溜放槽帮上操作。

（2）浇灌高度 2m 以上的框架梁、柱混凝土应搭设操作平台，不得站在模板或支撑上操作。不得直接在钢筋上踩踏、行走。

（3）浇灌拱形结构，应自两边拱脚对称同时进行；浇灌圈梁、雨篷、阳台应设置安全防护设施。

（4）使用输送泵输送混凝土时，应由 2 人以上人员牵引布料杆。管道接头、安全阀、管架等必须安装牢固，输送前应试送，检修时必须卸压。

（5）预应力灌浆应严格按照规定压力进行，输浆管道应畅通，阀门接头应严密牢固。

（6）混凝土振捣器使用前必须经电工检验确认合格后方可使用。开关箱内必须装设漏电保护器，插座插头应完好无损，电源线不得破皮漏电；操作者必须穿绝缘鞋（胶鞋），戴绝缘手套。

3．混凝土养护安全操作规程

交底部门	安全部	交底人	王××
交底项目	混凝土工操作安全技术交底	交底时间	×年×月×日

交底内容：

（1）使用覆盖物养护混凝土时，预留孔洞必须按规定设牢固盖板或围栏，并设安全标志。

（2）使用电热法养护应设警示牌、围栏，无关人员不得进入养护区域。

（3）用软管浇水养护时，应将水管接头连接牢固，移动皮管不得猛拽，不得倒行拉移皮管。

（4）蒸汽养护、操作和冬施测温人员，不得在混凝土养护坑（池）边沿站立和行走。应注意脚下孔洞与磕绊物等。

（5）覆盖物养护材料使用完毕后，必须及时清理并存放到指定地点，码放整齐。

接底人	李××、章××、刘××、程××…

4.1.6 木工操作安全技术交底

木工操作施工现场安全技术交底表

表 AQ-C1-9

工程名称：××大厦工程　　　施工单位：××建设集团有限公司　　　编号：×××

交底部门	安全部	交底人	王××
交底项目	木工操作安全技术交底	交底时间	×年×月×日

交底内容：

1．一般安全操作规程

（1）高处作业时，材料码放必须平稳整齐。

（2）使用的工具不得乱放。地面作业时应随时放入工具箱，高处作业应放入工具袋内。

（3）作业时使用的铁钉，不得含在嘴中。

（4）作业前应检查所使用的工具，如手柄有无松动、断裂等，手持电动工具的漏电保护器应试机检查，合格后方可使用。操作时戴绝缘手套。

（5）使用手锯时，锯条必须调紧适度，下班时要放松，以防再使用时锯条突然暴断伤人。

（6）成品、半成品、木材应堆放整齐，不得任意乱放。不得存放在在施工程内，木材码放高度不超过 1.2m 为宜。

（7）木工作业场所的刨花、木屑、碎木必须自产自清、日产日清、活完场清。

（8）用火必须事先申请用火证，并设专人监护。

2．模板安装与拆除安全操作规程

（1）模板安装应遵守下列规定：

1）作业前应认真检查模板、支撑等构件是否符合要求，钢模板有无严重锈蚀或变形，木模板及支撑材质是否合格。

2）地面上的支模场地必须平整夯实，并同时排除现场的不安全因素。

3）模板工程作业高度在 2m 和 2m 以上时，必须设置安全防护设施。

4）操作人员登高必须走人行梯道，严禁利用模板支撑攀登上下，不得在墙顶、独立梁及其他高处狭窄而无防护的模板面上行走。

5）模板的立柱顶撑必须设牢固的拉杆，不得与门窗等不牢靠和临时物件相连接。模板安装过程中，不得间歇，柱头、搭头、立柱顶撑、拉杆等必须安装牢固成整体后，作业人员才允许离开。

6）基础及地下工程模板安装，必须检查基坑土壁边坡的稳定状况，基坑上口边沿 1m 以内不得堆放模板及材料。向槽（坑）内运送模板构件时，严禁抛掷。使用溜槽或起重机械运送，下方操作人员必须远离危险区域。

交底部门	安全部	交底人	王××
交底项目	木工操作安全技术交底	交底时间	×年×月×日

交底内容：

7）组装立柱模板时，四周必须设牢固支撑，如柱模在6m以上，应将几个柱模连成整体。支设独立梁模应搭设临时操作平台，不得站在柱模上操作和在梁底模上行走和立侧模。

（2）模板拆除应遵守下列规定：

1）拆模必须满足拆模时所需混凝土强度，经工程技术领导同意，不得因拆模而影响工程质量。

2）拆模的顺序和方法。应按照先支后拆、后支先拆的顺序；先拆非承重模板，后拆承重的模板及支撑；在拆除用小钢模板支撑的顶板模板时，严禁将支柱全部拆除后，一次性拉拽拆除。已拆活动的模板，必须一次连续拆除完，方可停歇，严禁留下不安全隐患。

3）拆模作业时，必须设警戒区，严禁下方有人进入。拆模作业人员必须站在平稳牢固可靠的地方，保持自身平衡，不得猛撬，以防失稳坠落。

4）严禁用吊车直接吊除没有撬松动的模板，吊运大型整体模板时必须拴结牢固，且吊点平衡，吊装、运大钢模时必须用卡环连接，就位后必须拉接牢固方可卸除吊环。

5）拆除电梯井及大型孔洞模板时，下层必须支搭安全网等可靠防坠落措施。

6）拆除的模板支撑等材料，必须边拆、边清、边运、边码垛。楼层高处拆下的材料，严禁向下抛掷。

3．门窗安装安全操作规程

（1）安装二层楼以上外墙门窗扇时，外防护应齐全可靠，操作人员必须系好安全带，工具应随手放进工具袋内。

（2）立门窗时必须将木楔背紧，作业时不得1人独立操作，不得碰触临时电线。

（3）操作地点的杂物，工作完毕后，必须清理干净运至指定地点，集中堆放。

4．构件安装安全操作规程

（1）在坡度大于25°的屋面操作，应设防滑板梯，系好保险绳，穿软底防滑鞋，檐口处应按规定设安全防护栏杆，并立挂密目安全网。操作人员移动时，不得直立着在屋面上行走，严禁背向檐口边倒退。

（2）钉房檐板应站在脚手架上，严禁在屋面上探身操作。

（3）在没有望板的轻型屋面上安装石棉瓦等，应在屋架下弦支设水平安全网。

（4）拼装屋架应在地面进行，经工程技术人员检查，确认合格，才允许吊装就位。屋架就位后必须及时安装脊檩、拉杆或临时支撑，以防倾倒。

（5）吊运屋架及构件材料所用索具必须事先检查，确认符合要求，才准使用。绑扎屋架及构件材料必须牢固稳定。安装屋架时，下方不得有人穿行或停留。

（6）板条天棚或隔声板上不得通行和堆放材料，确因操作需要，必须在大楞上铺设通行脚手板。

接底人	李××、章××、刘××、程××…

4.1.7 油漆工操作安全技术交底

油漆工操作施工现场安全技术交底表

表 AQ-C1-9

工程名称：××大厦工程　　施工单位：××建设集团有限公司　　编号：×××

交底部门	安全部	交底人	王××
交底项目	油漆工操作安全技术交底	交底时间	×年×月×日

交底内容：

（1）各种油漆材料（汽油、漆料、稀料）应单独弃放在专用库房内，不得与其他材料混放。库房应通风良好。易挥发的汽油、稀料应装入密闭容器中，严禁在库内吸烟和使用任何明火。

（2）油漆涂料的配制应遵守以下规定：

1）调制油漆应在通风良好的房间内进行。调制有害油漆涂料时，应戴好防毒口罩、护目镜，穿好与之相适应的个人防护用品。工作完毕应冲洗干净。

2）工作完毕，各种油漆涂料的溶剂桶（箱）要加盖封严。

3）操作人员应进行体检，患有眼病、皮肤病、气管炎、结核病者不宜从事此项作业。

（3）使用人字梯应遵守以下规定：

1）高度 2m 以下作业（超过 2m 按规定搭设脚手架）使用的人字梯应四脚落地，摆放平稳，梯脚应设防滑橡皮垫和保险拉链。

2）人字梯上搭铺脚手板，脚手板两端搭接长度不得少于 20cm。脚手板中间不得同时两人操作，梯子挪动时，作业人员必须下来，严禁站在梯子上踩高跷式挪动。人字梯顶部铰轴不准站人、不准铺设脚手板。

3）人字梯应经常检查，发现开裂、腐朽、榫头松动、缺挡等不得使用。

（4）使用喷灯应遵守以下规定：

1）使用喷灯前应首先检查开关及零部件是否完好，喷嘴要畅通。

2）喷灯加油不得超过容量的 4/5。

3）每次打气不能过足。点火应选择在空旷处，喷嘴不得对人。气筒部分出现故障，应先熄灭喷灯，再行修理。

（5）外墙、外窗、外楼梯等高处作业时，应系好安全带。安全带应高挂低用，挂在牢靠处。油漆窗户时，严禁站在或骑在窗栏上操作，刷封沿板或水落管时，应利用脚手架或专用操作平台架上进行。

（6）刷坡度大于 25°的铁皮层面时，应设置活动跳板、防护栏杆和安全网。

交底部门	安全部	交底人	王××
交底项目	油漆工操作安全技术交底	交底时间	×年×月×日

交底内容：

（7）刷耐酸、耐腐蚀的过氧乙烯涂料时，应戴防毒口罩。打磨砂纸时必须戴口罩。

（8）在室内或容器内喷涂，必须保持良好的通风。喷涂时严禁对着喷嘴察看。

（9）空气压缩机压力表和安全阀必须灵敏有效。高压气管各种接头应牢固，修理料斗气管时应关闭气门，试喷时不准对人。

（10）喷涂人员作业时，如头痛、恶心、心闷和心悸等，应停止作业，到户外通风处换气。

接底人	李××、章××、刘××、程××…

4.1.8 架子工操作安全技术交底

1.架子工作业一般规定

架子工作业施工现场安全技术交底表

表 AQ-C1-9

工程名称：××大厦工程　　施工单位：××建设集团有限公司　　编号：×××

交底部门	安全部	交底人	王××
交底项目	架子工作业一般规定	交底时间	×年×月×日

交底内容：

（1）建筑登高作业（架子工），必须经专业安全技术培训，考试合格，持特种作业操作证上岗作业。架子工的徒工必须办理学习证，在技工带领、指导下操作，非架子工未经同意不得单独进行作业。

（2）架子工必须经过体检，凡患有高血压、心脏病、癫痫病、晕高或视力不够以及不适合于登高作业的，不得从事登高架设作业。

（3）正确使用个人安全防护用品，必须着装灵便（紧身紧袖），在高处（2m 以上）作业时，必须佩戴安全带与已搭好的立、横杆挂牢，穿防滑鞋。作业时精神要集中，团结协作、互相呼应、统一指挥、不得"走过档"和跳跃架子，严禁打闹玩笑、酒后上班。

（4）班组（队）接受任务后，必须组织全体人员，认真领会脚手架专项安全施工组织设计和安全技术措施交底，研讨搭设方法，明确分工，并派 1 名技术好、有经验的人员负责搭设技术指导和监护。

（5）风力六级以上（含六级）强风和高温、大雨、大雪、大雾等恶劣天气，应停止高处露天作业。风、雨、雪过后要进行检查，发现倾斜下沉、松扣、崩扣要及时修复，合格后方可使用。

（6）脚手架要结合工程进度搭设，搭设未完的脚手架，在离开作业岗位时，不得留有未固定构件和不安全隐患，确保架子稳定。

（7）在带电设备附近搭、拆脚手架时，宜停电作业。在外电架空线路附近作业时，脚手架外侧边缘与外电架空线路的边线之间的最小安全操作距离不得小于表 4-1 的数值。

表 4-1　　　　在建筑工程（含脚手架具）的外侧边缘与外电架空线路的边线之间的最小安全操作距离

外电线路电压	1kV 以下	1～10kV	35～110kV	154～220kV	330～500kV
最小安全操作距离（m）	4	6	8	10	12

注：上、下脚手架斜道严禁搭设在有外电线路的一侧。

交底部门	安全部	交底人	王××
交底项目	架子工作业一般规定	交底时间	×年×月×日

交底内容：

　　（8）各种非标准的脚手架，跨度过大、负载超重等特殊架子或其他新型脚手架，按专项安全施工组织设计批准的意见进行作业。

　　（9）脚手架搭设到高于在建建筑物顶部时，里排立杆要低于沿口 40～50mm，外排立杆高出沿口 1～1.5m，搭设两道护身栏，并挂密目安全网。

　　（10）脚手架搭设、拆除、维修和升降必须由架子工负责，非架子工不准从事脚手架操作。

接底人	李××、章××、刘××、程××…

2.扣件式钢管脚手架施工安全技术交底

扣件式钢管脚手架施工现场安全技术交底表

表 AQ-C1-9

工程名称：××大厦工程　　施工单位：××建设集团有限公司　　编号：×××

交底部门	安全部	交底人	王××
交底项目	扣件式钢管脚手架施工安全技术交底	交底时间	×年×月×日

交底内容：

（1）扣件式钢管脚手架：按其搭设位置分为外脚手架、里脚手架；按立杆排数分为单排、双排脚手架；按高度分为一般、高层脚手架，以及分为结构、装修脚手架，具体搭设的操作规定，其基本要求如下：

1）脚手架应由立杆（冲天）、纵向水平杆（大横杆、顺水杆）、横向水平杆（小横杆）、剪刀撑（十字盖）、抛撑（压栏子）、纵、横扫地杆和拉接点等组成，脚手架必须有足够的强度、刚度和稳定性，在允许施工荷载作用下，确保不变形、不倾斜、不摇晃。

2）脚手架搭设前应清除障碍物、平整场地、夯实基土、作好排水，根据脚手架专项安全施工组织设计（施工方案）和安全技术措施交底的要求，基础验收合格后，放线定位。

3）垫板宜采用长度不少于 2 跨，厚度不小于 5cm 的木板，也可采用槽钢，底座应准确放在定位位置上。

（2）结构承重的单、双排脚手架：

1）搭设高度不超过 20m 的脚手架，构造主要参数见表 4-2。

2）立杆应纵成线、横成方，垂直偏差不得大于架高 1/200。立杆接长应使用对接扣件连接，相邻的两根立杆接头应错开 500mm，不得在同一步架内。立杆下脚应设纵、横向扫地杆。

3）纵向水平杆在同一步架内纵向水平高差不得超过全长的 1/300，局部高差不得超过 50mm。纵向水平杆应使用对接扣件连接，相邻的两根纵向水平杆接头错开 500mm，不得在同一跨内。

4）横向水平杆应设在纵向水平杆与立杆的交点处，与纵向水平杆垂直。横向水平杆端头伸出外立杆应大于 100mm，伸出里立杆为 450mm。

表 4-2　　　　　　　　　　　　　扣件式钢管脚手架构造参数

结构形式	用途	宽度（m）	立杆间距（m）	步距（m）	横向水平杆间距
单排架	承重	1～1.2	1.5	1.2	1m，一端伸入墙体不少于 240mm
单排架	装修	1～1.2	1.5	1.2	1m，同上
双排架	承重	2～2.5	1.5	1.2	1m
双排架	装修	2～2.5	1.5	1.2	1m

交底部门	安全部	交底人	王××
交底项目	扣件式钢管脚手架施工安全技术交底	交底时间	×年×月×日

交底内容：

5）架高 20m 以上时，从两端每 7 根立杆（一组）从下到上设连续式的剪刀撑，架高 20m 以下可设间断式剪刀撑（斜支撑），即从架子两端转角处开始（每 7 根立杆为一组）从下到上连续设置。剪刀撑钢管接长应用两只旋转扣件搭接，接头长度不小于 500mm，剪刀撑与地面夹角为 45°～60°。剪刀撑每节两端应用旋转扣件与立杆或横向水平杆扣牢。

6）脚手架与在建建筑物拉结点必须用双股 8 号铅丝或 φ6.1 级钢筋与结构拉顶牢固，拉结点之间水平距离不大于 6m，垂直距离不大于 4m。高度超过 20m 的脚手架不得使用柔性材料进行拉结，在拉结点设可靠支顶。

7）高层施工脚手架（高 20m 以上）在搭设过程中，必须以 15～18m 为一段，根据实际情况，采取撑、挑、吊等分阶段将荷载卸到建筑物的技术措施。

8）铺、翻脚手板：脚手板铺设于架子的作业层上。脚手板有木、钢两种，不得使用竹编脚手板。脚手板必须满铺、铺严、铺稳，不得有探头板和飞跳板。铺脚手板可对头或搭接铺设，对头铺脚手板，搭接处必须是双横向水平杆，且两根间隙 200～250mm，有门窗口的地方应设吊杆和支柱，吊杆间距超过 1.5m 时，必须增加支柱。

搭接铺脚手板时，两块板端头的搭接长度应不小于 200mm，如有不平之处要用木块垫在纵、横水平杆相交处，不得用碎砖块塞垫。

翻脚手板应二人操作，配合要协调，要按每档由里逐块向外翻，到最外一块时，站到邻近的脚手板把外边一块翻上去。翻、铺脚手板时必须系好安全带。脚手板翻板后，下层必须留一层脚手板或兜一层水平安全网，作为防护层。不铺板时，横向水平杆间距不得大于 3m。

接底人	李××、章××、刘××、程××…

3.工具式脚手架施工安全技术交底

工具式脚手架施工现场安全技术交底表

表 AQ-C1-9

工程名称：××大厦工程　　施工单位：××建设集团有限公司　　编号：×××

交底部门	安全部	交底人	王××
交底项目	工具式脚手架施工安全技术交底	交底时间	×年×月×日

交底内容：

（1）插口式脚手架（简称插口架）：分为甲、乙、丙 3 种，甲型插口架适用于外墙板上有窗口部位的施工；乙型插口架适用无外墙板部位施工；丙型插口架（也叫挂脚手架）适用于无窗口部位施工。插口架的安全操作要点：

1）插口架允许负荷最大不得超过 1176N/m^2，脚手架上严禁堆放物料，人员不得集中停留。

2）插口架提升或降落，应使用塔式起重机等起重机械，必须用卡环吊运，严禁任何人站在架子上随架子升降。

3）插口架不得超过建筑物两个开间，最长不得超过 8m，宽度不得超过 1m。钢管组装的插口架，其立杆间距不得大于 2m，大、小面均须设斜支撑；焊接的插口架，定型边框为立杆的，其立杆间距不得大于 2.5m，大面要设剪刀撑。

4）插口架上下两步脚手板，必须铺满、铺平、固定牢固。下步不铺板时要满挂水平安全网。上下两步都要设两道护身栏，立挂密目安全网，横向水平杆间距以 0.5～1m 为宜。

5）插口架外侧要接高挂网，其高度应高出施工作业层 1m，要设剪刀撑，并用密目安全网从上至下封严，安全网下脚要封死扎牢。相邻插口架应在同一平面，接口处应封闭严密。

6）甲型插口架别杠应大于 10cm×10cm 优质木方。别杠要别于窗口的上下口，每边长度要长出窗口 200mm。上下别杠的立杆与横杆连接处应用双扣件；丙型插口架（挂架子）穿墙螺栓端部的螺纹应采用梯形螺纹扣，用双螺母锁牢。

7）插口架安装操作顺序：甲型插口架应"先别后摘"，"先挂后拆"（即在安装时，应先别好别杠，后摘去卡环；在拆除时，应先挂好卡环，后拆掉别杠）。丙型插口架应在安装时先锁紧螺母，后摘去卡环；在拆除时，应先挂好卡环，后拆掉螺母。

8）结构外墙是现浇钢筋混凝土的，其强度应达到 70% 以上，才能安装插口架。

9）插口架安装后必须经过检查验收，合格签字，才能使用。

（2）吊篮式脚手架：分为手动和电动两种。吊篮脚手架是在建筑物屋面通过特设的支撑点，利用挑梁或挑架的吊索具悬吊吊篮，进行外装饰工程操作的一种脚手架，其主要组成分为吊篮、支撑挑梁（挑架）、吊索具（包括钢丝绳或链杆或链条）及升降装置、保险绳和安全锁组成。搭设使用吊篮式脚手架的安全操作规定：

交底部门	安全部	交底人	王××
交底项目	工具式脚手架施工安全技术交底	交底时间	×年×月×日

交底内容：

1）吊篮搭设构造必须遵照专项安全施工组织设计（施工方案）规定，组装或拆除时，应3人配合操作，严格按搭设程序作业，任何人不允许改变方案。

2）吊篮的负载不得超过 $1176N/m^2$（$120kg/m^2$），吊篮上的作业人员和材料要对称分布，不得集中在一头，保持吊篮负载平衡。

3）升降吊篮的手扳葫芦应用 3t 以上的专用配套的钢丝绳。使用倒链应用 2t 以上的，承重的钢丝绳直径不小于 12.5mm，吊篮两端应设保险绳，其直径与承重钢丝绳同。绳卡不得少于 3 个，严禁使用有接头钢丝绳。

4）承重钢丝绳与挑梁连接必须牢靠，并应有预防钢丝绳受剪的保护措施。

5）吊篮的位置和挑梁的设置应根据建筑物实际情况而定。挑梁挑出的长度与吊篮的吊点必须保持垂直，安装挑梁时，应使挑梁探出建筑物一端稍高于另一端。挑梁在建筑物内外的两端应用杉槁或钢管连接牢固，成为整体。阳台部位的挑梁在挑出部分的顶端要加斜撑抱桩，斜撑下要加垫板，并且将受力的阳台板和以下的两层阳台板设立柱加固。

6）吊篮可根据工程的需要组装单层或双层吊篮，双层吊篮要设爬梯，留出活动盖板，以便人员上下。

7）吊篮长度一般不得超过 8m，宽度以 0.8m 至 1m 为宜。单层吊篮高度以 2m，双层吊篮高度以 3.8m 为宜。用钢管为立杆的吊篮，立杆间距不得超过 2.5m，单层吊篮至少设三道横杆，双层吊篮至少设五道横杆。

8）以钢管组装的吊篮大、小面均需设戗，以焊接预制框架组装的吊篮，长度超过 3m 的大面要设戗。

9）吊篮的脚手板必须铺平、铺严，并与横向水平杆固定牢，横向水平杆的间距可根据脚手板厚度而定，一般以 0.5～1m 为宜。吊篮作业层外排和两端小面均应设两道护身栏，并挂密目安全网封严，索死下角，里侧应设护身栏。

10）以手扳葫芦为吊具的吊篮，钢丝绳穿好后，必须将保险板把卸掉，系牢保险绳或安全锁，并将吊篮与建筑物拉牢。

11）吊篮里侧距建筑物 100mm 为宜，两吊篮之间间距不得大于 200mm。不得将两个或几个吊篮连在一起同时升降，两个吊篮接头处应与窗口、阳台作业面错开。

12）升降吊篮时，必须同时摇动所有手扳葫芦或拉动倒链，各吊点必须同时升降，保持吊篮平衡。吊篮升降时不要碰撞建筑物，特别是阳台、窗户等部位，应有专人负责推动吊篮，防止吊篮挂碰建筑物。

13）吊篮使用期间，应经常检查吊篮防护、保险、挑梁、手扳葫芦、倒链和吊索等，发现隐患，立即解决。

交底部门	安全部	交底人	王××
交底项目	工具式脚手架施工安全技术交底	交底时间	×年×月×日

交底内容：

14）吊篮组装、升降、拆除、维修必须由专业架子工进行。

（3）门式脚手架：

1）脚手架搭设前必须对门架、配件、加固件应按规范进行检查验收，不合格的严禁使用。

2）脚手架搭设场地应进行清理、平整夯实，并做好排水。

3）地基基础施工应按门架专项安全施工组织设计（施工方案）和安全技术措施交底进行。基础上应先弹出门架立杆位置线，垫板、底座安放位置应准确。

4）不配套的门架与配件不得混合使用于同一脚手架。门架安装应自一端向另一端延伸，不得相对进行。搭完一步后，应检查、调整其水平度与垂直度。

5）交叉支撑、水平架和脚手板应紧随门架的安装及时设置。连接门架与配件的锁臂、搭钩必须锁住、锁牢。水平架和脚手板应在同一步内连续设置，脚手板必须铺满、铺严，不准有空隙。

6）底层钢梯的底部应加设钢管并用扣件扣紧在门架的立杆上，钢梯的两侧均应设置扶手，每段梯可跨越两步或三步门架再行转折。

7）护身栏杆、立挂密目安全网应设置在脚手架作业层外侧，门架立杆的内侧。

8）加固杆、剪刀撑必须与脚手架同步搭设。水平加固杆应设于门架立杆内侧，剪刀撑应设于门架立杆外侧，并扣接牢固。

9）连墙件的搭设必须随脚手架搭设同步进行，严禁滞后设置或搭设完毕后补做。当脚手架作业层高出相邻连墙件已两步的，应采取确保稳定的临时拉接措施，直到连墙搭设完毕后，方可拆除。

10）加固件、连墙件等与门架采用扣件连接，扣件规格必须与所连钢管外径相匹配，扣件螺栓拧紧，扭力矩宜为 50～60N·m，并不得小于 40N·m。

11）脚手架搭设完毕或分段搭设完毕必须进行验收检查，合格签字后，交付使用。

12）脚手架拆除必须按拆除方案和拆除安全技术措施交底规定进行。拆除前应清除架子上材料、工具和杂物，拆除时应设置警戒区和挂警戒标志，并派专人负责监护。

13）拆除的顺序，应从一端向另一端，自上而下逐层地进行，同一层的构配件和加固件应按先上后下，先外后里的顺序进行，最后拆除连墙件。连墙件、通长水平杆和剪刀撑等必须在脚手架拆除到相关门架时，方可拆除。

14）拆除的工人必须站在临时设置的脚手板上进行拆卸作业。拆除工作中，严禁使用榔头等硬物击打、撬挖。拆卸连接部件时，应先将锁座上的锁板与卡钩上的锁片旋转至开启位置，然后拆除，不得硬拉、敲击。

15）拆下的门架、钢管与配件，应成捆用机械吊运或由井架传送至地面，防止碰撞，严禁抛掷。

交底部门	安全部	交底人	王××
交底项目	工具式脚手架施工安全技术交底	交底时间	×年×月×日

交底内容：

（4）附着升降脚手架：

1）安装、使用和拆卸附着升降脚手架的工人必须经过专业培训，考试合格，未经培训任何人（含架子工）严禁从事此操作。

2）附着升降脚手架安装前必须认真组织学习"专项安全施工组织设计"（施工方案）和安全技术措施交底，研究安装方法，明确岗位责任。控制中心必须设专人负责操作，严禁未经同意人员操作。

3）组装附着升降脚手架的水平梁及竖向主框架，在两相邻附着支撑结构处的高差应不大于 20mm；竖向主框架和防倾导向装置的垂直偏差应不大于 5‰ 和 60mm；预留穿墙螺栓孔和预埋件应垂直于工程结构外表面，其中心误差小于 15mm。

4）附着升降脚手架组装完毕，必须经技术负责人组织进行检查验收，合格后签字，方准投入使用。

5）升降操作必须严格遵守升降作业程序；严格控制并确保架子的荷载；所有妨碍架体升降的障碍物必须拆除；严禁任何人（含操作人员）停留在架体上，特殊情况必须经领导批准，采取安全措施后，方可实施。

6）升降脚手架过程中，架体下方严禁有人进入，设置安全警戒区，并派人负责监护。

7）严格按设计规定控制各提升点的同步性，相邻提升点间的高差不得大于 30mm，整体架最大升降差不得大于 80mm；升降过程中必须实行统一指挥，规范指令。升降指令只允许由总指挥一人下达。但当有异常情况出现时，任何人均可立即发出停止指令。

8）架体升降到位后，必须及时按使用状况进行附着固定。在架体没有完成固定前，作业人员不得擅离岗位或下班。在未办理交付使用手续前，必须逐项进行点检，合格后，方准交付使用。

9）严禁利用架体吊运物料和拉接吊装缆绳（索）；不准在架体上推车，不准任意拆卸结构件或松动连接件、移动架体上的安全防护设施。

10）架体螺栓连接件、升降动力设备、防倾装置、防坠装置、电控设备等应定期（至少半月）检查维修保养 1 次和不定期的抽检，发现异常，立即解决，严禁带病使用。

11）六级以上强风停止升降或作业，复工时必须逐项检查后，方准复工。

12）附着升降脚手架的拆卸工作，必须按专项安全施工组织设计（施工方案）和安全技术措施交底规定要求执行，拆卸时必须按顺序先搭后拆、先上后下，先拆附件、后拆架体，必须有预防人员、物体坠落等措施，严禁向下抛扔物料。

接底人	李××、章××、刘××、程×× …

4.里脚手架施工安全技术交底

里脚手架施工现场安全技术交底表

表 AQ-C1-9

工程名称：××大厦工程　　施工单位：××建设集团有限公司　　　　编号：×××

交底部门	安全部	交底人	王××
交底项目	里脚手架施工安全技术交底	交底时间	×年×月×日

交底内容：

（1）满堂红脚手架（不含支模满堂红脚手架）：

1）承重的满堂红脚手架，立杆的纵、横向间距不得大于 1.5m。纵向水平杆（顺水杆）每步间距离不得大于 1.4m。檩杆间距不得超过 750mm。脚手板应铺严、铺齐。立杆底部必须夯实，垫通板。

2）装修用的满堂红脚手架，立杆纵、横向间距不得超过 2m。靠墙的立杆应距墙面 500～600mm，纵向水平杆每步间隔不得大于 1.7m，横杆间距不得大于 1m。搭设高度在 6m 以内的，可花铺脚手板，两块板之间间距应小于 200mm，板头必须用 12 号铁丝绑牢。搭设高度超过 6m 时，必须满铺脚手板。

3）满堂红脚手架四角必须设抱角戗，戗杆与地面夹角应为 45°～60°。中间每 4 排立杆应搭设 1 个剪刀撑，一直到顶。每隔两步，横向相隔 4 根立杆必须设一道拉杆。

4）封顶架子立杆，封顶处应设双扣件，不得露出杆头。运料应预留井口，井口四周应设两道护身栏杆，并加固定盖板，下方搭设防护棚，上人孔洞口处应设爬梯。爬梯步距不得大于 300mm。

（2）砌砖用金属平台架：

1）金属平台架用直径 50mm 钢管作支柱，用直径 20mm 以上钢筋焊成桁架。使用前必须逐个检查焊缝的牢固和完整状况，合格后方可拼装。

2）安放金属平台架地面与架脚接触部分必须垫 50mm 厚的脚手板。楼层上安放金属平台架，下层楼板底必须在跨中加顶支柱。

3）平台架上脚手板应铺严，离墙空隙部分用脚手板铺齐。

4）每个平台架使用荷载不得超过 2000kg（600 块砖、两桶砂浆）。

5）几个平台架合并使用时，必须连接绑扎牢固。

（3）升降式金属套管架：

1）金属套管架使用前，必须检查架子焊缝的牢固和插铁零件的齐全。套管焊缝开裂或锈蚀损坏不得使用。

2）套管架应放平、垫稳。在土地上安放套管架，应垫 50mm 厚的木板。

3）套管架间距，应根据各工种操作荷载的要求合理放置，一般以 1.5m 为宜，最大间距不得大于 2m。

4）需要升高一级时，必须将插铁销牢。插铁销钉直径不得小于 10mm。如需升高到 2m 时，必须在两架之间绑一道斜撑拉牢，并加抛撑压稳。

接底人	李××、章××、刘××、程××…

5.悬挑脚手架施工安全技术交底

悬挑脚手架施工现场安全技术交底表

表 AQ-C1-9

工程名称：××大厦工程　　施工单位：××建设集团有限公司　　编号：×××

交底部门	安全部	交底人	王××
交底项目	悬挑脚手架施工安全技术交底	交底时间	×年×月×日

交底内容：

（1）挑脚手架的挑出部分最宽不得超过 1.5m，斜立杆间距不得超过 1.5m，挑出部分超过 1.5m 时，应严格按专项安全施工组织设计规定进行支搭。

（2）挑脚手架的斜支杆可支在下层窗台上并垫木板，斜杆上部与上层窗口的内侧应有横、竖别杠。别杠两端必须长于所别窗口 250mm 以上，每窗口至少两根。

（3）纵向水平杆至少搭设三道，横向水平杆间距不得大于 1m。脚手板铺严、铺平。

（4）挑脚手架纵向必须设剪刀撑或正反斜支撑。施工层搭设两道护身栏，立挂密目安全网，下角锁牢，护身栏必须高出檐口 1.5m。

（5）挑脚手架只能用于装修，严格控制施工荷载不得超过 $1kN/m^2$。操作面下方按规定搭设水平安全网。

接底人	李××、章××、刘××、程××…

6.电梯安装井架施工安全技术交底

电梯安装井架施工现场安全技术交底表

表 AQ-C1-9

工程名称：××大厦工程　　　施工单位：××建设集团有限公司　　　编号：×××

交底部门	安全部	交底人	王××
交底项目	电梯安装井架施工安全技术交底	交底时间	×年×月×日

交底内容：

（1）电梯井架只准使用钢管搭设，搭设标准必须按安装单位提出的使用要求，遵照扣件式钢管脚手架有关规定搭设。

（2）电梯井架搭设完后，必须经搭设、使用单位的施工技术、安全负责人共同验收，合格后签字，方准交付使用。

（3）架子交付使用后任何人不得擅自拆改，因安装需要局部拆改时，必须经主管工长同意，由架子工负责拆改。

（4）电梯井架每步至少铺 2/3 的脚手板，所留的上人孔道要相互错开，留孔一侧要搭设一道护身栏杆。脚手板铺好后，必须固定，不准任意移动。

（5）采用电梯自升安装方法施工时，所需搭设的上下临时操作平台，必须符合脚手架有关规定。在上层操作平台的下面要满铺脚手板或满挂安全网。下层操作平台做到不倾斜、不摇晃。

接底人	李××、章××、刘××、程××…

7.浇筑混凝土脚手架施工安全技术交底

浇筑混凝土脚手架施工现场安全技术交底表

表 AQ-C1-9

工程名称：××大厦工程　　施工单位：××建设集团有限公司　　编号：×××

交底部门	安全部	交底人	王××
交底项目	浇筑混凝土脚手架施工安全技术交底	交底时间	×年×月×日

交底内容：

（1）立杆间距不得超过 1.5m，土质松软的地面应夯实或垫板，并加设扫地杆。

（2）纵向水平杆不得少于两道，高度超过 4m 的架子，纵向水平杆不得大于 1.7m。架子宽度超过 2m 时，应在跨中加吊 1 根纵向水平杆，每隔两根立杆在下面加设 1 根托杆，使其与两旁纵向水平杆互相连接，托杆中部搭设八字斜撑。

（3）横向水平杆间距不得大于 1m。脚手板铺对头板，板端底下设双横向水平杆，板铺严、铺牢。脚手板搭接铺设时，端头必须压过横向水平杆 150mm。

（4）架子大面必须设剪刀撑或八字戗，小面每隔两根立杆和纵向水平杆搭接部位必须打剪刀戗。

（5）架子高度超过 2m 时，临边必须搭设两道护身栏杆。

接底人	李××、章××、刘××、程×× …

8.外电架空线路安全防护脚手架施工安全技术交底

外电架空线路安全防护脚手架施工现场安全技术交底表

表 AQ-C1-9

工程名称：××大厦工程　　施工单位：××建设集团有限公司　　编号：×××

交底部门	安全部	交底人	王××
交底项目	外电架空线路安全防护脚手架施工安全技术交底	交底时间	×年×月×日

交底内容：

（1）外电架空线路安全防护脚手架应使用剥皮杉木、落叶松等作为杆件，腐朽、折裂、枯节等易折木杆和易导电材料不得使用。

（2）外电架空线路安全防护脚手架应高于架空线 1.5m。

（3）立杆应先挖杆坑，深度不小于 500mm，遇有土质松软，应设扫地杆。立杆时必须 2～3 人配合操作。

（4）纵向水平杆应搭设在立杆里侧，搭设第一步纵向水平杆时，必须检查立杆是否立正，搭设至四步时，必须搭设临时抛撑和临时剪刀撑。搭设纵向水平杆时，必须 2～3 人配合操作，由中间 1 人接杆、放平，由大头至小头顺序绑扎。

（5）剪刀撑杆子不得整绑，应贴在立杆上，剪刀撑下桩杆应选用粗壮较大杉槁，由下方人员找好角度再由上方人员依次绑扎。剪刀撑上桩（封顶）橡子应大头朝上，顶着立杆绑在纵向水平杆上。

（6）两杆连接，其有效搭接长度不得小于 1.5m，两杆搭接处绑扎不少于三道。杉槁大头必须绑在十字交叉点上。相邻两杆的搭接点必须相互错开，水平及斜向接杆，小头应压在大头上边。

（7）递杆（拔杆）上下、左右操作人员应协调配合，拔杆人员应注意不碰撞上方人员和已绑好的杆子，下方递杆人员应在上方人员中接住杆子呼应后，方可松手。

（8）遇到两根交叉必须绑扣；绑扎材料，可用扎绑绳。如使用铅丝严禁碰触外电架空线。铅丝扣不得过松、过紧，应使 4 根铅丝敷实均匀受力，拧扣以一扣半为宜，并将铅丝末端弯贴在杉槁外皮，不得外翘。

接底人	李××、章××、刘××、程××…

9.坡道（斜道）施工安全技术交底

坡道（斜道）施工施工现场安全技术交底表

表 AQ-C1-9

工程名称：××大厦工程　　施工单位：××建设集团有限公司　　　编号：×××

交底部门	安全部	交底人	王××
交底项目	坡道（斜道）施工安全技术交底	交底时间	×年×月×日

交底内容：

（1）脚手架运料坡道宽度不得小于1.5m，坡度以1：6（高：长）为宜。人行坡道，宽度不得小于1m，坡度不得大于1：3.5。

（2）立杆、纵向水平杆间距应与结构脚手架相适应，单独坡道的立杆、纵向水平杆间距不得超过1.5m。横向水平杆间距不得大于1m，坡道宽度大于2m时，横向水平杆中间应加吊杆，并每隔1根立杆在吊杆下加绑托杆和八字戗。

（3）脚手板应铺严、铺牢。对头搭接时板端部分应用双横向水平杆。搭接板的板端应搭过横向水平杆200mm，并用三角木填顺板头凸棱。斜坡坡道的脚手板应钉防滑条，防滑条厚度30mm，间距不得大于300mm。

（4）之字坡道的转弯处应搭设平台，平台面积应根据施工需要，但宽度不得小于1.5m。平台应绑剪刀撑或八字战。

（5）坡道及平台必须绑两道护身栏杆和180mm高度的挡脚板。

接底人	李××、章××、刘××、程××…

10.安全网搭设安全技术交底

安全网搭设施工现场安全技术交底表

表 AQ-C1-9

工程名称：××大厦工程　　施工单位：××建设集团有限公司　　编号：×××

交底部门	安全部	交底人	王××
交底项目	安全网搭设安全技术交底	交底时间	×年×月×日

交底内容：

（1）各类建筑施工中必须按规定搭设安全网。安全网分为平支网和立挂网两种。安全网搭设要搭接严密、牢固、外观整齐，网内不得存留杂物。

（2）安全网绳不得损坏和腐朽，搭设好的水平安全网在承受 100kg 重、表面积 2800kg/cm^2 的砂袋假人，从 10m 高处的冲击后，网绳、系绳、边绳不断。搭设安全网支撑杆间距不得大于 4m。

（3）无外脚手架或采用单排外脚手架和工具式脚手架时，凡高度在 4m 以上的建筑物，首层四周必须支固定 3m 宽的水平安全网（20m 以上的建筑物搭设 6m 宽双层安全网），网底距下方物体表面不得小于 3m （20m 以上的建筑物不得小于 5m）。安全网下方不得堆物品。

（4）在施工程 20m 以上的建筑每隔 4 层（10m）要固定一道 3m 宽的水平安全网。安全网的外边沿要明显高于内边沿 50～60cm。

（5）扣件式钢管外脚手架，必须立挂密目安全网沿外架子内侧进行封闭，安全网之间必须连接牢固，并与架体固定。

（6）工具式脚手架必须立挂密目安全网沿外排架子内侧进行封闭，并按标准搭设水平安全网防护。

（7）20m 以上建筑施工的安全网一律用组合钢管角架挑支，用钢丝绳绷拉，其外沿要高于内口，并尽量绷直，内口要与建筑锁牢。

（8）在施工程的电梯井、采光井、螺旋式楼梯口，除必须设金属可开启式安全防护门外，还应在井口内首层并每隔 4 层固定一道水平安全网。

（9）无法搭设水平安全网的，必须逐层立挂密目安全网全封闭。搭设的水平安全网，直至没有高处作业时方可拆除。

接底人	李××、章××、刘××、程××…

11.龙门架及井架施工安全技术交底

龙门架及井架施工施工现场安全技术交底表

表 AQ-C1-9

工程名称：××大厦工程　　　施工单位：××建设集团有限公司　　　编号：×××

交底部门	安全部	交底人	王××
交底项目	龙门架及井架施工安全技术交底	交底时间	×年×月×日

交底内容：

（1）龙门架及井架的搭设和使用必须符合行业标准《龙门架及井架物料提升机安全技术规范》规定要求。

（2）扣件式钢管井架搭设的材料规格符合规范要求。

（3）立杆和纵向水平杆的间距均不得大于1m，立杆底端应安放铁板墩，夯实后垫板。

（4）井架四周外侧均应搭设剪刀撑一直到顶，剪刀撑斜杆与地面夹角为60°。

（5）平台的横向水平杆的间距不得大于1m，脚手板必须铺平、铺严，对头搭接时应用双横向水平杆，搭接时板端应超过横向水平杆15cm，每层平台均应设护身栏和挡脚板。

（6）两杆应用对接扣件连接，交叉点必须用扣件，不得绑扎。

（7）天轮架必须搭设双根天轮木，并加顶桩钢管或八字杆，用扣件卡牢。

（8）组装三角柱式龙门架，每节立柱两端焊法兰盘。拼装三角柱架时，必须检查各部件焊口牢固，各节点螺栓必须拧紧。

（9）两根三角立柱应连接在地梁上，地梁底部要有锚铁并埋入地下防止滑动，埋地梁时地基要平并应夯实。

（10）各楼层进口处，应搭设卸料过桥平台，过桥平台两侧应搭设两道护身栏杆，并立挂密目安全网，过桥平台下口落空处应搭设八字戗。

（11）井架和三角柱式龙门架，严禁与电气设备接触，并应有可靠的绝缘防护措施。高度在15m以上时应有防雷设施。

（12）井架、龙门架必须设置超高限位、断绳保险，机械、手动或连锁定位托杠等安全防护装置。

（13）架高在10～15m应设1组缆风绳，每增高10m加设1组，每组4根，缆风绳应用直径不小于12.5mm钢丝绳，按规定埋设地锚，缆风绳严禁捆绑在树木、电线杆、构件等物体上。并禁止使用别杠调节钢丝绳长度。

（14）龙门架、井架首层进料口一侧应搭设长度不小于2m的安全防护棚，另三侧必须采取封闭措施。每层卸料平台和吊笼（盘）出入口必须安装安全门，吊笼（盘）运行中不准乘人。

（15）龙门架、井架的导向滑轮必须单独设置牢固地锚，导向滑轮至卷阳机卷筒的钢丝绳，凡经通道处均应予以遮护。

（16）天轮与最高一层上料平台的垂直距离应不小于6m，使吊笼（盘）上升最高位置与天轮间的垂直距离不小于2m

接底人	李××、章××、刘××、程××…

4.1.9 测量放线工操作安全技术交底

测量放线工操作施工现场安全技术交底表

表 AQ-C1-9

工程名称：××大厦工程　　施工单位：××建设集团有限公司　　编号：×××

交底部门	安全部	交底人	王××
交底项目	测量放线工操作安全技术交底	交底时间	×年×月×日

交底内容：

（1）进入施工现场必须按规定佩戴安全防护用品。

（2）作业时必须避让机械。机械运转时，不得在机械运转范围内作业。如需在施工机械附近作业，则机械应暂停运行。

（3）施工测量作业应选择安全路线和地点，尽量避开坑、槽、井等区域。如需进入井、深基坑（槽）及构筑物内作业时，应在地面进出口处设专人监护。

（4）在槽、基坑底作业前必须检查槽帮的稳定性，确认安全后再下槽、基坑作业。施工人员上下沟槽、基坑时，应走安全梯或马道。

（5）高处作业必须走安全梯或马道；临边作业时必须采取防坠落的措施。

（6）在社会道路上作业时必须遵守交通规则，并据现场情况采取防护、警示措施，避让车辆，必要时设专人监护。

（7）进入混凝土蒸汽养护区域测温作业时，应走马道或安全梯，并备有足够的照明。

（8）在沥青混合料施工中，需在沥青混合料运输车上测温时，事先必须与汽车司机协商，征得同意后方可上车测温。

（9）测量作业钉桩前，应确认地下管线在钉桩过程中处于安全状态。

（10）测量打桩时，应检查锤头的牢固性，并疏导周围人员。扶桩人员应位于锤击方向的侧面。不得正对其他工作人员拉锤。

（11）需要在河流、湖泊等水域中进行测量作业时，必须事先征得主管单位的同意，并据现场情况采取防溺水措施。在山区作业时，应遵守护林防火的规定，严禁烟火。

（12）.冬期施工不应在冰上进行作业。严冬期间需在冰上作业时，必须在作业前进行现场探测，充分掌握冰层厚度，确认安全后，方可在冰上作业。

接底人	李××、章××、刘××、程××…

4.1.10 预应力张拉工操作安全技术交底

预应力张拉工操作施工现场安全技术交底表

表 AQ-C1-9

工程名称：××大厦工程　　施工单位：××建设集团有限公司　　编号：×××

交底部门	安全部	交底人	王××
交底项目	预应力张拉工操作安全技术交底	交底时间	×年×月×日

交底内容：

　1．一般安全操作规程

　（1）必须经过专门培训，掌握预应力张拉的安全技术知识并经考试合格后方可上岗。

　（2）必须按照检测机构检验、编号的配套组使用张拉机具。

　（3）张拉作业区域应设明显警示牌，非作业人员不得进入作业区。

　（4）张拉时必须服从统一指挥，严格按照安全技术交底要求读表。油压不得超过安全技术交底规定值。发现油压异常等情况时，必须立即停机。

　（5）高压油泵操作人员应戴护目镜。

　（6）作业前应检查高压油泵与千斤顶之间的连接件，连接件必须完好、紧固，确认安全后方可作业。

　（7）钢筋张拉时，严禁敲击钢筋、调整施力装置。

　2．先张法作业安全操作规程

　（1）张拉台座两端必须设置防护墙，沿台座外侧纵向每隔 2～3m 设一个防护架。张拉时，台座两端严禁有人，任何人不得进入张拉区域。

　（2）油泵必须放在台座的侧面，操作人员必须站在油泵的侧面。

　（3）打紧夹具时，作业人员应站在横梁的上面或侧面，击打夹具中心。

　3．后张法作业安全操作规程

　（1）作业前必须在张拉端设置 5cm 厚的防护木板。

　（2）操作千斤顶和测量伸长值的人员应站在千斤顶侧面操作。千斤顶顶力作用线方向不得有人。

　（3）张拉时千斤顶行程不得超过安全技术交底的规定值。

　（4）两端或分段张拉时，作业人员应明确联系信号，协调配合。

　（5）高处张拉时，作业人员应在牢固、有防护栏的平台上作业，上下平台必须走安全梯或坡道。

　（6）张拉完成后应及时灌浆、封锚。

　（7）孔道灌浆作业，喷嘴插入孔道口，喷嘴后面的胶皮垫圈必须紧压在孔口上，胶皮管与灰浆泵必须连接牢固。

　（8）堵灌浆孔时应站在孔的上面。

接底人	李××、章××、刘××、程××…

4.2 装修装饰工人（工种）安全技术交底

4.2.1 瓷砖镶贴工操作安全技术交底

瓷砖镶贴工操作施工现场安全技术交底表

表 AQ-C1-9

工程名称：××大厦工程　　施工单位：××建设集团有限公司　　　编号：×××

交底部门	安全部	交底人	王××
交底项目	瓷砖镶贴工操作安全技术交底	交底时间	×年×月×日

交底内容：

1．首先砖墙面的抹灰层剔平，将表面尘土、污垢清扫干净，浇水湿润。

2．大墙面和四角、门窗口边弹线找规矩，必须由顶层到底一次进行，弹出垂直线，并决定面砖与墙尺寸，分层设点，做灰饼，横线则以楼层为水平基线交圈控制，竖向线则以四周大角和通天垛、柱子为基准线，控制每层打底时则以此灰饼为基准点进行冲筋，使基底层做到横平竖直，同时要注意找好突出檐口、腰线、窗台、雨篷等饰面的流水坡度。

3．抹底层砂浆：先把墙面浇水湿润，用 1∶3 水泥砂浆搓底找平。

4．饰面砖镶贴前，首先要手排砖，在同一墙面上应从墙的一端向另一端或从墙的中部向两侧排砖，应横竖排列，均不得有一行以上的不整砖。

5．外墙砖应根据设计图纸要求进行排砖，同一墙面的砖要色泽一致，灰缝要横平竖直。嵌缝密实、平直、宽度和深度应一致，粘贴牢固、无空鼓。

6．排砖、弹线：在找平层上，用粉线弹出饰面砖分格线，一般竖向线间距为 1m 左右，横线一般根据砖规格尺寸每 5-10 块弹一水平线。

7．选砖、浸砖：在面砖没镶贴前应预先设专人选砖，严格筛选，分不同尺寸分别堆放，使用前应提前浸泡。

8．镶贴标准点：表面规方平整、洁净，色泽一致，无裂痕和缺损。

9．镶贴方法：由下往上，从阳角开始向逐一镶贴，镶贴砂浆采用 1∶2 水泥砂浆。

10．嵌缝应用同色水泥擦缝，并将缝中的气孔和砂眼封闭密实，饰面砖表面污染严重的，可用稀盐酸清洗后用清水冲洗干净。

11．允许偏差表 4-3：

交底部门	安全部		交底人	王××
交底项目	瓷砖镶贴工操作安全技术交底		交底时间	×年×月×日

交底内容：

表 4-3　　　　　　　　　　　　　　　允许偏差

主要项目	允许偏差值	
	外墙（mm）	内墙（mm）
立面垂直	3	2
表面平整度	3	3
阴阳角方正	3	3
接缝直线高度	3	2
接缝高底差	1	0.5
接缝高度	0.5	0.5

接底人	李××、章××、刘××、程××…

4.2.2 装修装饰木工操作安全技术交底

装修装饰木工操作施工现场安全技术交底表

表 AQ-C1-9

工程名称：××大厦工程　　施工单位：××建设集团有限公司　　编号：×××

交底部门	安全部	交底人	王××
交底项目	装修装饰木工操作安全技术交底	交底时间	×年×月×日

交底内容：

（1）进入施工现场必须遵守安全生产六大纪律，以及公司制度的各项规章制度。

（2）木材、半成品等材料应按规格、品种分别堆放整齐，木工制作场地要平整。严禁吸烟，现场必须配备足够的消防灭火器材，张贴"严禁烟火"标志。

（3）现场电焊、气焊（割）人员要持证上岗，电焊、气焊（割）明火作业必须办理审批手续（动火证、监护证等）。焊割点周围和下方应采取防火措施，并指定专人监护，工作结束后应切断焊机电源，并检查作业点，确认无起火危险后，方可离开。

（4）模板支撑不得使用腐朽、扭裂、劈裂的材料。顶撑要垂直，底端平整坚实，并加垫木。木楔要钉牢，并用横顺拉杆和剪刀撑拉牢。

（5）支撑模板应按工序进行，模板没有固定前，不得进行下道工序，严禁在模板支撑体系上，上下攀登。

（6）安装二层楼以上外墙窗扇，如外面无脚手架或安全网，应挂好安全带，安装窗扇中的固定扇，必须钉牢固。

（7）不准直接在板条天棚或隔音板上通行和堆放材料，必须通行时，应在大楞，上铺设脚手板，严禁使用木板（5.1×10.2cm、5.1×20.4cm）、其它木料或钢模等作为立人板。使用人字梯要有防滑措施，不准有断、缺挡，拉绳必须结实，不得站在最上一层操作，严禁站在高梯上移动高梯位置。

（8）现场机械设备、木工用具（手枪钻、平刨机、圆盘锯等）必须要有可靠的接地和安全防护装置，必须达到二级漏电保护。用电设备严禁使用胶质线和花线。要使用多股铜芯橡皮护套电缆，室内照明灯具不得低于 2.4m。严禁使用多功能木工电动工具。

（9）刨、锯材料应保持身体稳定，必须思想集中，谨慎作业。双手操作，刨削量每一次不得超过 1.5mm。进料速度均匀，经过刨口时用力要轻，禁止用手推进。遇带疤戗槎要减慢推料速度，严禁将手按在节疤上推料。刨旧料必须将铁钉，泥砂等清除干净。

（10）压刨机只准采用单向开关，不准采用倒顺双向开关。三、四面刨，要按顺序开动。

交底部门	安全部	交底人	王××
交底项目	装修装饰木工操作安全技术交底	交底时间	×年×月×日

交底内容：

（11）用园锯操作要戴防护眼镜，站在锯片一侧，禁止站在与锯片同一直线上，手臂不得跨越锯片。进料必须紧贴靠山，不得用力过猛，遇硬节慢推，接料要待料出锯片15cm，不得用乎硬拉。短窄料应用推棍，接料使用刨钩，小于锯片半径的木料，禁止上锯。

（12）木工用具操作前应进行检查，锯片不得有裂口、刀片有裂缝的不准使用。螺丝应上紧。换刀、锯片或在检修机械设备时必须拉闸断电和拔除插头。

（13）施工现场木工班长应负责将当天工作用下的边角料、废木料、木渣、刨花及时处理、做好落手清工作。

接底人	李××、章××、刘××、程××…

4.2.3 金属工操作安全技术交底

金属工操作施工现场安全技术交底表

表 AQ-C1-9

工程名称：××大厦工程　　　施工单位：××建设集团有限公司　　　编号：×××

交底部门	安全部	交底人	王××
交底项目	金属工操作安全技术交底	交底时间	×年×月×日

交底内容：

1. 一般安全操作规程

（1）金属无损检测工必须经专业安全技术培训，考试合格，持证方准上岗独立操作。

（2）为减少 X 射线和其他放射性射线，对检测人员的射线照射剂量。应遵守下列规定：

1）操作前，检测人员必须穿铅制射线防护服，戴防射线含铅护目镜和个人辐射剂量笔，并对检测人员逐一进行被照射剂量监督。

2）为减少放射性照射剂量，在确保检测工作质量的基础上，尽量缩短曝光时间。

3）尽量增大操作人员与放射源的距离。

（3）班前检查应遵守下列规定：

1）操作前应检查电闸箱和漏电保护器完整、灵敏、安全可靠，绝缘良好。严禁导电体裸露。

2）X 光探伤机电源控制箱的指示灯亮，仪表灵敏，各开关调节、控制良好。探伤机必须设保护接地，接地线不得有接头。

3）探伤仪操作人员，操作时必须穿绝缘鞋、戴绝缘手套等个人防护用品。

4）操作过程中探伤仪发生故障，必须立即切断电源，严禁在运转时进行修理。

（4）X 射线探伤现场应遵守下列规定：

1）X 射线探伤检测区必须设置围栏和悬挂警示牌。设专人对射线检测区进行监视，非作业区人员不得进入。

2）X 探伤检查时应采用铅屏防护措施，操作人员必须背离 X 光射线"窗口"。

3）加强联系，统一指挥，待贴片人员撤到安全区后，方可通电进行曝光，预防射线误照。

4）探伤检测工作结束后，必须立即切断电源。现场探伤检测时必须将探伤机固定。

（5）暗室操作应遵守下列规定：

1）暗室的仪器和电器设备及冲洗设备的布局应实施定位管理。电气绝缘必须可靠，不得有任何导电体裸露。

2）暗室应装设空气调节设备，必须保持通风良好。

3）暗室内工作必须二人以上协同操作，严禁一人单独作业。

交底部门	安全部	交底人	王××
交底项目	金属工操作安全技术交底	交底时间	×年×月×日

交底内容：

（6）曝光室操作应遵守下列规定：

1）曝光室的屏蔽厚度，必须符合《放射卫生防护基本标准》。曝光室的门必须装有联锁保险装置，确保曝光时门不开。若开门，放射源自动退回到贮存位置或切断电源。

2）曝光室的门外必须装有警示标志和红灯。运行时红灯必须闪烁，提示非探伤检测人员勿靠近曝光室。

3）曝光室应装设排风装置，及时排除曝光室内产生的臭氧。

（7）超声波探伤仪在使用中发生故障，必须由熟悉电路原理专门技术人员修理，操作人员不得带电检修。

2．Ir192（铱）装置探伤和磁粉着色探伤安全操作规程

（1）操作 X 射线或 Ir192 装置的操作人员，必须持有放射安全卫生监督部门经培训考试合格，持证上岗作业。

（2）操作人员必须定期进行健康检查，检查患有不适应症，应立即调离放射性探伤检测岗位，并应遵守下列规定：

1）放射操作人员，内外照射剂量总和达到或超过剂量限值的 3/10 时，则每年体检一次。

2）低于年剂量限值的 3/10 时，每 2～3 年体检一次。

3）照射剂量当量限定值（每人）：一年：≤5Rem；一月：≤0.4Rem；每日：≤0.016Rem。

（3）磁粉探伤检测应遵守下列规定：

1）磁粉探伤检测前，必须检查磁粉探伤机的电源和探头（磁夹）联接线绝缘良好，不得有裸露。

2）探伤机外壳必须有可靠接地，不得松动。

3）操作试验时，必须戴防护眼镜和胶皮手套。

4）磁悬液不得喷在磁夹线圈上，不得喷向照明灯及其带电部位。

（4）着色探伤检测应遵守下列规定：

1）着色渗透探伤液应专人保管，合理领用，不得乱放，必须远离明火和高温场所。

2）着色探伤操作用的清洗剂、渗透剂、显像剂，操作时应采取间歇、通风换气。着色探伤操作应选在通风良好地方进行。

3）操作时必须戴防护口罩、胶皮手套及防护眼镜。

4）在容器内着色探伤，不得向照明设备和电器上喷洒，不得一人单独在容器内操作，并应设监护人。

（5）采用 Ir192（铱）探伤应遵守下列规定：

1）使用（铱）原子射线探伤时，必须提前做好试验，编制专项安全施工组织设计（施工方案）并采取安全技术措施。

交底部门	安全部	交底人	王××
交底项目	金属工操作安全技术交底	交底时间	×年×月×日

交底内容：

2）Ir192（铱）原子射线源的运输应用专门车辆，存放、保管应用铅盒并存放在专用金属库房内。库房应设在远离人员活动的地方，设警戒区，悬挂明显的标志牌，库房加锁，并设专人日夜在警戒区外监护。

3）投放射源时应机械操作，操作人员必须穿防护服，速放、速撤。严禁用手直接接触射线源。照片、胶片等准备工作应在投放射线源之前进行。

4）投源后，应立即用射线探测仪自远而近地检测。划出射线源周围的安全禁入区，设明显标志和警卫。

5）曝光后，回收 Ir192（铱）射线源时，操作人员必须穿射线防护服、戴防护镜，做到迅速、准确、稳妥地回收，及时送回贮藏库，射线源不得丢失。

接底人	李××、章××、刘××、程××…

4.2.4 幕墙制作工操作安全技术交底

幕墙制作工操作施工现场安全技术交底表

表 AQ-C1-9

工程名称：××大厦工程　　施工单位：××建设集团有限公司　　编号：×××

交底部门	安全部	交底人	王××
交底项目	幕墙制作工操作安全技术交底	交底时间	×年×月×日

交底内容：

1．加工制作

（1）幕墙在加工前应对设计施工图进行认真的校核，并对已建建筑的主体结构进行复测，按实际尺寸调整幕墙并经设计单位同意后方可加工组装。

（2）用于加工幕墙构件的设备、机具应使产品达到幕墙构件加工要求，量具定期进行检测。

（3）严禁使用过期的耐侯硅酮密封胶。

2．加工精度

（1）幕墙结构杆件截料前应进行校直调整。

（2）幕墙结构杆件截料长度尺寸的允许偏差，竖杆±1.0mm，横杆±0.5mm。

（3）截料端头不应有明显加工变形，毛刺不大于0.2mm。

（4）孔位允许偏差为±0.5mm，孔距允许偏差为±0.5mm，累计偏差不大于±1.0mm。

3．安全注意事项

（1）防火、保温材料施工时，操作人员必须佩戴防护口罩、穿防护服。

（2）搬运强制幕墙构件要检查索具和吊运机械设备，吊料下方严禁站人。

（3）所有料具须堆放在距离结构临边1m以内的结构内部，材料堆码严禁超高。

（4）搬运玻璃前应先检查玻璃是否有裂纹，特别要注意暗裂。

（5）搬运玻璃必须戴手套或用布、纸垫住玻璃边口部位与手及身体裸露部分分隔。

（6）使用天那水清洗幕墙时，室内要通风良好，佩戴口罩，严禁吸烟，周围不准有火种。沾有天那水的棉纱。布应收集在金属容器内，并及时处理。

接底人	李××、章××、刘××、程××…

4.2.5 幕墙安装工操作安全技术交底

幕墙安装工操作施工现场安全技术交底表

表 AQ-C1-9

工程名称：××大厦工程　　**施工单位：**××建设集团有限公司　　**编号：**×××

交底部门	安全部	交底人	王××
交底项目	幕墙安装工操作安全技术交底	交底时间	×年×月×日

交底内容：

（1）进入施工现场应戴好安全帽。搬运玻璃时，应戴上手套。玻璃应立放紧靠。高空装配及揩擦玻璃时，必须穿软底鞋，系好安全带，以保安全操作。

（2）截割玻璃，应在指定场所进行。截下的边角余料应集中投入木箱，及时处理。

（3）截下的玻璃条及碎块，不得随意乱抛，应集中收集在木箱中。大批量玻璃截割时，要有固定的工作室。

（4）安装玻璃时应带工具袋。木门窗玻璃安装时，严禁将钉子含在口内进行操作。同一垂直面上不得上下交叉作业。玻璃未固定前，不得歇工或休息，以防工具或玻璃掉落伤人。

（5）安装门窗或隔断玻璃时，不得将梯子靠在门窗扇上或玻璃框上操作。脚手架、脚手板、吊篮、长梯、高凳等，应认真检查是否牢固，绑扎有无松动，梯脚有无防滑护套，人字梯中间有无拉绳，符合要求后方可用以进行操作。

（6）在高处安装玻璃，应将玻璃放置平稳，垂直下方禁止通行。安装屋顶采光玻璃，应铺设脚手板或其他安全措施。

（7）门窗玻璃安装后，应随手挂好风钩或插上插销，锁住窗扇，防止刮风损坏玻璃，并将多余玻璃、材料、工具清理入库。

（8）玻璃安装时，操作人员应对门窗口及窗台抹灰和其他装饰项目加以保护。门窗玻璃安装完毕后，应有专人看管维护，检查门窗关启情况。

（9）拆除外脚手架、悬挑脚手架和活动吊篮架时，应有预防玻璃被污染及破损的保护措施。

（10）大块玻璃安装完毕后，应在 1.6m 左右高处，粘贴彩色醒目标志，以免误撞损坏玻璃。对于面积较大、价格昂贵的特种玻璃，应有妥善保护措施。

接底人	李××、章××、刘××、程××…

4.2.6 玻璃工操作安全技术交底

玻璃工操作施工现场安全技术交底表

表 AQ-C1-9

工程名称：××大厦工程　　施工单位：××建设集团有限公司　　编号：×××

交底部门	安全部	交底人	王××
交底项目	玻璃工操作安全技术交底	交底时间	×年×月×日

交底内容：

（1）裁割玻璃应在房间内进行。边角余料要集中堆放，并及时处理。

（2）搬运玻璃应戴手套或用布、纸垫着玻璃，将手及身体裸露部分隔开。散装玻璃运输必须采用专门夹具（架）。玻璃应直立堆放，不得水平堆放。

（3）安装玻璃所用工具应放入工具袋内，严禁将铁钉含在口内。

（4）悬空高处作业必须系好安全带，严禁腋下挟住玻璃，另一手扶梯攀登上下。

（5）安装窗扇玻璃时，严禁上下两层垂直交叉同时作业。安装天窗及高层房屋玻璃时，作业下方严禁走人或停留。碎玻璃不得向下抛掷。

（6）玻璃幕墙安装应利用外脚手架或吊篮架子从上往下逐层安装，抓拿玻璃时应用橡皮吸盘。

（7）门窗等安装好的玻璃应平整、牢固、不得有松动。安装完毕必须立即将风钩挂好或插上插销。

（8）安装完毕，所剩残余玻璃，必须及时清扫集中堆放到指定地点。

接底人	李××、章××、刘××、程××…

4.3 安装工人（工种）安全技术交底

4.3.1 电焊工操作安全技术交底

电焊工操作施工现场安全技术交底表

表 AQ-C1-9

工程名称：××大厦工程　　施工单位：××建设集团有限公司　　编号：×××

交底部门	安全部	交底人	王××
交底项目	电焊工操作安全技术交底	交底时间	×年×月×日

交底内容：

1. 一般安全操作规程

（1）金属焊接作业人员，必须经专业安全技术培训，考试合格，持证方准上岗独立操作。非电焊工严禁进行电焊作业。

（2）操作时应穿电焊工作服、绝缘鞋和戴电焊手套、防护面罩等安全防护用品，高处作业时系安全带。

（3）电焊作业现场周围 10m 范围内不得堆放易燃易爆物品。

（4）雨、雪、风力六级以上（含六级）天气不得露天作业。雨、雪后应清除积水、积雪后方可作业。

（5）操作前应首先检查焊机和工具，如焊钳和焊接电缆的绝缘、焊机外壳保护接地和焊机的各接线点等，确认安全合格方可作业。

（6）严禁在易燃易爆气体或液体扩散区域内、运行中的压力管道和装有易燃易爆物品的容器内以及受力构件上焊接和切割。

（7）焊接曾储存易燃、易爆物品的容器时，应根据介质进行多次置换及清洗，并打开所有孔口，经检测确认安全后方可施焊。

（8）在密封容器内施焊时，应采取通风措施。间歇作业时焊工应到外面休息。容器内照明电压不得超过 12V。焊工身体应用绝缘材料与焊件隔离。焊接时必须设专人监护，监护人应熟知焊接操作规程和抢救方法。

（9）焊接铜、铝、铅、锌合金金属时，必须穿戴防护用品，在通风良好的地方作业。在有害介质场所进行焊接时，应采取防毒措施，必要时进行强制通风。

（10）施焊地点潮湿或焊工身体出汗后而使衣服潮湿时，严禁靠在带电钢板或工件上，焊工应在干燥的绝缘板或胶垫上作业，配合人员应穿绝缘鞋或站在绝缘板上。

（11）焊接时临时接地线头严禁浮搭，必须固定、压紧，用胶布包严。

（12）操作时遇下列情况必须切断电源：

交底部门	安全部	交底人	王××
交底项目	电焊工操作安全技术交底	交底时间	×年×月×日

交底内容：

　　1）改变电焊机接头时。

　　2）更换焊件需要改接二次回路时。

　　3）转移工作地点搬动焊机时。

　　4）焊机发生故障需进行检修时。

　　5）更换保险装置时。

　　6）工作完毕或临时离操作现场时。

　　（13）高处作业必须遵守下列规定：

　　1）必须使用标准的防火安全带，并系在可靠的构架上。

　　2）必须在作业点正下方5m外设置护栏，并设专人监护。必须清除作业点下方区域易燃、易爆物品。

　　3）必须戴盔式面罩。焊接电缆应绑紧在固定处，严禁绕在身上或搭在背上作业。

　　4）焊工必须站在稳固的操作平台上作业，焊机必须放置平稳、牢固，设有良好的接地保护装置。

　　（14）操作时严禁焊钳夹在腋下去搬被焊工件或将焊接电缆挂在脖颈上。

　　（15）焊接时二次线必须双线到位，严禁借用金属管道、金属脚手架、轨道及结构钢筋作回路地线。焊把线无破损，绝缘良好。焊把线必须加装电焊机触电保护器。

　　（16）焊接电缆通过道路时，必须架高或采取其他保护措施。

　　（17）焊把线不得放在电弧附近或炽热的焊缝旁。不得碾轧焊把线。应采取防止焊把线被尖利器物损伤的措施。

　　（18）清除焊渣时应佩戴防护眼镜或面罩。焊条头应集中堆放。

　　（19）下班后必须拉闸断电，必须将地线和把线分开。并确认火已熄灭方可离开现场。

　　2．不锈钢焊接安全操作规程

　　（1）不锈钢焊接的焊工除应具备电焊工的安全操作技能外，还必须熟练地掌握氢弧焊接、等离子切割、不锈钢酸洗钝化等方面的安全防护和安全操作技能。

　　（2）使用直流焊机应遵守以下规定：

　　1）操作前应检查焊机外壳的接地保护、一次电源线接线柱的绝缘、防护罩、电压表、电流表的接线、焊机旋转方向与机身指示标志和接线螺栓等均合格、齐全、灵敏、牢固方可操作。

　　2）焊机应垫平、放稳。多台焊机在一起应留有间距500mm以上，必须一机一闸，一次电源线不得大于5m。

　　3）旋转直流弧焊机应有补偿器和"起动"、"运转"、"停止"的标记。合闸前应确认手柄是否在"停止"位置上。起动时，辨别转子是否旋转，旋转正常再将手柄扳到"运转"位置。焊接时突然停电，必须立即将手柄扳到"停止"位置。

交底部门	安全部	交底人	王××
交底项目	电焊工操作安全技术交底	交底时间	×年×月×日

交底内容：

4）不锈钢焊接采用"反接极"，即工件接负极。如焊机正负标记不清或转换钮与标记不符，必须用万能表测量出正负极性，确认后方可操作。

5）不锈钢焊条药皮易脱落，停机前必须将焊条头取下或将焊机把挂好，严禁乱放。

（3）一般不锈钢设备用于贮存或输送有腐蚀性、有毒性的液体或气体物质，不得在带压运行中的不锈钢容器或管道上施焊。不得借路设备管道做焊接导线。

（4）焊接或修理贮存过化学物品或有毒物质的容器或管道，必须采取蒸气清扫、苏打水清洗等措施。置换后，经检测分析合格，打开孔口或注满水再进行焊接。严禁盲目动火。

（5）不锈钢的制作和焊接过程中，焊前对坡口的修整和焊缝的清根使用砂轮打磨时，必须检查砂轮片和紧固，确认安全可靠，戴上护目镜后，方可打磨。

（6）在容器内或室内焊接时，必须有良好的通风换气措施或戴焊接专用的防尘面罩。

（7）氢弧焊应遵守以下规定：

1）手工钨极氩弧焊接不锈钢，电源采用直流正接，工件接正，钨极接负。

2）用交流钨极氩弧焊机焊接不锈钢，应采用高频为稳弧措施，将焊枪和焊接导线用金属纺织线进行屏蔽。预防高频电磁场对握焊枪和焊丝双手的刺激。

3）手工氩弧焊的操作人员必须穿工作服，扣齐钮扣、穿绝缘鞋、戴柔软的皮手套。在容器内施焊应戴送风式头盔、送风式口罩或防毒口罩等个人防护用品。

4）氩弧焊操作场所应有良好自然通风或用换气装置将有害气体和烟尘及时排出，确保操作现场空气流通。操作人员应位于上风处。并应采取间歇作业法。

5）凡患有中枢神经系统器质性疾病、植物神经功能紊乱、活动性肺结核、肺气肿、精神病或神经官能症者，不宜从事氩弧焊不锈钢焊接作业。

6）打磨钍钨极棒时，必须配戴防尘口罩和眼镜。接触钍钨极棒的手应及时清洗。钍钨极棒不得乱放，应存放在有盖的铅盒内，并设专人负责保管。

（8）不锈钢焊工酸洗和钝化应遵守以下规定：

1）不锈钢酸洗钝化使用不锈钢丝刷子刷焊缝时，应由里向外推刷子，不得来回刷。从事不锈钢酸洗时，必须穿防酸工作服、戴口罩、防护眼镜、乳胶手套和胶鞋。

2）凡患有呼吸系统疾病者，不宜从事酸洗操作。

3）化学物品，特别是氢氟酸必须妥善保管，必须有严格领用手续。

4）酸洗钝化后的废液必须经专门处理，严禁乱倒。

（9）不锈钢等金属在用等离子切割过程中，必须遵守氢弧焊接的安全操作规定。焊接时由于电弧作用所传导的高温，有色金属受热膨胀，当电弧停止时，不得立即去查看焊缝。

接底人	李××、章××、刘××、程××…

4.3.2 工程电气安装调试工操作安全技术交底

工程电气安装调试工操作施工现场安全技术交底表

表 AQ-C1-9

工程名称：××大厦工程　　施工单位：××建设集团有限公司　　　编号：×××

交底部门	安全部	交底人	王××
交底项目	工程电气安装调试工操作安全技术交底	交底时间	×年×月×日

交底内容：

（1）进行耐压试验装置的金属外壳，必须接地，被调试设备或电缆两端如不在同一地点，另一端应有专人看守或加锁，并悬挂警示牌。待仪表、接地检查无误，人员撤离后方可升压。

（2）电气设备或材料非冲击性试验，升压或降压，均应缓慢进行。因故暂停或试验结束，应先切断电源，安全放电。并将升压设备高压侧短路接地。

（3）电力传动装置系统及高低压各型开关调试时，应将有关的开关手柄取下或锁上，悬挂标志牌，严禁合闸。

（4）用摇表测定绝缘电阻，严禁有人触及正在测定中的线路或设备，测定容性或感性设备材料后，必须放电，遇到雷电天气，停止摇测线路绝缘。

（5）电流互感器禁止开路，电压互感器禁止短路和以升压方式进行。电气材料或设备需放电时，应穿戴绝缘防护用品，用绝缘棒安全放电。

接底人	李××、章××、刘××、程××…

4.3.3 管道工操作安全技术交底

管道工操作施工现场安全技术交底表

表 AQ-C1-9

工程名称：××大厦工程　　施工单位：××建设集团有限公司　　编号：×××

交底部门	安全部	交底人	王××
交底项目	管道工操作安全技术交底	交底时间	×年×月×日

交底内容：

（1）使用机电设备、机具前应检查确认性能良好，电动机具的漏电保护装置灵敏有效。不得"带病"运转。

（2）操作机电设备，严禁戴手套，袖口扎紧。机械运转中不得进行维修保养。

（3）使用砂轮锯，压力均匀，人站在砂轮片旋转方向侧面。

（4）压力案上不得放重物和立放丝扳、手工套丝，应防止扳机滑落。

（5）用小推车运管时，清理好道路，管放在车上必须捆绑牢固。

（6）安装立管，必须将洞口周围清理干净，严禁向下抛掷物料。作业完毕必须将洞口盖板盖牢。

（7）电气焊作业前，应申请用火证，并派专人看火，备好灭火用具。焊接地点周围不得有易燃易爆物品。

（8）散热器组拧紧对丝时，必须将散热器放稳，搬抬时两人应用力一致，相互照应。

（9）在进行水压试验时，散热器下面应垫木板。散热器按规定压力值试验时，加压后不得用力冲撞磕碰。

（10）人力卸散热器时，所用缆索、杠子应牢固，使用井字架、龙门架或外用电梯运输时，严禁超载或放偏。散热器运进楼层后，应分散堆放。

（11）稳挂散热器应扶好，用压杠压起后平稳放在托钩上。

（12）往沟内运管，应上下配合，不得往沟内抛掷管件。

（13）安装立、托、吊管时，要上、下配合好。尚未安装的楼板预留洞口必须盖严盖牢。使用的人字梯、临时脚手架、绳索等必须坚固、平稳。脚手架不得超重，不得有空隙和探头板。

（14）采用井字架、龙门架、外用电梯往楼层内搬运瓷器时，每次不宜放置过多。瓷器运至楼层后应选择安全地方放置，下面必须垫好草袋或木板，不得磕碰受损。

接底人	李××、章××、刘××、程××…

4.3.4 安装起重工操作安全技术交底

1.起重工作业一般规定

起重工作业施工现场安全技术交底表

表 AQ-C1-9

工程名称：××大厦工程　　施工单位：××建设集团有限公司　　编号：×××

交底部门	安全部	交底人	王××
交底项目	起重工作业一般规定	交底时间	×年×月×日

交底内容：

（1）起重工必须经专门安全技术培训，考试合格持证上岗。严禁酒后作业。

（2）起重工应健康，两眼视力均不得低于 1.0，无色盲、听力障碍、高血压、心脏病、癫痫病、眩晕、突发性昏厥及其他影响起重吊装作业的疾病与生理缺陷。

（3）作业前必须检查作业环境、吊索具、防护用品。吊装区域无闲散人员，障碍已排除。吊索具无缺陷，捆绑正确牢固，被吊物与其他物件无连接。确认安全后方可作业。

（4）轮式或履带式起重机作业时必须确定吊装区域，并设警戒标志，必要时派人监护。

（5）大雨、大雪、大雾及风力六级以上（含六级）等恶劣天气，必须停止露天起重吊装作业。严禁在带电的高压线下或一侧作业。

（6）在高压线垂直或水平方向作业时，必须保持表 4-4 所列的最小安全距离。

表 4-4　　　　　　　起重机与架空输电导线的最小安全距离

输电导线电压（kV）	1 以下	1～15	20～40	60～110	220
允许沿输电导线垂直方向最近距离（m）	1.5	3	4	5	6
允许沿输电导线水平方向最近距离（m）	1	1.5	2	4	6

（7）起重机司机、指挥信号、挂钩工必须具备下列操作能力：

1）起重机司机必须熟知下列知识和操作能力：

①所操纵的起重机的构造和技术性能。

②起重机安全技术规程、制度。

③起重量、变幅、起升速度与机械稳定性的关系。

④钢丝绳的类型、鉴别、保养与安全系。

⑤一般仪表的使用及电气设备常见故障的排除。

⑥钢丝绳接头的穿结（卡接、插接）。

⑦吊装构件重量计算。

⑧操作中能及时发现或判断各机构故障，并能采取有效措施。

交底部门	安全部	交底人	王××
交底项目	起重工作业一般规定	交底时间	×年×月×日

交底内容：

⑨制动器突然失效能作紧急处理。

2）指挥信号工必须熟知下列知识和操作能力：

①应掌握所指挥的起重机的技术性能和起重工作性能，能定期配合司机进行检查。能熟练地运用手势、旗语、哨声和通讯设备。

②能看懂一般的建筑结构施工图，能按现场平面布置图和工艺要求指挥起吊、就位构件、材料和设备等。

③掌握常用材料的重量和吊运就位方法及构件重心位置，并能计算非标准构件和材料的重量。

④正确地使用吊具、索具，编插各种规格的钢丝绳。

⑤有防止构件装卸、运输、堆放过程中变形的知识。

⑥掌握起重机最大起重量和各种高度、幅度时的起重量，熟知吊装、起重有关知识。

⑦具备指挥单机、双机或多机作业的指挥能力。

⑧严格执行"十不吊"的原则。即：被吊物重量超过机械性能允许范围；信号不清；吊物下方有人；吊物上站人；埋在地下物；斜拉斜牵物；散物捆绑不牢；立式构件、大模板等不用卡环；零碎物无容器；吊装物重量不明等。

3）挂钩工必须相对固定并熟知下列知识和操作能力：

①必须服从指挥信号的指挥。

②熟练运用手势、旗语、哨声的使用。

③熟悉起重机的技术性能和工作性能。

④熟悉常用材料重量，构件的重心位置及就位方法。

⑤熟悉构件的装卸、运输、堆放的有关知识。

⑥能正确使用吊、索具和各种构件的拴挂方法。

（8）作业时必须执行安全技术交底，听从统一指挥。

（9）使用起重机作业时，必须正确选择吊点的位置，合理穿挂索具，试吊。除指挥及挂钩人员外，严禁其他人员进入吊装作业区。

（10）使用两台吊车抬吊大型构件时，吊车性能应一致，单机荷载应合理分配，且不得超过额定荷载的80%。作业时必须统一指挥，动作一致。

接底人	李××、章××、刘××、程××…

2.起重工基本操作安全技术交底

起重工基本操作施工现场安全技术交底表

表 AQ-C1-9

工程名称：××大厦工程　　施工单位：××建设集团有限公司　　编号：×××

交底部门	安全部	交底人	王××
交底项目	起重工基本操作安全技术交底	交底时间	×年×月×日

交底内容：

　　（1）穿绳：确定吊物重心，选好挂绳位置。穿绳应用铁钩，不得将手臂伸到吊物下面。吊运棱角坚硬或易滑的吊物，必须加衬垫，用套索。

　　（2）挂绳：应按顺序挂绳，吊绳不得相互挤压、交叉、扭压、绞拧。一般吊物可用兜挂法，必须保护吊物平衡，对于易滚、易滑或超长货物，宜采用绳索方法，使用卡环锁紧吊绳。

　　（3）试吊：吊绳套挂牢固，起重机缓慢起升，将吊绳绷紧稍停，起升不得过高。试吊中，指挥信号工、挂钩工、司机必须协调配合。如发现吊物重心偏移或其他物件粘连等情况时，必须立即停止起吊，采取措施并确认安全后方可起吊。

　　（4）摘绳：落绳、停稳、支稳后方可放松吊绳。对易滚、易滑、易散的吊物，摘绳要用安全钩。挂钩工不得站在吊物上面。如遇不易人工摘绳时，应选用其他机具辅助，严禁攀登吊物及绳索。

　　（5）抽绳：吊钩应与吊物重心保持垂直，缓慢起绳，不得斜拉、强拉、不得旋转吊壁抽绳。如遇吊绳被压，应立即停止抽绳，可采取提头试吊方法抽绳。吊运易损、易滚、易倒的吊物不得使用起重机抽绳。

　　（6）吊挂作业应遵守以下规定：

　　1）兜绳吊挂应保持吊点位置准确、兜绳不偏移、吊物平衡。

　　2）锁绳吊挂应便于摘绳操作。

　　3）卡具吊挂时应避免卡具在吊装中被碰撞。

　　4）扁担吊挂时，吊点应对称于吊物中心。

　　（7）捆绑作业应遵守以下规定：

　　1）捆绑必须牢固。

　　2）吊运集装箱等箱式吊物装车时，应使用捆绑工具将箱体与车连接牢固，并加垫防滑。

　　3）管材、构件等必须用紧线器紧固。

　　（8）新起重工具、吊具应按说明书检验，试吊后方可正式使用。

　　（9）长期不用的超重、吊挂机具，必须进行检验、试吊，确认安全后可使用。

　　（10）钢丝绳、套索等的安全系数不得小于8～10。

接底人	李××、章××、刘××、程××…

3.三脚架吊装安全技术交底

三脚架吊装施工现场安全技术交底表

表 AQ-C1-9

工程名称：××大厦工程　　施工单位：××建设集团有限公司　　编号：×××

交底部门	安全部	交底人	王××
交底项目	三脚架吊装安全技术交底	交底时间	×年×月×日

交底内容：

（1）作业前必须按安全技术交底要求选用机具、吊具、绳索及配套材料。

（2）作业前应将作业场地整平、压实。三角架（三木搭）底部应支垫牢固。

（3）三角架顶端绑扎绳以上伸出长度不得小于 60cm，捆绑点以下三杆长度应相等并用钢丝绳连接牢固，底部三脚距离相等，且为架高的 1/3 至 2/3。相邻两杆用排木连接，排木间距不得大于 1.5m。

（4）吊装作业时必须设专人指挥。试吊时应检查各部件，确认安全后方可正式操作。

（5）移动三角架时必须设专人指挥，由三人以上操作。

接底人	李××、章××、刘××、程×××…

4.构件及设备使用安全技术交底

构件及设备使用施工现场安全技术交底表

表 AQ-C1-9

工程名称：××大厦工程   施工单位：××建设集团有限公司   编号：×××

交底部门	安全部	交底人	王××
交底项目	构件及设备使用安全技术交底	交底时间	×年×月×日

交底内容：

（1）作业前应检查被吊物、场地、作业空间等，确认安全后方可作业。

（2）作业时应缓起、缓转、缓移，并用控制绳保持吊物平稳。

（3）移动构件、设备时，构件、设备必须和拍子连接牢固，保持稳定。道路应坚实平整，作业人员必须听从统一指挥，协调一致。使用卷扬机移动构件或设备时，必须用慢速卷扬机。

（4）码放构件的场地应坚实平整。码放后应支撑牢固、稳定。

（5）吊装大型构件使用千斤顶调整就位时，严禁两端千斤顶同时起落；一端使用两个千斤顶调整就位时，起落速度应一致。

（6）超长型构件运输中，悬出部分不得大于总长的1/4，并应采取防护倾覆措施。

（7）暂停作业时，必须把构件、设备支撑稳定，连接牢固后方可离开现场。

接底人	李××、章××、刘××、程××…

5.吊索具使用安全技术交底

吊索具使用施工现场安全技术交底表

表 AQ-C1-9

工程名称：××大厦工程　　施工单位：××建设集团有限公司　　编号：×××

交底部门	安全部	交底人	王××
交底项目	吊索具使用安全技术交底	交底时间	×年×月×日

交底内容：

（1）作业时必须根据吊物的重量、体积、形状等选用合适的吊索具。

（2）严禁在吊钩上补焊、打孔。吊钩表面必须保持光滑，不得有裂纹。严禁使用危险断面磨损程度达到原尺寸的 10%、钩口开口度尺寸比原尺寸增大 15%、扭转变形超过 10%、危险断面或颈部产生塑性变形的吊钩。板钩衬套磨损达原尺寸的 50% 时，应报废衬套。板钩芯轴磨损达原尺寸的 5% 时，应报废芯轴。

（3）编插钢丝绳索具宜用 6mm×37mm 的钢丝绳。编插段的长度不得小于钢丝绳直径的 20 倍，且不得小于 300mm。编插钢丝绳的强度应按原钢丝绳强度的 70% 计算。

（4）吊索的水平夹角应大于 45°。

（5）使用卡环时，严禁卡环侧向受力，起吊前必须检查封闭销是否拧紧。不得使用有裂纹、变形的卡环。严禁用焊补方法修复卡环。

（6）凡有下列情况之一的钢丝绳不得继续使用：

1）在一个节距内的断丝数量超过总丝数的 10%。

2）出现拧扭死结、死弯、压扁、股松明显、波浪形、钢丝外飞、绳芯挤出以及断股等现象。

3）钢丝绳直径减少 7%～10%。

4）钢丝绳表面钢丝磨损或腐蚀程度，达表面钢丝直径的 40% 以上，或钢丝绳被腐蚀后，表面麻痕清晰可见，整根钢丝绳明显变硬。

（7）使用新购置的吊索具前应检查其合格证，并试吊，确认安全。

接底人	李××、章××、刘××、程××…

4.3.5 通风工操作安全技术交底

通风工操作施工现场安全技术交底表

表 AQ-C1-9

工程名称：××大厦工程　　施工单位：××建设集团有限公司　　编号：×××

交底部门	安全部	交底人	王××
交底项目	通风工操作安全技术交底	交底时间	×年×月×日

交底内容：

(1) 操作时用火，必须申请用火证，清除周围易燃物，配足消防器材，应有专人看火和防火措施。

(2) 下料所裁的铁皮边角余料，应随时清理堆放指定地点，必须做到活完料净场地清。

(3) 操作前应检查所用的工具，特别是锤柄与锤头的安装必须牢固可靠。活扳手的控制螺栓失灵和活动钳口受力后易打滑和歪斜不得使用。

(4) 操作使用錾子剔法兰或剔墙眼应戴防护眼镜。錾子毛刺应及时清理掉。

(5) 在风管内操作铆法兰及腰箍冲眼时，管内外操作人员应配合一致，里面的人面部必须避开冲孔。

(6) 人力搬抬风管和设备时，必须注意路面上的孔、洞、沟、坑和其他障碍物。通道上部有人施工，通过时应先停止作业。两人以上操作要统一指挥，互相呼应。抬设备或风管时应轻起慢落，严禁任意抛扔。往脚手架或操作平台搬运风管和设备时，不得超过脚手架或操作平台允许荷载。在楼梯上抬运风管时，应步调一致，前后呼应，应避免跌倒或碰伤。

(7) 搬抬铁板必须戴手套，并应用破布或其他物品垫好。

(8) 安装使用的脚手架，使用前必须经检查验收合格后方可使用。非架子工不得任意拆改。使用高凳或高梯作业，底部应有防滑措施并有人扶梯监护。

(9) 安装风管时不得用手摸法兰接口，如螺丝孔不对，应用尖冲撬正。安装材料不得放在风管顶部或脚手架上，所用工具应放入工具袋内。

(10) 楼板洞口安装风管，应遵守相关规程的规定。

(11) 在操作过程中，室内外如有井、洞、坑、池等周边应设置安全防护栏杆或牢固盖板。安装立风管未完工程，立管上口必须盖严封牢。

(12) 在斜坡屋面安装风管、风帽时，操作人员应系好安全带，并用索具将风管固定好，待安装完毕后方可拆除索具。

(13) 吊顶内安装风管，必须在龙骨上铺设脚手板，两端必须固定，严禁在龙骨、顶板上行走。

(14) 安装玻璃棉、消音及保温材料时，操作人员必须戴口罩、风帽、风镜、薄膜手套，穿丝绸料工作服。作业完毕时可洗热水澡冲净。

接底人	李××、章××、刘××、程××…

4.3.6 电梯安装电工操作安全技术交底

1.电梯安装作业一般规定

电梯安装作业施工现场安全技术交底表

表 AQ-C1-9

工程名称：××大厦工程　　　施工单位：××建设集团有限公司　　　编号：×××

交底部门	安全部	交底人	王××
交底项目	电梯安装作业一般规定	交底时间	×年×月×日

交底内容：

　　（1）电梯安装操作人员，必须经身体检查，凡患心脏病、高血压病者，不得从事电梯安装操作。

　　（2）进入施工现场，必须遵守现场一切安全制度。操作时精神集中，严禁饮酒，着装整齐，并按规定穿戴个人防护用品。

　　（3）电梯安装井道内使用的照明灯，其电压不得超过 36V。操作用的手持电动工具必须绝缘良好，漏电保护器灵敏、有效。

　　（4）梯井内操作必须系安全带；上、下走爬梯，不得爬脚手架；操作使用的工具用毕必须装入工具袋；物料严禁上、下抛扔。

　　（5）电梯安装使用脚手架必须经组织验收合格，办理交接手续后方可使用。

　　（6）焊接动火应办理用火证，备好灭火器材，严格执行消防制度。施焊完毕必须检查火种，确认已熄灭方可离开现场。

　　（7）设备拆箱、搬运时，拆箱板必须及时清运码放指定地点。拆箱板钉子应打弯。抬运重物前后呼应，配合协调。

　　（8）长形部件及材料必须平放，严禁立放。

接底人	李××、章××、刘××、程××…

2.电梯安装安全技术交底

电梯安装施工现场安全技术交底表

表 AQ-C1-9

工程名称：××大厦工程　　施工单位：××建设集团有限公司　　编号：×××

交底部门	安全部	交底人	王××
交底项目	电梯安装安全技术交底	交底时间	×年×月×日

交底内容：

（1）样板架设应遵守以下规定：

1）样板应牢固准确，制做样板时，架样板木方的木质，强度必须符合规定要求。

2）架样板木方应按工艺规定牢固地安装在井道壁上，不允许作承重它用。

3）放钢丝线时，钢丝线上临时所栓重物重量不得过大，必须捆扎牢固。放线时下方不得站人。

（2）导轨及其部件安装前应遵守以下规定：

1）剔墙、打设膨胀螺栓，操作时应站好位置，系好安全带，戴防护眼镜，持拿榔头不得戴手套，不得上下交叉作业。

2）电锤应用保险绳拴牢，打孔不得用力过猛，防止遇钢筋卡住。

3）剔下的混凝土块等物，应边剔边清理，不得留在脚手架上。

4）用气焊切割后的导轨支架必须冷却后，再焊接。

5）导轨支架应随稳随取，不得大量堆积于脚手板上。

6）导轨支架与承埋铁先行点焊，每侧必须上、中、下三点焊牢，待导轨调整完毕之后，再按全位置焊牢。

7）在井道内紧固膨胀螺栓时，必须站好位置，扳子口应与螺栓规格协调一致，紧固时用力不得过猛。

（3）导轨安装应遵守以下规定：

1）做好立道前的准备，应根据操作需要，由架子工对脚手板等进行重新铺设，准备导轨吊装的通道，挂滑轮处进行加固等，必须满足吊装轨道承重的安全要求。

2）采用卷扬机立道，起吊速度必须低于 8m/min。必须检查起重工具设备，确认符合规定方可操作。

3）立轨道应统一行动，密切配合，指挥信号清晰明确，吊升轨道时，下方不得站人，并设专人随层进层进行监护。

4）轨道就位连接或轨道暂时立于脚手架时，回绳不得过猛，导轨上端未与导轨支架固定好时，严禁摘下吊钩。

交底部门	安全部	交底人	王××
交底项目	电梯安装安全技术交底	交底时间	×年×月×日

交底内容：

5）导轨凸凹榫头相接入槽时，必须听从接道人员信号，落道要稳。

6）紧固压道螺栓和接道螺栓时，上下配合好。

（4）轨道调整应遵守以下规定：

1）轨道调整时，上下必须走梯道，严禁爬架子。

2）所用的工具器材（如垫片、螺栓等）应随时装入工具袋内，不得乱放。

3）无围墙梯井，如观光梯，严禁利用后沿的护身栏当梯子，梯外必须按高处作业规定进行安全防护。

（5）厅门及其部件安装应遵守以下规定：

1）安装上坎时（尤其货梯）必须互相配合，重量大宜用滑轮等起重工具进行。

2）厅门门扇的安装必须按工艺防坠落的安全技术措施执行。

3）井道安全防护门在厅门系统正式安装完毕前严禁拆除。

4）机锁、电锁的安装，用电钻打定位销孔时，必须站好位置，工具应按规定随身携带。

（6）机房内机械设备安装应遵守以下规定：

1）搬抬钢架、主机、控制柜等应互相配合；在尚无机房地板的梯井上稳装钢梁时，必须站在操作平台上操作。

2）对于机房在下面，其顶层钢梁正式安装前，禁止将绳轮放在上面；钢梁应稳装在梯井承重墙或承重梁的上方，在此之前，不允许将主机、抗绳轮置于钢梁上。

3）进行曳引机吊装前，必须校核吊装环的载荷强度。

4）安装抗绳轮应采用倒链等工具进行，可先安装轴承架，再进行全部安装，操作时下方严禁站人。

（7）井道内运行设备安装应遵守以下规定：

1）安装配重前检查倒链及承重点应符合安全要求。

2）配重框架吊装时，井道内不得站人，其放入井道应用溜绳缓慢进行。

3）导靴安装前、安装中不可拆除倒链，并应将配重框架支牢固、扶稳。

4）安装配重块应放入一端再放入另一端，两人必须配合协调，配重块重量较大时，宜采用吊装工具进行。

5）轿厢安装前，轿厢下面的脚手架，必须满铺脚手板。

6）倒链固定要牢固，不得长时间吊挂重物。

7）轿厢载重量在 1000kg，井道进深不大于 2.3m，可用两根不小于 200mm× 200mm 坚硬木方支撑；载重量在 3000kg 以下，井道深度不大于 4m，可用两根 18 号工字钢或 20 号槽钢作支撑；如载重量及井道进深超过上述规定时，应增加支撑物规格尺寸。

交底部门	安全部	交底人	王××
交底项目	电梯安装安全技术交底	交底时间	×年×月×日

交底内容：

　　8）两人以上扛抬重物应密切配合（如：上下底盘），部件必须拴牢。

　　9）吊装底盘就位时，应用倒链或溜绳缓慢进行，操作人员不得站在井道内侧。

　　10）吊装上梁，轿顶等重物时，必须捆绑牢固，操作倒链，严禁直立于重物下面。

　　11）轿厢调整完毕，所有螺栓必须拧紧。

　　12）钢丝绳安装放测量绳线时，绳头必须拴牢，下方不得站人。

　　13）使用电炉熔化钨金时，炉架应做好接地保护；绳头灌钨金时，应将勺及绳头进行预热，化钨金的锅不得掉进水点，操作时必须戴手套及防护眼镜。

　　14）放钢丝绳时，要有足够的人力、人员严禁站于钢丝绳盘线圈内，手脚应远离导向物体；采用直接挂钢丝绳工艺，制作绳头时，辅助人员必须将钢丝绳拽稳，不得滑落。

　　15）对于复线式电梯，用大绳等牵引钢丝绳，绳头拴绑处必须牢固，严禁钢丝绳坠落。

　　（8）电线管、电线槽的制作安装应遵守以下规定：

　　1）使用砂轮锯切割电线管，应将工件放平，压力不得过猛。管槽锯口应去掉毛刺。

　　2）在井道进行线槽及铁管安装时，应随用随取，不得大量堆于脚手板上，使用电钻，严禁戴手套。

　　3）穿线、拉送线双方呼应联系要准确，送线人员的手应远离管口，双方用力不可过急过猛。

　　4）机房内采用沿地面厚板明线槽，穿线后确认没有硌伤导线，必须加盖牢固。

接底人	李××、章××、刘××、程××…

3.电梯调试安全技术交底

电梯调试施工现场安全技术交底表

表 AQ-C1-9

工程名称：××大厦工程　　　施工单位：××建设集团有限公司　　　编号：×××

交底部门	安全部	交底人	王××
交底项目	电梯调试安全技术交底	交底时间	×年×月×日

交底内容：

（1）慢车准备及慢车运行应遵守以下规定：

1）慢车运行之前，必须具备以下条件：

① 缓冲器安装调整完毕，液压缓冲器注油。

②限速器调整完毕。

③抱闸调整完毕，其动作可靠无误。

④急停回路中各开关作用准确可靠。

⑤上下极限开关安装调整完毕，并投入使用。

2）轿顶护身栏安装完毕，轿顶照明应完备。

3）井道内障碍物应清除，孔洞盖严，存储器运行中不碰撞。

4）因故厅门暂不能关闭，必须设专人监护，装好安全防护门（栏），挂警告牌。

5）若总承包单位（客户）在初次运行之前未装修好门套部分，必须将门厅两侧空隙封严，物料不得伸入梯井。

6）暂不用的按钮应用铁盖等措施保护封闭。

7）慢车运行。任何人在任何地方使轿厢运行时（机房、轿顶、轿内）必须取得联系，方可运行。

8）在轿顶操作人员应选好位置，并注意井道器件，建筑物凸出结构、错车（与对重交错0位置，以及复绕绳轮）。到达预定位置开始工作前，必须扳断电梯轿顶（或轿内）急停开关，再次运行前，方可恢复。

9）在任何情况下，不得跨于轿厢与厅门门口之间进行工作。严禁探头于中间梁下、门厅口下、各种支架之下进行操作。特殊情况，必须切断电源。

10）对于多部并列电梯，各电梯操作人员应互相照顾，如确难以达到安全时，必须使相邻电梯工作时间错开。

11）轿厢上行时，轿顶上的操作人员必须站好位置，停止其他工作，轿厢行驶中，严禁人员出入。

12）轿厢因故停驶，轿厢底坎如高于厅门底坎600mm，轿内人员不得向外跳出，外出必须从轿顶进行。

交底部门	安全部	交底人	王××
交底项目	电梯调试安全技术交底	交底时间	×年×月×日

交底内容：

　　13）在机房内，应注意曳引绳、曳引轮、抗绳轮、限速器等运动部分，必须设置围栏或防护装置，严禁手扶。

　　（2）快车准备及快车运行（试车）应遵守以下规定：

　　快车运行之前，上述慢车运行的各条必须全部满足，安装工作全部结束后，快车运行还必须具备以下条件：

　　①经过慢车全程试车，各部位均正常无误。

　　②各种安全装置、安全开关等均动作灵敏可靠。

　　③各层厅门完全关闭，机、电锁作用可靠。

　　④快车运行中，轿顶不得站人。

　　⑤电梯试车过程中严禁携带乘客。

　　（3）电梯局部检查及调整应遵守以下规定：

　　1）在机房工作时，应将主电源切断，挂好标志牌，并设专人监护。

　　2）盘车时，应将主电源切断，并采取断续动作方式，随时准备刹车。无齿轮电梯不准盘车。

　　3）在各层操作时，进入轿厢前必须确认其停在本层，不得只看楼层灯即进入。在底坑操作时应切断停车开关或将动力电源切断。

　　4）电梯的动力电源有改变时，再次送电之前，必须核对相序，防止电梯失控或电机烧毁。

　　5）冬季试梯，曳引机应加低温齿轮油，若停梯时间较长，检查润滑油有凝结现象，必须采取措施处理后，方可开车。

接底人	李××、章××、刘××、程××…

4.3.7 临时电工操作安全技术交底

1.临时电工作业一般规定

临时电工作业施工现场安全技术交底表

表 AQ-C1-9

工程名称：××大厦工程　　　施工单位：××建设集团有限公司　　　编号：×××

交底部门	安全部	交底人	王××
交底项目	临时电工作业一般规定	交底时间	×年×月×日

交底内容：

（1）电工作业必须经专业安全技术培训，考试合格，持考试合格证方准上岗独立操作。非电工严禁进行电气作业。

（2）电工接受施工现场暂设电气安装任务后，必须认真领会落实临时用电安全施工组织设计（施工方案）和安全技术措施交底的内容，施工用电线路架设必须按施工图规定进行，凡临时用电使用超过六个月（含六个月）以上的，应按正式线路架设。改变安全施工组织设计规定，必须经原审批单位领导同意签字，未经同意不得改变。

（3）电工作业时，必须穿绝缘鞋、戴绝缘手套，酒后不准操作。

（4）所有绝缘、检测工具应妥善保管，严禁他用，并应定期检查、校验。保证正确可靠接地或接零。所有接地或接零处，必须保证可靠电气连接。保护线 PE 必须采用绿/黄双色线，严格与相线、工作零线相区别，不得混用。

（5）电气设备的设置、安装、防护、使用、维修必须符合《施工现场临时用电安全技术规范》（JGJ 46-2005）（以下简称《规范》）的要求。

（6）在施工现场专用的中性点直接接地的电力系统中，必须采用 TN-S 接零保护。

（7）电气设备不带电的金属外壳、框架、部件、管道、金属操作台和移动式碘钨灯的金属柱等，均应做保护接零。

（8）定期和不定期对临时用电工程的接地、设备绝缘和漏电保护开关进行检测、维修，发现隐患及时消除，并建立检测维修记录。

（9）建筑工程竣工后，临时用电工程拆除，应按顺序先断电源，后拆除。不得留有隐患。

接底人	李××、章××、刘××、程××…

2.三级配电两级保护安全技术交底

三级配电两级保护施工现场安全技术交底表

表 AQ-C1-9

工程名称：××大厦工程　　施工单位：××建设集团有限公司　　编号：×××

交底部门	安全部	交底人	王××
交底项目	三级配电两级保护安全技术交底	交底时间	×年×月×日

交底内容：

（1）三级配电。

配电箱根据其用途和功能的不同，一般可分为三级：即总配电箱、分配电箱及开关箱。

1）总配电箱（又称固定式配电箱）。总配电箱用符号"A"表示。总配电箱是控制施工现场全部供电的集中点，应设置在靠近电源地区。电源由施工现场用电变压器低压侧引出的电缆线接入，并装设电流互感器、有功电度表、无功电度表、电流表、电压表及总开关、分开关。总配电箱内的开关均应采用自动空气开关（或漏电保护开关）。引入、引出线应穿管并有防水弯。

2）分配电箱（又称移动式配电箱）。分配电箱用符号"B"表示。其中1、2、3表示序号。分配电箱是总配电箱的一个分支，控制施工现场某个范围的用电集中点，应设在用电设备负荷相对集中的地区。箱内应设总开关和分开关。总开关应采用自动空气开关，分开关可采用漏电开关或刀闸开关并配备熔断器。

3）开关箱。直接控制用电设备。开关箱与所控制的固定式用电设备的水平距离不得大于3m，与分配电箱的距离不得大于30m。开关箱内安装漏电开关、熔断器及插座。电源线采用橡套软电缆线，从分配电箱引出，接入开关箱上闸口。

4）配电箱及其内部开关、器件的安装应端正牢固。安装在建筑物或构筑物上的配电箱为固定式配电箱，其箱底距地面的垂直距离应大于1.3m，小于1.5m。移动式配电箱不得置于地面上随意拖拉，应固定在支架上，其箱底与地面的垂直距离应大于0.6m，小于1.5m。

5）配电箱内的开关、电器，应安装在金属或非木质的绝缘电器安装板上，然后整体紧固在配电箱体内，金属箱体、金属电器安装板以及箱内电器不带电的金属底座，外壳等，必须做保护接零。保护零线必须通过零线端子板连接。

6）配电箱和开关箱的进出线口，应设在箱体的下面，并加护套保护。进、出线应分路成束，不得承受外力，并做好防水弯。导线束不得与箱体进、出线口直接接触。

7）配电箱内的开关及仪表等电器排列整齐，配线绝缘良好，绑扎成束。熔丝及保护装置按设备容量合理选择，三相设备的熔丝大小应一致。三个及其以上回路的配电箱应设总开关，分开关应标有回路名称。三相胶盖闸开关只能作为断路开关使用，不得装设熔丝，应另加熔断器。各开关、触点应动作灵活、接触良好。配电箱的操作盘面不得有带电体明露。箱内应整洁，不得放置工具等杂物，箱门应有锁，并用红色油漆喷上警示标语和危险标志，喷写配电箱分类编号。箱内应设有线路图。下班后必须拉闸断电，锁好箱门。

交底部门	安全部	交底人	王××
交底项目	三级配电两级保护安全技术交底	交底时间	×年×月×日

交底内容：

8）配电箱周围 2m 内不得堆放杂物。电工应经常巡视检查开关、熔断器的接点处是否过热。各接点是否牢固，配线绝缘有无破损，仪表指示是否正常等。发现隐患立即排除。配电箱应经常清扫除尘。

9）每台用电设备应有各自专用的开关箱，必须实行"一机一闸一漏一箱"制，严禁同一个开关电器直接控制二台及二台以上用电设备（含插座）。

（2）两级漏电保护。

总配电箱和开关箱中两级漏电保护器的额定漏电动作电流和额定漏电动作时应合理配合，使之具有分级、分段保护的功能。

施工现场的漏电保护开关在总配电箱、分配电箱上安装的漏电保护开关的漏电动作电流应为 50～100mA，保护该线路；开关箱安装漏电保护开关的漏电动作电流应为 30mA 以下。

漏电保护开关不得随意拆卸和调换零部件，以免改变原有技术参数。并应经常检查试验，发现异常，必须立即查明原因，严禁带病使用。

接底人	李××、章××、刘××、程××…

3.施工照明安全技术交底

施工照明施工现场安全技术交底表

表 AQ-C1-9

工程名称：××大厦工程　　施工单位：××建设集团有限公司　　编号：×××

交底部门	安全部	交底人	王××
交底项目	施工照明安全技术交底	交底时间	×年×月×日

交底内容：

（1）施工现场照明应采用高光效、长寿命的照明光源。工作场所不得只装设局部照明，对于需要大面积的照明场所，应采用高压汞灯、高压钠灯或碘钨灯，灯头与易燃物的净距离不小于 0.3m。流动性碘钨灯采用金属支架安装时，支架应稳固，灯具与金属支架之间必须用不小于 0.2m 的绝缘材料隔离。

（2）施工照明灯具露天装设时，应采用防水式灯具，距地面高度不得低于 3m。工作棚、场地的照明灯具，可分路控制，每路照明支线上连接灯数不得超过 10 盏，若超过 10 盏时，每个灯具上应装设熔断器。

（3）室内照明灯具距地面不得低于 2.4m。每路照明支线上灯具和插座数不宜超过 25 个，额定电流不得大于 15A，并用熔断器或自动开关保护。

（4）一般施工场所宜选用额定电压为 220V 的照明灯具，不得使用带开关的灯头，应选用螺口灯头。相线接在与中心触头相连的一端，零线接在与螺纹口相连的一端。灯头的绝缘外壳不得有损伤和漏电，照明灯具的金属外壳必须做保护接零。单项回路的照明开关箱内必须装设漏电保护开关。

（5）现场局部照明用的工作灯，室内抹灰、水磨石地面等潮湿的作业环境，照明电源电压应不大于 36V。在特别潮湿，导电良好的地面、锅炉或金属容器内工作的照明灯具，其电源电压不得大于 12V。工作手灯应用胶把和网罩保护。

（6） 36V 的照明变压器，必须使用双绕组型，二次线圈、铁芯、金属外壳必须有可靠保护接零。一、二次侧应分别装设熔断器，一次线长度不应超过 3m。照明变压器必须有防雨、防砸措施。

（7）照明线路不得拴在金属脚手架、龙门架上，严禁在地面上乱拉、乱拖。灯具需要安装在金属脚手架、龙门架上时，线路和灯具必须用绝缘物与其隔离开，且距离工作面高度在 3m 以上。控制刀闸应配有熔断器和防雨措施。

（8）施工现场的照明灯具应采用分组控制或单灯控制。

接底人	李××、章××、刘××、程××…

4.施工用电线路架设安全技术交底

施工用电线路架设施工现场安全技术交底表

表 AQ-C1-9

工程名称：××大厦工程　　施工单位：××建设集团有限公司　　编号：×××

交底部门	安全部	交底人	王××
交底项目	施工用电线路架设安全技术交底	交底时间	×年×月×日

交底内容：

施工用电线路从结构形式上可分为架空线路和电缆线路两大类型。

（1）架空线路：

1）施工现场运电杆时，应由专人指挥。小车搬运，必须绑扎牢固，防止滚动。人抬时，前后要响应，协调一致，电杆不得离地过高，防止一侧受力扭伤。

2）人工立电杆时，应有专人指挥。立杆前检查工具是否牢固可靠（如叉木无伤痕，链子合适，溜绳、横绳、逮子绳、钢丝绳无伤痕）。地锚钎子要牢固可靠，溜绳各方向吃力应均匀。操作时，互相配合，听从指挥，用力均衡；机械立杆，吊车臂下不准站人，上空（吊车起重臂杆回转半径内）所有带电线路必须停电。

3）电杆就位移动时，坑内不得有人。电杆立起后，必须先架好叉木，才能撤去吊钩。电杆坑填土夯实后才允许撤掉叉木、溜绳或横绳。

4）电杆的梢径不小于13cm，埋入地下深度为杆长的1/10再加上0.6m。木质杆不得劈裂、腐朽，根部应刷沥青防腐。水泥杆不得有露筋、环向裂纹、扭曲等现象。

①登杆组装横担时，活板子开口要合适，不得用力过猛。

②登杆脚扣规格应与杆径相适应。使用脚踏板，钩子应向上。使用的机具、护具应完好无损。操作时系好安全带，并栓在安全可靠处，扣环扣牢，严禁将安全带栓在瓷瓶或横担上。

③杆上作业时，禁止上下投掷料具。料具应放在工具袋内，上下传递料具的小绳应牢固可靠。递完料具后，要离开电杆3m以外。

5）架空线路的干线架设（380/220V）应采用铁横担、瓷瓶水平架设，档距不大于35m，线间距离不小于0.3m。

①架空线路必须采用绝缘导线。架空绝缘铜芯导线截面积不小于$10mm^2$，架空绝缘铝芯导线截面积不小于$16mm^2$，在跨越铁路、管道的档距内，铜芯导线截面积不小于$16mm^2$，铝芯导线截面积不小于$35mm^2$。导线不得有接头。

②架空线路距地面一般不低于4m，过路线的最下一层不低于6m。多层排列时，上、下层的间距不小于0.6m。高压线在上方，低压线在中间，广播线、电话线在下方。

③干线的架空零线应不小于相线截面的1/2。导线截面积在$10mm^2$以下时，零线和相线截面积相同。支线零线是指干线到闸箱的零线，应采用与相线大小相同的截面。

④架空线路最大弧垂点至地面的最小距离（见表4-5）：

交底部门	安全部	交底人	王××
交底项目	施工用电线路架设安全技术交底	交底时间	×年×月×日

交底内容：

表 4-5　　　　　　　　架空线路最大弧垂点至地面的最小距离（m）

架空线路地区	线路负荷	
	1kV 以下	1～10kV
居民区	6	6.5
交通要道（路口）	6	7
建筑物顶端	2.5	3
特殊管道	1.5	3

⑤架空线路摆动最大时与各种设施的最小距离（m）：外侧边线与建筑物凸出部分的最小距离 1kV 以下时为 1m，1～10kV 时，为 1.5m。在建工程（含脚手架）的外侧边缘与外电架空线路的边线之间的最小距离：1kV 以下时为 4m；1～10kV 时为 6m。

6）杆上紧线应侧向操作，并将夹紧螺栓拧紧，紧有角度的导线时，操作人员应在外侧作业。紧线时装设的临时脚踏支架应牢固。如用大竹梯，必须用绳将梯子与电杆绑扎牢固。调整拉线时，杆上不得有人。

7）紧绳用的铅（铁）丝或钢丝绳，应能承受全部拉力，与电线连接必须牢固。紧线时导线下方不得有人。终端紧线时反方向应设置临时拉线。

8）大雨、大雪及六级以上强风天，停止登杆作业。

（2）电缆线路：

电缆干线应采用埋地或架空敷设，严禁沿地面明敷设，并应避免机械损伤和介质腐蚀。

1）电缆在室外直接埋地敷设时，必须按电缆埋设图敷设，并应砌砖槽防护，埋设深度不得小于 0.6m。

2）电缆的上下各均匀铺设不小于 5cm 厚的细砂，上盖电缆盖板或红机砖作为电缆的保护层。

3）地面上应有埋设电缆的标志，并应有专人负责管理。不得将物料堆放在电缆埋设的上方。

4）有接头的电缆不准埋在地下，接头处应露出地面，并配有电缆接线盒（箱）。电缆接线盒（箱）应防雨、防尘、防机械损伤，并远离易燃、易爆、易腐蚀场所。

5）电缆穿越建筑物、构筑物、道路、易受机械损伤的场所及引出地面从 2m 高度至地下 0.2m 处，必须加设防护套管。

6）电缆线路与其附近热力管道的平行间距不得小于 2m，交叉间距不得小于 1m。

7）橡套电缆架空敷设时，应沿着墙壁或电杆设置，并用绝缘子固定，严禁使用金属裸线作绑线。电缆间距大于 10m 时，必须采用铅丝或钢丝绳吊绑，以减轻电缆自重，最大弧垂距地面不小于 2.5m。电缆接头处应牢固可靠，做好绝缘包扎，保证绝缘强度，不得承受外力。

8）在施建筑的临时电缆配电，必须采用电缆埋地引入。电缆垂直敷设时，位置应充分利用竖井、垂直孔洞。其固定点每楼层不得少于一处。水平敷设应沿墙或门口固定，最大弧垂距离地面不得小于 1.8m。

接底人	李××、章××、刘××、程××…

4.3.8 安装电工安全技术交底

1.设备安装安全技术交底

设备安装施工现场安全技术交底表

表 AQ-C1-9

工程名称：××大厦工程　　　施工单位：××建设集团有限公司　　　编号：×××

交底部门	安全部	交底人	王××
交底项目	设备安装安全技术交底	交底时间	×年×月×日

交底内容：

（1）安装高压油开关、自动空气开关等有返回弹簧的开关设备时，应将开关置于断开位置。

（2）搬运配电柜时，应有专人指挥，步调一致。多台配电盘（箱）并列安装时，手指不得放在两盘（箱）的接合部位，不得触摸连接螺孔及螺丝。

（3）露天使用的电气设备，应有良好的防雨性能或有可靠的防雨设施。配电箱必须牢固、完整、严密。使用中的配电箱内禁止放置杂物。

（4）剔槽、打洞时，必须戴防护眼镜，锤子柄不得松动。錾子不得卷边、裂纹。打过墙、楼板透眼时，墙体后面，楼板下面不得有人靠近。

接底人	李××、章××、刘××、程××⋯

2.内线安装安全技术交底

内线安装施工现场安全技术交底表

表 AQ-C1-9

工程名称：××大厦工程   施工单位：××建设集团有限公司   编号：×××

交底部门	安全部	交底人	王××
交底项目	内线安装安全技术交底	交底时间	×年×月×日

交底内容：

（1）安装照明线路时，不得直接在板条天棚或隔声板上行走或堆放材料；因作业需要行走时，必须在大楞上铺设脚手板；天棚内照明应采用 36V 低压电源。

（2）在脚手架上作业，脚手板必须满铺，不得有空隙和探头板。使用的料具，应放入工具袋随身携带，不得投掷。

（3）在平台、楼板上用人力弯管器煨弯时，应背向楼心，操作时面部要避开。大管径管子灌沙煨管时，必须将沙子用火烘干后灌入。用机械敲打时，下面不得站人，人工敲打上下要错开，管子加热时，管口前不得有人停留。

（4）管子穿带线时，不得对管口呼唤、吹气，防止带线弹出。二人穿线，应配合协调，一呼一应。高处穿线，不得用力过猛。

（5）钢索吊管敷设，在断钢索及卡固时，应预防钢索头扎伤。绷紧钢索应用力适度，防止花篮螺栓折断。

（6）使用套管机、电砂轮、台钻、手电钻时，应保证绝缘良好，并有可靠的接零接地。漏电保护装置灵敏有效。

接底人	李××、章××、刘××、程××…

3.外线安装安全技术交底

外线安装施工现场安全技术交底表

表 AQ-C1-9

工程名称:××大厦工程   施工单位:××建设集团有限公司   编号:×××

交底部门	安全部	交底人	王××
交底项目	外线安装安全技术交底	交底时间	×年×月×日

交底内容:

(1)作业前应检查工具(铣、镐、锤、钎等)牢固可靠。挖坑时应根据土质和深度,按规定放坡。

(2)杆坑在交通要道或人员经常通过的地方,挖好后的坑应及时覆盖,夜间设红灯示警。底盘运输及下坑时,应防止碰手、砸脚。

(3)现场运杆时,应由专人指挥。小车搬运,必须绑扎牢固,防止滚动。人抬时,前后要响应,协调一致,电杆不得离地过高,防止一侧受力扭伤。

(4)人工立杆时,应有专人指挥。立杆前检查工具是否牢固可靠(如叉木无伤痕,链子合适,溜绳、横绳、逮子绳、钢丝绳无伤痕)。地锚钎子要牢固可靠,溜绳各方向吃力应均匀。操作时,互相配合,听从指挥,用力均衡;机械立杆,吊车臂下不准站人,上空(吊车起重臂杆回转半径内)所有带电线路必须停电。

(5)电杆就位移动时,坑内不得有人。电杆立起后,必须先架好叉木,才能撤去吊钩。电杆坑填土夯实后才允许撤掉叉木、溜绳或横绳。

1)登杆组装横担时,活板子开口要合适,不得用力过猛。

2)登杆脚扣规格应与杆径相适应。使用脚踏板,钩子应向上。使用的机具、护具应完好无损。操作时系好安全带,并栓在安全可靠处,扣环扣牢,严禁将安全带栓在瓷瓶或横担上。

(6)杆上作业时,禁止上下投掷料具。料具应放在工具袋内,上下传递料具的小绳应牢固可靠。递完料具后,要离开电杆 3m 以外。

(7)杆上紧线侧向操作时,操作人员应在外侧作业。紧线时装设的临时脚踏支架应牢固。如用大竹梯,必须用绳将梯子与电杆绑扎牢固。调整拉线时,杆上不得有人。

(8)紧绳用的铅(铁)丝或钢丝绳,应能承受全部拉力,与电线连接必须牢固。紧线时导线下方不得有人。终端紧线时反方向应设置临时拉线。

(9)架线时在线路的每 2~3km 处,应设一次临时接地线,送电前必须拆除。大雨、大雪及六级以上强风天,停止登杆作业。

接底人	李××、章××、刘××、程××…

4.电缆安装安全技术交底

电缆安装施工现场安全技术交底表

表 AQ-C1-9

工程名称：××大厦工程　　施工单位：××建设集团有限公司　　编号：×××

交底部门	安全部	交底人	王××
交底项目	电缆安装安全技术交底	交底时间	×年×月×日

交底内容：

（1）架设电缆轴的地面必须平实。支架必须采用有底平面的专用支架，不得用千斤顶等代替。敷设电缆必须按安全技术措施交底内容执行，并设专人指挥。

（2）人力拉引电缆时，力量要均匀，速度应平稳，不得猛拉猛跑。看轴人员不得站在电缆轴前方。敷设电缆时，处于拐角的人员，必须站在电缆弯曲半径的外侧。过管处的人员必须做到：送电缆时手不可离管口太近；迎电缆时，眼及身体严禁直对管口。

（3）竖直敷设电缆，必须有预防电缆失控下溜的安全措施。电缆放完后，应立即固定、卡牢。

（4）人工滚运电缆时，推轴人员不得站在电缆前方，两侧人员所站位置不得超过缆轴中心。电缆上、下坡时，应采用在电缆轴中心孔穿铁管，在铁管上拴绳拉放的方法，平稳、缓慢进行。电缆停顿时，将绳拉紧，及时"打掩"制动。人力滚动电缆路面坡度不宜超过15°。

（5）汽车运输电缆时，电缆应尽量放在车头前方（跟车人员必须站在电缆后面），并用钢丝绳固定。

（6）在已送电运行的变电室沟内进行电缆敷设时，电缆所进入的开关柜必须停电。并应采用绝缘隔板等措施。在开关柜旁操作时，安全距离不得小于 1m （10kV 以下开关柜）。电缆敷设完如剩余较长，必须捆扎固定或采取措施，严禁电缆与带电体接触。

（7）挖电缆沟时，应根据土质和深度情况按规定放坡。在交通道路附近或较繁华地区施工电缆沟时，应设置栏杆和标志牌，夜间设红色标志灯。

（8）在隧道内敷设电缆时，临时照明的电压不得大于 36V。施工前应将地面进行清理，积水排净。

接底人	李××、章××、刘××、程××…

5.电气调试安全技术交底

电气调试施工现场安全技术交底表

表 AQ-C1-9

工程名称：××大厦工程　　　施工单位：××建设集团有限公司　　　编号：×××

交底部门	安全部	交底人	王××
交底项目	电气调试安全技术交底	交底时间	×年×月×日

交底内容：

（1）进行耐压试验装置的金属外壳，必须接地，被调试设备或电缆两端如不在同一地点，另一端应有专人看守或加锁，并悬挂警示牌。待仪表、接地检查无误，人员撤离后方可升压。

（2）电气设备或材料作非冲击性试验，升压或降压，均应缓慢进行。因故暂停或试验结束，应先切断电源，安全放电。并将升压设备高压侧短路接地。

（3）电力传动装置系统及高低压各型开关调试时，应将有关的开关手柄取下或锁上，悬挂标志牌，严禁合闸。

（4）用摇表测定绝缘电阻，严禁有人触及正在测定中的线路或设备，测定容性或感性设备材料后，必须放电，遇到雷电天气，停止摇测线路绝缘。

（5）电流互感器禁止开路，电压互感器禁止短路和以升压方式进行。电气材料或设备需放电时，应穿戴绝缘防护用品，用绝缘棒安全放电。

接底人	李××、章××、刘××、程××…

4.3.9 锅炉、管道安装工操作安全技术交底

锅炉、管道安装工操作施工现场安全技术交底表

表 AQ-C1-9

工程名称：××大厦工程　　　施工单位：××建设集团有限公司　　　编号：×××

交底部门	安全部	交底人	王××
交底项目	锅炉、管道安装工操作安全技术交底	交底时间	×年×月×日

交底内容：

1. 散装锅炉安装安全操作规程

（1）锅炉基础放线时，应将锅炉房内的杂物清理干净。所有的坑、洞、预留口 1.5m×1.5m 以下的洞口，必须设置牢固的安全防护盖板。1.5m×1.5m 以上的洞口周边必须设两道牢固的护身栏杆，中间挂水平安全网。

（2）锅炉施工现场的临时电源的架设，应遵守《施工现场临时用电安全技术规范》（JGJ 46-2005）的规定。

（3）锅炉安装施工用的照明，应不超过 36V 安全电压；锅筒内应使用不超 12V 的低压照明。

（4）设备拆箱使用的工具柄安装牢固。拆箱的箱板应边拆、边清、边按指定地点码放整齐。

（5）安装使用的承重的操作平台，应由架子工按专项安全施工组织设计（施工方案）或安全技术措施交底搭设。并经交接验收合格后，方可使用。操作平台进料一侧的防护栏杆应及时恢复。平台上不得堆放材料或设备部件，严禁超负荷使用。

（6）锅炉本体吊装受力点应牢固可靠，锚点严禁拴在砖柱、砖墙或其他不稳固的构筑物上。

（7）吊装时必须遵守起重工、起重机司机和信号指挥的规定。两台卷扬机起吊一个部件时，两台转速必须同步一致，严禁用两台吨位不等、转速、转距不一致的卷扬机起吊一个部件或一台设备。

（8）安装锅炉钢架横梁时，操作人员高处作业必须系好安全带。手不得扶在横梁的顶端。在横梁与立柱未焊牢之前，严禁上人操作。第一圈横梁安装好后，中间应挂设安全网。锅炉钢架焊接牢固后，再上汽包，严禁颠倒工序。

（9）锅炉的对流管退火，化铅锅应设在露天，有防雨措施；操作人员应戴手套和防护眼镜；严禁将潮湿铅块放入铅锅内。钢管退火，应先将退火的管头烘干再插入铅锅内，并固定牢固；操作人员脚应加鞋盖。

（10）锅炉本体的平台、护身栏、爬梯和扶手，必须随锅炉的安装同步进行。

交底部门	安全部	交底人	王××
交底项目	锅炉、管道安装工操作安全技术交底	交底时间	×年×月×日

交底内容：

（11）胀管时，锅筒外应设专人监护，发现不安全隐患，应及时拉闸断电。往锅筒内送风时，严禁用无防护罩的排风扇代替轴流风机。

（12）焊工焊接锅炉钢架时，必须遵守焊工的有关规定。电焊机的二次线必须双线到位，严禁借用其他金属结构或钢管脚手架代替回路。

（13）螺旋出渣机做冷态试车和炉排试运转时，必须有暂设电工配合进行。

（14）电气控制设备、省煤器、液压传动装置、鼓引风、软化水等设备安装，必须按照分项施工工艺标准中安全规定和安全技术措施交底执行，严禁违章作业。

（15）安装机电设备试运转时，必须会同有关人员共同进行，不得擅自开动。大型设备试运转应听从专人指挥，不得任意改变或减少操作步骤。

2．快装锅炉安装安全操作规程

（1）操作人员应严格执行专项施工方案和安全技术措施交底。

（2）锅炉及附属设备在水平运输或吊装作业时，操作人员应以起重工为主，并执行起重工有关规定。非操作人员不得进入吊装作业区。

（3）土法吊装使用三木搭时，三木搭构造必须有足够的受力强度，稳固可靠，应用钢丝绳挂倒链，严禁使用 8 号铅丝代替。

（4）施工现场的临时用电照明的电压应遵守《施工现场临时用电安全技术规范》（JGJ 46-2005）的规定。

（5）操作时使用人字梯（折梯）时，遵守相关规范的规定。

3．管道安装安全操作规程

（1）管材运输，应清理道路上的障碍物。汽车运输必须有起重工或装卸工配合；手推车运输必须将管子绑扎牢固，装卸时起落一致；用滚杠运输不得用手直接调整滚杠，管子滚动前方不得有人。用塔吊往高处运管时，应遵守本规程塔式起重机有关规定。管材堆放应放稳放牢，不得乱堆乱放。

（2）管材的除锈和刷漆，应在安装之前进行。锯断管材时，应将管材夹在管子压力钳中，不得用平口虎钳；管材应用支架或手托住。用砂轮锯断管材时，压力应均匀，不得用力过猛，操作人员应站在砂轮片旋转方向的侧面。

（3）铲管材破口、磨口、剔飞刺、敲焊渣时，操作人员应戴防护眼镜，对面严禁有人。

（4）煨管时，钢丝绳在管上应绑扎牢固，操作人员不得站在钢丝绳的里侧或随意跨越钢丝绳。地锚和别管用的桩子必须牢固。

（5）管道吹洗时，排出口应设专人监护。在吹洗和试验过程中，不得进行安装或检修。

（6）熬沥青时，应遵守相关规范的规定。

交底部门	安全部	交底人	王××
交底项目	锅炉、管道安装工操作安全技术交底	交底时间	×年×月×日

交底内容:

（7）安装立管时，在开启管子的预留洞口的钢筋网或安全防护盖板前应向总承包单位提出申请，办理洞口使用交结手续后，方可拆除。操作完毕应将预留洞口安全防护盖板恢复好，盖严盖牢。

（8）安装冷却塔立管时，上端与冷却塔连接的最后一根管的法兰盘，必须焊好后再同冷却塔塑料法兰盘连接。在安装立管施焊前，必须申请用火证，并设专人看火，备好消防器材，井道的孔洞应用水浇湿石棉布堵严，严禁火星掉到下一层。

（9）地沟或潮湿场所安装管道，照明电压不得超过 12V。电焊把线严禁裸露和破损。操作人员必须穿绝缘鞋、戴绝缘（电焊）手套。

（10）管道串动和对口时，动作要协调，手不得放在管口和接合处。

接底人	李××、章××、刘××、程××…

4.4 其他工人（工种）安全技术交底

4.4.1 筑炉工操作安全技术交底

1.筑炉工操作安全技术交底

筑炉工操作施工现场安全技术交底表

表 AQ-C1-9

工程名称：××大厦工程　　施工单位：××建设集团有限公司　　编号：×××

交底部门	安全部	交底人	王××
交底项目	筑炉工操作安全技术交底	交底时间	×年×月×日

交底内容：

（1）筑炉使用的脚手架，由专业架子工负责按施工图搭设和拆除。非架子工不得搭、拆和改动。

（2）施工区域内井、坑和孔洞等必须设牢固安全防护盖板。跨越沟或炉体洞口时，应搭设宽不小于 80cm 的过桥，桥的两侧边必须设两道牢固的护身栏杆和 18cm 高的挡脚板。

（3）采用垂直运输运送物料时，应装在小车或容器内，严禁上下投掷物料。

（4）炉体内操作使用的照明电压不得大于 36V。金属容器内的照明不得大于 12V。

（5）施工区域内不得堆放易燃易爆物品。材料和设备堆放场地应平整，并应有排水措施。

（6）操作人员使用的工具应装入工具袋或其他容器内。小型工具可用绳索系在身上或脚手架等牢固地方。

（7）高处作业上下不得攀登脚手架和垂直运输设备，必须走专用梯道。

（8）2m 以上高处作业无可靠安全防护设施时，操作人员必须系好安全带，并应上挂在牢固地方。

接底人	李××、章××、刘××、程××…

2.炉体砌筑安全技术交底

炉体砌筑施工现场安全技术交底表

表 AQ-C1-9

工程名称：××大厦工程　　施工单位：××建设集团有限公司　　　编号：×××

交底部门	安全部	交底人	王××
交底项目	炉体砌筑安全技术交底	交底时间	×年×月×日

交底内容：

（1）一般炉体砌筑应遵守下列规定：

1）往深坑或设备内吊运物料时，敞口上部应设操作平台，临边应设护身栏杆。向下送料的位置应固定。上下操作人员应互相联系，密切配合。

2）高处作业时，各种工具应放稳，严禁从上向下投掷工具和砖，所有料具必须从垂直运输井字架、龙门架传递。挂线的线坠（坠砖）必须绑扎牢固。

3）在架子上用刨锛打砖时，刨锛柄必须安装牢固，操作人员要面向墙把砖打在架子上。严禁将砖打落在架子外侧。

4）在金属罐上、烟道或炉膛内操作时，应通风良好，同时至少应两个人配合方可进行操作。

（2）悬挂式炉顶砌筑应遵守下列规定：

1）悬挂式炉顶或拱，在砌筑之前必须将悬挂砖的钢梁、吊管、挂砖等按交底要求，检查合格后方可操作。

2）挂砖前，应清除操作场地上部的杂物。

3）挂砖时，不得采用砖撑、塞管等办法调整管距。

4）拱挂砖时，应按需要供砖，不得堆积过多，供砖必须采用传递方法，严禁投扔。

5）砍凿异型砖的悬挂部位时，不得削弱砖心的坚固性，同时吊孔直径不应大于支吊架物件直径 5mm。

（3）拱砌筑应遵守下列规定：

1）拱胎必须支设正确牢固，经检查合格方可砌筑。

2）砌筑拱顶前，拱脚梁与骨架立柱必须紧靠；砌筑可调节骨架的拱顶前，骨架和立柱必须调整固定，并检查合格。

3）拱脚砖应紧靠拱脚梁砌筑；拱脚砖后面有砌体时，应在该砌体砌筑完毕后，方可砌筑拱顶或拱，不得在拱脚砖的后面砌筑轻质砖。

4）砌筑没有混凝土的地下烟道的拱顶时，应在墙外回填土完成后方可砌筑。

5）拆除拱顶的拱胎时，必须在锁砖全部打紧，拱脚处的凹沟砌筑完毕，以及骨架拉杆的螺母最后拧紧之后进行。用普通粘土砖砌筑拱顶，须待砂浆强度达到 60%以上，方可拆除拱胎及其他支撑。

接底人	李××、章××、刘××、程××…

4.4.2 铆工操作安全技术交底

1.铆工作业一般规定

铆工作业施工现场安全技术交底表

表 AQ-C1-9

工程名称：××大厦工程　　　施工单位：××建设集团有限公司　　　编号：×××

交底部门	安全部	交底人	王××
交底项目	铆工作业一般规定	交底时间	×年×月×日

交底内容：

（1）金属构件、钢板、型钢、卷管等材料或制品，应分别按规定位置码放整齐，钢板之间严禁用砖块、石块当垫木。码放不宜过高。卷管的停放应挡好三角木或用道木"打掩"。用撬棍时应选好力点，保持身体平衡，移动或滚动物件时前方严禁站人。

（2）组装工作平台，必须接地良好，接地电阻应不大于10Ω，施工作业点临时照明电压不得大于36V。热加工作业点距氧气和乙炔瓶的安全距离应不小于10m。大型结构附近与吊装作业区，不得放置氧气和乙炔等压力瓶罐。

（3）在转胎（滚动台）上组对容器应防止容器从转胎上滚落。滚动轮（主动轮和被动轮）两侧应水平，拼装罐体中心垂直线与两轮中心夹角不得小于35°，工件转动线速度，不得超过3m/min。

（4）铆工吊装作业应遵守下列规定：

1）吊装用的钢丝绳应经常检查，发现芯油挤出，必须及时更换匹配的钢丝绳，应防水泡、高温和电弧击伤及电流灼热退火，严禁接触有腐蚀性的化学物质。

2）钢丝绳承载时应舒展，不得扭结、搭压或变形。套索不得沾泥或铁屑及金属颗粒。吊装或捆扎重物时，必须受力均匀，钢材棱角必须加保护垫。

3）用后的钢丝绳套索，必须悬挂在架子上，重盘绳应放在垫好的木板上。

4）吊装作业前必须严格检查绳索、链掌、卸扣、卡（夹）具、销轴、卡体母材等。发现裂纹、开焊、压扁变形等缺陷，严禁使用。

5）针对吊装物的形体，合理选择捆绑位置和方法，重心要低，捆绑要牢，确保平衡。吊装前应先进行试吊合格，方可正式吊装。

6）挂钩、脱钩应戴手套。往钩上挂或脱钩时应持绳套下端，往重物上挂或脱钩时应持绳套上端，重物捆绑不牢，不得起吊。多人操作必须由专人指挥。

7）吊运行程半径下面不得有人，并应避开障碍物。吊装接近吊具满负荷时，必须设专人检查抱闸。吊装易燃、易爆或避震的物件应有可靠的防护措施。

8）吊运必须与电线、电缆保持安全距离，并应躲避有"防火"、"防爆"标志的物件。大型设备吊装必须按专项安全施工组织设计（施工方案）的安全技术措施内容执行。

（5）安装铆工使用的支架、挂架操作前必须认真检查合格后，方可使用。架上不得放置零散铁件，严禁攀登、跨越护身栏和随意拆改。

（6）在架上作业时，应穿绝缘、防滑鞋，配合焊接作业应戴防护镜。

接底人	李××、章××、刘××、程××…

2.铆工专用或常用工具操作安全技术交底

铆工专用或常用工具操作施工现场安全技术交底表

表 AQ-C1-9

工程名称：××大厦工程　　施工单位：××建设集团有限公司　　编号：×××

交底部门	安全部	交底人	王××
交底项目	铆工专用或常用工具操作安全技术交底	交底时间	×年×月×日

交底内容：

1．操作使用的大锤或手锤

（1）操作前根据工作需要，选用锤的大小，检查锤头、锤柄的安装是否牢固，锤头有无裂纹、翻边、油污和其他杂物。作业时严禁戴手套。

（2）打锤时必须注意周围人员及其他设备安全，注意避开障碍物、拖绳及临时电线等。

（3）两人以上打锤及撑钳，人不得站在大锤运动平面内。操作时应精神集中，不得抢打、乱打。

（4）热加工用锤，要勤沾水，预防锤柄松动。两人或多人操作要配合一致，步子稳、撤锤快、躲步准确。打锤时，锤与工件要平、实，不得斜击。

2．操作使用的风铲、电铲或手铲

（1）操作使用风铲（凿）应检查送风管，接口应牢固，阀门良好，铲头有裂纹者不得使用。操作时应及时清理毛刺。更换铲头必须口向下，严禁面对风枪口。

（2）使用电铲前，必须由电工：检测设备的绝缘情况，电缆线不得有接头。操作人员必须穿绝缘鞋，戴绝缘手套。

3．操作使用的磁力钻

（1）操作前必须由电，工检测电源线的绝缘和设备的接地保护等完好，漏电保护装置灵敏有效。

（2）操作时不得戴手套。钻头和工件必须保持垂直。

（3）严禁手直接接触铁屑。

4．操作使用卷板机

（1）操作前应检查机器的润滑情况，电气控制灵敏有效，接地良好。一切正常，启动空载试运行后，才允许投入卷板。

（2）停机后插入工件找正放稳。操作人员必须站在卷板两侧，严禁站在钢板上，手要离开。滚圆中不宜拼板，随板测量必须停机。

（3）钢板卷到尾端应留有余量。卷大弧度半成品，待到端头时，卷板机两侧不准人员停留，必要时须有卷弧胎架，以便板材端出辊落在物架上。

交底部门	安全部	交底人	王××
交底项目	铆工专用或常用工具操作安全技术交底	交底时间	×年×月×日

交底内容：

（4）卷圆管对口，机工和铆工必须听从统一口令；用撬棍撬板时，卷管机严禁卷动，待板口撬平后再慢慢卷动将管口对平、点焊。"倒头体"出管一边，应留有足够的场地，以便卷管形成后顺利倒头脱机，吊离卷管机。卷大直径筒体，必须用吊具配合。

5．操作龙门切（剪）板机

（1）首先应检查刀架上是否有其他工件，并清理干净。开机后先空载运行，检查机声、压料器、刀架上下均匀运转正常，方可操作。

（2）剪料间隙根据工件要求进行调整后，方可入料。入料时严禁掀开安全护栏。剪板时操作人员必须将钢板放置平稳，对好线并发出信号后，才允许开机剪板。上剪未复位不可送料，手严禁伸入剪刀下方。

（3）剪大料时，机后应加适当托架，防止板材滑出。剪板机后严禁行人通过。

（4）剪板机不可超负荷作业，剪板厚度不得超过本机额定厚度。压不到的窄钢板，严禁剪切。

6．操作刨边机

（1）操作前应检查电气及限位控制、机床油泵供油系统和小车行走正常，小车行走轨道不得有障碍物。空车运行数次正常后，方可紧固刀具，上料操作。

（2）吊装大型板材入料时应平稳，不得碰撞机身和护栏。板料放在机架工作面上，应由人工推动入料，专人校定加工尺寸，手动压紧丝扣。工件必须卡牢，待液压压紧头达到额定压力时，重新紧固手动丝杠，应紧固一致均衡。所用垫板要统一平整，不得用带毛刺或变形的垫板。

（3）二人操作必须分工明确，相互照应，协调一致，统一操作程序。小车行程的自动控制，应根据工件的长短来核实。对大工件的加工不得超过机械性能和走刀的最大限度。双向刀架轴必须灵活可靠。

接底人	李××、章××、刘××、程××…

3.内浮盘拱顶钢油罐气顶倒装法对接施工安全技术交底

内浮盘拱顶钢油罐气顶倒装法对接施工安全技术交底表

表 AQ-C1-9

工程名称：××大厦工程　　施工单位：××建设集团有限公司　　　编号：×××

交底部门	安全部		交底人	王××
交底项目	内浮盘拱顶钢油罐气顶倒装法对接施工		交底时间	×年×月×日

交底内容：

（1）气顶施工安全装置应有：送风装置、胀圈捶板装置、平衡装置、测压装置、密封装置和排风装置等。

（2）罐底焊完后，必须及时接好罐的保护接地线。罐内的中心灯塔电源线为金属管全封闭的输电缆线。灯塔顶端上设保护伞盖，下设灯台和开关。电气设备漏电保护装置灵敏有效。

（3）胀圈的安装必须用千斤顶顶紧。千斤顶应放在安全挂盒内，与胀圈顶紧，形成整体。胀圈刀把板严禁只焊同一侧，严禁刀把板用千斤顶紧固胀圈时搓掉。

（4）气升前，必须明确指挥信号和各岗位人员分工。操作人员应掌握气升中可能出现的故障及预防处理的措施。

（5）起升前应分别计算出浮升各圈壁板的理论风压，浮升时做好实际稳压风压及起升风压记录。同时对各装置进行检查确认无误，指挥员给罐内发出起升信号，待罐内返回各就各位的起升信号后，才允许启动风机送风。

（6）气升前风机必须经试运转方可使用，活口处倒链进行往复松紧实验，确保松紧灵活。电气控制部分的保险与风机必须匹配，确保气升过程中的安全操作。

（7）起升过程中罐内外的操作人员必须密切注意限位和平衡装置的工作情况，同时对各种密封装置经常检查、调整。罐外人员应严密观察罐体平衡，出现不平衡立即采取措施处理。

（8）第一圈板起升应分两次进行。当升到 1/2～2/3 高度时应减少风量，稳住风压，将浮起部分固定住，然后停止风机，待罐内人员将平衡装置接好，向外发出信号后，方可启动风机，将罐升到规定高度。

（9）起升到预定位置时应稳压，对接线应符合要求，间隙一致，确认无误后，方可点焊，点焊完毕即停止风机运行。

（10）第二圈板的起升可一次进行到规定高度，但每层壁板在起升过程中应稳压三次，测出稳压数据，确保对口时稳压精确可靠。

（11）活口倒链拉紧时要缓慢，不得猛拉。发现不严密时，应检查其他部位情况，严禁使劲拉倒链。

交底部门	安全部	交底人	王××
交底项目	内浮盘拱顶钢油罐气顶倒装法对接施工	交底时间	×年×月×日

交底内容：

（12）安装时气升用的机具必须事先检查、维护。平衡装置的倒轮及钢丝绳应牢固可靠，钢丝绳走向必须正确，限位拉杆、限位角铁焊接必须符合要求。

（13）罐体起升时，罐内人员不得立于胀圈和起升壁板下面。起升时必须专人统一指挥，专人把守风门，其他人员必须听从指挥，认真操作。

（14）气升时罐内人员应检查平衡装置的运转和密封胶皮的工作状况。严禁在运转中用手去掏掉入地板内的胶皮。

（15）高处作业安装，零部件、工具必须用绳索工具袋传递，严禁抛掷。交叉作业上下应呼应。

（16）操作过程中遇停机或断电，必须立即关闭风机进风调节挡板，使气罐缓慢下降。

接底人	李××、章××、刘××、程××…

4.球形贮罐施工安全技术交底

球形贮罐施工现场安全技术交底表

表 AQ-C1-9

工程名称：××大厦工程　施工单位：××建设集团有限公司　　编号：×××

交底部门	安全部	交底人	王××
交底项目	球形贮罐施工安全技术交底	交底时间	×年×月×日

交底内容：

（1）操作中必须对入罐电源线、焊机把线、液化气加热输送胶管、氧气和乙炔气胶管加护套或支架保护，对入罐电源线加屏蔽套管。

（2）操作人员进入罐内必须佩戴防尘口罩，穿绝缘隔热防滑鞋，戴防护镜。在有害气体和烟尘大及温度高的环境操作，应轮班作业或工间休息。在罐内作业必须两人以上。

（3）球壳板组装应遵守以下规定：

1）胎具制作要牢固。进出球罐应走固定的爬梯。

2）组装的工装卡具、工具和材料应放稳，严禁高处抛物。

3）对临时焊接部位应认真检查，发现缺陷必须及时通知焊工补焊。

4）焊前预热采用的石油液化气，必须设专人管理。液化气出口必须装减压阀，每个燃烧器应编号，燃烧气点火应由专人负责，必须先点火、后开气。罐内施焊时应专人进行安全监护，遇特殊情况及时进行救护。

5）球罐组装后应及时装好排尘通风装置，并做好防暑降温工作。

6）球罐焊接使用的脚手架，必须遵守脚手架搭设的有关规定。

（4）球壳的吊装应遵守以下规定：

1）球壳板排板、翻身、复验，吊装前应检查吊索具（卡具、吊耳、绳索、卡环等）无变形、无损伤。严禁使用单根吊装。

2）中环带与立柱吊装时，立柱就位后必须及时用缆风绳（拖拉绳）稳固。吊装作业时起重臂下严禁站人。

（5）球罐组装后，必须立即按规定做好防雷接地保护。

接底人	李××、章××；刘××、程××…

4.4.3 普工操作安全技术交底

1.普工作业一般规定

普工作业施工现场安全技术交底表

表 AQ-C1-9

工程名称：××大厦工程　　施工单位：××建设集团有限公司　　编号：×××

交底部门	安全部	交底人	王××
交底项目	普工作业一般规定	交底时间	×年×月×日

交底内容：

（1）普通工在从事挖土、装卸、搬运和辅助作业时，工作前必须熟悉作业的内容、作业环境，对所使用的铁铣、铁镐、车子等工具要认真进行检查，不牢固不得使用。

（2）从砖垛上取砖应由上而下阶梯式拿取，严禁一码拿到底或在下面掏拿。传砖时应整砖和半砖分开传递，严禁抛掷传递。

（3）在脚手架、操作平台等高处用水管浇水或移动水管作业时，不得倒退猛拽。严禁在脚手架、操作平台上坐、躺和背靠防护栏杆休息。

（4）淋灰、筛灰作业时必须正确穿戴个人防护用品（胶靴、手套、口罩），不得赤脚、露体，作业时应站在上风操作。遇四级以上强风，停止筛灰。

接底人	李××、章××、刘××、程××…

2.普工挖土安全技术交底

普工挖土施工现场安全技术交底表

表 AQ-C1-9

工程名称：××大厦工程　　施工单位：××建设集团有限公司　　编号：×××

交底部门	安全部	交底人	王××
交底项目	普工挖土安全技术交底	交底时间	×年×月×日

交底内容：

（1）挖土前根据安全技术交底了解地下管线、人防及其他构筑物情况和具体位置。地下构筑物外露时，必须进行加固保护。作业过程中应避开管线和构筑物。在现场电力、通信电缆2m范围内和现场燃气、热力、给排水等管道1m范围内挖土时，必须在主管单位人员监护下采取人工开挖。

（2）开挖槽、坑、沟深度超过 1.5m，必须根据土质和深度情况按安全技术交底放坡或加可靠支撑，遇边坡不稳、有坍塌危险征兆时，必须立即撤离现场。并及时报告施工负责人，采取安全可靠排险措施后，方可继续挖土。

（3）槽、坑、沟必须设置人员上下坡道或安全梯。严禁攀登固壁支撑上下，或直接从沟、坑边壁上挖洞攀登爬上或跳下。间歇时，不得在槽、坑坡脚下休息。

（4）挖土过程中遇有古墓、地下管道、电缆或其他不能辨认的异物和液体、气体时，应立即停止作业，并报告施工负责人，待查明处理后，再继续挖土。

（5）槽、坑、沟边1m以内不得堆土、堆料、停置机具。堆土高度不得超过1.5m。槽、坑、沟与建筑物、构筑物的距离不得小于1.5mm。开挖深度超过2m时，必须在周边设两道牢固护身栏杆，并立挂密目安全网。

（6）人工开挖土方，两人横向间距不得小于2m，纵向间距不得小于3m。严禁掏洞挖土，搜底挖槽。

（7）钢钎破冻土、坚硬土时，扶钎人应站在打锤人侧面用长把夹具扶钎，打锤范围内不得有其他人停留。锤顶应平整，锤头应安装牢固。钎子应直且不得有飞刺。打锤人不得戴手套。

（8）从槽、坑、沟中吊运送土至地面时，绳索、滑轮、钩子、箩筐等垂直运输设备、工具应完好牢固。起吊、垂直运送时，下方不得站人。

（9）配合机械挖土清理槽底作业时，严禁进入铲斗回转半径范围。必须待挖掘机停止作业后，方准进入铲斗回转半径范围内清土。

接底人	李××、章××、刘××、程××…

3.装卸搬运安全技术交底

装卸搬运施工现场安全技术交底表

表 AQ-C1-9

工程名称：××大厦工程　　施工单位：××建设集团有限公司　　编号：×××

交底部门	安全部	交底人	王××
交底项目	装卸搬运安全技术交底	交底时间	×年×月×日

交底内容：

（1）使用手推车装运物料，必须平稳，掌握重心，不得猛跑或撒把溜车；前后车距平地不得少于 2m，下坡时不得少于 10m。向槽内下料，槽下不得有人，槽边卸料，车轮应挡掩，严禁猛推和撒把倒料。

（2）两人抬运，上下肩要同时起落，多人抬运重物时，必须由专人统一指挥、同起同落、步调一致、前后互相照应，注意脚下障碍物，并提醒后方人员，所抬重物离地高度一般 30cm 为宜。

（3）用井架、龙门架、外用电梯垂直运输，零散材料码放整齐平稳，码放高度不得超过车厢，小推车应打好挡掩。运长料不得高出吊盘（笼），必须采取防滑落措施。

（4）跟随汽车、拖拉机运料的人员，车辆未停稳不得下车。装卸材料时禁止抛掷，并应按次序码放整齐。随车运料人员不得坐在物料前方。车辆倒退时，指挥人员应站在槽帮的侧面，并且与车辆保持一定距离，车辆行程范围内的砖垛、门垛下不得站人。

（5）装卸搬运危险物品（如炸药、氧气瓶、乙炔瓶等）和有毒物品时，必须严格按规定安全技术交底措施执行。装卸时必须轻拿轻放，不得互相碰撞或掷扔等剧烈震动。作业人员按要求正确穿戴防护用品，严禁吸烟。

（6）休息时，不得钻到车辆下面休息。

接底人	李××、章××、刘××、程××…

4.4.4 水磨石工操作安全技术交底

水磨石工操作施工现场安全技术交底表

表 AQ-C1-9

工程名称：××大厦工程　　施工单位：××建设集团有限公司　　编号：×××

交底部门	安全部	交底人	王××
交底项目	水磨石工操作安全技术交底	交底时间	×年×月×日

交底内容：

（1）预制水磨石使用砂轮锯等手持电动工具前，必须进行检查安全防护设施及漏电保护器，应齐全，灵敏有效。

（2）使用井架、龙门架、外用电梯垂直运输预制板材时，小推车装板高度不得超过车厢，前后轮应加挡掩，卸料平台上人员严禁向井内探头。

（3）预制水磨石板应堆放整齐稳定，高度适宜，装卸时应稳拿稳放。

（4）安装楼梯预制板时，楼梯的梯段边及休息平台必须搭设护身栏，旋转式楼梯必须按规定搭设安全网。

（5）现制水磨石地面及墙裙作业时，清扫地面的垃圾杂物，严禁由窗口、阳台等处往外抛扔。

（6）夜间施工或阴暗处作业时，必须使用 36V 以下安全电压照明。

（7）水磨石机操作人员，必须戴绝缘手套、穿胶靴。

（8）水磨石的磨石水不得直接排入下水道污染水源，必须经沉淀后排出或回收利用。

接底人	李××、章××、刘××、程××…

4.4.5 石工操作安全技术交底

石工操作施工现场安全技术交底表

表 AQ-C1-9

工程名称：××大厦工程　　　施工单位：××建设集团有限公司　　　编号：×××

交底部门	安全部	交底人	王××
交底项目	石工操作安全技术交底	交底时间	×年×月×日

交底内容：

（1）用铁锤剔凿石块（料）时，必须先检查铁锤有无破裂。锤柄应用弹性的木杆制成；锤柄与锤头必须安装牢固。

（2）凿击或加工石块时，应精神集中，作业时应戴防护镜，严禁两人面对面操作。

（3）不得在陡坡、槽、坑、沟边沿、墙顶、脚手架上和妨碍道路安全等场所进行石块凿击作业。

（4）搬运石料要拿稳放牢，绳索工具要牢固。工人抬运时，应互相配合、动作协调一致；用车辆或筐子运石料时不得装得太满；运石料的车辆前后距离；在平道上不应小于 2m，坡道上不应小于 10m。

（5）往槽、坑、沟内运石料时，应用溜槽或吊运，下方严禁有人停留。堆放石料必须距槽、坑、沟边沿 1m 以外。

（6）在脚手架上进行砌石作业时，应经常检查架子的稳定状况，堆放石料不得超过脚手架的规定荷载重量，且不得将石板斜靠在护栏上。工作完毕，必须将脚手架上的石渣碎片清扫干净。

接底人	李××、章××、刘××、程××…

4.4.6 司炉工操作安全技术交底

司炉工操作施工现场安全技术交底表

表 AQ-C1-9

工程名称：××大厦工程 　　施工单位：××建设集团有限公司 　　编号：×××

交底部门	安全部	交底人	王××
交底项目	司炉工操作安全技术交底	交底时间	×年×月×日

交底内容：

（1）锅炉司炉必须经专业安全技术培训，考试合格，持特种作业操作证上岗作业。

（2）作业时必须佩戴防护用品。严禁擅离工作岗位，接班人员未到位前不得离岗。严禁酒后作业。

（3）安全阀应符合下列规定：

1）锅炉运行期间必须按规程要求调试定压。

2）锅炉运行期间必须每月进行一次升压试验，安全阀必须灵敏有效。

3）必须每周进行一次手动试验。

（4）压力表应符合下列规定：

1）锅炉运行前，将锅炉工作压力值用红线标注在压力表的盘面上。严禁标注在玻璃表面。锅炉运行中应随时观察压力表，压力表的指针不得超过盘面上的红线。如安全阀在排气而压力表尚未达到工作压力时应立即查明原因，进行处理。

2）锅炉运行时，每班必须冲洗一次压力表连通管，保证连通管畅通，并做回零试验，确保压力表灵敏有效。

3）锅炉运行中发现锅炉本体两阀压力表指示值相差 0.05MPa 时，应立即查明原因，采取措施。

（5）水位计应符合下列规定：

1）锅炉运行前，必须标明最高和最低水位线。

2）锅炉运行时，必须严密观察水位计的水面，应经常保持在正常水位线之间并有轻微变动，如水位计中的水面呆滞不动时应立即查明原因，采取措施。

3）锅炉运行时，水位计不得有泄露现象，每班必须冲洗水位计连通管，保持连通管畅通。

（6）锅炉自动报警装置在运行中发出报警信号时，应立即进行处理。

（7）锅炉运行中启闭阀门时，严禁身体正对着阀门操作。

（8）锅炉如使用提升式上煤装置，在作业前应检查钢丝绳及连接，确认完好牢固。在料斗下方清扫作业前，必须将料斗固定。

交底部门	安全部	交底人	王××
交底项目	司炉工操作安全技术交底	交底时间	×年×月×日

交底内容：

（9）排污作业应在锅炉低负荷、高水位时进行。

（10）停炉后进入炉膛清除积渣瘤时，应先清除上部积渣瘤。

（11）运行中如发现锅筒变形，必须停炉处理。

（12）燃油、燃气锅炉作业应遵守下列规定：

1）必须按设备使用说明书规定的程序操作。

2）运行中程序系统发生故障时，应立即切断燃料源，并及时处理。

3）运行中发生自锁，必须查明原因，排除故障，严禁用手动开关强行启动。

4）锅炉房内严禁烟火。

（13）运行中严禁敲击锅炉受压元件。

（14）严禁常压锅炉带压运行。

接底人	李××、章××、刘××、程××…

4.4.7 钳工操作安全技术交底

钳工操作施工现场安全技术交底表

表 AQ-C1-9

工程名称：××大厦工程　　施工单位：××建设集团有限公司　　编号：×××

交底部门	安全部	交底人	王××
交底项目	钳工操作安全技术交底	交底时间	×年×月×日

交底内容：

（1）虎钳应用螺栓稳固在工作台上，当夹紧工件时，工件应夹在钳口的中心，不得用力施加猛力。加紧手柄不得用锤或其他物件击打，不得在手柄上加套管或用脚蹬。并应经常检查和复紧工件。所夹工件，不得超过钳口最大行程的2/3。

（2）在同一工作台两边的虎钳上凿、铲加工物件时，中间设防护网，单面工作台要一面靠墙放置。

（3）使用手锤、大锤时严禁戴手套，手和锤柄均不得有油污。甩锤方向附近不得有人停留。

（4）锤柄应采用胡桃木、檀木或蜡木等，不得有虫蛀、节疤、裂纹。锤的端头内要用楔铁楔牢，使用中应经常检查，发现木柄有裂纹必须更换。

（5）使用锉刀、刮刀、錾子、扁铲等工具时，不得用力过猛；錾子或扁铲有卷边毛刺或有裂纹缺陷时，必须磨掉。凿削时，凿子、錾子或扁铲不宜握得过紧，操作中凿削方向不得有人。

（6）使用钢锯，工件应加紧，用力要均匀，工件将锯断时，用手或支架托住。

（7）使用喷灯烘烤机件时，应注意火焰的喷射方向，周围环境不得有易燃、易爆物品。

（8）砂轮机必须安装钢板防护罩，操作砂轮机严禁站在砂轮机的直径方向操作，并应戴防护眼镜。磨削工件时，应缓慢接近，不要猛烈碰撞，砂轮与磨架之间的间隙以3mm为宜。不得在砂轮上磨铜、铅、铝、木材等软金属和非金属物件。砂轮磨损直径大于夹板25mm时，必须更换，不得继续使用。更换砂轮应切断电源，装好试运转确认无误，方准使用。

（9）操作钻床，严禁戴手套，袖口应扎紧；长发（女工）必须戴工作帽，并将发挽入帽内。

小型工件钻孔时，应使用平口钳或压板压住，严禁用手直接握持工件。钻孔铁屑不得卷得过长，清除铁屑应用钩子或刷子，严禁用手直接清除。钻孔要选择适当冷却剂冷却钻头。停电或离开钻床时必须切断电源，箱门锁好。

（10）操作手电钻、风钻等钻具钻孔时，钻头与工件必须垂直，用力不宜过大，人体和手不得摆动；孔将钻通时，应减小压力，以防钻头扭断。

交底部门	安全部	交底人	王×××
交底项目	钳工操作安全技术交底	交底时间	×年×月×日

交底内容：

（11）使用扳手时，扳口尺寸应与螺帽尺寸相符，不得在扳手的开口中加垫片，应将扳手靠紧螺母或螺钉。扳手在每次扳动前，应将活动钳口收紧，先用力扳一下，试其紧固程度，然后将身体靠在一个固定的支撑物上或双脚分开站稳，再用力扳动扳手。高处作业时，应使用死扳手，如用活扳手必须用绳子拴牢，操作人员必须站在安全可靠位置，系好安全带。使用套筒扳手，扳手套上螺母或螺钉后，不得有晃动，并应把扳手放到底。螺母或螺钉上有毛刺，应进行处理，不得用手锤等物将扳手打入。扳手不得加套管以接长手柄，不得用扳手拧扳手，不得将扳手当手锤使用。

（12）设备安装前开箱检查清点时，必须清除箱顶上的灰尘、泥土及其他物件。拆除的箱板应及时清理码放指定地点。拆箱后，未正式安装的设备必须用垫物垫平、垫实、垫稳。

（13）安装天车轨道和天车时，首先应会同有关人员检查验收用于安装的脚手架是否符合要求，合格后方准使用。从事天车轨道和天车的操作人员，应佩带工具袋，将随身携带的工具和零星材料放入工具袋内。不能随身携带工具袋时，可将土具和材料装入袋中，用绳索起吊运送，严禁上下抛掷递送。严禁在天车的轨道上行走或操作。

（14）检查设备内部时，应使用安全行灯或手电筒照明，严禁使用明火取光照射。

（15）设备往基础上搬运，尚未取放垫板时，手指应放在垫铁的两侧，严禁放在垫铁的上、下方。垫铁必须垫平、垫实、垫稳，对头重脚轻的设备、容易倾倒的设备，必须采取可靠安全措施，垫实撑牢，并应设防护栏和标志牌。

（16）拆卸的设备部件，应放置平稳，装配时严禁把手插入连接面或探摸螺栓孔。

（17）在吊车、倒链吊起的部件下检测、清洗、组装时，应将链子打结保险，并且用预先准备的道木或支架垫平、垫稳，确认安全无误后，方可进行操作。

（18）设备清洗、脱脂的场地必须通风良好，严禁烟火，并设置警示牌。

用煤油或汽油做清洗剂，如用热煤油，加温后油温不得超过 40℃。不得用火焰直接对盛煤油的容器加热（中间必须用铁板隔开），用热机油做清洗剂，油温不得超过 120℃。清洗用过的棉纱、布头、油纸等要集中收集在金属容器内，不得随意乱扔。

（19）设备安装试运转时，必须按照试运转安全技术措施方案（交底）执行。有条件时，应先用人力盘动；无法用人力盘动的大设备，可使用机械，但必须确认无误后，方可加上动力源，从低速到高速，从轻载到满负荷，缓慢谨慎地逐步进行，并应做好试运转的各项记录。在试运转前，应对安全防护装置做可靠试验。试运转区域应设明显标志，非操作人员不得进入等。

接底人	李××、章××、刘××、程××…

4.4.8 自控仪表安全工操作安全技术交底

自控仪表安全工操作施工现场安全技术交底表

表 AQ-C1-9

工程名称：××大厦工程　　施工单位：××建设集团有限公司　　编号：×××

交底部门	安全部	交底人	王××
交底项目	自控仪表安全工操作安全技术交底	交底时间	×年×月×日

交底内容：

（1）仪表安装就位后，必须立即紧固基础螺栓，防止倾倒。在多台仪表盘安装就位时，手指不得放在连接处。严禁在仪表上放置工具等物件。

（2）用开孔锯开孔时，盘后不得有人靠近。在高处安装孔板时，不得坐在管子上开孔和锯管。严禁在已充介质及带压力的管道上开孔。

（3）在放电缆时，支架必须稳固，转动应灵活，防止脱杠和倾倒。木筒上的钉子必须拔掉或打弯。在转弯处操作人员应站在外侧。

（4）校验用的交直流电源及电压等级应明确标注。电气绝缘电阻不应小于 $20M\Omega$。

（5）使用油浴设备，自动温度调节器应正常可靠，加热温度不得超过所用油的燃点，加热时严禁打开上盖。

（6）气源电压应与被校仪表相符。气动仪表的调校，一般不应采用乳胶管，防止爆裂。仪表（尤其是分析仪表）的调校应按照说明书进行。

（7）单管、U 型管压力计等，应妥善保管，水银表面应用水或甘油等介质密封，严防挥发。

（8）使水银校验仪表，应在专用的工作室内进行，工作室应通风良好，盛水银容器应盖严，散落的水银应及时清扫处理，操作时应穿工作服戴口罩。

（9）试车前应对仪表进行二次调校及系统试验，并应对信号、联锁装置进行通电试验。

（10）仪表安装竣工后，根据有关规程和设计要求，检查合格后，方可联动试车。全部仪表及自动控制装置试车合格后，未经批准，严禁随意动用。

接底人	李××、章××、刘××、程××…

第 5 章 建筑施工机械

5.1 土石方机械

5.1.1 挖掘机操作安全技术交底

挖掘机操作施工现场安全技术交底表

表 AQ-C1-9

工程名称：××大厦工程　　施工单位：××建设集团有限公司　　编号：×××

交底部门	安全部	交底人	王××
交底项目	挖掘机操作安全技术交底	交底时间	×年×月×日

交底内容：

（1）作业前应进行检查，确认一切齐全完好，大臂和铲斗运动范围内无障碍物和其他人员，鸣笛示警后方可作业。

（2）挖掘机驾室内外露传动部分，必须安装防护罩。

（3）电动的单斗挖掘机必须接地良好，油压传动的臂杆的油路和油缸确认完好。

（4）正铲作业时，作业面应不超过本机性能规定的最大开挖高度和深度。在拉铲或反铲作业时，挖掘机履带或轮胎与作业面边缘距离不得小于1.5m。

（5）挖掘机在平地上作业，应用制动器将履带（或轮胎）刹住、楔牢。

（6）挖掘机适用于在粘土、沙砾土、泥炭岩等土壤的铲挖作业。对爆破掘松后的重岩石内铲挖作业时，只允许用正铲，岩石料径应小于斗口宽的1/2。禁止用挖掘机的任何部位去破碎石块、冻土等。

（7）取土、卸土不得有障碍物，在挖掘时任何人不得在铲斗作业回转半径范围内停留。装车作业时，应待运输车辆停稳后进行，铲斗应尽量放低，并不得砸撞车辆，严禁车箱内有人，严禁铲斗从汽车驾驶室顶上越过。卸土时铲斗应尽量放低，但不得撞击汽车任何部位。

（8）行走时臂杆应与履带平行，并制动回转机构，铲斗离地面宜为1m。行走坡度不得超过机械允许最大坡度，下坡用慢速行驶，严禁空挡滑行。转弯不应过急，通过松软地时应进行铺垫加固。

（9）挖掘机回转制动时，应使用回转制动器，不得用转向离合器反转制动。满载时，禁止急剧回转猛刹车，作业时铲斗起落不得过猛。下落时不得冲击车架或履带及其他机件，不得放松提升钢丝绳。

交底部门	安全部	交底人	王××
交底项目	挖掘机操作安全技术交底	交底时间	×年×月×日

交底内容：

（10）作业时，必须待机身停稳后再挖土，铲斗未离开作业面时，不得作回转行走等动作，机身回转或铲斗承载时不得起落吊臂。

（11）在崖边进行挖掘作业时，作业面不得留有伞沿及松动的大块石，发现有坍塌危险时应立即处理或将挖掘机撤离至安全地带。

（12）拉铲作业时，铲斗满载后不得继续吃土，不得超载。拉铲作沟渠、河道等项作业时，应根据沟渠、河道的深度、坡度及土质确定距坡沿的安全距离，一般不得小于2m，反铲作业时，必须待大臂停稳后再吃土，收斗，伸头不得过猛、过大。

（13）驾驶司机离开操作位置，不论时间长短，必须将铲斗落地并关闭发动机。

（14）不得用铲斗吊运物料。

（15）发现运转导常时应立即停机，排除故障后方可继续作业。

（16）轮胎式挖掘机在斜坡上移动时铲斗应向高坡一边。

（17）使用挖掘机拆除构筑物时，操作人员应分析构筑物倒塌方向，在挖掘机驾驶室与被拆除构筑物之间留有构筑物倒塌的空间。

（18）作业结束后，应将挖掘机开到安全地带，落下铲斗制动好回转机构，操纵杆放在空挡位置。

（19）作业后应将机械擦拭干净，冬季必须将机体和水箱内水放净（防冻液除外）。关闭门窗加锁后方可离开。

接底人	李××、章××、刘××、程××…

5.1.2 挖掘装载机操作安全技术交底

挖掘装载机操作施工现场安全技术交底表

表 AQ-C1-9

工程名称：××大厦工程　　　施工单位：××建设集团有限公司　　　编号：×××

交底部门	安全部	交底人	王××
交底项目	挖掘装载机操作安全技术交底	交底时间	×年×月×日

交底内容：

（1）作业前应检查发动机的油、水（包括电瓶水）应加足，各操纵杆放在空挡位置，液压管路及接头无松脱或渗漏，液压油箱油量充足，制动灵敏可靠，灯光仪表齐全、有效方可起动。

（2）机械起动必须先鸣笛，将铲斗提升离地面 50cm 左右。行驶中可用高速挡，但不得进行升降和翻转铲斗动作，作业时应使用低速挡，铲斗下方严禁有人，严禁用铲斗载人。

（3）装载机不得在倾斜度的场地上作业，作业区内不得有障碍物及无关人员。装卸作业应在平整地面进行。

（4）向汽车内卸料时，严禁将铲斗从驾驶室顶上越过，铲斗不得碰撞车厢，严禁车厢内有人，不得用铲斗运物料。

（5）在沟槽边卸料时，必须设专人指挥，装载机前轮应与沟槽边缘保持不少于 2m 的安全距离，并放置挡木挡掩。

（6）装堆积的砂土时，铲斗宜用低速插入，将斗底置于地面，下降铲臂然后顺着地面，逐渐提高发动机转速向前推进。

（7）在松散不平的场地作业，应把铲臂放在浮动位置，使铲斗平稳的作业，如推进时阻力过大，可稍稍提升铲臂。

（8）将大臂升起进行维护、润滑时，必须将大臂支撑稳固。严禁利用铲斗作支撑提升底盘进行维修。

（9）下坡应采用低速挡行进，不得空挡滑行。

（10）涉水后应立即进行连续制动，排除制动片内的水分。

（11）作业后应将装载机开至安全地区，不得停在坑洼积水处，必须将铲斗平放在地面上，将手柄放在空挡位置，拉好手制动器。关闭门窗加锁后，司机方可离开。

接底人	李××、章××、刘××、程××…

5.1.3 推土机操作安全技术交底

推土机操作施工现场安全技术交底表

表 AQ-C1-9

工程名称：××大厦工程　　施工单位：××建设集团有限公司　　编号：×××

交底部门	安全部	交底人	王××
交底项目	推土机操作安全技术交底	交底时间	×年×月×日

交底内容：

（1）作业前应检查：各系统管路无裂纹或泄漏；各部螺栓连接件应紧固；各操纵杆和制动系统的行程、间隙、履带、传动链的松紧度，轮胎气压均符合要求；手摇起动应防倒转。用手拉绳起动时，不得将绳缠在手上。

（2）作业前应清除推土机行走道路上的障碍物（冻土、石块、杂物）。路面应比机身宽2m，行驶前严禁有人站在履带或刀片的支架上，确认安全方可起动。

（3）保养、检修时必须放下推铲，关闭发动机。在推铲下面进行保养或检修时，必须用木方将推铲垫稳。

（4）行驶中，司机和随机人员不得上下车或坐立在驾驶室以外的其他部分。行驶和转弯中应观察四周有无障碍。

（5）推土机上坡坡度不得大于25°。下坡坡度不得大于35°。在坡上横向行驶时，机身横向倾斜不得大于10°。在坡道上应匀速行驶，严禁高速下坡、急拐弯、空挡滑行。下陡坡时，应将推铲放下，接触地面倒车下行。推土机在坡道上熄灭时，应立即将推土机制动，并采取挡掩措施。

（6）操作人员离开驾驶室时，必须将推铲落地并关闭发动机。

（7）推土机向沟槽内回填土时应设专人指挥。严禁推铲越过沟槽边缘。

（8）推土机在水中行驶前，必须查明水深及水底坚实情况，确认安全后方可行驶。

（9）使用推土机推房屋的围墙或旧房墙时，其高度不得超过2.5m（东方红牌推土机不得超过1.5m）。严禁推钢筋混凝土或地基基础连接的混凝土桩和混凝土基础。

（10）在电杆附近推土时，必须留有一定的土堆，其大小应根据电杆结构、土质、埋入深度等情况确定。用推土机推倒树干时必须注意树干倒向和高空障碍物。

（11）双机、多机推土作业时，应设专人指挥。作业时，两机前后距离应大于8m，左右距离大于1.5m。

（12）不得用推土机推石灰、烟灰等粉尘物料和用作碾碎石块的作业。

（13）需用推土机牵引重物时，应设专人指挥，危险区域内不得有人。在坡道或长距离牵引时，应用牵引杆连接。

（14）作业完毕停机时先切断离合器，放下刀片，锁住制动器，将操纵变速杆置于空挡，然后关闭发动机。

（15）作业后必须将机械开到平坦安全的地方，雨季必须把机械开出沟槽基坑。

接底人	李××、章××、刘××、程××…

5.1.4 铲运机操作安全技术交底

铲运机操作施工现场安全技术交底表

表 AQ-C1-9

工程名称：××大厦工程　　施工单位：××建设集团有限公司　　　编号：×××

交底部门	安全部	交底人	王××
交底项目	铲运机操作安全技术交底	交底时间	×年×月×日

交底内容：

（1）拖式铲运机的牵引机械应按本规程推土机的有关规定执行。

（2）作业前应检查油、水（包括电瓶水），应加足并把操纵杆（包括主离合器）放在空挡位置。采用油压操纵机构操纵杆应放在中间位置。并应检查钢丝绳、轮胎气压、铲土斗及卸土板回缩弹簧、拖把方向接头、撑架及固定钢索部分，以及各部滑轮等，液压式铲运机还应检查各液压管路接头、液压控制阀等，确认正常方可启动。手摇发动时防止摇把回弹，手拉绳启动时，不得将拉绳缠在手上。

（3）作业前铲运机的道路应遵守 5.1.3，（2）的规定。

（4）机械运转中，不准进行任何紧固、保养、润滑等作业。严禁用手触摸钢丝绳、滑轮、传动皮带等部件。

（5）严禁任何人上下机械、传动物件，以及在铲斗内，拖把或机架上坐立。

（6）两台铲运机同时作业时，拖式铲运机前后距离不得少于 10m，自行式铲运机不得小于 20m。平行作业时两机间隔不得小于 2m。在狭窄地区不得强行超车。

（7）铲运机上下坡时，必须挂低速挡行驶。不得途中换挡，下坡时不得脱挡滑行。在坡地上行走或作业，上下纵坡不得超过 25°，横坡不得超过 6°，坡宽应大于机身 2m 以上，在新填筑的土堤上作业时，离坡边缘不得少于 1m，斜坡横向作业时，机身必须保持平稳。作业中不得倒退。

（8）作业中司机不准离开驾驶室。离开时，必须把变速挡板扳到空挡，熄火后方可离开。

（9）在坡道上不得作保修作业，在陡坡上严禁转弯、倒车和停车。在坡上熄灭时应将铲斗落地，制动牢靠后，再启动发动机。

（10）铲土提斗时动作要缓慢。不得猛起猛落。

（11）铲土时应直线行驶，助铲时应有助铲装置，正确掌握斗门开启的大小，不得切土过深，两机要相互配合，等速行驶助铲平稳。

（12）铲运机陷车时，应有专人指挥拖拽，确保安全后，方可起拖。

（13）自行式铲运机的差速器锁，只能在直线行驶的泥泞路面上短时间使用，严禁在差速器锁住时拐弯。

交底部门	安全部	交底人	王××
交底项目	铲运机操作安全技术交底	交底时间	×年×月×日

交底内容：

（14）在公路上行驶时，铲斗必须用锁紧链条挂牢在运输行驶位置上，机上任何部位不得带人或装载其他物料。

（15）检修斗门或在铲斗下作业，必须把铲斗升起后用销子或锁紧链条固定，再用撑杆将斗身顶住，并制动住轮胎。

（16）作业完毕后，应将铲运机开出沟槽、基坑，停放在平坦地面上，并将铲斗落在地面上。液压操纵的应将液压缸缩回，将操纵杆放在中间位置。

接底人	李××、章××、刘××、程××…

5.1.5 平地机操作安全技术交底

平地机操作施工现场安全技术交底表

表 AQ-C1-9

工程名称：××大厦工程　　施工单位：××建设集团有限公司　　编号：×××

交底部门	安全部	交底人	王××
交底项目	平地机操作安全技术交底	交底时间	×年×月×日

交底内容：

（1）作业前必须将离合器、操纵杆、变速杆均放在空挡位置，检查并紧固各部连接螺栓及轮胎气压，检查油、水（电瓶水）应加足，全车线路各接头应牢固，液压系统油路、油缸、操纵阀等无泄漏、松脱现象，然后发动机器低速运转，各仪表均正常方可启动作业。

（2）机械起步前，应先将刮土铲刀或齿耙下降到接近地面。起步后方可切土。

（3）在陡坡上作业时应锁定铰接机架；在陡坡上往返作业时，铲刀应始终朝下坡方面伸出。

（4）平地机在行驶中，刮刀和耙齿离地面高度宜为 25～30cm。随着铲土阻力变化，应随时调整刮土铲刀的升降。

（5）平地机刮地铲刀的回转与铲土角的调整以及向机外倾斜都必须停机时进行，但刮土铲刀左右端的升降动作，可在机械行驶中随时调整。

（6）各类铲刮作业都应低速行驶，用刀角和齿耙铲土时，应用一挡。刮土和平整作业可用二、三挡，换挡应在停机时进行。遇到坚硬土质，需用齿耙翻松时，应缓慢下齿，不得使用齿耙翻松石渣路及坚硬路面。

（7）平地机转弯或调头时，应用最低速度。下坡时严禁空挡滑行，行驶时必须将刮刀和齿耙升到最高位置，并将刮土铲刀斜放，铲刀两端不得超出后轮外侧。在高速挡行驶中，禁止急转弯。

（8）作业后平地机应放在平坦、安全的地方，并应拉上手制动器，不得停放在坑洼积水处。

接底人	李××、章××、刘××、程××…

5.1.6 蛙式夯实机操作安全技术交底

蛙式夯实机操作施工现场安全技术交底表

表 AQ-C1-9

工程名称：××大厦工程　　施工单位：××建设集团有限公司　　编号：×××

交底部门	安全部	交底人	王××
交底项目	蛙式夯实机操作安全技术交底	交底时间	×年×月×日

交底内容：

（1）每台夯机的电机必须是加强绝缘或双重绝缘电机，并装有漏电保护装置。

（2）夯机操作开关必须使用定向开关，并保证动作灵敏，且进线口必须加胶圈。每台夯机必须单独使用闸具或插座。电源线和零（地）线与定向开关，电机接线柱连接处必须加接线端子与之紧固。

（3）必须使用四芯胶套电缆线。电缆线在通过操作开关线口之前应与夯机机身用卡子固定。电源开关至电机段的电缆线应穿管固定敷设，夯机的电缆线不得长于50m。

（4）夯机的操作手柄必须加装绝缘材料。

（5）每班前必须对夯机进行以下检查：

1）各部电气部件的绝缘及灵敏程度，零线是否完好。

2）偏心块连接是否牢固，大皮带轮及固定套是否有轴向窜动现象。

3）电缆线是否有扭结、破裂、折损等可能造成漏电的现象。

4）整体结构是否有开焊和严重变形现象。

（6）每台夯机应设两名操作人员。一人操作夯机，一人随机整理电线。操作人员均必须戴绝缘手套和穿胶鞋。

（7）操作夯机者应先根据现场情况和工作要求确定行夯路线，操作时按行夯路线随夯机直线行走。严禁强行推进、后拉、按压手柄、强行猛拐弯或撒把不扶，任夯机自由行走。

（8）随机整理电线者应随时将电缆整理通顺，盘圈送行，并应与夯机保持3～4m的余量，发现电缆线有扭结缠绕、破裂及漏电现象，应及时切断电源，停止作业。

（9）夯机作业前方2m内不得有人。多台夯机同时作业时，其并列间距不得小于5m，纵列间距不得小于10m。

（10）夯机不得打冻土、坚石、混有砖石碎块的杂土以及一边偏硬的回填土。在边坡作业时应注意保持夯机平稳，防止夯机翻倒坠夯。

（11）经常保持机身整洁。托盘内落入石块、杂物、积土较多或底部粘土过多，出现啃土现象时，必须停机清除，严禁在运转中清除。

（12）搬运夯机时，应切断电源，并将电线盘好，夯头绑住。往坑槽下运送时，应用绳索送，严禁推、扔夯机。

（13）停止操作时，应切断电源，锁好电源闸箱。

（14）夯机用后必须妥善保管，应遮盖防雨布，并将其底部垫高。

接底人	李××、章××、刘××、程××…

5.1.7 风动凿岩机操作安全技术交底

风动凿岩机操作施工现场安全技术交底表

表 AQ-C1-9

工程名称：××大厦工程　　　**施工单位：**××建设集团有限公司　　　**编号：**×××

交底部门	安全部	交底人	王××
交底项目	风动凿岩机操作安全技术交底	交底时间	×年×月×日

交底内容：

（1）风动凿岩机的使用条件：风压宜为 0.5～0.6MPa，风压不得小于 0.4MPa；水压应符合要求；压缩空气应干燥；水应用洁净的软水。

（2）使用前，应检查风、水管，不得有漏水、漏气现象，并应采用压缩空气吹出风管内的水分和杂物。

（3）使用前，应向自动注油器注入润滑油，不得无油作业。

（4）将钎尾插入凿岩机机头，用手顺时针应能够转动钎子，如有卡塞现象，应排除后开钻。

（5）开钻前，应检查作业面，周围石质应无松动，场地应清理干净，不得遗留瞎炮。

（6）在深坑、沟槽、井巷、隧道、洞室施工时，应根据地质和施工要求，设置边坡、顶撑或固壁支护等安全措施，并应随时检查及严防冒顶塌方。

（7）严禁在废炮眼上钻孔和骑马式操作，钻孔时，钻杆与钻孔中心线应保持一致。

（8）风、水管不得缠绕、打结，并不得受各种车辆辗压。不应用弯折风管的方法停止供气。

（9）开钻时，应先开风、后开水；停钻后，应先关水、后关风；并应保持水压低于风压，不得让水倒流入凿岩机气缸内部。

（10）开孔时，应慢速运转，不得用手、脚去挡钎头。应待孔深达 10～15mm 后再逐渐转入全速运转。退钎时，应慢速徐徐拔出，若岩粉较多，应强力吹孔。

（11）运转中，当通卡钎或转速减慢时，应立即减少轴向推力；当钎杆仍不转时，应立即停机排除故障。

（12）使用手持式凿岩机垂直向下作业时，体重不得全部压在凿岩机上，应防止钎杆断裂伤人。凿岩机向上方作业时，应保持作业方向并防止钎杆突然折断。并不得长时间全速空转。

（13）当钻孔深度达 2m 以上时，应先采用短钎杆钻孔，待钻到 1.0～1.3m 深度后，再换用长钎杆钻孔。

交底部门	安全部	交底人	王××
交底项目	风动凿岩机操作安全技术交底	交底时间	×年×月×日

交底内容:

　　（14）在离地 3m 以上或边坡上作业时，必须系好安全带。不得在山坡上拖拉风管，当需要拖拉时，应先通知坡下的作业人员撤离。

　　（15）在巷道或洞室等通风条件差的作业面，必须采用湿式作业。在缺乏水源或不适合湿式作业的地方作业时，应采取防尘措施。

　　（16）在装完炸药的炮眼 5m 以内，严禁钻孔。

　　（17）夜间或洞室内作业时，应有足够的照明。洞室施工应有良好的通风措施。

　　（18）作业后，应关闭水管阀门，卸掉水管，进行空运转，吹净机内残存水滴，再关闭风管阀门。

接底人	李××、章××、刘××、程××…

5.1.8 振动冲击夯操作安全技术交底

振动冲击夯操作施工现场安全技术交底表

表 AQ-C1-9

工程名称：××大厦工程　　施工单位：××建设集团有限公司　　　编号：×××

交底部门	安全部	交底人	王××
交底项目	振动冲击夯操作安全技术交底	交底时间	×年×月×日

交底内容：

（1）振动冲击夯应适用于粘性土、砂及砾石等散状物料的压实，不得在水泥路面和其他坚硬地面作业。

（2）作业前重点检查项目应符合下列要求：

1）各部件连接良好，无松动；

2）内燃冲击夯有足够的润滑油，油门控制器转动灵活；

3）电动冲击夯有可靠的接零或接地，电缆线表面绝缘完好。

（3）内燃冲击夯起动后，内燃机应怠速运转 3～5min，然后逐渐加大油门，待夯机跳动稳定后，方可作业。

（4）电动冲击夯在接通电源启动后，应检查电动机旋转方向，有错误时应倒换相线。

（5）作业时应正确掌握夯机，不得倾斜，手把不宜握得过紧，能控制夯机前进速度即可。

（6）正常作业时，不得使劲往下压手把，影响夯机跳起高度。在较松的填料上作业或上坡时，可将手把稍向下压，并应能增加夯机前进速度。

（7）在需要增加密实度的地方，可通过手把控制夯机在原地反复夯实。

（8）根据作业要求，内燃冲击夯应通过调整油门的大小，在一定范围内改变夯机振动频率。

（9）内燃冲击夯不宜在高速下连续作业。在内燃机高速运转时不得突然停车。

（10）电动冲击夯应装有漏电保护装置，操作人员必须戴绝缘手套，穿绝缘鞋。作业时，电缆线不应拉得过紧，应经常检查线头安装，不得松动及引起漏电。严禁冒雨作业。

（11）作业中，当冲击夯有异常的响声，应立即停机检查。

（12）当短距离转移时，应先将冲击夯手把稍向上抬起，将运输轮装入冲击夯的挂钩内，再压下手把，使重心后倾，方可推动手把转移冲击夯。

（13）作业后，应清除夯板上的泥沙和附着物，保持夯机清洁，并妥善保管。

接底人	李××、章××、刘××、程××…

5.2 水平和垂直运输机械

5.2.1 载重汽车操作安全技术交底

载重汽车操作施工现场安全技术交底表

表 AQ-C1-9

工程名称：××大厦工程　　施工单位：××建设集团有限公司　　编号：×××

交底部门	安全部	交底人	王××
交底项目	载重汽车操作安全技术交底	交底时间	×年×月×日

交底内容：

（1）装载物品应捆绑稳固牢靠。轮式机具和圆筒形物件装运时应采取防止滚动的措施。

（2）不得人货混装。因工作需要搭人时，人不得在货物之间或货物与前车厢板间隙内。严禁攀爬或坐卧在货物上面。

（3）拖挂车时，应检查与挂车相连的制动气管、电气线路、牵引装置、灯光信号等，挂车的车轮制动器和制动灯、转向灯应配备齐全，并应与牵引车的制动器和灯光信号同时起作用。确认后方可运行。起步应缓慢并减速行驶，宜避免紧急制动。

（4）运载易燃、有毒、强腐蚀等危险品时，其装载、包装、遮盖必须符合有关的安全规定，并应备有性能良好、有效期内的灭火器。途中停放应避开火源、火种、居民区、建筑群等，炎热季节应选择阴凉处停放。装卸时严禁火种。除必要的行车人员外，不得搭乘其他人员。严禁混装备用燃油。

（5）装运易爆物资或器材时，车厢底面应垫有减轻货物振动的软垫层。装载重量不得超过额定载重量的 70%，装运炸药时，层数不得超过两层。

（6）装运氧气瓶时，车厢板的油污应清除干净，严禁混装油料或盛油容器。

（7）在车底下进行保养、检修时，应将内燃机熄火，拉紧手制动器并将车轮楔牢。

（8）车辆经修理后需要试车时，应由合格人员驾驶，车上不得载人、载物，当需在道路上试车时，应挂交通管理部门颁发的试车牌照。

（9）在坡道上停放时，下坡停放应挂上倒档，上坡停放应挂上一档，并应使用三角木楔等塞紧轮胎。

接底人	李××、章××、刘××、程××…

5.2.2 自卸汽车操作安全技术交底

自卸汽车操作施工现场安全技术交底表

表 AQ-C1-9

工程名称：××大厦工程　　施工单位：××建设集团有限公司　　编号：×××

交底部门	安全部	交底人	王××
交底项目	自卸汽车操作安全技术交底	交底时间	×年×月×日

交底内容：

（1）自卸汽车应保持顶升液压系统完好，工作平稳，操纵灵活，不得有卡阻现象。各节液压缸表面应保持清洁。

（2）非顶升作业时，应将顶升操纵杆放在空挡位置。顶升前，应拔出车厢固定销。作业后，应插入车厢固定销。

（3）配合挖装机械装料时，自卸汽车就位后应拉紧手制动器，在铲斗需越过驾驶室时，驾驶室内严禁有人。

（4）卸料前，车厢上方应无电线或障碍物，四周应无人员来往。卸料时，应将车停稳，不得边卸边行驶。举升车厢时，应控制内燃机中速运转，当车厢升到顶点时，应降低内燃机转速，减少车厢振动。

（5）向坑洼地区卸料时，应和坑边保持安全距离，防止塌方翻车。严禁在斜坡侧向倾卸。

（6）卸料后，应及时使车厢复位，方可起步，不得在倾斜情况下行驶。严禁在车厢内载人。

（7）车厢举升后需进行检修、润滑等作业时，应将车厢支撑牢靠后，方可进入车厢下面工作。

（8）装运混凝土或粘性物料后，应将车厢内外清洗干净，防止凝结在车厢上。

接底人	李××、章××、刘××、程××…

5.2.3 平板拖车操作安全技术交底

平板拖车操作施工现场安全技术交底表

表 AQ-C1-9

工程名称：××大厦工程　　施工单位：××建设集团有限公司　　编号：×××

交底部门	安全部	交底人	王××
交底项目	平板拖车操作安全技术交底	交底时间	×年×月×日

交底内容：

（1）行车前，应检查并确认拖挂装置、制动气管、电缆接头等连接良好，且轮胎气压符合规定。

（2）运输超限物件时，必须向交通管理部门办理通行手续，在规定时间内按规定路线行驶。超限部分白天应插红旗，夜晚应挂红灯。超高物体应有专人照管，并应配电工随带工具保护途中输电线路，保证运行安全。

（3）拖车装卸机械时，应停放在平坦坚实的路面上，轮胎应制动并用三角木楔塞紧。

（4）拖车搭设的跳板应坚实，与地面夹角：在装卸履带式起重机、挖掘机、压路机时，不应大于 15°；装卸履带式推土机、拖拉机时，不应大于 25°。

（5）装卸能自行上下拖车的机械，应由机长或熟练的驾驶人员操作，并应由专人统一指挥。指挥人员应熟悉指挥的拖车及装运机械的性能、特点。上、下车动作应平稳，不得在跳板上调整方向。

（6）装运履带式起重机，其起重臂应拆短，使之不超过机棚最高点，起重臂向后，吊钩不得自由晃动。拖车转弯时应降低速度。

（7）装运推土机时，当铲刀超过拖车宽度时，应拆除铲刀。

（8）机械装车后，各制动器应制动住，各保险装置应锁牢，履带或车轮应揳紧，并应绑扎牢固。

（9）雨、雪、霜冻天气装卸车时，应采取防滑措施。

（10）上、下坡道时，应提前换低速档，不得中途换档和紧急制动。严禁下坡空档滑行。

（11）拖车停放地应坚实平坦。长期停放或重车停放过夜时，应将平板支起，轮胎不应承压。

（12）使用随车卷扬机装卸物件时，应有专人指挥，拖车应制动住，并应将车轮揳紧。

（13）严寒地区停放过夜时，应将贮气筒中空气和积水放尽。

（14）在车底下进行保养、检修时，应将内燃机熄火、拉紧手制动器并将车轮揳牢。

（15）车辆经修理后需要试车时，应由合格人员驾驶，车上不得载人、载物，当需在道路上试车时，应挂交通管理部门颁发的试车牌照。

（16）在坡道上停放时，下坡停放应挂上倒档，上坡停放应挂上一档，并应使用三角木楔等塞紧轮胎。

接底人	李××、章××、刘××、程××…

5.2.4 机动翻斗车操作安全技术交底

机动翻斗车操作施工现场安全技术交底表

表 AQ-C1-9

工程名称：××大厦工程　　施工单位：××建设集团有限公司　　编号：×××

交底部门	安全部	交底人	王××
交底项目	机动翻斗车操作安全技术交底	交底时间	×年×月×日

交底内容：

（1）行驶前，应检查锁紧装置并将料斗锁牢，不得在行驶时掉斗。

（2）行驶时应从一档起步。不得用离合器处于半结合状态来控制车速。

（3）上坡时，当路面不良或坡度较大时，应提前换入低档行驶；下坡时严禁空挡滑行；转弯时应先减速；急转弯时应先换入低挡。

（4）翻斗车制动时，应逐渐踩下制动踏板，并应避免紧急制动。

（5）通过泥泞地段或雨后湿地时，应低速缓行，应避免换挡、制动、急剧加速，且不得靠近路边或沟旁行驶，并应防侧滑。

（6）翻斗车排成纵队行驶时，前后车之间应保持 8m 的间距，在下雨或冰雪的路面上，应加大间距。

（7）在坑沟边缘卸料时，应设置安全挡块，车辆接近坑边时，应减速行驶，不得剧烈冲撞挡块。

（8）停车时，应选择适合地点，不得在坡道上停车。冬季应采取防止车轮与地面冻结的措施。

（9）严禁料斗内载人。料斗不得在卸料工况下行驶或进行平地作业。

（10）内燃机运转或料斗内载荷时，严禁在车底下进行任何作业。

（11）操作人员离机时，应将内燃机熄火，并挂挡、拉紧手制动器。

（12）作业后，应对车辆进行清洗，清除砂土及混凝土等粘结在料斗和车架上脏物。

（13）在车底下进行保养、检修时，应将内燃机熄火、拉紧手制动器并将车轮楔牢。

（14）车辆经修理后需要试车时，应由合格人员驾驶，车上不得载人、载物，当需在道路上试车时，应挂交通管理部门颁发的试车牌照。

（15）在坡道上停放时，下坡停放应挂上倒档，上坡停放应挂上一档，并应使用三角木楔等塞紧轮胎。

接底人	李××、章××、刘××、程××…

5.2.5 叉车操作安全技术交底

叉车操作施工现场安全技术交底表

表 AQ-C1-9

工程名称：××大厦工程　　施工单位：××建设集团有限公司　　编号：×××

交底部门	安全部	交底人	王××
交底项目	叉车操作安全技术交底	交底时间	×年×月×日

交底内容：

（1）叉装物件时，被装物件重量应在该机允许载荷范围内。当物件重量不明时，应将该物件叉起离地 100mm 后检查机械的稳定性，确认无超载现象后，方可运送。

（2）叉装时，物件应靠近起落架，其重心应在起落架中间，确认无误，方可提升。

（3）物件提升离地后，应将起落架后仰，方可行驶。

（4）起步应平稳，变换前后方向时，应待机械停稳后方可进行。

（5）叉车在转弯、后退、狭窄通道、不平路面等情况下行驶时，或在交叉路口和接近货物时，都应减速慢行。除紧急情况外，不宜使用紧急制动。

（6）两辆叉车同时装卸一辆货车时，应有专人指挥联系，保证安全作业。

（7）不得单叉作业和使用货叉顶货或拉货。

（8）叉车在叉取易碎品、贵重品或装载不稳的货物时，应采用安全绳加固，必要时，应有专人引导，方可行驶。

（9）以内燃机为动力的叉车，进入仓库作业时，应有良好的通风设施。严禁在易燃、易爆的仓库内作业。

（10）严禁货叉上载人。驾驶室除规定的操作人员外，严禁其他任何人进入或在室外搭乘。

（11）作业后，应将叉车停放在平坦、坚实的地方，使货叉落至地面并将车轮制动住。

（12）在车底下进行保养、检修时，应将内燃机熄火、拉紧手制动器并将车轮揳牢。

（13）车辆经修理后需要试车时，应由合格人员驾驶，车上不得载人、载物，当需在道路上试车时，应挂交通管理部门颁发的试车牌照。

（14）在坡道上停放时，下坡停放应挂上倒档，上坡停放挂上一档，并应使用三角木楔等塞紧轮胎。

接底人	李××、章××、刘××、程××…

5.2.6 施工升降机操作安全技术交底

施工升降机操作施工现场安全技术交底表

表 AQ-C1-9

工程名称：××大厦工程   施工单位：××建设集团有限公司   编号：×××

交底部门	安全部	交底人	王××
交底项目	施工升降机操作安全技术交底	交底时间	×年×月×日

交底内容：

（1）施工升降机应为人货两用电梯，其安装和拆卸工作必须由取得建设行政主管部门颁发的拆装资质证书的专业队负责，并必须由经过专业培训、取得操作证的专业人员进行操作和维修。

（2）地基应浇制混凝土基础，其承载能力应大于 150KPa，地基上表面平整度允许偏差为 10mm，并应有排水设施。

（3）应保证升降机的整体稳定性，升降机导轨架的纵向中心线至建筑物外墙面的距离宜选用较小的安装尺寸。

（4）导轨架安装时，应用经纬仪对升降机在两个方向进行测量校准，其垂直度允许偏差为其高度的 5/10000。

（5）导轨架顶端自由高度、导轨架与附壁距离、导轨架的两附壁连接点间距离和最低附壁点高度均不得超过出厂规定。

（6）升降机的专用开关箱应设在底架附近便于操作的位置，馈电容量应满足升降机直接启动的要求，箱内必须设短路、过载、相序、断相及零位保护等装置。升降机所有电气装置均应执行 JGJ 33-2001 第 3.1 节和第 3.4 节的规定。

（7）升降机梯笼周围 2.5m 范围内应设置稳固的防护栏杆，各楼层平台通道应平整牢固，出入口应设防护栏杆和防护门。全行程四周不得有危害运行的障碍物。

（8）升降机安装在建筑物内部井道中间时，应在全行程范围井壁四周搭设封闭屏障。装设在阴暗处或夜班作业的升降机，应在全行程上装设足够的照明和明亮的楼层编号标志灯。

（9）升降机安装后，应经企业技术负责人会同有关部门对基础和附壁支架以及升降机架设安装的质量、精度等进行全面检查，并应按规定程序进行技术试验（包括坠落试验），经试验合格签证后，方可投入运行。

（10）升降机的防坠安全器，在使用中不得任意拆检调整，需要拆检调整时或每用满 1 年后，均应交底由生产厂或指定的认可单位进行调整、检修或鉴定。

交底部门	安全部	交底人	王×××
交底项目	施工升降机操作安全技术交底	交底时间	×年×月×日

交底内容：

（11）新安装或转移工地重新安装以及经过大修后的升降机，在投入使用前，必须经过坠落试验。升降机在使用中每隔 3 个月，应进行一次坠落试验。试验程序应按说明书规定进行，当试验中梯笼坠落超过 1.2m 制动距离时，应查明原因，并应调整防坠安全器，切实保证不超过 1.2m 制动距离。试验后以及正常操作中每发生一次防坠动作，均必须对防坠安全器进行复位。

（12）作业前重点检查项目应符合下列要求：

1）各部结构无变形，连接螺栓无松动；

2）齿条与齿轮、导向轮与导轨均接合正常；

3）各部钢丝绳固定良好，无异常磨损；

4）运行范围内无障碍。

（13）启动前，应检查并确认电缆、接地线完整无损，控制开关在零位。电源接通后，应检查并确认电压正常，应测试无漏电现象。应试验并确认各限位装置、梯笼、围护门等处的电器联锁装置良好可靠，电器仪表灵敏有效。启动后，应进行空载升降试验，测定各传动机构制动器的效能，确认正常后，方可开始作业。

（14）升降机在每班首次载重运行时，当梯笼升离地面 1～2m 时，应停机试验制动器的可靠性；当发现制动效果不良时，应调整或修复后方可运行。

（15）梯笼内乘人或载物时，应使载荷均匀分布，不得偏重。严禁超载运行。

（16）操作人员应根据指挥信号操作。作业前应鸣声示意。在升降机未切断总电源开关前，操作人员不得离开操作岗位。

（17）当升降机运行中发现有异常情况时，应立即停机并采取有效措施将梯笼降到底层，排除故障后方可继续运行。在运行中发现电气失控时，应立即按下急停按钮；在未排除故障前，不得打开急停按钮。

（18）升降机在大雨、大雾、六级及以上大风以及导轨架、电缆等结冰时，必须停止运行，并将梯笼降到底层，切断电源。暴风雨后，应对升降机各有关安全装置进行一次检查，确认正常后，方可运行。

（19）升降机运行到最上层或最下层时，严禁用行程限位开关作为停止运行的控制开关。

（20）当升降机在运行中由于断电或其他原因而中途停止时，可进行手动下降，将电动机尾端制动电磁铁手动释放拉手缓缓向外拉出，使梯笼缓慢地向下滑行。梯笼下滑时，不得超过额定运行速度，手动下降必须由专业维修人员进行操纵。

（21）作业后，应将梯笼降到底层，各控制开关拨到零位，切断电源，锁好开关箱，闭锁梯笼门和围护门。

接底人	李××、章××、刘××、程××…

5.2.7 井架式、平台式起重机操作安全技术交底

井架式、平台式起重机操作施工现场安全技术交底表

表 AQ-C1-9

工程名称：××大厦工程　　　施工单位：××建设集团有限公司　　　编号：×××

交底部门	安全部	交底人	王××
交底项目	井架式、平台式起重机操作安全技术交底	交底时间	×年×月×日

交底内容：

（1）起重机卷扬机部分应执行上述 5.2.4 的规定。

（2）架设场地应平整坚实，平台应适合手推车尺寸、便于装卸。井架四周应设缆风绳拉紧。不得用钢筋、铁线代替作缆风绳用。缆风绳的架设和使用，应执行 JGJ 33-2001 第 4.5 节的有关规定。

（3）起重机的制动器应灵活可靠。平台的四角与井架不得互相擦碰，平台固定销和吊钩应可靠，并应有防坠落、防冒顶等保险装置。

（4）龙门架或井架不得和脚手架联为一体。

（5）垂直输送混凝土和砂浆时，翻斗出料口应灵活可靠，保证自动卸料。

（6）操作人员得到下降信号后，必须确认平台下面无人员停留或通过时，方可下降平台。

（7）作业后，应检查钢丝绳、滑轮、滑轮轴和导轨等，发现异常磨损，应及时修理或更换。

（8）作业后，应将平台降到最低位置，切断电源，锁好开关箱。

接底人	李××、章××、刘××、程××…

5.2.8 自立式起重架操作安全技术交底

自立式起重架操作施工现场安全技术交底表

表 AQ-C1-9

工程名称：××大厦工程　　　施工单位：××建设集团有限公司　　　编号：×××

交底部门	安全部	交底人	王××
交底项目	自立式起重架操作安全技术交底	交底时间	×年×月×日

交底内容：

（1）起重架的卷扬机部分应执行上述 5.2.4 的规定。

（2）起重架的架设场地应平整夯实，立架前应先将四条支腿伸出，调整丝杆宜悬露 50mm，并应用枕木与地面垫实。

（3）架设前，应检查并确认钢丝绳与缆风绳正常，架设地点附近 5m 范围内不得有非作业人员。

（4）架设时，卷扬机应用慢速，在两节接近合拢时，不宜出现冲击。合拢后应先将下架与底盘用连接螺栓紧固，然后安装并紧固上下架连接螺栓，再反向开动卷扬机，将架设钢丝绳取下，最后将缆风绳与地锚收紧固定。

（5）当架设高度在 10～15m 时，应设一组缆风绳，每增高 10m 应增设一组缆风绳，并应与建筑物锚固。

（6）作业前，应检查并确认超高限位装置灵敏、可靠。

（7）提升的重物应放置平稳，严禁载人上下。吊笼提升后，下面严禁有人停留或通过。

（8）在五级及以上风力时应停止作业，并应将吊笼降到地面。

（9）作业后，应将吊笼降到地面，切断电源，锁好开关箱。

接底人	李××、章××、刘××、程××…

5.3 桩工机械

5.3.1 桩工机械操作一般规定

桩工机械操作施工现场安全技术交底表

表 AQ-C1-9

工程名称：××大厦工程　　施工单位：××建设集团有限公司　　编号：×××

交底部门	安全部	交底人	王××
交底项目	桩工机械操作一般规定	交底时间	×年×月×日

交底内容：

1. 一般安全操作规程

（1）打桩施工场地应按坡度不大于 3%，地耐力不小于 $8.5N/cm^2$ 的要求进行平实，地下不得有障碍物。在基坑和围堰内打桩，应配备足够的排水设备。

（2）桩机周围应有明显标志或围栏，严禁闲人进入。作业时，操作人员应在距桩锤中心 5m 以外监视。

（3）安装时，应将桩锤运到桩架正前方 2m 以内，严禁远距离斜吊。

（4）用桩机吊桩时，必须在桩上拴好围绳。起吊 2.5m 以外的混凝土预制桩时，应将桩锤落在下部，待桩吊近后，方可提升桩锤。

（5）严禁吊桩、吊锤、回转和行走同时进行。桩机在吊有桩和锤的情况下，操作人员不得离开。

（6）插桩后应及时检验桩的垂直度，桩入土 3m 以上时，严禁用桩机行走或回转动作纠正桩的倾斜度。

（7）拔送桩时，应严格掌握不超过桩机起重能力，荷载难以计算时，可参考如下办法：

1）桩机为电动卷扬机时，拔送桩时负荷不得超过电机满载电流。

2）桩机卷扬机以内燃机为动力时，拔送桩时如内燃机明显减速，应立即停止起拔。

3）桩机为蒸汽卷扬机时，拔送桩时，如在额定蒸汽压力下产生减速或停车，应立即停止起拔。

4）每米送桩深度的起拔荷载可按 4t 计算。

（8）卷扬钢丝绳应经常处于油膜状态，不得硬性摩擦。吊锤、吊桩可使用插接的钢丝绳，不得使用不合格的起重卡具、索具、拉绳等。

（9）作业中停机时间较长时，应将桩锤落下垫好。除蒸汽打桩机在短时间内可将锤担在机架上外，其他的桩机均不得悬吊桩锤进行检修。

交底部门	安全部	交底人	王××
交底项目	桩工机械操作安全技术交底	交底时间	×年×月×日

交底内容：

（10）遇有大雨、雪、雾和六级以上强风等恶劣气候，应停止作业。当风速超过七级应将桩机顺风向停置，并增加缆风绳。

（11）雷电天气无避雷装置的桩机，应停止作业。

（12）作业后应将桩机停放在坚实平整的地面上，将桩锤落下，切断电源和电路开关，停机制动后方可离开。

（13）高处作业必须系好安全带，不得穿硬底易滑的鞋。

2．桩机运输安全操作规程

（1）汽车装运桩机时，不得超宽、超高、超载、超长装运。公路行驶必须遵守交通规则。

（2）桩机装运时必须绑扎牢固，垫、楔可靠，导杆必须摆放平直，不得压、扭变形。

（3）运输中不得急转弯，应低速行动，通过桥梁、涵洞、隧道时，不得超高、超载盲目强行。

（4）夜间装运时，现场必须有足够的照明，并设专人监护。

3．桩机的安装与拆除安全操作规程

（1）拆装班组的作业人员必须熟悉拆装工艺、规程，拆装前班组长应进行明确分工，并组织班组作业人员贯彻落实专项安全施工组织设计（施工方案）和安全技术措施交底。

（2）高压线下两侧 10m 以内不得安装打桩机。特殊情况必须采取安全技术措施，并经上级技术负责人同意批准，方可安装。

（3）安装前应检查主机、卷扬机、制动装置、钢丝绳、牵引绳、滑轮及各部轴销、螺栓、管路接头应完好可靠。导杆不得弯曲损伤。

（4）起落机架时，应设专人指挥，拆装人员应互相配合，指挥旗语、哨音准确、清楚。严禁任何人在机架底下穿行或停留。

（5）安装底盘必须平放在坚实平坦的地面上，不得倾斜。桩机的平衡配重铁，必须符合说明书要求，保证桩架稳定。

（6）震动沉桩机安装桩管时，桩管的垂直方向吊装不得超过 4m，两侧斜吊不得超过 2m，并设溜绳。

4．桩架挪动安全操作规程

（1）打桩机架移位的运行道路，必须平坦坚实，畅通无阻。

（2）挪移打桩机时，严禁将桩锤悬高。必须将锤头制动可靠方可走车。

（3）机架挪移到桩位上，稳固以后，方可起锤，严禁随移位随起锤。

（4）桩架就位后，应立即制动、固定。操作时桩架不得滑动。

（5）挪移打桩机架应距轨道终端 2m 以内终止，不得超出范围。如受条件限制，必须采取可靠的安全措施。

交底部门	安全部	交底人	王××
交底项目	桩工机械操作安全技术交底	交底时间	×年×月×日

交底内容：

　　（6）柴油打桩机和震动沉桩机的运行道路必须平坦。挪移时应有专人指挥，桩机架不得倾斜。若遇地基沉陷较大时，必须加铺脚手板或铁板。

　　5．桩机施工安全操作规程

　　（1）作业前必须检查传动、制动、滑车、吊索、拉绳应牢固有效，防护装置应齐全良好，并经试运转合格后，方可正式操作。

　　（2）打桩操作人员（司机）必须熟悉桩机构造、性能和保养规程、操作熟练方准独立操作。严禁非桩机操作人员操作。

　　（3）打桩作业时，严禁在桩机垂直半径范围以内和桩锤或重物底下穿行停留。

　　（4）卷扬机的钢丝绳应排列整齐，不得挤压，缠绕滚筒上不少于 3 圈。在缠绕钢丝绳时，不得探头或伸手拨动钢丝绳。

　　（5）稳桩时，应用撬棍套绳或其他适当工具进行。当桩与桩帽接合以前，套绳不得脱套，纠正斜桩不宜用力过猛，并注视桩的倾斜方向。

　　（6）采用桩架吊桩时，桩与桩架之垂直方向距离不得大于 5m（偏吊距离不得大于 3m）。超出上述距离时，必须采取安全措施。

　　（7）打桩施工场地，必须经常保持整洁。打桩工作台应有防滑措施。

　　（8）桩架上操作人员使用的小型工具（零件），应放入工具袋内，不得放在桩架上。

　　（9）利用打桩机吊桩时，必须使用卷扬机的刹车制动。

　　（10）吊桩时要缓慢吊起，桩的下部必须设溜（套）绳，掌握稳定方向，桩不得与桩机碰撞。

　　（11）柴油机打桩时应掌握好油门，不得油门过大或突然加大，防止桩锤跳跃过高，起锤高度不大于 1.5m。

　　（12）利用柴油机或蒸汽锤拔桩筒，在入土深度超过 1m 时，不得斜拉硬吊，应垂直拔出。若桩筒入土较深，应边震边拔。

　　（13）柴油机或蒸汽打桩机拉桩时应停止锤击，方可操作，不得锤击与拉桩同时进行。降落锤头时，不得猛然骤落。

　　（14）在装拆桩管或到沉箱上操作时，必须切断电源后再进行操作。必须设专人监护电源。

　　（15）检查或维修打桩机时，必须将锤放在地上并垫稳，严禁在桩锤悬吊时进行检查等作业。

接底人	李××、章××、刘××、程××…

5.3.2 柴油打桩锤操作安全技术交底

柴油打桩锤操作施工现场安全技术交底表

表 AQ-C1-9

工程名称：××大厦工程　　施工单位：××建设集团有限公司　　编号：×××

交底部门	安全部	交底人	王××
交底项目	柴油打桩锤操作安全技术交底	交底时间	×年×月×日

交底内容：

（1）作业前应检查导向板的固定与磨损情况，导向板不得有松动或缺件，导向面磨损不得大于 7mm。

（2）作业前应检查并确认起落架各工作机构安全可靠，启动钩与上活塞接触线距离应在 5～10mm。

（3）作业前应检查柴油锤与桩帽的连接，提起柴油锤，柴油锤脱出砧座后，柴油锤下滑长度不应超过使用说明书的规定值，超过时，应调整桩帽连接钢丝绳的长度。

（4）作业前应检查缓冲胶垫，当砧座和橡胶垫的接触面小于原面积 2/3 时，或下汽缸法兰与砧座间隙小于使用说明书的规定值时，均应更换橡胶垫。

（5）水冷式柴油锤应加满水箱，并应保证柴油锤连续工作时有 足够的冷却水。冷却水应使用清洁的软水。冬季作业时应加温水。

（6）桩帽上缓冲垫木的厚度应符合要求，垫木不得偏斜。金属装的垫木厚度应为 100～150mm；混凝土桩的垫木厚度应为 200～250mm。

（7）柴油锤启动前，柴油锤、桩帽和桩应在同一轴线上，不得偏心打桩。

（8）在软土打桩时，应先关闭油门冷打，当每击贯入度小于 100mm 时，在启动柴油锤。

（9）柴油锤运转时，冲击部分的跳起高度应符合使用说明书的要求，达到规定高度时，应减小油门，控制落距。

（10）当上活塞下落而柴油锤未燃爆，上活塞发生短时间的起伏时，起落架不得落下，以防止击碰块。

（11）打桩过程中，应由专人负责拉好曲臂上的控制绳，在意外的情况下，可使用控制锤紧急停锤。

（12）柴油锤启动后，应提升起落架，在锤击过程中起落架与上汽缸顶部之间的距离应小于 2m。

（13）筒式柴油锤上活塞跳起时，应观察是否有润滑油从泄油孔中流出。下活塞的润滑油应按使用说明书的要求加注。

（14）柴油锤出现早燃时，应停止工作，并按使用说明书的要求进行处理。

交底部门	安全部	交底人	王××
交底项目	柴油打桩锤操作安全技术交底	交底时间	×年×月×日

交底内容：

（15）作业后，应将柴油锤放在最低位置，封盖上汽缸和吸排气孔，关闭燃料阀，将操作杆至于停机位置，起落架升至高于桩锤 1m 处，并应锁住安全限位装置。

（16）长期停用的柴油锤，应从桩基上卸下，放掉冷却水、燃油及润滑油，将燃烧室及上、下活塞打击面清洗干净，并应做好防腐措施，盖上保护套，入库保存。

接底人	李××、章××、刘××、程××…

5.3.3 振动桩锤操作安全技术交底

振动桩锤操作施工现场安全技术交底表

表 AQ-C1-9

工程名称：××大厦工程　　　施工单位：××建设集团有限公司　　　编号：×××

交底部门	安全部	交底人	王××
交底项目	振动桩锤操作安全技术交底	交底时间	×年×月×日

交底内容：

（1）作业前应检查并确认震动桩锤各部分螺栓、销轴的连接牢靠。减震装置的弹簧、轴和导向套完好。

（2）作业前，应检查各传动胶带的松紧度，松紧度不符合规定的及时调整。

（3）作业前，应检查夹持片的齿形。当齿形磨损超过 4mm 时，应更换或用堆焊修复。使用前，应在夹持片中间放一块 10～15mm 厚的钢板进行试夹。试夹中液压缸应无渗漏，系统压力应正常，夹持片间无钢板时，不得试夹。

（4）作业前，应检查并确认震动桩锤的导向装置牢固可靠。导向装置与立柱导轨的配合间隙应符合使用说明书的规定。

（5）悬挂震动桩锤的起重机吊钩应有防松脱的保护装置。震动桩锤悬挂钢架的耳环应加装保险钢丝绳。

（6）震动桩锤启动时间不应超过使用说明书的规定。当启动困难时，应查明原因，排除故障后继续启动。启动时应监视电流和电压，当启动后的电流将至正常值时，开始工作。

（7）夹桩时，紧夹装置和桩的头部之间不应有空隙。当液压系统工作压力稳定后，才能启动震动锤桩。

（8）沉桩前，应以桩的前端定位，并按使用说明书的要求调整桩与导轨的垂直度。

（9）沉桩时，应根据沉桩速度放松吊桩钢丝绳。沉桩速度、电机电流不得超过使用说明书的规定。沉桩速度过慢时，可在震动桩锤上按规定增加配重。当电流急剧上升时，应停机检查。

（10）拔桩时，当桩身埋入部分被拔起 1.0～1.5m 时，应停机拔桩，在拴好吊装用钢丝绳后，再起振拔桩。当桩尖离地面只有 1～2m 时，应停止振动拔桩，由起重机直接拔桩。桩拔出后，吊装钢丝绳未吊紧前，不得松开夹紧装置。

（11）拔桩应按沉桩的相反顺序起拔。夹紧装置在夹持板桩时，应靠近相邻一根。对工字桩应夹紧腹板的中央。当钢板桩和工字桩的头部有钻孔时，应将钻孔焊平或将钻孔以上割掉，或应在钻孔处焊接加强板，防止桩断裂。

交底部门	安全部	交底人	王××
交底项目	振动桩锤操作安全技术交底	交底时间	×年×月×日

交底内容:

（12）振动桩锤在正常振幅下扔不能拔桩时，应停止作业，改用功率较大的震动桩锤。拔桩时，拔桩力不应大于桩架的负荷能力。

（13）振动桩锤作业时。减振装置各摩擦部位应具有良好的润滑。减振器横梁的振幅超过规定时。应停机查明原因。

（14）作业中，当遇液压软管破损、液压操纵失灵或停电时，应立即停机，并应采取安全措施，不得让桩从夹紧装置中脱落。

（15）停止作业时，在振动桩锤完全停止运转前不得松开夹紧装置。

（16）作业后，应将振动桩锤沿导杆放至低处，并采用木块垫实，带桩管的振动桩锤可将桩管沉入土中 3m 以上。

（17）振动桩锤长期停用时，应卸下振动桩锤。

接底人	李××、章××、刘××、程××…

5.3.4 静力压桩机操作安全技术交底

静力压桩机操作施工现场安全技术交底表

表 AQ-C1-9

工程名称：××大厦工程　　施工单位：××建设集团有限公司　　编号：×××

交底部门	安全部	交底人	王××
交底项目	静力压桩机操作安全技术交底	交底时间	×年×月×日

交底内容：

（1）桩机纵向行走时，不得单向操作一个手柄，应两个手柄一起动作。短船回转或横向行走时，不应触碰长船边缘。

（2）桩机升降过程中，四个顶升缸中的两个一组，交替动作，每次行程不得超过 100mm。当单个顶升缸动作时，行程不得超过 50mm。压桩机在顶升过程中，船形轨道不宜压在已入土的单一桩顶上。

（3）压桩作业时，应有统一指挥，压桩人员和吊装人员应密切联系，相互配合。

（4）起重机吊装进入夹持机构，进行接桩或插桩作业后，操作人员在压桩前应确认吊钩已完全脱离桩体。

（5）操作人员应按桩机技术性能作业，不得超载运行。操作时动作不应过猛，应避免冲击。

（6）桩机发生浮机时，严禁起重机作业。如起重机已起吊物体，应立即将起吊物卸下，暂停压桩，在查明原因采取相应措施后，方可继续施工。

（7）压桩时，非工作人员应离机10m。起重机的起重臂及桩机配重下方严禁站人。

（8）压桩时，操作人员的身体不得进入压桩台与机身的间隙之中。

（9）压桩过程中，桩产生倾斜时，不得采用桩机行走的方法强行纠正，应先将桩拔起，清楚地下障碍物后，重新插桩。

（10）在压桩过程中，当夹持的桩出现打滑现象时，应通过提高液压缸压力增加夹持力，不得损坏桩，并应及时找出打滑原因，排除故障。

（11）桩机接桩时，上一节桩应提升350~400mm，并不得松开夹持板。

（12）当桩的贯入阻力超过设计值时，增加配重应符合使用说明书的规定。

（13）当桩压到设计要求时，不得用桩机行走的方式，将超过规定高度的桩顶部分强行推断。

（14）作业完毕，桩机应停放在平整地面上，短船应运行至中间位置，其余液压缸应缩进回程，起重机吊钩应升至最高位置，各部制动器应制动，外露活塞杆应清理干净。

（15）作业后，应将控制器放在"零位"，并以此切断各部电源，锁闭门窗，冬季应放尽各部积水。

（16）转移工地时，应按规定程序拆卸桩机，所有油管接头处应加保护盖帽。

接底人	李××、章××、刘××、程××…

5.3.5 转盘钻孔机操作安全技术交底

转盘钻孔机操作施工现场安全技术交底表

表 AQ-C1-9

工程名称：××大厦工程　　　施工单位：××建设集团有限公司　　　编号：×××

交底部门	安全部	交底人	王××
交底项目	转盘钻孔机操作安全技术交底	交底时间	×年×月×日

交底内容：

（1）钻架的吊重中心、钻机的卡孔和护进管中心应在同一垂直线上，钻杆中心偏差不应大于 20mm。

（2）钻头和钻杆连接螺纹应良好，滑扣的不得使用。钻头焊接应牢固可靠，不得有裂纹。钻杆连接处应安装便于拆卸的垫圈。

（3）作业前，应先将各部操纵手柄至于空挡位置，人力盘动时不得有卡阻现象，然后空载运转，确认一切正常后方可作业。

（4）开钻时，应先送浆后开钻；停机时，应先停机后停浆。泥浆泵应有专人看管，对泥浆质量和浆面高度应随时测量和调整，随时清楚沉淀池中杂物，出现漏浆现象时应及时补充。

（5）开钻时，钻压应轻，转速应慢。在钻进过程中，应根据地质情况和钻进深度，选择合适的钻压和钻速，均匀给进。

（6）换挡时，应先停钻，挂上挡后载开钻。

（7）加接钻杆时，应使用特制的连接螺栓紧固，并应做好连接处的清洁工作。

（8）钻机下和井孔周围 2m 以内及高压胶管下，不得站人。钻杆不应在旋转时提升。

（9）发生提钻受阻时，应先设法使钻具活动后再慢慢提升，不得强行提升。当钻进受阻时，应采用缓冲击法解除，并查明原因，采取措施继续钻进。

（10）钻架、钻台平车、封口平车等的承载部位不得超载。

（11）使用空气反循环时，喷浆口应遮拦，管端应固定。

（12）钻进结束时，应把钻头略微提起，降低转速，空转 5～10min 后再停钻。停钻时，应先停钻后停风。

（13）作业后，应对钻机进行清洗和润滑，并应将主要部位进行遮盖。

接底人	李××、章××、刘××、程××…

5.3.6 螺旋钻孔机操作安全技术交底

螺旋钻孔机操作施工现场安全技术交底表

表 AQ-C1-9

工程名称：××大厦工程   施工单位：××建设集团有限公司   编号：×××

交底部门	安全部	交底人	王××
交底项目	螺旋钻孔机操作安全技术交底	交底时间	×年×月×日

交底内容：

（1）安装前，应检查并确认钻杆及各部件不得有变形；安装后，钻杆与动力头中心线的偏斜度不应超过全长的 1%。

（2）安装钻杆时，应从动力头开始，逐节往下安装。不得将所需长度的钻杆在地面上接好后一次起吊安装。

（3）钻机安装后，电源的频率与钻机控制箱的内频率应相同。不同时，应采用频率转换开关予以转换。

（4）钻机应放置在平稳、坚实的场地上。汽车式钻机应将轮胎支起，架好支腿，并应采用自动微调或线锤调整挺杆，使之保持垂直。

（5）启动前应检查并确认钻机各部件连接牢固，传动带的松紧度应适当，减速箱内油位应符合规定，钻深限位报警装置应有效。

（6）启动前，应将操作杆放在空挡位置。启动后，应进行空载运转试验，检查仪表、制动等各项，温度、声响应正常。

（7）钻孔时，应将钻杆缓慢放下，使钻头对准孔位，当电流表指针偏向无负荷状态时即可下钻。在钻孔过程中，当电流表超过额定电流时，应放慢下钻速度。

（8）钻机发出下钻限位报警信号时，应停钻，并将钻杆稍稍提升，在接触报警信号后，方可继续下钻。

（9）卡钻时，应立即停止下钻。查明原因前，不得强行启动。

（10）作业中，当需改变钻杆回转方向时，应在钻杆完全停转后再进行。

（11）作业中，当发现阻力过大、钻进困难、钻头发出异响或机架出现摇晃、移动、偏斜时，应立即停钻，在排除故障后，继续施钻。

（12）钻机运转时，应有专人看护，防止电缆线被缠入钻杆。

（13）钻孔时，不得用手清除螺旋片中的泥土。

（14）钻孔过程中，应经常检查钻头的磨损情况，当钻头磨损量超过使用说明书的允许值时，应予以更换。

（15）作业中停电时，应将各控制器置于零位，切断电源，并应及时采取措施，将钻杆从孔内拔出。

（16）作业后，应将钻杆及钻头全部提升至孔外，先清除钻杆和螺旋片上的泥土，再将钻头放下接触地面，锁定各部制动，将操纵杆放到空挡位置，切断电源。

接底人	李××、章××、刘××、程××…

5.3.7 旋挖钻机操作安全技术交底

旋挖钻机操作施工现场安全技术交底表

表 AQ-C1-9

工程名称：××大厦工程　　施工单位：××建设集团有限公司　　　编号：×××

交底部门	安全部	交底人	王××
交底项目	旋挖钻机操作安全技术交底	交底时间	×年×月×日

交底内容：

（1）作业地面应坚实平整，作业过程中地面不得下陷，工作坡度不得大于 2°。

（2）钻机驾驶员进出驾驶室时，应利用阶梯和扶手上下。在作业过程中，不得将操纵杆当扶手使用。

（3）钻机行驶时，应将上车转台和底盘车架销住，履带式钻机还应锁定履带伸缩油缸的保护装置。

（4）钻孔作业前，应检查并确认固定上车转台和底盘车架的销轴已拔出。履带式钻机应将履带的轨距伸至最大。

（5）在钻机转移工作点、装卸钻具钻杆、收臂放塔和检修调试时，应有专人指挥，并确认附近不得有非作业人员和障碍。

（6）卷扬机提升钻杆、钻头和其他钻具时，重物应位于桅杆正前方。卷扬机钢丝绳与桅杆夹角应符合使用说明书的规定。

（7）开始钻孔时，钻杆应保持垂直，位置应正确，并应慢速钻进，在钻头进入土层后，再加快钻进。当钻斗穿过软硬土层交界处时，应慢速钻进。提钻时，钻头不得转动。

（8）作业中，发现浮机现象时，应立即停止作业，查明原因并正确处理后，继续作业。

（9）钻机移位时，应将钻桅及钻具提升至规定高度，并应检查钻杆，防止钻杆脱落。

（10）作业中，钻机作业范围不得有非工作人员进入。

（11）钻机短时停机，钻桅可不放下，动力头及钻具应放下，并宜尽量接近地面。长时间停机，钻桅应按使用说明书的要求放置。

（12）钻机保养时，应按使用说明书的要求进行，并应将钻机支撑牢靠。

接底人	李××、章××、刘××、程××…

5.3.8 深层搅拌机操作安全技术交底

深层搅拌机操作施工现场安全技术交底表

表 AQ-C1-9

工程名称：××大厦工程　　施工单位：××建设集团有限公司　　编号：×××

交底部门	安全部	交底人	王××
交底项目	深层搅拌机操作安全技术交底	交底时间	×年×月×日

交底内容：

　　（1）搅拌机就位后，应检查搅拌机的水平度和导向架的垂直度，并应符合使用说明书的要求。

　　（2）作业前，应先空载试机，设备不得有异响，并应检查仪表、油泵，确认正常后，正式开机运转。

　　（3）吸浆、输浆管路或粉喷高压软管的各接头应连接紧固。泵送水泥浆前，管路应保持湿润。

　　（4）作业中，应控制深层搅拌机的入土切削速度和提升搅拌的速度，并应检查电流表，电流不得超过规定。

　　（5）发生卡钻、停钻或管路堵塞现象时，应立即停机，并应将搅拌头提离地面，查明原因，妥善处理后，重新开机施工。

　　（6）作业中，搅拌机动力头的润滑应符合规定，动力头不得断油。

　　（7）当喷浆式搅拌机停机超过 3h，应立即拆卸输浆管路，排除灰浆，清洗管道。

　　（8）作业后，应按使用说明书的要求，做好清洁保养工作。

接底人	李××、章××、刘××、程××…

5.3.9 冲孔桩机操作安全技术交底

冲孔桩机操作施工现场安全技术交底表

表 AQ-C1-9

工程名称：××大厦工程　　施工单位：××建设集团有限公司　　编号：×××

交底部门	安全部	交底人	王××
交底项目	冲孔桩机操作安全技术交底	交底时间	×年×月×日

交底内容：

（1）冲孔桩机施工摆放的场地应平整坚实。

（2）作业前应重点检查一下项目，并应符合下列要求：

1）各连接部分是否牢固，传动部分、离合器、制动器、棘轮停止器、导向轮是否灵活可靠；

2）卷筒不得有裂纹，钢丝绳缠绕正确，绳头压紧，钢丝绳断丝、磨损不得超过限度；

3）安全信号和安全装置齐全良好；

4）桩机有可靠的接零或接地，电气部分绝缘良好；

5）开关灵敏可靠

（3）卷扬机启动、停止或到达终点时，速度要平缓，严禁超负荷工作。

（4）冲孔作业时，应防止碰撞护筒、孔壁和钩挂护筒底缘；提升时，应缓慢平稳。

（5）经常检查卷扬机钢丝绳的磨损程度，钢丝绳的保养及更换按相关规定。

（6）卷扬机换向应在重锤停稳后进行，减少对钢丝绳的破坏。

（7）钢丝绳上应设有标记，提升落锤高度应符合规定，防止提锤过高，击断锤齿。

（8）停止作业时，冲锤应提出孔外，不得埋锤，并应及时切断电源，重锤落地前，司机不得离岗。

接底人	李××、章××、刘××、程××…

5.4 混凝土机械

5.4.1 混凝土搅拌机操作安全技术交底

混凝土搅拌机操作施工现场安全技术交底表

表 AQ-C1-9

工程名称：××大厦工程　　施工单位：××建设集团有限公司　　编号：×××

交底部门	安全部	交底人	王××
交底项目	混凝土搅拌机操作安全技术交底	交底时间	×年×月×日

交底内容：

（1）固定式搅拌机应安装在牢固的台座上。当长期固定时，应埋置地脚螺栓；在短期使用时，应在机座上铺设木枕并找平放稳。

（2）固定式搅拌机的操纵台，应使操作人员能看到各部工作情况。电动搅拌机的操纵台，应垫上橡胶或干燥木板。

（3）移动式搅拌机的停放位置应选择平整坚实的场地，周围应有良好的排水沟渠。就位后，应放下支腿将机架顶起达到水平位置，使轮胎离地。当使用期较长时，应将轮胎卸下妥善保管，轮轴端部用油布包扎好，并用枕木将机架垫起支牢。

（4）对需设置上料斗地坑的搅拌机，其坑口周围应垫高夯实，应防止地面水流入坑内。上料轨道架的底端支承面应夯实或铺砖，轨道架的后面应采用木料加以支承，应防止作业时轨道变形。

（5）料斗放到最低位置时，在料斗与地面之间，应加一层缓冲垫木。

（6）作业前重点检查项目应符合下列要求：

1）电源电压升降幅度不超过额定值的5%；

2）电动机和电器元件的接线牢固，保护接零或接地电阻符合规定；

3）各传动机构、工作装置、制动器等均紧固可靠，开式齿轮、皮带轮等均有防护罩；

4）齿轮箱的油质、油量符合规定。

（7）作业前，应先启动搅拌机空载运转。应确认搅拌筒或叶片旋转方向与筒体上箭头所示方向一致。对反转出料的搅拌机，应使搅拌筒正、反转运转数分钟，并应无冲击抖动现象和异常噪音。

（8）作业前，应进行料斗提升试验，应观察并确认离合器、制动器灵活可靠。

（9）应检查并校正供水系统的指示水量与实际水量的一致性；当误差超过2%时，应检查管路的漏水点，或应校正节流阀。

交底部门	安全部	交底人	王××
交底项目	混凝土搅拌机操作安全技术交底	交底时间	×年×月×日

交底内容：

（10）应检查骨料规格并应与搅拌机性能相符，超出许可范围的不得使用。

（11）搅拌机启动后，应使搅拌筒达到正常转速后进行上料。上料时应及时加水。每次加入的拌合料不得超过搅拌机的额定容量，并应减少物料粘罐现象，加料的次序应为石子—水泥—砂子或砂子—水泥—石子。

（12）进料时，严禁将头或手伸入料斗与机架之间。运转中，严禁用手或工具伸入搅拌筒内扒料、出料。

（13）搅拌机作业中，当料斗升起时，严禁任何人在料斗下停留或通过；当需要在料斗下检修或清理料坑时，应将料斗提升后用铁链或插入销锁住。

（14）向搅拌筒内加料应在运转中进行，添加新料，应先将搅拌筒内原有的混凝土全部卸出后方可进行。

（15）作业中，应观察机械运转情况，当有异常或轴承温升过高等现象时，应停机检查；当需检修时，应将搅拌筒内的混凝土清除干净，然后再行检修。

（16）加入强制式搅拌机的骨料最大粒径不得超过允许值，并应防止卡料。每次搅拌时，加入搅拌筒的物料不应超过规定的进料容量。

（17）强制式搅拌机的搅拌叶片与搅拌筒底及侧壁的间隙，应经常检查并确认符合规定，当间隙超过标准时，应及时调整。当搅拌叶片磨损超过标准时，应及时修补或更换。

（18）作业后，应对搅拌机进行全面清理；当操作人员需进入筒内时，必须切断电源或卸下熔断器，锁好开关箱，挂上"禁止合闸"标牌，并应有专人在外监护。

（19）作业后，应及时将机内、水箱内、管道内的存料、积水放尽，并应清洁保养机械，清理工作场地，切断电源，锁好开关箱。

（20）作业后，应将料斗降落到坑底，当需升起时，应用链条或插销扣牢。

（21）冬季作业后，应将水泵、放水开关、量水器中的积水排尽。

（22）搅拌机在场内移动或远距离运输时，应将进料斗提升到上止点，用保险铁链或插销锁住。

接底人	李××、章××、刘××、程××…

5.4.2 混凝土搅拌站安全技术交底

混凝土搅拌站施工现场安全技术交底表

表 AQ-C1-9

工程名称：××大厦工程　　施工单位：××建设集团有限公司　　　编号：×××

交底部门	安全部	交底人	王××
交底项目	混凝土搅拌站安全技术交底	交底时间	×年×月×日

交底内容：

（1）混凝土搅拌站的安装，应由专业人员按出厂说明书规定进行，并应在技术人员主持下，组织调试，在各项技术性能指标全部符合规定并经验收合格后，方可投产使用。

（2）作业前检查项目应符合下列要求：

1）搅拌筒内和各配套机构的传动、运动部位及仓门、斗门轨道等均无异物卡住；

2）各润滑油箱的油面高度符合规定；

3）打开阀门排放气路系统中气水分离器的过多积水，打开贮气筒排污螺塞放出油水混合物；

4）提升斗或拉铲的钢丝绳安装、卷筒缠绕均正确，钢丝绳及滑轮符合规定，提升料斗及拉铲的制动器灵敏有效；

5）各部螺栓已紧固，各进、排料阀门无超限磨损，各输送带的张紧度适当，不跑偏；

6）称量装置的所有控制和显示部分工作正常，其精度符合规定；

7）各电气装置能有效控制机械动作，各接触点和动、静触头无明显损伤。

（3）应按搅拌站的技术性能准备合格的砂、石骨料，粒径超出许可范围的不得使用。

（4）机组各部分应逐步启动。启动后，各部件运转情况和各仪表指示情况应正常，油、气、水的压力应符合要求，方可开始作业。

（5）作业过程中，在贮料区内和提升斗下，严禁人员进入。

（6）搅拌筒启动前应盖好仓盖。机械运转中，严禁将手、脚伸入料斗或搅拌筒探摸。

（7）当拉铲被障碍物卡死时，不得强行起拉，不得用拉铲起吊重物，在拉料过程中，不得进行回转操作。

（8）搅拌机满载搅拌时不得停机，当发生故障或停电时，应立即切断电源，锁好开关箱，将搅拌筒内的混凝土清除干净，然后排除故障或等待电源恢复。

（9）搅拌站各机械不得超载作业；应检查电动机的运转情况，当发现运转声音异常或温升过高时，应立即停机检查；电压过低时不得强制运行。

交底部门	安全部	交底人	王××
交底项目	混凝土搅拌站安全技术交底	交底时间	×年×月×日

交底内容：

（10）搅拌机停机前，应先卸载，然后按顺序关闭各部开关和管路。应将螺旋管内的水泥全部输送出来，管内不得残留任何物料。

（11）作业后，应清理搅拌筒、出料门及出料斗，并用水冲洗，同时冲洗附加剂及其供给系统。称量系统的刀座、刀口应清洗干净，并应确保称量精度。

（12）冰冻季节，应放尽水泵、附加剂泵、水箱及附加剂箱内的存水，并应起动水泵和附加剂泵运转 1～2mm。

（13）当搅拌站转移或停用时，应将水箱、附加剂箱、水泥、砂、石贮存料斗及称量斗内的物料排净，并清洗干净。转移中，应将杆杠秤表头平衡砣秤杆固定，传感器应卸载。

接底人	李××、章××、刘××、程××…

5.4.3 混凝土搅拌运输车操作安全技术交底

混凝土搅拌运输车操作施工现场安全技术交底表

表 AQ-C1-9

工程名称：××大厦工程　　施工单位：××建设集团有限公司　　编号：×××

交底部门	安全部	交底人	王××
交底项目	混凝土搅拌运输车操作安全技术交底	交底时间	×年×月×日

交底内容：

（1）混凝土搅拌输送车的汽车部分应执行 JGJ 33-2001 第 2.1 节、第 2.2 节、第 2.3 节及附录 C 的规定。

（2）混凝土搅拌输送车的燃油、润滑油、液压油、制动液、冷却水等应添加充足，质量应符合要求。

（3）搅拌筒和滑槽的外观应无裂痕或损伤；滑槽止动器应无松弛和损坏；搅拌筒机架缓冲件应无裂痕或损伤；搅拌叶片磨损应正常。

（4）应检查动力取出装置并确认无螺栓松动及轴承漏油等现象。

（5）启动内燃机应进行预热运转，各仪表指示值正常，制动气压达到规定值，并应低速旋转搅拌筒 3～5min，确认一切正常后，方可装料。

（6）搅拌运输时，混凝土的装载量不得超过额定容量。

（7）搅拌输送车装料前，应先将搅拌筒反转，使筒内的积水和杂物排尽。

（8）装料时，应将操纵杆放在"装料"位置，并调节搅拌筒转速，使进料顺利。

（9）运输前，排料槽应锁止在"行驶"位置，不得自由摆动。

（10）运输中，搅拌筒应低速旋转，但不得停转。运送混凝土的时间不得超过规定的时间。

（11）搅拌筒由正转变为反转时，应先将操纵手柄放在中间位置，待搅拌筒停转后，再将操纵杆手柄放至反转位置。

（12）行驶在不平路面或转弯处应降低车速至 15km/h 及以下，并暂停搅拌筒旋转。通过桥、洞、门等设施时，不得超过其限制高度及宽度。

（13）搅拌装置连续运转时间不宜超过 8h。

（14）水箱的水位应保持正常。冬季停车时，应将水箱和供水系统的积水放净。

（15）用于搅拌混凝土时，应在搅拌筒内先加入总需水量 2/3 的水，然后再加入骨料和水泥，按出厂说明书规定的转速和时间进行搅拌。

（16）作业后，应先将内燃机熄火，然后对料槽、搅拌筒入口和托轮等处进行冲洗及清除混凝土结块，当需进入搅拌筒清除结块时，必须先取下内燃机电门钥匙，在筒外应设监护人员。

接底人	李××、章××、刘××、程××…

5.4.4 混凝土泵操作安全技术交底

混凝土泵操作施工现场安全技术交底表

表 AQ-C1-9

工程名称：××大厦工程   施工单位：××建设集团有限公司   编号：×××

交底部门	安全部	交底人	王××
交底项目	混凝土泵操作安全技术交底	交底时间	×年×月×日

交底内容：

（1）混凝土泵应安放在平整、坚实的地面上，周围不得有障碍物，在放下支腿并调整后应使机身保持水平和稳定，轮胎应楔紧。

（2）泵送管道的敷设应符合下列要求：

1）水平泵送管道宜直线敷设；

2）垂直泵送管道不得直接装接在泵的输出口上，应在垂直管前端加装长度不小于 20m 的水平管，并在水平管近泵处加装逆止阀；

3）敷设向下倾斜的管道时，应在输出口上加装一段水平管，其长度不应小于倾斜管高低差的 5 倍。当倾斜度较大时，应在坡度上端装设排气活阀；

4）泵送管道应有支承固定，在管道和固定物之间应设置木垫作缓冲，不得直接与钢筋或模板相连，管道与管道间应连接牢靠；管道接头和卡箍应扣牢密封，不得漏浆；不得将已磨损管道装在后端高压区；

5）泵送管道敷设后，应进行耐压试验。

（3）砂石粒径、水泥标号及配合比应按出厂规定，满足泵机可泵性的要求。

（4）作业前应检查并确认泵机各部螺栓紧固，防护装置齐全可靠，各部位操纵开关、调整手柄、手轮、控制杆、旋塞等均在正确位置，液压系统正常无泄漏，液压油符合规定，搅拌斗内无杂物，上方的保护格网完好无损并盖严。

（5）输送管道的管壁厚度应与泵送压力匹配，近泵处应选用优质管子。管道接头、密封圈及弯头等应完好无损。高温烈日下应采用湿麻袋或湿草袋遮盖管路，并应及时浇水降温，寒冷季节应采取保温措施。

（6）应配备清洗管、清洗用品、接球器及有关装置。开泵前，无关人员应离开管道周围。

（7）启动后，应空载运转，观察各仪表的指示值，检查泵和搅拌装置的运转情况，确认一切正常后，方可作业。泵送前应向料斗加入 10L 清水和 0.3m³ 的水泥砂浆润滑泵及管道。

（8）泵送作业中，料斗中的混凝土平面应保持在搅拌轴轴线以上。料斗格网上不得堆满混凝土，应控制供料流量，及时清除超料径的骨料及异物，不得随意移动格网。

交底部门	安全部	交底人	王××
交底项目	混凝土泵操作安全技术交底	交底时间	×年×月×日

交底内容：

（9）当进入料斗的混凝土有离析现象时应停泵，待搅拌均匀后再泵送。当骨料分离严重，料斗内灰浆明显不足时，应剔除部分骨料，另加砂浆重新搅拌。

（10）泵送混凝土应连续作业；当因供料中断被迫暂停时，停机时间不得超过 30min。暂停时间内应每隔 5～10min（冬季 3～5min）作 2～3 个冲程反泵—正泵运动，再次投料泵送前应先将料搅拌。当停泵时间超限时，应排空管道。

（11）垂直向上泵送中断后再次泵送时，应先进行反向推送，使分配阀内混凝土吸回料斗，经搅拌后再正向泵送。

（12）泵机动转时，严禁将手或铁锹伸 入料斗或用手抓握分配阀。当需在料斗或分配阀上工作时，应先关闭电动机和消除蓄能器压力。

（13）不得随意调整液压系统压力。当油温超过 70℃时，应停止泵送，但仍应使搅拌叶片和风机运转，待降温后再继续运行。

（14）水箱内应贮满清水，当水质混浊并有较多砂粒时，应及时检查处理。

（15）泵送时，不得开启任何输送管道和液压管道；不得调整、修理正在运转的部件。

（16）作业中，应对泵送设备和管路进行观察，发现隐患应及时处理。对磨损超过规定的管子、卡箍、密封圈等应及时更换。

（17）应防止管道堵塞。泵送混凝土应搅拌均匀，控制好坍落度；在泵送过程中，不得中途停泵。

（18）当出现输送管堵塞时，应进行反泵运转，使混凝土返回料斗；当反泵几次仍不能消除堵塞，应在泵机卸载情况下，拆管排除堵塞。

（19）作业后，应将料斗内和管道内的混凝土全部输出，然后对泵机、料斗、管道等进行冲洗。当用压缩空气冲洗管道时，进气阀不应立即开大，只有当混凝土顺利排出时，方可将进气阀开至最大。在管道出口端前方 10m 内严禁站人，并应用金属网篮等收集冲出清洗球和砂石粒。对凝固的混凝土，应采用刮刀清除。

（20）作业后，应将两侧活塞转到清洗室位置，并涂上润滑油。各部位操纵开关、调整手柄、手轮、控制杆、旋塞等均应复位。液压系统应卸载。

接底人	李××、章××、刘××、程××…

5.4.5 混凝土振动器操作安全技术交底

混凝土振动器操作施工现场安全技术交底表

表 AQ-C1-9

工程名称：××大厦工程　　　施工单位：××建设集团有限公司　　　　编号：×××

交底部门	安全部	交底人	王××
交底项目	混凝土振动器操作安全技术交底	交底时间	×年×月×日

交底内容：

（1）插入式振动器

1）插入式振动器的电动机电源上，应安装漏电保护装置，接地或接零应安全可靠。

2）操作人员应经过用电教育，作业时应穿戴绝缘胶鞋和绝缘手套。

3）电缆线应满足操作所需的长度。电缆线上不得堆压物品或让车辆挤压，严禁用电缆线拖拉或吊挂振动器。

4）使用前，应检查各部并确认连接牢固，旋转方向正确。

5）振动器不得在初凝的混凝土、地板、脚手架和干硬的地面上进行试振。在检修或作业间断时，应断开电源。

6）作业时，振动棒软管的弯曲半径不得小于 500mm，并不得多于两个弯，操作时应将振动棒垂直地沉入混凝土，不得用力硬插、斜推或让钢筋夹住棒头，也不得全部插入混凝土中，插入深度不应超过棒长的 3/4，不宜触及钢筋、芯管及预埋件。

7）振动棒软管不得出现裂，当软管使用过久使长度增长时，应及时修复或更换。

8）作业停止需移动振动器时，应先关闭电动机，再切断电源。不得用软管拖拉电动机。

9）作业完毕，应将电动机、软管、振动棒清理干净，并应按规定要求进行保养作业。振动器存放时，不得堆压软管，应平直放好，并应对电动机采取防潮措施。

（2）附着式、平板式振动器

1）附着式、平板式振动器轴承不应承受轴向力，在使用时，电动机轴应保持水平状态。

2）在一个模板上同时使用多台附着式振动器时，各振动器的频率应保持一致，相对面的振动器应错开安装。

3）作业前，应对附着式振动器进行检查和试振。试振不得在干硬土或硬质物体上进行。安装在搅拌站料仓上的振动器，应安置橡胶垫。

4）安装时，振动器底板安装螺孔的位置应正确，应防止底脚螺栓安装扭斜而使机壳受损。底脚螺栓应紧固，各螺检的紧固程度应一致。

5）使用时，引出电缆线不得拉得过紧，更不得断裂。作业时，应随时观察电气设备的漏电保护器和接地或接零装置并确认合格。

交底部门	安全部	交底人	王×××
交底项目	混凝土振动器操作安全技术交底	交底时间	×年×月×日

交底内容：

　　6）附着式振动器安装在混凝土模板上时，每次振动时间不应超过 1min，当混凝土在模内泛浆流动或成水平状时即可停振，不得在混凝土初凝状态时再振。

　　7）装置振动器的构件模板应坚固牢靠，其面积应与振动器额定振动面积相适应。

　　8）平板式振动器作业时，应使平板与混凝土保持接触，使振波有效地振实混凝土，待表面出浆，不再下沉后，即可缓慢向前移动，移动速度应能保证混凝土振实出浆。在振的振动器，不得搁置在已凝或初凝的混凝土上。

接底人	李××、章××、刘××、程××…

5.5 木工机械

5.5.1 带锯机操作安全技术交底

带锯机操作施工现场安全技术交底表

表 AQ-C1-9

工程名称：××大厦工程　　施工单位：××建设集团有限公司　　编号：×××

交底部门	安全部	交底人	王××
交底项目	带锯机操作安全技术交底	交底时间	×年×月×日

交底内容：

（1）工作场所应备有齐全可靠的消防器材。工作场所严禁吸烟和明火，并不得存放油、棉纱等易燃品。

（2）工作场所的待加工和已加工木料应堆放整齐，保证道路畅通。

（3）机械应保持清洁，安全防护装置齐全可靠，各部连接紧固，工作台上不得放置杂物。

（4）作业前，检查锯条，如锯条齿侧的裂纹长度超过 10mm，锯条接头处裂纹长度超过 10mm，以及连续缺齿两个和接头超过三个的锯条均不得使用。裂纹在以上规定内必须在裂纹终端冲一止裂孔。锯条松紧度调整适当后先空载运转，如声音正常，无串条现象时，方可作业。

（5）作业中，操作人员应站在带锯机的两则，跑车开动后，行程范围内的轨道周围不准站人，严禁在运行中上、下跑车。

（6）原木进锯前，应调好尺寸，进锯后不得调整。进锯速度应均匀，不能过猛。

（7）在木材的尾端越过锯条 0.5m 后，方可进行倒车。倒车速度不宜过快，要注意木槎、节疤碰卡锯条。

（8）平台式带锯作业时，送接料要配合一致。送料、接料时不得将手送进台面。锯短料时，应用推棍送料。回送木料时，要离开锯条 50mm 以上，并须注意木槎、节疤碰卡锯条。

（9）装设有气力吸尘罩的带锯机，当木屑堵塞吸尘管口时，严禁在运转中用木棒在锯轮背侧清理管口。

（10）锯机张紧装置的压砣（重锤），应根据锯条的宽度与厚度调节档位或增减副砣，不得用增加重锤重量的办法克服锯条口松或串条等现象。

（11）作业后，切断电源，锁好闸箱，进行擦拭、润滑、清除木屑、刨花。

接底人	李××、章××、刘××、程××…

5.5.2 圆盘锯操作安全技术交底

圆盘锯操作施工现场安全技术交底表

表 AQ-C1-9

工程名称：××大厦工程　　施工单位：××建设集团有限公司　　编号：×××

交底部门	安全部	交底人	王××
交底项目	圆盘锯操作安全技术交底	交底时间	×年×月×日

交底内容：

（1）工作场所应备有齐全可靠的消防器材。工作场所严禁吸烟和明火，并不得存放油、棉纱等易燃品。

（2）工作场所的待加工和已加工木料应堆放整齐，保证道路畅通。

（3）机械应保持清洁，安全防护装置齐全可靠，各部连接紧固，工作台上不得放置杂物。

（4）锯片上方必须安装保险挡板和滴水装置，在锯片后面，离齿 10～15mm 处，必须安装弧形楔刀。锯片的安装，应保持与轴同心。

（5）锯片必须锯齿尖锐，不得连续缺齿两个，裂纹长度不得超过 20mm，裂逢末端应冲止裂孔。

（6）被锯木料厚度，以锯片能露出木料 10～20mm 为限，夹持锯片的法兰盘的直径应为锯片直径的 1/4。

（7）启动后，待转速正常后方可进行锯料。送料时不得将木料左右晃动或高抬，遇木节要缓缓送料。锯料长度应不小于 500mm。接近端头时，应用推棍送料。

（8）如锯线走偏，应逐渐纠正，不得猛扳，以免损坏锯片。

（9）操作人员不得站在和面对与锯片旋转的离心力方向操作，手不得跨越锯片。

（10）锯片温度过高时，应用水冷却，直径 600mm 以上的锯片，在操作中应喷水冷却。

（11）作业后，切断电源，锁好闸箱，进行擦拭、润滑、清除木屑、刨花。

接底人	李××、章××、刘××、程××…

5.5.3 平面刨（手牙刨）操作安全技术交底

平面刨（手牙刨）操作施工现场安全技术交底表

表 AQ-C1-9

工程名称：××大厦工程　　施工单位：××建设集团有限公司　　编号：×××

交底部门	安全部	交底人	王××
交底项目	平面刨（手牙刨）操作安全技术交底	交底时间	×年×月×日

交底内容：

（1）工作场所应备有齐全可靠的消防器材。工作场所严禁吸烟和明火，并不得存放油、棉纱等易燃品。

（2）工作场所的待加工和已加工木料应堆放整齐，保证道路畅通。

（3）机械应保持清洁，安全防护装置齐全可靠，各部连接紧固，工作台上不得放置杂物。

（4）作业前，检查安全防护装置必须齐全有效。

（5）刨料时，手应按在料的上面，手指必须离开刨口 50mm 以上。严禁用手在木料后端送料跨越刨口进行刨削。

（6）被刨木料的厚度小于 30mm，长度小于 400mm 时，应用压板或压棍推进。厚度在 15mm，长度在 250mm 以下的木料，不得在平刨上加工。

（7）被刨木料如有破裂或硬节等缺陷时，必须处理后再施刨。刨旧料前，必须将料上的钉子、杂物清除干净。遇木楂、节疤要缓慢送料。严禁将手按在节疤上送料。

（8）刀片和刀片螺丝的厚度、重量必须一致，刀架夹板必须平整贴紧，合金刀片焊缝的高度不得超出刀头，刀片紧固螺丝应嵌入刀片槽内，槽端离刀背不得小于 10mm。紧固刀片螺丝时，用力应均匀一致，不得过松或过紧。

（9）机械运转时，不得将手伸进安全挡板里侧去移动挡板或拆除安全挡板进行刨削。严禁戴手套操作。

（10）作业后，切断电源，锁好闸箱，进行擦拭、润滑、清除木屑、刨花。

接底人	李××、章××、刘××、程××…

5.5.4 压刨床操作安全技术交底

压刨床操作施工现场安全技术交底表

表 AQ-C1-9

工程名称：××大厦工程　　施工单位：××建设集团有限公司　　编号：×××

交底部门	安全部	交底人	王××
交底项目	压刨床操作安全技术交底	交底时间	×年×月×日

交底内容：

（1）工作场所应备有齐全可靠的消防器材。工作场所严禁吸烟和明火，并不得存放油、棉纱等易燃品。

（2）工作场所的待加工和已加工木料应堆放整齐，保证道路畅通。

（3）机械应保持清洁，安全防护装置齐全可靠，各部连接紧固，工作台上不得放置杂物。

（4）压刨床必须用单向开关，不得安装倒顺开关，三、四面刨应按顺序开动。

（5）作业时，严禁一次刨削两块不同材质、规格的木料，被刨木料的厚度不得超过 50mm。操作者应站在机床的一侧，接、送料时不得戴手套，送料时必须先进大头。

（6）刨刀与刨床台面的水平间隙应在 10～30mm 之间，刨刀螺丝必须重量相等，紧固时用力应均匀一致，不得过紧或过松，严禁使用带开口槽的刨刀。

（7）每次进刀量应为 2～5mm，如遇硬木或节疤，应减小进刀量，降低送料速度。

（8）刨料长度不得短于前后压滚的中心距离，厚度小于 10mm 薄板，必须垫托板。

（9）压刨必须装有回弹灵敏的逆止爪装置，进料齿辊及托料光辊应调整水平和上下距离一致，齿辊应低于工件表面 1～2mm，光辊应高出台面 0.3～0.8mm，工作台面不得歪斜和高低不平。

（10）作业后，切断电源，锁好闸箱，进行擦拭、润滑、清除木屑、刨花。

接底人	李××、章××、刘××、程××…

5.6 装修机械

5.6.1 灰浆搅拌机操作安全技术交底

灰浆搅拌机操作施工现场安全技术交底表

表 AQ-C1-9

工程名称：××大厦工程　　施工单位：××建设集团有限公司　　编号：×××

交底部门	安全部	交底人	王××
交底项目	灰浆搅拌机操作安全技术交底	交底时间	×年×月×日

交底内容：

（1）固定式搅拌机应有牢靠的基础，移动式搅拌机应采用方木或撑架固定，并保持水平。

（2）作业前应检查并确认传动机构、工作装置、防护装置等牢固可靠，三角胶带松紧度适当，搅拌叶片和筒壁间隙在 3～5mm 之间，搅拌轴两端密封良好。

（3）启动后，应先空运转，检查搅拌叶旋转方向正确，方可加料加水，进行搅拌作业。加入的砂子应过筛。

（4）运转中，严禁用手或木棒等伸进搅拌筒内，或在筒口清理灰浆。

（5）作业中，当发生故障不能继续搅拌时，应立即切断电源，将筒内灰浆倒出，排除故障后方可使用。

（6）固定式搅拌机的上料斗应能在轨道上移动。料斗提升时，严禁斗下有人。

（7）作业后，应清除机械内外砂浆和积料，用水清洗干净。

（8）灰浆机外露的传动部分应有防护罩，作业时，不得随意拆卸。

（9）灰浆机应安装在防雨、防风沙的机棚内。

（10）长期搁置再用的机械，使用前除必要的机械部分维修保养外，必须测量电动机的绝缘电阻，合格后方可使用。

接底人	李××、章××、刘××、程××…

5.6.2 灰浆泵操作安全技术交底

灰浆泵操作施工现场安全技术交底表

表 AQ-C1-9

工程名称：××大厦工程　　施工单位：××建设集团有限公司　　编号：×××

交底部门	安全部	交底人	王××
交底项目	灰浆泵操作安全技术交底	交底时间	×年×月×日

交底内容：

(1) 灰浆机的工作机构应保证强度和精度，及完好状态，安装稳妥，坚固可靠。

(2) 灰浆机外露传动部分应有防护罩，作业时，不得随意拆卸。

(3) 灰浆泵应安装平稳。输送管路的布置宜短直、少弯头；全部输送管道接头应紧密连接，不得渗漏；垂直管道应固定牢固；管道上不得加压或悬挂重物。

(4) 作业前应检查并确认球阀完好，泵内无干硬灰浆等物，各连接件坚固牢靠，安全阀已调整到预定的安全压力。

(5) 泵送前，应先用水进行泵送试验，检查并确认各部位无渗漏。当有渗漏时，应先排除。

(6) 被输送的灰浆应搅拌均匀，不得有干砂和硬块；不得混入石子或其他杂物；灰浆稠度应为 80～120mm。

(7) 泵送时，应先开机后加料；应先用泵压送适量石灰膏润滑输送管道，然后再加入稀灰浆，最后调整到所需稠度。

(8) 泵送过程应随时观察压力表的泵送压力，当泵送压力超过预调的 1.5MPa 时，应反向泵送，使管道内部分灰浆返回料斗，再缓慢泵送；当无效时，应停机卸压检查，不得强行泵送。

(9) 泵送过程不宜停机。当短时间内不需泵送时，可打开回浆阀使灰浆在泵体内循环运行。当停泵时间较长时，应每隔 3～5min 泵送一次，泵送时间宜为 0.5min，应防灰浆凝固。

(10) 故障停机时，应打开泄浆阀使压力下降，然后排除故障。灰浆泵压力未达到零时，不得拆卸空气室、安全阀和管道。

(11) 作业后，应采用石灰膏或浓石灰水把输送管道里的灰浆全部泵出，再用清水将泵和输送管道清洗干净。

(12) 灰浆机械应安装在防雨、防风沙的机棚内。

(13) 长期搁置再用的机械，在使用前除必要的机械部分维修保养外，必须测量电动机绝缘电阻，合格后方可使用。

接底人	李××、章××、刘××、程××…

5.6.3 高压无气喷涂机操作安全技术交底

高压无气喷涂机操作施工现场安全技术交底表

表 AQ-C1-9

工程名称：××大厦工程　　施工单位：××建设集团有限公司　　编号：×××

交底部门	安全部	交底人	王××
交底项目	高压无气喷涂机操作安全技术交底	交底时间	×年×月×日

交底内容：

（1）启动前，调压阀、卸压阀应处于开启状态，吸入软管，回路软管接头和压力表、高压软管及喷枪等均应连接牢固。

（2）喷涂燃点在 21℃以下的易燃涂料时，必须接好地线，地线的一端接电动机零线位置，另一端应接涂料桶或被喷的金属物体。喷涂机不得和被喷物放在同一房间里，周围严禁有明火。

（3）作业前，应先空载运转，然后用水或溶剂进行运转检查。确认运转正常后，方可作业。

（4）喷涂中，当喷枪堵塞时，应先将枪关闭，使喷嘴手柄旋转 180°，再打开喷枪用压力涂料排除堵塞物，当堵塞严重时，应停机卸压后，拆下喷嘴，排除堵塞。

（5）不得用手指试高压射流，射流严禁正对其他人员。喷涂间隙时，应随手关闭喷枪安全装置。

（6）高压软管的弯曲半径不得小于 250mm，亦不得在尖锐的物体上用脚踩高压软管。

（7）作业中，当停歇时间较长时，应停机卸压，将喷枪的喷嘴部位放入溶剂内。

（8）作业后，应彻底清洗喷枪。清洗时不得将溶剂喷回小口径的溶剂桶内。应防产生静电火花引起着火。

（9）高压无气喷涂机外露的传动部分应有防护罩，作业时，不得随意拆卸。

（10）高压无气喷涂机械应安装在防雨、防风沙的机棚内。

（11）长期搁置再用的机械，在使用前除必要的机械部分维修保养外，必须测量电动机绝缘电阻，合格后方可使用。

接底人	李××、章××、刘××、程××…

5.6.4 水磨石机操作安全技术交底

水磨石机操作施工现场安全技术交底表

表 AQ-C1-9

工程名称：××大厦工程   **施工单位**：××建设集团有限公司   **编号**：×××

交底部门	安全部	交底人	王××
交底项目	水磨石机操作安全技术交底	交底时间	×年×月×日

交底内容：

（1）水磨石机宜在混凝土达到设计强度70%～80%时进行磨削作业。

（2）作业前，应检查并确认各连接件紧固，当用木槌轻击磨石发出无裂纹的清脆声音时，方可作业。

（3）电缆线应离地架设，不得放在地面上拖动。电缆线应无破损，保护接地良好。

（4）在接通电源、水源后，应手压扶把使磨盘开地面，再起动电动机。并应检查确认磨盘旋转方向与箭头所示方向一致，待运转正常后，再缓慢放下磨盘，进行作业。

（5）作业中，使用的冷却水不得间断，用水量宜调至工作面不发干。

（6）作业中，当发现磨盘跳动或异响，应立即停机检修。停机时，应先提升磨盘后关机。

（7）更换新磨石后，应先在废水磨石地坪上或废水泥制品表面磨1～2h，待金刚石切削刃磨出后，再投入工作面作业。

（8）作业后，应切断电源，清洗各部位的泥浆，放置在干燥处，用防雨布遮盖。

（9）长期搁置再用的机械，在使用前除必要的机械维修和保养外，必须测量电动机的绝缘电阻，合格后方可使用。

接底人	李××、章××、刘××、程××…

5.6.5 混凝土切割机操作安全技术交底

混凝土切割机操作施工现场安全技术交底表

表 AQ-C1-9

工程名称：××大厦工程   施工单位：××建设集团有限公司   编号：×××

交底部门	安全部	交底人	王××
交底项目	混凝土切割机操作安全技术交底	交底时间	×年×月×日

交底内容：

（1）切割机机械上的工作机构应保证状态、性能正常，安装稳妥，紧固可靠。

（2）使用前，应检查并确认电动机、电缆线均正常，保护接地良好，防护装置安全有效，锯片选用符合要求，安装正确。

（3）启动后，应空载运转，检查并确认锯片运转方向正确，升降机构灵活，运转中无异常、异响，一切正常后，方可作业。

（4）操作人员应双手按紧工件，均匀送料，在推进切割机时，不得用力过猛。操作时不得带手套。

（5）切割厚度应按机械出厂铭牌规定进行，不得超厚切割。

（6）加工件送到与锯片相距 300mm 处或切割小块料时，应使用专用工具送料，不得直接用手推料。

（7）作业中，当工件发生冲击、跳动及异常音响时，应立即停机检查，排除故障后，方可继续作业。

（8）严禁在运转中检查、维修各部件。锯台上和构件锯缝中的碎屑应采用专用工具及时清除，不得用手拣拾或抹拭。

（9）作业后，应清洗机身，擦干锯片，排放水箱余水，收回电缆线，并存放在干燥、通风处。

（10）长期搁置再用的机械，在使用前除必要的的机械维修和保养外，必须测量电动机绝缘电阻，合格后方可使用。

接底人	李××、章××、刘××、程××…

5.7 钣金和管工机械

5.7.1 咬口机操作安全技术交底

咬口机操作施工现场安全技术交底表

表 AQ-C1-9

工程名称：××大厦工程　　施工单位：××建设集团有限公司　　编号：×××

交底部门	安全部	交底人	王××
交底项目	咬口机操作安全技术交底	交底时间	×年×月×日

交底内容：

　　（1）钣金和管工机械上刃具、胎、模具等强度和精度应符合要求，刃磨锋利，安装稳固，紧固可靠。

　　（2）钣金和管工机械上的传动部分应设有防护罩，作业时，严禁拆卸。机械均应安装在机棚内。

　　（3）作业时，非操作和辅助人员不得在机械四周停留观看。

　　（4）应先空载运转，确认正常后，方可作业。

　　（5）工件长度、宽度不得超过机具允许范围。

　　（6）作业中，当有异物进入辊轮中时，应及时停机修理。

　　（7）严禁用手触摸转动中的辊轮。用手送料到末端时，手指必须离开工件。

　　（8）作业后，应切断电源，锁好电闸箱，并做好日常保养工作。

接底人	李××、章××、刘××、程××…

5.7.2 圆盘下料机操作安全技术交底

圆盘下料机操作施工现场安全技术交底表

表 AQ-C1-9

工程名称：××大厦工程　　施工单位：××建设集团有限公司　　编号：×××

交底部门	安全部	交底人	王××
交底项目	圆盘下料机操作安全技术交底	交底时间	×年×月×日

交底内容：

（1）圆盘下料机械上的刃具，强度和精度应符合要求，刃磨锋利，安装稳固，紧固可靠。

（2）圆盘下料机械上的传动部分应设有防护罩，作业时，严禁拆卸。机械均应安装在机棚内。

（3）作业时，非操作和辅助人员不得在机械四周停留观看。

（4）圆盘下料机下料的直径、厚度等不得超过机械出厂铭牌规定，下料前应先将整板切割成方块料，在机旁堆放整齐。

（5）下料机应安装在稳固的基础上。

（6）作业前，应检查并确认各传动部件连接牢固可靠，先空运转，确认正常后，方可开始作业。

（7）当作业开始需对上、下刀刃时，应先手动盘车，将上下刀刃的间隙调整到板厚的1.2倍，再开机试切。应经多次调整到被切的圆形板无毛刺时，方可批量下料。

（8）作业后，应对下料机进行清洁保养工作，并应清除边角料，保持现场整洁。

（9）作业后，应切断电源，锁好电闸箱，并做好日常保养工作。

接底人	李××、章××、刘××、程××…

5.7.3 套丝切管机操作安全技术交底

套丝切管机操作施工现场安全技术交底表

表 AQ-C1-9

工程名称：××大厦工程　　施工单位：××建设集团有限公司　　编号：×××

交底部门	安全部	交底人	王××
交底项目	套丝切管机操作安全技术交底	交底时间	×年×月×日

交底内容：

（1）套丝切管机械上的刃具、胎、模具等强度和精度应符合要求，刃磨锋利，安装稳固，紧固可靠。

（2）套丝切管机械上的传动部分应设有防护罩，作业时，严禁拆卸。机械均应安装在机棚内。

（3）套丝切管机应安放在稳固的基础上。

（4）应先空载运转，进行检查、调整，确认运转正常，方可作业。

（5）应按加工管径选用板牙头和板牙，板牙应按顺序放入，作业时应采用润滑油润滑板牙。

（6）当工件伸出卡盘端面的长度过长时，后部应加装辅助托架，并调整好高度。

（7）切断作业时，不得在旋转手柄上加长力臂；切平管端时，不得进刀过快。

（8）当加工件的管径或椭圆度较大时，应两次进刀。

（9）作业中应采用刷子清除切屑，不得敲打震落。

（10）作业时，非操作和辅助人员不得在机械四周停留观看。

（11）作业后，应切断电源，锁好电闸箱，并做好日常保养工作。

接底人	李××、章××、刘××、程××…

5.7.4 弯管机操作安全技术交底

弯管机操作施工现场安全技术交底表

表 AQ-C1-9

工程名称：××大厦工程　　　施工单位：××建设集团有限公司　　　编号：×××

交底部门	安全部	交底人	王××
交底项目	弯管机操作安全技术交底	交底时间	×年×月×日

交底内容：

（1）弯管机械上的刃具、胎、模具等强度和精度应符合要求，刃磨锋利，安装稳固，紧固可靠。

（2）弯管机械上的传动部分应设有防护罩，作业时，严禁拆卸。机械均应安装在机棚内。

（3）作业场所应设置围栏。

（4）作业前，应先空载运转，确认正常后，再套模弯管。

（5）应按加工管径选用管模，并应按顺序放好。

（6）不得在管子和管模之间加油。

（7）应夹紧机件，导板支承机构应按弯管的方向及时进行换向。

（8）作业时，非操作和辅助人员不得在机械四周停留观看。

（9）作业后，应切断电源，锁好电闸箱，并做好日常保养工作。

接底人	李××、章××、刘××、程××…

5.7.5 坡口机操作安全技术交底

坡口机操作施工现场安全技术交底表

表 AQ-C1-9

工程名称：××大厦工程　　施工单位：××建设集团有限公司　　编号：×××

交底部门	安全部	交底人	王××
交底项目	坡口机操作安全技术交底	交底时间	×年×月×日

交底内容：

（1）坡口机机械上的刃具、胎、模具等强度和精度应符合要求，刃磨锋利，安装稳固，紧固可靠。

（2）坡口机机械上的传动部分应设有防护罩，作业时，严禁拆卸。机械均应安装在机棚内。

（3）应先空载运转，确认正常后，方可作业。

（4）刀排、刀具应稳定牢固。

（5）当管子过长时，应加装辅助托架。

（6）作业中，不得俯身近视工件。严禁用手摸坡口及擦拭铁屑。

（7）作业时，非操作人员和辅助人员不得在机械四周停留观看。

（8）作业后，应切断电源，锁好电闸箱，并做好日常保养工作。

接底人	李××、章××、刘××、程××…

5.8 铆焊设备

5.8.1 风动铆焊工具操作安全技术交底

风动铆焊工具操作施工现场安全技术交底表

表 AQ-C1-9

工程名称：××大厦工程　　施工单位：××建设集团有限公司　　编号：×××

交底部门	安全部	交底人	王××
交底项目	风动铆焊工具操作安全技术交底	交底时间	×年×月×日

交底内容：

（1）风动铆接工具使用时风压应为 0.7MPa，最低不得小于 0.5MPa。

（2）各种规格的风管的耐风压应为 0.8MPa 及以上，各种管接头应无泄漏。

（3）使用各类风动工具前，应先用汽油浸泡、拆检清洗每个部件呈金属光泽，再用干布、棉纱擦拭干净后，方可组装。组装时，运动部分均应滴入适量润滑油保持工作机构干净和润滑良好。

（4）风动铆钉枪使用前应先上好窝头，用铁丝将窝头沟槽在风枪口留出运动量后，并与风枪上的原铁丝连接绑扎牢固，方可使用。

（5）风动铆钉枪作业时，操作的二人应密切配合，明确手势及喊话。开始作业前，应至少作两次假动作试铆，确认无误后，方可开始作业。

（6）在作业中严禁随意开风门（放空枪）或铆冷钉。

（7）使用风钻时，应先用铣孔工具，根据原钉孔大小选配铣刀，其规格不得大于孔径。

（8）风钻钻孔时，钻头中心应与钻孔中心对正后方可开钻。

（9）加压杠钻孔时，作业的二人应密切配合，压杠人员应听从握钻人员的指挥，不得随意加压。

（10）风动工具使用完毕，应将工具清洗后干燥保管，各种风管及刃具均应盘好后入库保管，不得随意堆放。

接底人	李××、章××、刘××、程××…

5.8.2 直流电焊机操作安全技术交底

直流电焊机操作施工现场安全技术交底表

表 AQ-C1-9

工程名称：××大厦工程   施工单位：××建设集团有限公司   编号：×××

交底部门	安全部	交底人	王××
交底项目	直流电焊机操作安全技术交底	交底时间	×年×月×日

交底内容：

1．旋转式直流电焊机

（1）新机使用前，应将换向器上的污物擦干净，换向器与电刷接触应良好。

（2）启动时，应检查并确认转子的旋转方向符合焊机标志的箭头方向。

（3）启动后，应检查电刷和换向器，当有大量火花时，应停机查明原因，排除故障后方可使用。

（4）当数台焊机在同一场地作业时，应逐台起动。

（5）运行中，当需调节焊接电流和极性开关时，不得在负荷时进行。调节不得过快、过猛。

2．硅整流直流焊机

（1）焊机应在出厂说明书要求的条件下作业。

（2）使用前，应检查并确认硅整流元件与散热片连接紧固，各接线端头紧固。

（3）使用时，应先开启风扇电机，电压表指示值应正常，风扇电机无异响。

（4）硅整流直流电焊机主变压器的次级线圈和控制变压器的次级线圈严禁用摇表测试。

（5）硅整流元件应进行保护和冷却。当发现整流元件损坏时，应查明原因，排除故障后，方可更换新件。

（6）整流元件和有关电子线路应保持清洁和干燥。启用长期停用的焊机时，应空载通电一定时间进行干燥处理。

（7）搬运由高导磁材料制成的磁放大铁芯时，应防止强烈震击引起磁能恶化。

（8）停机后，应清洁硅整流器及其它部件。

接底人	李××、章××、刘××、程××…

5.8.3 交流电焊机操作安全技术交底

交流电焊机操作施工现场安全技术交底表

表 AQ-C1-9

工程名称：××大厦工程　　施工单位：××建设集团有限公司　　编号：×××

交底部门	安全部	交底人	王××
交底项目	交流电焊机操作安全技术交底	交底时间	×年×月×日

交底内容：

（1）使用前，应检查并确认初、次级线接线正确，输入电压符合电焊机的铭牌规定。接通电源后，严禁接触初级线路的带电部分。

（2）次级抽头联接铜板应压紧，接线柱应有垫圈。合闸前，应详细检查接线螺帽、螺栓及其它部件并确认完好齐全、无松动或损坏。

（3）多台电焊机集中使用时，应分接在三相电源网络上，使三相负载平衡。多台焊机的接地装置，应分别由接地极处引接，不得串联。

（4）移动电焊机时，应切断电源，不得用拖拉电缆的方法移动焊机。当焊接中突然停电时，应立即切断电源。

接底人	李××、章××、刘××、程××…

5.8.4 氩弧焊机操作安全技术交底

氩弧焊机操作施工现场安全技术交底表

表 AQ-C1-9

工程名称：××大厦工程　　施工单位：××建设集团有限公司　　编号：×××

交底部门	安全部	交底人	王××
交底项目	氩弧焊机操作安全技术交底	交底时间	×年×月×日

交底内容：

（1）氩弧焊机的使用应执行《建筑机械使用安全技术规程》（JGJ 33-2001）第 12.1，第 12.4，第 12.5 节的规定。

（2）应检查并确认电源、电压符合要求，接地装置安全可靠。

（3）应检查并确认气管、水管不受外压和无外漏。

（4）应根据材质的性能、尺寸、形状先确定极性，再确定电压、电流和氩气的流量。

（5）安装的氩气减压阀、管接头不得沾有油脂。安装后，应进行试验并确认无障碍和漏气。

（6）冷却水应保持清洁，水冷型焊机在焊接过程中，冷却水的流量应正常，不得断水施焊。

（7）高频引弧的焊机，其高频防护装置应良好，亦可通过降低频率进行防护；不得发生短路，振荡器电源线路中的联锁开关严禁分接。

（8）使用氩弧焊时，操作者应戴防毒面罩，钍钨棒的打磨应设有抽风装置，贮存时宜放在铅盒内。钨极粗细应根据焊接厚度确定，更换钨极时，必须切断电源。磨削钨极端头时，操作人员必须戴手套和口罩，磨削下来的粉尘，应及时清除，钍、铈、钨极不得随身携带。

（9）焊机作业附近不宜装置有震动的其它机械设备，不得放置易燃、易爆物品。工作场所应有良好的通风措施。

（10）氮气瓶和氩气瓶与焊接地点不应靠得太近，并应直立固定放置，不得倒放。

（11）作业后，应切断电源，关闭水源和气源。焊接人员必须及时脱去工作服、清洗手脸和外露的皮肤。

接底人	李××、章××、刘××、程××…

5.8.5 二氧化碳气体保护焊操作安全技术交底

二氧化碳气体保护焊操作安全技术交底表

表 AQ-C1-9

工程名称：××大厦工程　　施工单位：××建设集团有限公司　　　　编号：×××

交底部门	安全部	交底人	王××
交底项目	二氧化碳气体保护焊操作安全技术交底	交底时间	×年×月×日

交底内容：

（1）作业前预热 15min，开气时，操作人员必须站在瓶嘴的侧面。

（2）二氧化碳气体预热器端的电压不得高于 36V。

（3）二氧化碳气瓶应放在阴凉处，不得靠近热源。最高温度不得超过 30°C，并应放置牢靠。

（4）作业前应进行检查，焊丝的进给机构、电源的连接部分、二氧化碳气体的供应系统以及冷却水循环系统均应符合要求。

接底人	李××、章××、刘××、程××…

5.8.6 等离子切割机操作安全技术交底

等离子切割机操作施工现场安全技术交底表

表 AQ-C1-9

工程名称：××大厦工程　　施工单位：××建设集团有限公司　　　编号：×××

交底部门	安全部	交底人	王××
交底项目	等离子切割机操作安全技术交底	交底时间	×年×月×日

交底内容：

（1）应检查并确认电源、气源、水源无漏电、漏气、漏水，接地或接零安全可靠。

（2）小车、工件应放在适当位置，并应使工件和切割电路正极接通，切割工作面下应设有熔渣坑。

（3）应根据工件材质、种类和厚度选定喷嘴孔径，调整切割电源、气体流量和电极的内缩量。

（4）自动切割小车应经空车运转，并选定切割速度。

（5）操作人员必须戴好防护面罩、电焊手套、帽子、滤膜防尘口罩和隔音耳罩。不戴防护镜的人员严禁直接观察等离子弧，裸露的皮肤严禁接近等离子弧。

（6）切割时，操作人员应站在上风处操作。可从工作台下部抽风，并宜缩小操作台上的敞开面积。

（7）切割时，当空载电压过高时，应检查电器接地、接零和割炬手把绝缘情况，应将工作台与地面绝缘，或在电气控制系统安装空载断路继电器。

（8）高频发生器应没有屏蔽护罩，用高频引弧后，应立即切断高频电路。

（9）使用钍、钨电极应符合《建筑机械使用安全技术规程》（JGJ 33-2012）第 12.3.6 条规定。

（10）作业后，应切断电源，关闭气源和水源。

接底人	李××、章××、刘××、程××…

5.8.7 对焊机操作安全技术交底

对焊机操作施工现场安全技术交底表

表 AQ-C1-9

工程名称：××大厦工程　　施工单位：××建设集团有限公司　　编号：×××

交底部门	安全部	交底人	王××
交底项目	对焊机操作安全技术交底	交底时间	×年×月×日

交底内容：

（1）电焊机的使用应执行《建筑机械使用安全技术规程》（JGJ 33-2001）第 12.1、第 12.4 节的规定。

（2）对焊机应安置在室内，并应有可靠的接地或接零。当多台对焊机并列安装时，相互间距不得小于 3m，应分别接在不同相位的电网上，并应分别有各自的刀型开关。导线的截面不应小于表 5-1 的规定。

表 5-1　导线截面

对焊机的额定功能率（kVA）	25	50	75	100	150	200	500
一次电压为 220V 时导线截面（mm^2）	10	25	35	45	—	—	—
一次电压为 380V 时导线截面（mm^2）	6	16	25	35	50	70	150

（3）焊接前，应检查并确认对焊机的压力机构灵活，夹具牢固，气压、液压系统无泄漏，一切正常后，方可施焊。

（4）焊接前，应根据所焊接钢筋截面，调整二次电压，不得焊接超过对焊机规定直径的钢筋。

（5）断路器的接触点、电极应定期光磨，二次电路全部连接螺栓应定期紧固。冷却水温度不得超过 40℃；排水量应根据温度调节。

（6）焊接较长钢筋时，应设置托架，配合搬运钢筋的操作人员，在焊接时应防止火花烫伤。

（7）闪光区应设挡板，与焊接无关的人员不得入内。

（8）冬季施焊时，室内温度不应低于 8℃。作业后，应放尽机内冷却水。

接底人	李××、章××、刘××、程××…

5.8.8 电焊机操作安全技术交底

电焊机操作施工现场安全技术交底表

表 AQ-C1-9

工程名称：××大厦工程　　施工单位：××建设集团有限公司　　　编号：×××

交底部门	安全部	交底人	王××
交底项目	电焊机操作安全技术交底	交底时间	×年×月×日

交底内容：

（1）作业前，应清除上、下两电极的油污。通电后，机体外壳应无漏电。

（2）启动前，应先接通控制线路的转向开关和焊接电流的小开关，调整好极数，再接通水源、气源，最后接通电源。

（3）焊机通电后，应检查电气设备、操作机构、冷却系统、气路系统及机体外壳有无漏电现象。电极触头应保持光洁。有漏电时，应立即更换。

（4）作业时，气路、水冷系统应畅通。气体应保持干燥。排水温度不得超过 40℃，排水量可根据气温调节。

（5）严禁在引燃电路中加大熔断器。当负载过小使引燃管内电弧不能发生时，不得闭合控制箱的引燃电路。

（6）当控制箱长期停用时，每月应通电加热 30min。更换闸流管时应预热 30min。正常工作的控制箱的预热时间不得小于 5min。

接底人	李××、章××、刘××、程××…

5.8.9 气焊设备操作安全技术交底

气焊设备操作施工现场安全技术交底表

表 AQ-C1-9

工程名称：××大厦工程　　**施工单位：**××建设集团有限公司　　**编号：**×××

交底部门	安全部	交底人	王××
交底项目	气焊设备操作安全技术交底	交底时间	×年×月×日

交底内容：

（1）一次加电石 10kg 或每小时产生 5m³ 乙炔气的乙炔发生器应采用固定式，并应建立乙炔站（房），由专人操作。乙炔站与厂房及其它建筑物的距离应符合现行国家标准《乙炔站设计规范》（GB 50031）及《建筑设计防火规范》（GBJ 16）的有关规定。

（2）乙炔发生器（站）、氧气瓶及软管、阀、表均应齐全有效，紧固牢靠，不得松动、破损和漏气。氧气瓶及其附件、胶管、工具不得沾染油污。软管接头不得采用铜质材料制作。

（3）乙炔发生器、氧气瓶和焊炬相互间的距离不得小于 10m。当不满足上述要求时，应采取隔离措施。同一地点有两个以上乙炔发生器时，其相互间距不得小于 10m。

（4）电石的贮存地点应干燥，通风良好，室内不得有明火或敷设水管、水箱。电石桶应密封，桶上应标明"电石桶"和"严禁用水消火"等字样。电石有轻微的受潮时，应轻轻取出电石，不得倾倒。

（5）搬运电石桶时，应打开桶上小盖。严禁用金属工具敲击桶盖。取装电石和砸碎电石时，操作人员应戴手套、口罩和眼镜。

（6）电石起火时必须用于砂或二氧化碳灭火器，严禁用泡沫、四氯化碳灭火器或水灭火。电石粒末应在露天销毁。

（7）使用新品种电石前，应作温水浸试，在确认无爆炸危险时，方可使用。

（8）乙炔发生器的压力应保持正常，压力超过 147kPa 时应停用。乙炔发生器的用水应为饮用水。发气室内壁不得用含铜或含银材料制作，温度不得超过 80℃。对水入式发生器，其冷却水温不得超过 50℃；对浮桶式发生器，其冷却水温不得超过 60℃。当温度超过规定时应停止作业，并采用冷水喷射降温和加入低温的冷却水。不得以金属棒等硬物敲击乙炔发生器的金属部分。

（9）使用浮筒式乙炔发生器时，应装设回火防止器。在内筒顶部中间，应设有防爆球或胶皮薄膜，球壁或膜壁厚度不得大于 1mm，其面积应为内筒底面积的 60% 以上。

（10）乙炔发生器应放在操作地点的上风处，并应有良好的散热条件，不得放在供电电线的下方，亦不交得放在强烈日光下曝晒。四周应设围栏，并应悬挂"严禁烟火"标志。

交底部门	安全部	交底人	王××
交底项目	气焊设备操作安全技术交底	交底时间	×年×月×日

交底内容：

（11）碎电石应在掺入小块电石后装入乙炔发生器中使用，不得完全使用碎电石。夜间添加电石时不得采用明火照明。

（12）氧气橡胶软管应为红色，工作压力应为 1500kPa；乙炔橡胶软管应为黑色，工作压力应为 300kPa。新橡胶软管应经压力试验。未经压力试验或代用品及变质、老化、脆裂、漏气及沾上油脂的胶管均不得使用。

（13）不得将橡胶软管放在高温管道和电线上，或将重物及热的物件压在软管上，且不得将软管与电焊用的导线敷设在一起。软管经过车行道时，应加护套或盖板。

（14）氧气瓶应与其它易燃气瓶、油脂和其他易燃、易爆物品分别存放，且不得同车运输。氧气瓶应有防震圈和安全帽；不得倒置；不得在强烈日光下曝晒。不得用行车或吊车吊运氧气瓶。

（15）开启氧气瓶阀门时，应采用专用工具，动作应缓慢，不得面对减压器，压力表指针应灵敏正常。氧气瓶中的氧气不得全部用尽，应留 49kPa 以上的剩余压力。

（16）未安装减压器的氧气瓶严禁使用。

（17）安装减压器时，应先检查氧气瓶阀门接头，不得有油脂，并略开氧气瓶阀门吹除污垢，然后安装减压器，操作者不得正对氧气瓶阀门出气口，关闭氧气瓶阀门时，应先松开减压器的活门螺丝。

（18）点燃焊（割）炬时，应先开乙炔阀点火，再开氧气阀调整火焰。关闭时，应先关闭乙炔阀，再关闭氧气阀。

（19）在作业中，发现氧气瓶阀门失灵或损坏不能关闭时，应让瓶内的氧气自动放尽后，再进行拆卸修理。

（20）当乙炔发生器因漏气着火燃烧时，应立即将乙炔发生器朝安全方向推倒，并用黄砂扑灭火种，不得堵塞或拔出浮筒。

（21）乙炔软管、氧气软管不得错装。使用中，当氧气软管着火时，不得折弯软管断气，应迅速关闭氧气阀门，停止供氧。当乙炔软管着火时，应先关熄炬火，可采用弯折前面一段软管将火熄灭。

（22）冬季在露天施工，当软管和回火防止器冻结时，可用热水或在暖气设备下化冻。严禁用火焰烘烤。

（23）不得将橡胶软管背在背上操作。当焊枪内带有乙炔、氧气时不得放在金属管、槽、缸、箱内。

（24）氢氧并用时，应先开乙炔气，再开氢气，最后开氧气，再点燃。熄灭时，应先关氧气，再关氢气，最后关乙炔气。

（25）作业后，应卸下减压器，拧上气瓶安全帽，将软管卷起捆好，挂在室内干燥处，并将乙炔发生器卸压，放水后取出电石篮。剩余电石和电石滓，应分别放在指定的地方。

接底人	李××、章××、刘××、程××…

5.9 手持电动工具

5.9.1 冲击钻、电锤操作安全技术交底

冲击钻、电锤操作施工现场安全技术交底表

表 AQ-C1-9

工程名称：××大厦工程　　　施工单位：××建设集团有限公司　　　编号：×××

交底部门	安全部	交底人	王××
交底项目	冲击钻、电锤操作安全技术交底	交底时间	×年×月×日

交底内容：

（1）作业前的检查应符合下列要求：

1）外壳、手柄不出现裂缝、破损；

2）电缆软线及插头等完好无损，开关动作正常，保护接零连接正确牢固可靠；

3）各部防护罩齐全牢固，电气保护装置可靠。

（2）机具启动后，应空载运转，应检查并确认机具联动灵活无阻。作业时，加力应平稳，不得用力过猛。

（3）作业时应掌握电钻或电锤手柄，打孔时先将钻头抵在工作表面，然后开动，用力适度，避免晃动；转速若急剧下降，应减少用力，防止电机过载，严禁用木杠加压。

（4）钻孔时，应注意避开混凝土中的钢筋。

（5）电钻和电锤为 40% 断续工作制，不得长时间连续使用。

（6）作业孔径在 25mm 以上时，应有稳固的作业平台，周围应设护栏。

（7）严禁超载使用。作业中应注意音响及温升，发现异常应立即停机检查。在作业时间过长，机具温升超过 60℃时，应停机，自然冷却后再行作业。

（8）作业中，不得用手触摸刀具、模具和砂轮，发现其有磨钝、破损情况时，应立即停机修整或更换，然后再继续进行作业。

（9）机具转动时，不得撒手不管。

接底人	李××、章××、刘××、程××…

5.9.2 瓷片切割机操作安全技术交底

瓷片切割机操作施工现场安全技术交底表

表 AQ-C1-9

工程名称：××大厦工程　　施工单位：××建设集团有限公司　　编号：×××

交底部门	安全部	交底人	王××
交底项目	瓷片切割机操作安全技术交底	交底时间	×年×月×日

交底内容：

（1）作业前的检查应符合下列要求：

1）外壳、手柄不出现裂缝、破损；

2）电缆软线及插头等完好无损，开关动作正常，保护接零连接正确牢固可靠；

3）各部防护罩齐全牢固，电气保护装置可靠。

（2）机具启动后，应空载运转，应检查并确认机具联动灵活无阻。作业时，加力应平稳，不得用力过猛。

1）作业时应防止杂物、泥尘混入电动机内，并应随时观察机壳温度，当机壳温度过高及产生炭刷火花时，应立即停机检查处理；

2）切割过程中用力应均匀适当，推进刀片时不得用力过猛。当发生刀片卡死时，应立即停机，慢慢退出刀片，应在重新对正后方可再切割。

（3）严禁超载使用。作业中应注意音响及温升，发现异常应立即停机检查。在作业时间过长，机具温升超过 60℃时，应停机，自然冷却后再行作业。

（4）作业中，不得用手触摸刃具、模具和砂轮，发现其有磨钝、破损情况时，应立即停机修整或更换，然后再继续进行作业。

（5）机具转动时，不得撒手不管。

接底人	李××、章××、刘××、程××…

5.9.3 角向磨光机操作安全技术交底

角向磨光机操作施工现场安全技术交底表

表 AQ-C1-9

工程名称：××大厦工程　　施工单位：××建设集团有限公司　　编号：×××

交底部门	安全部	交底人	王××
交底项目	角向磨光机操作安全技术交底	交底时间	×年×月×日

交底内容：

（1）作业前的检查应符合下列要求：

1）外壳、手柄不出现裂缝、破损；

2）电缆软线及插头等完好无损，开关动作正常，保护接零连接正确牢固可靠；

3）各部防护罩齐全牢固，电气保护装置可靠。

（2）机具启动后，应空载运转，应检查并确认机具联动灵活无阻。作业时，加力应平稳，不得用力过猛。

（3）使用砂轮的机具，应检查砂轮与接盘间的软垫并安装稳固，螺帽不得过紧，凡受潮、变形、裂纹、破碎、磕边缺口或接触过油、碱类的砂轮均不得使用，并不得将受潮的砂轮片自行烘干使用。

（4）砂轮应选用增强纤维树脂型，其安全线速度不得小于 80m/s。配用的电缆与插头应具有加强绝缘性能，并不得任意更换。

（5）磨削作业时，应使砂轮与工作面保持 15°～30° 的倾斜位置；切削作业时，砂轮不得倾斜，并不得横向摆动。

（6）严禁超载使用。作业中应注意音响及温升，发现异常应立即停机检查。在作业时间过长，机具温升超过 60℃时，应停机，自然冷却后再行作业。

（7）作业中，不得用手触摸刃具、模具和砂轮，发现其有磨钝、破损情况时，应立即停机修整或更换，然后再继续进行作业。

（8）机具转动时，不得撒手不管。

接底人	李××、章××、刘××、程××…

5.9.4 电剪操作安全技术交底

电剪操作施工现场安全技术交底表

表 AQ-C1-9

工程名称：××大厦工程　　施工单位：××建设集团有限公司　　编号：×××

交底部门	安全部	交底人	王××
交底项目	电剪操作安全技术交底	交底时间	×年×月×日

交底内容：

（1）作业前应先根据钢板厚度调节刀头间隙量；

（2）使用刃具的机具，应保持刃磨锋利，完好无损，安装正确，牢固可靠。

（3）作业前的检查应符合下列要求：

1）外壳、手柄不出现裂缝、破损；

2）电缆软线及插头等完好无损，开关动作正常，保护接零连接正确牢固可靠；

3）各部防护罩齐全牢固，电气保护装置可靠。

（4）机具启动后，应空载运转，应检查并确认机具联动灵活无阻。作业时，加力应平稳，不得用力过猛。

（5）作业时不得用力过猛，当遇刀轴往复次数急剧下降时，应立即减少推力。

（6）严禁超载使用。作业中应注意音响及温升，发现异常应立即停机检查。在作业时间过长，机具温升超过60℃时，应停机，自然冷却后再行作业。

（7）作业中，不得用手触摸刃具，发现其有磨钝、破损情况时，应立即停机修整或更换，然后再继续进行作业。

（8）机具转动时，不得撒手不管。

接底人	李××、章××、刘××、程××…

5.9.5 射钉枪操作安全技术交底

射钉枪操作施工现场安全技术交底表

表 AQ-C1-9

工程名称：××大厦工程　　施工单位：××建设集团有限公司　　编号：×××

交底部门	安全部	交底人	王××
交底项目	射钉枪操作安全技术交底	交底时间	×年×月×日

交底内容：

（1）作业前的检查应符合下列要求：

1）外壳、手柄不出现裂缝、破损；

2）电缆软线及插头等完好无损，开关动作正常，保护接零连接正确牢固可靠；

3）各部防护罩齐全牢固，电气保护装置可靠。

（2）严禁用手掌推压钉管和将枪口对准人。

（3）击发时，应将射钉枪垂直压紧在工作面上，当两次扣动扳机，子弹均不击发时，应保持原射击位置数秒钟后，再退出射钉弹。

（4）在更换零件或断开射钉枪之前，射枪内均不得装有射钉弹。

（5）严禁超载使用。作业中应注意音响及温升，发现异常应立即停机检查。在作业时间过长，机具温升超过 60℃时，应停机，自然冷却后再行作业。

接底人	李××、章××、刘××、程××⋯

5.9.6 拉铆枪操作安全技术交底

拉铆枪操作施工现场安全技术交底表

表 AQ-C1-9

工程名称：××大厦工程　　施工单位：××建设集团有限公司　　编号：×××

交底部门	安全部	交底人	王××
交底项目	拉铆枪操作安全技术交底	交底时间	×年×月×日

交底内容：

　　（1）使用拉铆枪时应符合下列要求：

　　（2）作业前的检查应符合下列要求：

　　1）外壳、手柄不出现裂缝、破损；

　　2）电缆软线及插头等完好无损，开关动作正常，保护接零连接正确牢固可靠；

　　3）各部防护罩齐全牢固，电气保护装置可靠。

　　（3）被铆接物体上的铆钉孔应与铆钉滑配合，并不得过盈量太大。

　　（4）铆接时，当铆钉轴未拉断时，可重复扣动扳机，直到拉断为止，不得强行扭断或撬断。

　　（5）作业中，接铆头子或并帽若有松动，应立即拧紧。

　　（6）严禁超载使用。作业中应注意音响及温升，发现异常应立即停机检查。在作业时间过长，机具温升超过 60℃时，应停机，自然冷却后再行作业。

接底人	李××、章××、刘××、程××…

5.10 水工机械

5.10.1 水工机械操作一般规定

水工机械操作施工现场安全技术交底表

表 AQ-C1-9

工程名称：××大厦工程　　施工单位：××建设集团有限公司　　编号：×××

交底部门	安全部	交底人	王××
交底项目	水工机械操作一般规定	交底时间	×年×月×日

交底内容：

(1) 水泵放置地点应坚实，实装应牢固、平稳，并应有防雨设施。多级水泵的高压软管接头应牢固可靠，放置宜平直，转弯处应固定牢靠。数台水泵并列安装时，其扬程宜相同，每台之间应有 0.8～1.0m 的距离；串联安装时，应有相同的流量。

(2) 冬季运转时，应做好管路、泵房的防冻、保温工作。

(3) 启动前检查项目应符合下列要求：

1) 电动机与水泵的连接同心，联轴节的螺栓紧固，联轴节的转动部分有防护装置，泵的周围无障碍物；

2) 管路支架牢固，密封可靠，泵体、泵轴、填料和压盖严密，吸水管底阀无堵塞或漏水；

3) 排气阀畅通，进、出水管接头严密不漏，泵轴与泵体之间不漏水。

(4) 启动时应加足引水，并将出水阀关闭；当水泵达到额定转速时，旋开真空表和压力表的阀门，待指针位置正常后，方可逐步打开出水阀。

(5) 运转中发现下列情况，应立即停机检修：

1) 漏水、漏气、填料部分发热；

2) 底阀滤网堵塞，运转声音异常；

3) 电动机温升过高，电流突然增大；

4) 机械零件松动或其他故障。

(6) 升降吸水管时，应在有护栏的平台上操作。

(7) 运转时，严禁人员从机上跨越。

(8) 水泵停止作业时，应先关闭压力表，再关闭出水阀，然后切断电源。冬季使用时，应将各部放水阀打开，放净水泵和水管中积水。将泵的四周设立坚固的防护围网。泵应直立于水中，水深不得小于 0.5m，不得在含泥砂的水中使用。

交底部门	安全部	交底人	王××
交底项目	水工机械操作安全技术交底	交底时间	×年×月×日

交底内容：

（9）潜水泵放入水中或提出水面时，应先切断电源，严禁拉拽电缆或出水管。

（10）潜水泵应装设保护接零或漏电保护装置，工作时泵周围 30m 以内水面，不得有人、畜进入。

（11）启动前检查项目应符合下列要求：

　1）水管结扎牢固；

　2）放气、放水、注油等螺塞均旋紧；

　3）叶轮和进水节无杂物；

　4）电缆绝缘良好。

（12）接通电源后，应先试运转，并应检查并确认旋转方向正确，在水外运转时间不得超过 5min。

（13）应经常观察水位变化，叶轮中心至水平距离应在 0.5～3.0m 之间，泵体不得陷入污泥或露出水面。电缆不得与井壁、池壁相擦。

（14）新泵或新换密封圈，在使用 50h 后，应旋开放水封口塞，检查水、油的泄漏量。当泄漏量超过 5mL 时，应进行 0.2MPa 的气压试验，查出原因，予以排除，以后应每月检查一次；当泄漏量不超过 25mL 时，可继续使用。检查后应换上规定的润滑油。

（15）经过修理的油浸式潜水泵，应先经 0.2MPa 气压试验，检查各部无泄漏现象，然后将润滑油加入上、下壳体内。

（16）当气温降到 0℃以下时，在停止运转后，应从水中提出潜水泵擦干后存放室内。

（17）每周应测定一次电动机定子绕组的绝缘电阻，其值应无下降。

接底人	李××、章××、刘××、程××…

5.10.2 离心水泵操作安全技术交底

离心水泵操作施工现场安全技术交底表

表 AQ-C1-9

工程名称：××大厦工程　　施工单位：××建设集团有限公司　　编号：×××

交底部门	安全部	交底人	王××
交底项目	离心水泵操作安全技术交底	交底时间	×年×月×日

交底内容：

（1）水泵安装应牢固、平稳，电气设备应由防雨防潮设施。高压软管接头连接应牢固可靠，并宜平直放置。数台水泵并列安装时，每台之间应有 0.8m～1.0m 的距离；串联安装时，应有相同的流量。

（2）冬季运转时应做好管路、泵房的防冻、保温工作。

（3）启动前应进行检查，并应符合下列规定：

1）电动机与水泵的连接应同心，联轴节的螺栓应紧固，联轴节的转动部分应有防护装置；

2）管路支架应稳固。管路应密封可靠，不得有堵塞或漏水现象；

3）排气阀应畅通。

（4）启动时，应加足引水，并应将出水阀关闭；当水泵达到额定转速时，旋开真空表和压力表的阀门，在指针位置正常后，逐步打开出水阀。

（5）运转中发现下列现象之一时，应立即停机检修：

1）漏水、漏气及填料部分发热；

2）底阀滤网堵塞，运转声音异常；

3）电动机温升过高，电流突然增大；

4）机械零件松动。

（6）水泵运转时，人员不得从机上跨越。

（7）水泵停止作业时，应先关闭压力表。再关闭出水阀，然后切断电源。冬季停用时，应放尽水泵和水管中积水。

接底人	李××、章××、刘××、程××…

5.10.3 潜水泵操作安全技术交底

潜水泵操作施工现场安全技术交底表

表 AQ-C1-9

工程名称：××大厦工程　　施工单位：××建设集团有限公司　　编号：×××

交底部门	安全部	交底人	王××
交底项目	潜水泵操作安全技术交底	交底时间	×年×月×日

交底内容：

（1）潜水泵应直立于水中，水深不得小于 0.5m，不宜在含大量泥沙的水中使用。

（2）潜水泵放入水中或提出水面时，不得拉拽电缆或出水管，并应切断电源。

（3）潜水泵应装设保护接零和漏电保护装置，工作时，泵周围 30cm 以内水面。不得有人、畜进入。

（4）启动前应进行检查，并应符合下列规定：

1）水管绑扎应牢固；

2）放气、放水、注油等螺塞应旋紧；

3）叶轮和进水节不得有杂物；

4）电气绝缘应良好。

（5）接通电源后，应先试运转，检查并确认旋转方向应正确，无水运转时间不得超过使用说明书规定。

（6）应经常观察水位变化，叶轮中心至水平面距离应在 0.5m～3.0m 之间，泵体不得陷入污泥或露出水面。电缆不得与井壁、池壁摩擦。

（7）潜水泵的启动电压应符合使用说明书的规定，电动机电流超过说明书规定的限值时，应停机检查，并不得频繁开关机。

（8）潜水泵不用时，不得长期浸没于水中，应放置在干燥通风处。

（9）电动机定子绕组的绝缘电阻不得低于 0.5MΩ。

接底人	李××、章××、刘××、程××…

5.10.4 深井泵操作安全技术交底

深井泵操作施工现场安全技术交底表

表 AQ-C1-9

工程名称：××大厦工程　　施工单位：××建设集团有限公司　　编号：×××

交底部门	安全部	交底人	王××
交底项目	深井泵操作安全技术交底	交底时间	×年×月×日

交底内容：

（1）深井泵应使用在含沙量低于 0.01%的水中，泵房内设有预润水箱。

（2）深井泵的叶轮在运转中，不得与壳体摩擦。

（3）深井泵在运转前，应将清水注入壳体内进行预润。

（4）深井泵启动前，应检查并确认：

1）底座基础螺栓应紧固；

2）轴向间隙应符合要求，调节螺栓的保险螺母应安装好；

3）填料压盖因旋紧，并应经过润滑；

4）电动机轴承应进行润滑；

5）用手旋动电动机转子和止退机构，应灵活有效。

（5）深井泵不得在无水情况下空转。水泵中的一、二级叶轮应浸入水位 1m 以下。运转中应经常观察井中水位的变化情况。

（6）当水泵振动较大时，应检查水泵的轴承或电动机填料处磨损情况，并应及时更换零件。

（7）停泵时，应先关闭出水阀，再切断电源，锁好开关箱。

接底人	李××、章××、刘××、程××…

5.10.5 泥浆泵操作安全技术交底

基坑开挖施工现场安全技术交底表

表 AQ-C1-9

工程名称：××大厦工程　　施工单位：××建设集团有限公司　　　编号：×××

交底部门	安全部	交底人	王××
交底项目	基坑开挖	交底时间	×年×月×日

交底内容：

（1）泥浆泵应安装在稳固的基础架或地基上，不得松动。

（2）启动前应进行检查，并应符合下列规定：

1）各部位连接应牢固；

2）电动机旋转方向应正确；

3）离合器应灵活可靠；

4）管路连接应牢固，并应密封可靠，底阀应灵活有效。

（3）启动前，吸水管、底阀及泵体内应注满引水，压力表缓冲器上端应注满油。

（4）启动时，应先将活塞往复运动两次，并不得有阻梗，然后空载启动。

（5）运转中，应经常测试泥浆含沙量。泥浆含沙量不得超过10%。

（6）有多档速度的泥浆泵，在每班运转中，应将几档速度分别运转，运转时间不得少于30min。

（7）泥浆泵换挡变速应在停泵后进行。

（8）运转中，当出现异响、电机明显温升或水量、压力不正常时，应停泵检查。

（9）泥浆泵应在空载时停泵。停泵时间较长时，应全部打开防水孔，并松开缸盖，提起底阀放水杆，放尽泵体及管道中的全部泥浆。

（10）当长期停用时，应清洗各部泥沙、油垢，放尽曲轴箱内的润滑油，并应采取防锈、防腐措施。

接底人	李××、章××、刘××、程××…

5.10.6 真空泵操作安全技术交底

真空泵操作施工现场安全技术交底表

表 AQ-C1-9

工程名称：××大厦工程　　施工单位：××建设集团有限公司　　　编号：×××

交底部门	安全部	交底人	王××
交底项目	真空泵操作安全技术交底	交底时间	×年×月×日

交底内容：

　　（1）真空室内过滤网应完整，集水室通向真空泵的回水管上的旋塞开启应灵活，指示仪表应正常，进出水管应按出厂说明书要求连接。

　　（2）真空泵启动后，应检查并确认电机旋转方向与罩壳上箭头指向一致，然后应堵住进水口，检查泵机空载真空度，表值显示不小于 96kPa。当不符合上述要求时，应检查泵组。管道及工作装置的密封情况，有损坏时，应及时修理或更换。

　　（3）作业时，应经常观察机组真空表，并应随时做好记录。

　　（4）作业后，应冲洗水箱及过滤网的泥沙，并应放尽水箱内存水。

　　（5）冬季施工或存放不用时，应把真空泵内的冷却水放尽。

接底人	李××、章××、刘××、程××…

5.11 建筑机械与手持式电动工具用电

5.11.1 起重机械用电安全技术交底

起重机械用电施工现场安全技术交底表

表 AQ-C1-9

工程名称：××大厦工程　　施工单位：××建设集团有限公司　　　编号：×××

交底部门	安全部	交底人	王××
交底项目	起重机械用电安全技术交底	交底时间	×年×月×日

交底内容：

（1）塔式起重机的电气设备应符合现行国家标准《塔式起重机安全规程》（GB 5144）中的要求。

（2）塔式起重机应按要求做重复接地和防雷接地。轨道式塔式起重机接地装置的设置应符合下列要求：

1）轨道两端各设一组接地装置；

2）轨道的接头处作电气连接，两条轨道端部做环形电气连接；

3）较长轨道每隔不大于30m加一组接地装置。

（3）塔式起重机与外电线路的安全距离应符合规范要求。

（4）轨道式塔式起重机的电缆不得拖地行走。

（5）需要夜间工作的塔式起重机，应设置正对工作面的投光灯。

（6）塔身高于30m的塔式起重机，应在塔顶和臂架端部设红色信号灯。

（7）在强电磁波源附近工作的塔式起重机，操作人员应戴绝缘手套和穿绝缘鞋，并应在吊钩与机体间采取绝缘隔离措施，或在吊钩吊装地面物体时，在吊钩上挂接临时接地装置。

（8）外用电梯梯笼内、外均应安装紧急停止开关。

（9）外用电梯和物料提升机的上、下极限位置应设置限位开关。

（10）外用电梯和物料提升机在每日工作前必须对行程开关、限位开关、紧急停止开关、驱动机构和制动器等进行空载检查，正常后方可使用。检查时必须有防坠落措施。

接底人	李××、章××、刘××、程××…

5.11.2 桩工机械用电安全技术交底

桩工机械用电施工现场安全技术交底表

表 AQ-C1-9

工程名称：××大厦工程　　　施工单位：××建设集团有限公司　　　编号：×××

交底部门	安全部	交底人	王××
交底项目	桩工机械用电安全技术交底	交底时间	×年×月×日

交底内容：

（1）潜水式钻孔机电机的密封性能应符合现行国家标准《外壳防护等级（IP 代码）》（CB 4208）中的 IP68 级的规定。

（2）潜水电机的负荷线应采用防水橡皮护套铜芯软电缆，长度不应小于 1.5m，且不得承受外力。

（3）潜水式钻孔机开关箱中的漏电保护器必须符合额定漏电动作电流应不大于 15mA，额定漏电动作时间应小于 0.1s 的要求。

（4）元件接触良好，接头牢固。

（5）所有电气、电机以及其防护罩绝缘良好，有接地线。

（6）晚间工作有照明设备。

接底人	李××、章××、刘××、程××…

5.11.3 夯土机械用电安全技术交底

夯土机械用电施工现场安全技术交底表

表 AQ-C1-9

工程名称：××大厦工程　　施工单位：××建设集团有限公司　　编号：×××

交底部门	安全部	交底人	王××
交底项目	夯土机械用电安全技术交底	交底时间	×年×月×日

交底内容：

（1）夯土机械开关箱中的漏电保护器必须符合 7.5.2 中（10）条对潮湿场所选用漏电保护器的要求。

（2）夯土机械 PK 线的连接点不得少于 2 处。

（3）夯土机械的负荷线应采用耐气候型橡皮护套铜芯软电缆。

（4）使用夯土机械必须按规定穿戴绝缘用品，使用过程应有专人调整电缆，电缆长度不应大于 50m。电缆严禁缠绕、扭结和被夯土机械跨越。

（5）多台夯土机械并列工作时，其间距不得小于 5m；前后工作时，其间距不得小于 10m。

（6）夯土机械的操作扶手必须绝缘。

接底人	李××、章××、刘××、程××…

5.11.4.焊接机械用电安全技术交底

焊接机械用电施工现场安全技术交底表

表 AQ-C1-9

工程名称：××大厦工程　　施工单位：××建设集团有限公司　　　编号：×××

交底部门	安全部	交底人	王××
交底项目	焊接机械用电安全技术交底	交底时间	×年×月×日

交底内容：

（1）电焊机械应放置在防雨、干燥和通风良好的地方。焊接现场不得有易燃、易爆物品。

（2）交流弧焊机变压器的一次侧电源线长度不应大于 5m，其　电源进线处必须设置防护罩。发电机式直流电焊机的换向器应经常检查和维护，应消除可能产生的异常电火花。

（3）电焊机械开关箱中的漏电保护器必须符合 7.5.2 中（10）条的要求。交流电焊机械应配装防二次侧触电保护器。

（4）电焊机械的二次线应采用防水橡皮护套铜芯软电缆，电缆长度不应大于 30m，不得采用金属构件或结构钢筋代替二次线的地线。

（5）使用电焊机械焊接时必须穿戴防护用品。严禁露天冒雨从事电焊作业。

接底人	李××、章××、刘××、程××…

5.11.5 手持式电动工具用电安全技术交底

手持式电动工具用电施工现场安全技术交底表

表 AQ-C1-9

工程名称：××大厦工程　　**施工单位**：××建设集团有限公司　　**编号**：×××

交底部门	安全部	交底人	王××
交底项目	手持式电动工具用电安全技术交底	交底时间	×年×月×日

交底内容：

（1）空气湿度小于 75％的一般场所可选用 I 类或 II 类手持式电动工具，其金属外壳与 PE 线的连接点不得少于 2 处；除塑料外壳 II 类工具外，相关开关箱中漏电保护器的额定漏电动作电流不应大于 15mA，额定漏电动作时间不应大于 0.1s，其负荷线插头应具备专用的保护触头。所用插座和插头在结构上应保持一致，避免导电触头和保护触头混用。

（2）在潮湿场所或金属构架上操作时，必须选用 II 类或由安全隔离变压器供电的III类手持式电动工具。金属外壳 II 类手持式电动工具使用时，必须符合上述（1）的要求；其开关箱和控制箱应设置在作业场所外面。在潮湿场所或金属构架上严禁使用 I 类手持式电动工具。

（3）狭窄场所必须选用由安全隔离变压器供电的III类手持式电动工具，其开关箱和安全隔离变压器均应设置在狭窄场所外面，并连接 PE 线。漏电保护器的选择应符合 7.5.2 中（10）条使用于潮湿或有腐蚀介质场所漏电保护器的要求。操作过程中，应有人在外面监护。

（4）手持式电动工具的负荷线应采用耐气候型的橡皮护套铜芯软电缆，并不得有接头。

（5）手持式电动工具的外壳、手柄、插头、开关、负荷线等必须完好无损，使用前必须做绝缘检查和空载检查，在绝缘合格、空载运转正常后方可使用。绝缘电阻不应小于表 5-2 规定的数值。

表 5-2　　　　　　手持式电动工具绝缘电阻限值

测量部位绝	绝缘电阻（MΩ）		
	I 类	II 类	III类
带电零件与外壳之间	2	7	1

注：绝缘电阻用 500V 兆欧表测量。

（6）使用手持式电动工具时，必须按规定穿、戴绝缘防护用品。

接底人	李××、章××、刘××、程××…

5.11.6 其他建筑机械用电安全技术交底

其他建筑机械用电施工现场安全技术交底表

表 AQ-C1-9

工程名称：××大厦工程　　施工单位：××建设集团有限公司　　编号：×××

交底部门	安全部	交底人	王××
交底项目	其他建筑机械用电安全技术交底	交底时间	×年×月×日

交底内容：

（1）混凝土搅拌机、插入式振动器、平板振动器、地面抹光机、水磨石机、钢筋加工机械、木工机械、盾构机械、水泵等设备的漏电保护应符合 7.5.2 中（10）条要求。

（2）混凝土搅拌机、插入式振动器、平板振动器、地面抹光机、水磨石机、钢筋加工机械、木工机械、盾构机械的负荷线必须采用耐气候型橡皮护套铜芯软电缆，并不得有任何破损和接头。

水泵的负荷线必须采用防水橡皮护套铜芯软电缆，严禁有任何破损和接头，并不得承受任何外力。

盾构机械的负荷线必须固定牢固，距地高度不得小于 2.5m。

（3）对混凝土搅拌机、钢筋加工机械、木工机械、盾构机械等设备进行清理、检查、维修时，必须首先将其开关箱分闸断电，呈现可见电源分断点，并关门上锁。

接底人	李××、章××、刘××、程××…

第6章 高处临边作业

6.1 临边与洞口作业

6.1.1 临边作业安全技术交底

临边作业施工现场安全技术交底表

表 AQ-C1-9

工程名称：××大厦工程　　施工单位：××建设集团有限公司　　编号：×××

交底部门	安全部	交底人	王××
交底项目	临边作业安全技术交底	交底时间	×年×月×日

交底内容：

（1）对临边高处作业，必须设置防护措施，并符合下列规定：

1）基坑周边，尚未安装栏杆或栏板的阳台、料台与挑平台周边，雨蓬与挑檐边，无外脚手的屋面与楼层周边及水箱与水塔周边等处，都必须设置防护栏杆。

2）首层墙高度超过3.2m的二层楼面周边，以及无外脚手架的高度超过3.2m的楼层周边，必须在外围架设安全平网一道。

3）分层施工的楼梯口和梯段边，必须安装临时护栏。顶层楼梯口应随工程结构进度安装正式防护栏杆。

4）井架与施工用电梯和脚手架等与建筑物通道的两侧边，必须设防护栏杆。地面通道上部应装设安全防护棚。双笼井架通道中间，应予分隔封闭。

5）各种垂直运输接料平台，除两侧设防护栏杆外，平台口还应设置安全门或活动防护栏杆。

（2）临边防护栏杆杆件的规格及连接要求，应符合下列规定：

1）毛竹横杆小头有效直径不应小于70mm，栏杆柱小头直径不应小于80mm，并须用不小于16号的镀锌钢丝绑扎，不应少于3圈，并无泻滑。

2）原木横杆上杆梢径不应小于70mm，下杆梢径不应小于60mm，栏杆柱梢径不应小于75mm。并须用相应长度的圆钉钉紧，或用不小于12号的镀锌钢丝绑扎，要求表面平顺和稳固无动摇。

3）钢筋横杆上杆直径不应小于16mm，下杆直径不应小于14mm，栏杆柱直径不应小于18mm，采用电焊或镀锌钢丝绑扎固定。

4）钢管横杆及栏杆柱均采用Φ48×（2.75～3.5）mm的管材，以扣件或电焊固定。

5）以其他钢材如角钢等作防护栏杆杆件时，应选用强度相当的规格，以电焊固定。

交底部门	安全部	交底人	王××
交底项目	临边作业安全技术交底	交底时间	×年×月×日

交底内容：

（3）搭设临边防护栏杆时，必须符合下列要求：

1）防护栏杆应由上、下两道横杆及栏杆柱组成，上杆离地高度为 1.0～1.2m，下杆离地高度为 0.5～0.6m。坡度大于 1∶2.2 的屋面，防护栏杆应高 1.5m，并加挂安全立网。除经设计计算外，横杆长度大于 2m 时，必须加设栏杆柱。

2）栏杆柱的固定应符合下列要求：

①当在基坑四周固定时，可采用钢管并打入地面 50～70cm 深。钢管离边口的距离，不应小于 50cm。当基坑周边采用板桩时，钢管可打在板桩外侧。

②当在混凝土楼面、屋面或墙面固定时，可用预埋件与钢管或钢筋焊牢。采用竹、木栏杆时，可在预埋件上焊接 30cm 长的 50×5 角钢，其上下各钻一孔，然后用 10mm 螺栓与竹、木杆件栓牢。

③当在砖或砌块等砌体上固定时，可预先砌入规格相适应的 80×6 弯转扁钢作预埋铁的混凝土块，然后用上项方法固定。

3）栏杆柱的固定及其与横杆的连接，其整体构造应使防护栏杆在上杆任何处，能经受任何方向的 1000N 外力。当栏杆所处位置有发生人群拥挤、车辆冲击或物件碰撞等可能时，应加大横杆截面或加密柱距。

4）防护栏杆必须自上而下用安全立网封闭，或在栏杆下边设置严密固定的高度不低于 18cm 的挡脚板或 40cm 的挡脚笆。挡脚板与挡脚笆上如有孔眼，不应大于 25mm。板与笆下边距离底面的空隙不应大于 10mm。

接料平台两侧的栏杆，必须自上而下加挂安全立网或满扎竹笆。

5）当临边的外侧面临街道时，除防护栏杆外，敞口立面必须采取满挂安全网或其他可靠措施作全封闭处理。

（4）临边防护栏杆的力学计算及构造型式应符合下列要求：

1）防护栏杆横杆上杆的计算，应按要求，以外力为活荷载（可变荷载），取集中荷载作用于杆件中点，按式（6-1）计算弯矩，并按式（6-2）计算弯曲强度。需要控制变形时，尚应按式（6-3）计算挠度。荷载设计值的取用，应符合现行的《建筑结构荷载规范》（GB 50009-2012）的有关规定。强度设计值的取用，应符合相应的结构设计规范的有关规定。

①弯矩：

$$M = \frac{Fl}{4} \tag{6-1}$$

式中：M——上杆承受的弯矩最大值（N·m）；

　　　F——上杆承受的集中荷载设计值（N）；

　　　l——上杆长度（m）。

②弯曲强度：

$$M \leqslant W_n f \tag{6-2}$$

式中：M——上杆的弯矩（N·m）；

交底部门	安全部	交底人	王××
交底项目	临边作业安全技术交底	交底时间	×年×月×日

交底内容：

W_n——上杆净截面抵抗矩（cm³）；

f——上杆抗弯强度设计值（N/mm²）。

③挠度：

$$\frac{Fl^3}{48EI} \leqslant 容许挠度 \qquad (6\text{-}3)$$

式中：F——上杆承受的集中荷载标准值（N）；

l——上杆长度（m），计算中采用 $1×10^3$mm；

E——杆件的弹性模量（N/mm²），钢材可取 $206×10^3$N/mm²；

I——杆件截面惯性矩（mm⁴）。

注：①计算中，集中荷载设计值 F，应按可变荷载（活荷载）的标准值 $Q_k=1000$N 乘以可变荷载的分项系数 $\gamma_Q=1.4$ 取用。

②抗弯强度设计值，采用钢材时可按 $f=215$N/mm² 取用。

③挠度及容许挠度均以 mm 计。

2）临边防护栏杆的构造型式见图 6-1～图 6-3。

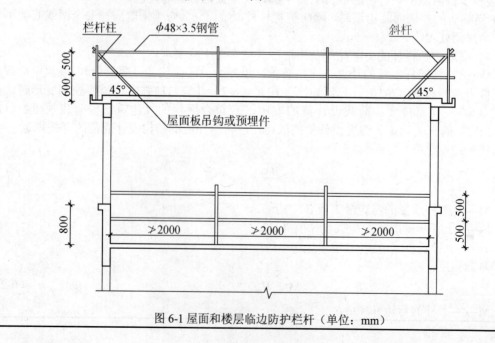

图 6-1 屋面和楼层临边防护栏杆（单位：mm）

交底部门	安全部	交底人	王××
交底项目	临边作业安全技术交底	交底时间	×年×月×日

交底内容：

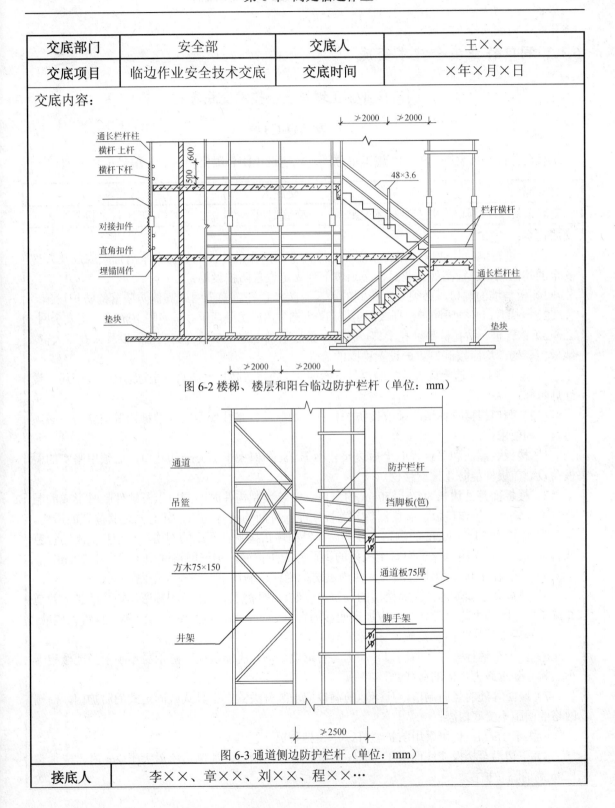

图 6-2 楼梯、楼层和阳台临边防护栏杆（单位：mm）

图 6-3 通道侧边防护栏杆（单位：mm）

接底人	李××、章××、刘××、程××…

6.1.2 洞口作业安全技术交底

洞口作业施工现场安全技术交底表

表 AQ-C1-9

工程名称：××大厦工程　　　施工单位：××建设集团有限公司　　　编号：×××

交底部门	安全部	交底人	王××
交底项目	洞口作业安全技术交底	交底时间	×年×月×日

交底内容：

（1）进行洞口作业以及在因工程和工序需要而产生的，使人与物有坠落危险或危及人身安全的其他洞口进行高处作业时，必须按下列规定设置防护设施：

1）板与墙的洞口，必须设置牢固的盖板、防护栏杆、安全网或其他防坠落的防护设施。

2）电梯井口必须设防护栏杆或固定栅门；电梯井内应每隔两层并最多隔10m设一道安全网。

3）钢管桩、钻孔桩等桩孔上口，杯形、条形基础上口，未填土的坑槽，以及人孔、天窗、地板门等处，均应按洞口防护设置稳固的盖件。

4）施工现场通道附近的各类洞口与坑槽等处，除设置防护设施与安全标志外，夜间还应设红灯示警。

（2）洞口根据具体情况采取设防护栏杆、加盖件、张挂安全网与装栅门等措施时，必须符合下列要求：

1）楼板、屋面和平台等面上短边尺寸小于25cm但大于2.5cm的孔口，必须用坚实的盖板盖设。盖板应能防止挪动移位。

2）楼板面等处边长为25～50cm的洞口、安装预制构件时的洞口以及缺件临时形成的洞口，可用竹、木等作盖板，盖住洞口。盖板须能保持四周搁置均衡，并有固定其位置的措施。

3）边长为50～150cm的洞口，必须设置以扣件扣接钢管而成的网格，并在其上满铺竹笆或脚手板。也可采用贯穿于混凝土板内的钢筋构成防护网，钢筋网格间距不得大于20cm。

4）边长在150cm以上的洞口，四周设防护栏杆，洞口下张设安全平网。

5）垃圾井道和烟道，应随楼层的砌筑或安装而消除洞口，或参照预留洞口作防护。管道井施工时，除按上款办理外，还应加设明显的标志。如有临时性拆移，需经施工负责人核准，工作完毕后必须恢复防护设施。

6）位于车辆行驶道旁的洞口、深沟与管道坑、槽，所加盖板应能承受不小于当地额定卡车后轮有效承载力2倍的荷载。

7）墙面等处的竖向洞口，凡落地的洞口应加装开关式、工具式或固定式的防护门，门栅网格的间距不交底内容：

应大于15cm，也可采用防护栏杆，下设挡脚板（笆）。

8）下边沿至楼板或底面低于80cm的窗台等竖向洞口，如侧边落差大于2m时，应加设1.2m高的临时护栏。

交底部门	安全部	交底人	王××
交底项目	洞口作业安全技术交底	交底时间	×年×月×日

交底内容：

9）对邻近的人与物有坠落危险性的其他竖向的孔、洞口，均应予以盖设或加以防护，并有固定其位置的措施。

（3）洞口作业安全设施实例（见图6-4、6-5、6-6）。

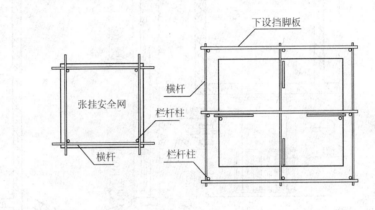

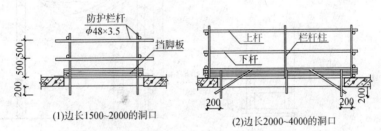

图 6-4 洞口防护栏杆（单位：mm）

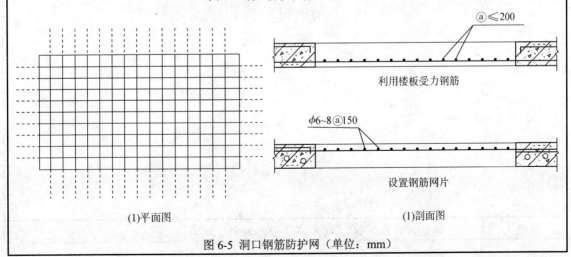

图 6-5 洞口钢筋防护网（单位：mm）

交底部门	安全部	交底人	王××
交底项目	洞口作业安全技术交底	交底时间	×年×月×日

交底内容:

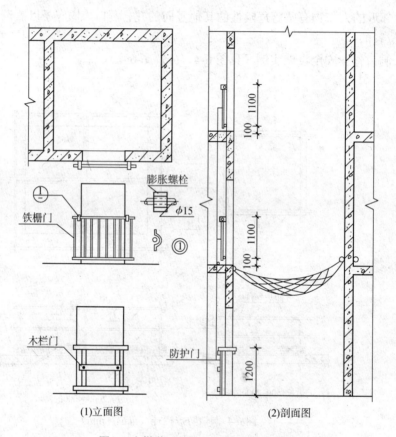

膨胀螺栓

铁栅门

木栏门

防护门

φ15

①

(1)立面图　　　　　　(2)剖面图

图 6-6 电梯井口防护门（单位：mm）

接底人	李××、章××、刘××、程××…

6.2 攀登和悬空作业

6.2.1 攀登作业安全技术交底

攀登作业施工现场安全技术交底表

表 AQ-C1-9

工程名称：××大厦工程　　施工单位：××建设集团有限公司　　　编号：×××

交底部门	安全部	交底人	王××
交底项目	攀登作业安全技术交底	交底时间	×年×月×日

交底内容：

（1）攀登的用具，结构构造上必须牢固可靠。供人上下的踏板其使用荷载不应大于1100N。当梯面上有特殊作业，重量超过上述荷载时，应按实际情况加以验算。

（2）梯脚底部应坚实，不得垫高使用。梯子的上端应有固定措施。立梯工作角度以75°±5°为宜，踏板上下间距以30cm为宜，不得有缺档。

（3）梯子如需接长使用，必须有可靠的连接措施，且接头不得超过1处。连接后梯梁的强度，不应低于单梯梯梁的强度。

（4）折梯使用时上部夹角以35°～45°为宜，铰链必须牢固，并应有可靠的拉撑措施。

（5）固定式直爬梯应用金属材料制成。梯宽不应大于50cm，支撑应采用不小于70×6的角钢，埋设与焊接均必须牢固。梯子顶端的踏棍应与攀登的顶面齐平，并加设1～1.5m高的扶手。

使用直爬梯进行攀登作业时，攀登高度以5m为宜。超过2m时，宜加设护笼，超过8m时，必须设置梯间平台。

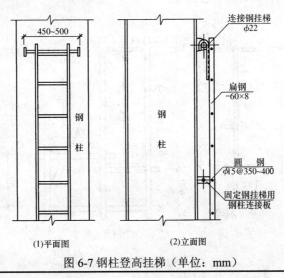

(1)平面图　　　　　　(2)立面图

图 6-7 钢柱登高挂梯（单位：mm）

交底部门	安全部	交底人	王×××
交底项目	攀登作业安全技术交底	交底时间	×年×月×日

交底内容:

（6）作业人员应从规定的通道上下，不得在阳台之间等非规定通道进行攀登，也不得任意利用吊车臂架等施工设备进行攀登。上下梯子时，必须面向梯子，且不得手持器物。

（7）钢柱安装登高时，应使用钢挂梯或设置在钢柱上的爬梯。挂梯构造应符合图6-7的要求。

钢柱的接柱应使用梯子或操作台。操作台横杆。当无电焊防风要求时，其高度不宜小于1m，有电焊防风要求时。其高度不宜小于1.8m，钢柱接柱用操作台应符合图6-8的要求。

（8）登高安装钢梁时，应视钢梁高度，在两端设置挂梯或搭设钢管脚手架，构造形式应符合图6-9的要求。

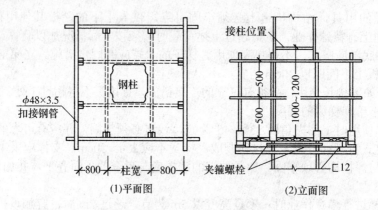

图6-8 钢柱接柱用操作台（单位：mm）

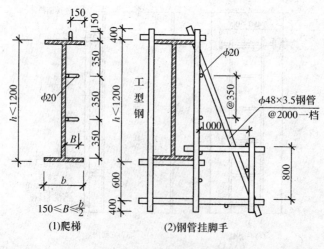

图6-9 钢梁登高设施（单位：mm）

交底部门	安全部	交底人	王××
交底项目	攀登作业安全技术交底	交底时间	×年×月×日

交底内容：

　　梁面上需行走时，其一侧的临时护栏横杆可采用钢索，当改用扶手绳时，绳的自然下垂度不应大于 1/20，并应控制在 10cm 以内，梁面临时栏杆应符合图 6-10 的要求。l 为绳的长度。

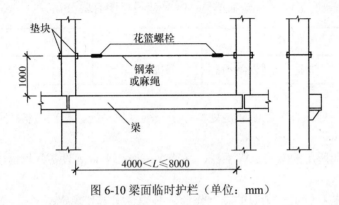

图 6-10 梁面临时护栏（单位：mm）

　　（9）钢屋架的安装，应遵守下列规定：

　　1）在屋架上下弦登高操作时，对于三角形屋架应在屋脊处，梯形屋架应在两端，设置攀登时上下的梯架。材料可选用毛竹或原木，踏步间距不应大于 40cm，毛竹梢径不应小于 70mm。

　　2）屋架吊装以前，应在上弦设置防护栏杆。

　　3）屋架吊装以前，应预先在下弦挂设安全网；吊装完毕后，即将安全网铺设固定。

接底人	李××、章××、刘××、程××…

6.2.2 悬空作业安全技术交底

悬空作业施工现场安全技术交底表

表 AQ-C1-9

工程名称：××大厦工程　　施工单位：××建设集团有限公司　　编号：×××

交底部门	安全部	交底人	王××
交底项目	悬空作业安全技术交底	交底时间	×年×月×日

交底内容：

（1）悬空作业处应有牢靠的立足处，并必须视具体情况，配置防护栏网、栏杆或其他安全设施。

（2）悬空作业所用的索具、脚手板、吊篮、吊笼、平台等设备，均需经过技术鉴定或检证方可使用。

（3）构件吊装和管道安装时的悬空作业，必须遵守下列规定：

1）钢结构的吊装，构件应尽可能在地面组装，并应搭设进行临时固定、电焊、高强螺栓连接等工序的高空安全设施，随构件同时上吊就位。拆卸时的安全措施，亦应一并考虑和落实。高空吊装预应力钢筋混凝土屋架、桁架等大型构件前，也应搭设悬空作业中所需的安全设施。

2）悬空安装大模板、吊装第一块预制构件、吊装单独的大中型预制构件时，必须站在操作平台上操作。吊装中的大模板和预制构件以及石棉水泥板等屋面板上，严禁站人和行走。

3）安装管道时必须已有已完结构或操作平台为立足点，严禁在安装中的管道上站立和行走。

（4）模板支撑和拆卸时的悬空作业，必须遵守下列规定：

1）支模应按规定的作业程序进行，模板未固定前不得进行下一道工序。严禁在连接件和支撑件上攀登上下，并严禁在上下同一垂直面上装、拆模板。结构复杂的模板，装、拆应严格按照施工组织设计的措施进行。

2）支设高度在3m以上的柱模板，四周应设斜撑，并应设立操作平台。低于3m的可使用马凳操作。

3）支设悬挑形式的模板时，应有稳固的立足点。支设临空构筑物模板时，应搭设支架或脚手架。模板上有预留洞时，应在安装后将洞盖没。混凝土板上拆模后形成的临边或洞口，应按本规范有关章节进行防护。拆模高处作业。应配置登高用具或搭设支架。

（5）钢筋绑扎时的悬空作业，必须遵守下列规定：

1）绑扎钢筋和安装钢筋骨架时，必须搭设脚手架和马道。

2）绑扎圈梁、挑梁、挑檐、外墙和边柱等钢筋时，应搭设操作台架和张挂安全网，悬空大梁钢筋的绑扎，必须在满铺脚手板的支架或操作平台上操作。

交底部门	安全部	交底人	王××
交底项目	悬空作业安全技术交底	交底时间	×年×月×日

交底内容：

　　3）绑扎立柱和墙体钢筋时，不得站在钢筋骨架上或攀登骨架上下。3m 以内的柱钢筋，可在地面或楼面上绑扎，整体竖立。绑扎 3m 以上的柱钢筋。必须搭设操作平台。

　　（6）混凝土浇筑时的悬空作业，必须遵守下列规定：

　　1）浇筑离地 2m 以上框架、过梁、雨篷和小平台时，应设操作平台，不得直接站在模板或支撑件上操作。

　　2）浇筑拱形结构，应自两边拱脚对称地相向进行。浇筑储仓，下口应先行封闭，并搭设脚手架以防人员坠落。

　　3）特殊情况下如无可靠的安全设施，必须系好安全带并扣好保险钩，或架设安全网。

　　（7）进行预应力张拉的悬空作业时，必须遵守下列规定：

　　1）进行预应力张拉时，应搭设站立操作人员和设置张拉设备用的牢固可靠的脚手架或操作平台。

　　雨天张拉时，还应架设防雨棚。

　　2）预应力张拉区域应标示明显的安全标志。禁止非操作人员进入。张拉钢筋的两端必须设置挡板。挡板应距所张拉钢筋的端部 1.5～2m。且应高出最上一组张拉钢筋 0.5m，其宽度应距张拉钢筋两外侧各不小于 1m。

　　3）孔道灌浆应按预应力张拉安全设施的有关规定进行。

　　（8）悬空进行门窗作业时，必须遵守下列规定：

　　1）安装门、窗，油漆及安装玻璃时，严禁操作人员站在樘子、阳台栏板上操作。门、窗临时固定，封填材料未达到强度，以及电焊时，严禁手拉门、窗进行攀登。

　　2）在高处外墙安装门、窗，无外脚手架时，应张挂安全网。无安全网时，操作人员应系好安全带，其保险钩应挂在操作人员上方的可靠物件上。

　　3）进行各项窗口作业时，操作人员的重心应位于室内，不得在窗台上站立，必要时应系好安全带进行操作。

接底人	李××、章××、刘××、程××…

6.3 操作平台和交叉作业

6.3.1 操作平台安全技术交底

操作平台施工现场安全技术交底表

表 AQ-C1-9

工程名称：××大厦工程　　　**施工单位**：××建设集团有限公司　　　**编号**：×××

交底部门	安全部	交底人	王××
交底项目	操作平台	交底时间	×年×月×日

交底内容：

1. 移动式操作平台

（1）操作平台应由专业技术人员按现行的相应规范进行设计，计算书及图纸应编入施工组织设计。

（2）操作平台的面积不应超过 10m²，高度不应超过 5m。还应进行稳定验算，并采取措施减少立柱的长细比。

（3）装设轮子的移动式操作平台，轮子与平台的接合处应牢固可靠，立柱底端离地面不得超过 80mm。

（4）操作平台可采用（48～51）×3.5 钢管以扣件连接，亦可采用门架式或承插式钢管脚手架部件，按产品使用要求进行组装。平台的次梁，间距不应大于 40cm；台面应满铺 3cm 厚的木板或竹笆。

（5）操作平台四周必须按临边作业要求设置防护栏杆，并应布置登高扶梯。

（6）移动式操作平台的力学计算应符合下列要求。

操作平台（图 6-11）可以 $\phi48\times3.5$ 镀锌钢管作次梁与主梁，上铺厚度不小于 30mm 的木板作铺板。铺板应予固定，并以 $\phi8\times3.5$ 的钢管作立柱。

杆件可按下列步骤进行：

1）次梁计算：

①恒荷载（永久荷载）中的自重，钢管以 40N/m 计，铺板以 220N/mm² 计；施工活荷载（可变荷载）以 1500N/mm² 计。

按次梁承受均布荷载依下式计算弯矩；

$$M=\frac{1}{8}ql^2$$

（6-4）

交底部门	安全部	交底人	王×××
交底项目	操作平台	交底时间	×年×月×日

交底内容：

式中：M——弯矩最大值（N·m）

　　　q——次梁上的等效均布荷载设计值（N/m）；

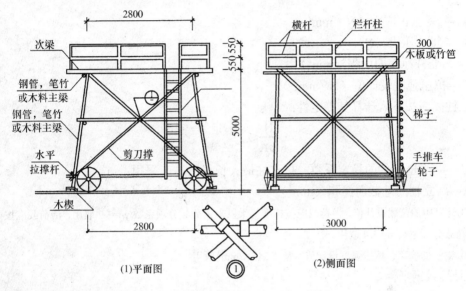

(1)平面图　　　　　　　　　　(2)侧面图

②按次梁承受集中荷载依下式作弯矩验算：

$$M=\frac{1}{8}ql^2+\frac{1}{4}Fl \tag{6-5}$$

式中：q——次梁上仅依恒荷载计算的均布荷载设计值（N/m）；

　　　F——次梁上的集中荷载设计值，可按可变荷载以标准值为 1000N 计。

③取以上两项弯矩值中的较大值按公式（6-2）计算次梁弯曲强度。

2）主梁计算：

①主梁以立柱为支承点。将次梁传递的恒荷载和施工活荷载，加上主梁自重的恒荷载，按等效均布荷载计算最大弯矩。

立柱为 3 根时，可按下式计算位于中间立柱上部的主梁负弯矩：

$$M=-0.125ql^2 \tag{6-6}$$

式中：q——主梁上的等效均布荷载设计值（N/m）；

　　　l——主梁计算长度（m）。

②以上项弯矩值按公式（6-2）计算主梁弯曲强度。

3）立柱计算：

交底部门	安全部	交底人	王×××
交底项目	操作平台	交底时间	×年×月×日

交底内容：

①立柱以中间立柱为准，按轴心受压依下式计算强度：

$$\sigma = \frac{N}{An} \leq f \tag{6-7}$$

式中：σ——受压正应力（N／mm²）；

　　　N——轴心压力（N）；

　　　A_n——立柱净截面面积（mm²）；

　　　f——抗压强度设计值（N／mm²）。

②立柱尚应按下式计算其稳定性：

$$\frac{N}{\varphi A} \leq f \tag{6-8}$$

式中：φ——受压构件的稳定系数，按立柱最大长细比 λ=li 采用；

　　　A——立柱的毛截面面积（mm²）。

注：①计算中的荷载设计值，恒荷载应按标准值乘以永久荷载分项系数 γ_Q=1.2 取用，活荷载应按标准值乘以可变荷载分项系数 γ_Q=1.4 取用。

②钢管的抗弯、抗压强度设计值可按 f=215N/mm² 取用。

2．悬挑式钢平台

（1）悬挑式钢平台应按现行的相应规范进行设计，其结构构造应能防止左右晃动，计算书及图纸应编入施工组织设计。

（2）悬挑式钢平台的搁支点与上部拉结点，必须位于建筑物上，不得设置在脚手架等施工设备上。

（3）斜拉杆或钢丝绳，构造上宜两边各设前后两道，两道中的每一道均应作单道受力计算。

（4）应设置 4 个经过验算的吊环。吊运平台时应使用卡环，不得使吊钩直接钩挂吊环。吊环应用甲类 3 号沸腾钢制作。

（5）钢平台安装时，钢丝绳应采用专用的挂钩挂牢，采取其他方式时，卡头的卡子不得少于 3 个。建筑物锐角利口围系钢丝绳处应加衬软垫物，钢平台外口应略高于内口。

（6）钢平台左右两侧必须装置固定的防护栏杆。

（7）钢平台吊装，需待横梁支撑点电焊固定，接好钢丝绳，调整完毕，经过检查验收，方可松卸起重吊钩，上下操作。

（8）钢平台使用时，应有专人进行检查，发现钢丝绳有锈蚀损坏应及时调换，焊缝脱焊应及时修复。

交底部门	安全部	交底人	王××
交底项目	操作平台	交底时间	×年×月×日

交底内容:

（9）悬挑式钢平台的力学计算应符合下列要求：

悬挑式钢平台（图6-12）可以槽钢作次梁与主梁，上铺厚度不小于50mm的木板，并以螺栓与槽钢相固定。杆件计算可按下列步骤进行：

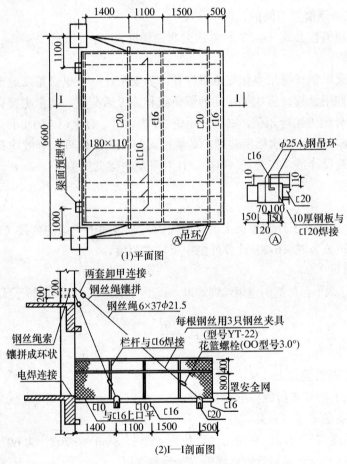

(1)平面图

(2)I—I剖面图

图 6-12 悬挑式钢平台（单位：mm）

1）次梁计算：

①恒荷载（永久荷载）中的自重，采用正10槽钢时以100N/m计、铺板以400N/m² 计；施工活荷载（可变荷载）以 1500N/m² 计。按次梁承受均布荷载考虑，依公式（6-4）计算弯矩。当次梁带悬臂时，依下式计算弯矩：

交底部门	安全部	交底人	王×××
交底项目	操作平台	交底时间	×年×月×日

交底内容：

$$M=\frac{1}{8}ql^2（1-\lambda^2）^2 \tag{6-9}$$

式中：λ——悬臂比值，$\lambda=m/l$；

　　m——悬臂长度（m）；

　　l——次梁两端搁置点间的长度（m）。

②以上项弯矩值按公式（6-2）计算次梁弯曲强度。

2）主梁计算：

①按外侧主梁以钢丝绳吊点作支承点计算。为安全计，按里侧第二道钢丝绳不起作用，里侧槽钢亦不起作用计算。将次梁传递的恒荷载和施工活荷载，加上主梁自重的恒荷载，按公式（6-4）计算外侧主梁弯矩值。主梁采用正20槽钢时，自重以260N/m计。当次梁带悬臂时，先按公式（6-10）计算次梁所传递的荷载；再将此荷载化算为等效均布荷载设计值，加上主梁自重的荷载设计值，按公式（6-4）计算外侧主梁弯矩值。

$$R_{外}=\frac{1}{2}ql(1+\lambda)^2 \tag{6-10}$$

式中：$R_{外}$——次梁搁支于外侧主梁上的支座反力，即传递于主梁的荷载（N）。

②将上项弯矩按公式（6-2）计算外侧主梁弯曲强度。

3）钢丝绳验算：

①为安全计，钢平台每侧两道钢丝绳均以一道受力作验算。钢丝绳按下式计算其所受拉力：

$$T=\frac{ql}{2\sin\alpha} \tag{6-11}$$

式中：T——钢丝绳所受拉力（N）；

　　q——主梁上的均布荷载标准值（N/m）；

　　l——主梁计算长度（m）；

　　α——钢丝绳与平台面的夹角；当夹角为45°时，$\sin\alpha=0.707$；为60°时，$\sin\alpha=0.866$。

②以钢丝绳拉力按下式验算钢丝绳的安全系数K：

$$K=\frac{F}{T}\leqslant[K] \tag{6-12}$$

式中：F——钢丝绳的破断拉力，取钢丝绳的破断拉力总和乘以换算系数（N）；

　　[K]——作吊索用钢丝绳的法定安全系数，定为10。

接底人	李××、章××、刘××、程××…

6.3.2 交叉作业安全技术交底

交叉作业施工现场安全技术交底表

表 AQ-C1-9

工程名称：××大厦工程   施工单位：××建设集团有限公司   编号：×××

交底部门	安全部	交底人	王××
交底项目	交叉作业安全技术交底	交底时间	×年×月×日

交底内容：

   （1）支模、粉刷、砌墙等各工种进行上下立体交叉作业时，不得在同一垂直方向上操作。下层作业的位置，必须处于依上层高度确定的可能坠落范围半径之外。不符合以上条件时，应设置安全防护层。

   （2）钢模板、脚手架等拆除时，下方不得有其他操作人员。

   （3）钢模板部件拆除后，临时堆放处离楼层边沿不应小于 1m，堆放高度不得超过 1m。楼层边口、通道口、脚手架边缘等处，严禁堆放任何拆下物件。

   （4）结构施工自二层起，凡人员进出的通道口（包括井架、施工用电梯的进出通道口），均应搭设安全防护棚。高度超过 24m 的层次上的交叉作业，应设双层防护。

   （5）由于上方施工可能坠落物件或处于起重机把杆回转范围之内的通道。在其受影响的范围内，必须搭设顶部能防止穿透的双层防护廊。

   （6）交叉作业通道防护的构造型式应符合图 6-13 的要求。

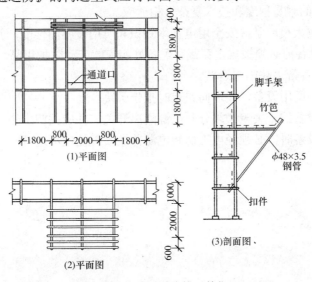

图 6-13 交叉作业通道防护（单位：mm）

接底人	李××、章××、刘××、程××…

第 7 章 施工现场临时用电

7.1 外电线路及电气设备

7.1.1 电工及用电人员操作安全技术交底

电工及用电人员操作施工现场安全技术交底表

表 AQ-C1-9

工程名称：××大厦工程　　　施工单位：××建设集团有限公司　　　编号：×××

交底部门	安全部	交底人	王××
交底项目	电工及用电人员操作安全技术交底	交底时间	×年×月×日

交底内容：

　　（1）电工必须经过按国家现行标准考核合格后，持证上岗工作；其他用电人员必须通过相关安全教育培训和技术交底，考核合格后方可上岗工作。

　　（2）安装、巡检、维修或拆除临时用电设备和线路，必须由电工完成，并应有人监护。电工等级应同工程的难易程度和技术复杂性相适应。

　　（3）各类用电人员应掌握安全用电基本知识和所用设备的性能，并应符合下列规定：

　　1）使用电气设备前必须按规定穿戴和配备好相应的劳动防护用品，并应检查电气装置和保护设施，严禁设备带"缺陷"运转。

　　2）保管和维护所用设备，发现问题及时报告解决。

　　3）暂时停用设备的开关箱必须分断电源隔离开关，并应关门上锁。

　　4）移动电气设备时，必须经电工切断电源并做妥善处理后进行。

接底人	李××、章××、刘××、程××…

7.1.2 外电线路及电气设备防护安全技术交底

外电线路及电气设备防护施工现场安全技术交底表

表 AQ-C1-9

工程名称：××大厦工程　　　施工单位：××建设集团有限公司　　　编号：×××

交底部门	安全部	交底人	王××
交底项目	外电线路及电气设备防护安全技术交底	交底时间	×年×月×日

交底内容：

　　1．外电线路防护

　　（1）在建工程不得在外电架空线路正下方施工、搭设作业棚、建造生活设施或堆放构件、架具、材料及其他杂物等。

　　（2）在建工程（含脚手架）的周边与外电架空线路的边线之间的最小安全操作距离应符合表 7-1 规定。

表 7-1　　　　　在建工程（含脚手架）的周边与架空线路的边线之间的最小安全操作距离

外电线路电压等级（kV）	<1	1~10	35~110	220	330~500
最小安全操作距离（m）	4.0	6.0	8.0	10	15

　　注：上、下脚手架的斜道不宜设在有外电线路的一侧。

　　（3）施工现场的机动车道与外电架空线路交叉时，架空线路的最低点与路面的最小垂直距离应符合表 7-2 规定。

表 7-2　　　　　施工现场的机动车道与架空线路交叉时的最小垂直距离

外电线路电压等级（kV）	<1	1~10	35
最小垂直距离（m）	6.0	7.0	7.0

　　（4）起重机严禁越过无防护设施的外电架空线路作业。在外电架空线路附近吊装时，起重机的任何部位或被吊物边缘在最大偏斜时与架空线路边线的最小安全距离应符合表 7-3 规定。

表 7-3　　　　　起重机与架空线路边线的最小安全距离

电压（kV） 安全距离（m）	<1	10	35	110	220	330	500
沿垂直方向	1.5	3.0	4.0	5.0	6.0	7.0	8.5
沿水平方向	1.5	2.0	3.5	4.0	6.0	7.0	8.5

　　（5）施工现场开挖沟槽边缘与外电埋地电缆沟槽边缘之间的距离不得小于 0.5m。

　　（6）当达不到（2）～（4）的规定时，必须采取绝缘隔离防护措施，并应悬挂醒目的警告标志。

交底部门	安全部	交底人	王××
交底项目	外电线路及电气设备防护安全技术交底	交底时间	×年×月×日

交底内容：

　　架设防护设施时，必须经有关部门批准，采用线路暂时停电或其他可靠的安全技术措施，并应有电气工程技术人员和专职安全人员监护。

　　防护设施与外电线路之间的安全距离不应小于表7-4所列数值。

　　防护设施应坚固、稳定，且对外电线路的隔离防护应达至 IP30 级。

表7-4　　　　　　　防护设施与外电线路之间的最小安全距离

外电线路电压等级（kV）	≤10	35	110	220	330	500
最小安全距离（m）	1.7	2.0	2.5	4.0	5.0	6.0

　　（7）当（6）规定的防护措施无法实现时，必须与有关部门协商，采取停电、迁移外电线路或改变工程位置等措施，未采取上述措施的严禁施工。

　　（8）在外电架空线路附近开挖沟槽时，必须会同有关部门采取加固措施，防止外电架空线路电杆倾斜、悬倒。

　　2. 电气设备防护

　　（1）电气设备周围不得存放易燃易爆物、污源和腐蚀介质，否则应予清理或做防护处置，其防护等级必须与环境条件相适应。

　　（2）电气设备设置场所应能避免物体打击和机械损伤，否则应做防护处置。

接底人	李××、章××、刘××、程××…

7.2 接地与防雷

7.2.1 防护接零安全技术交底

防护接零施工现场安全技术交底表

表 AQ-C1-9

工程名称：××大厦工程　　　施工单位：××建设集团有限公司　　　编号：×××

交底部门	安全部	交底人	王××
交底项目	防护接零安全技术交底	交底时间	×年×月×日

交底内容：

（1）在 TN 系统中，下列电气设备不带电的外露可导电部分应做保护接零：

1）电机、变压器、电器、照明器具、手持式电动工具的金属外壳；

2）电气设备传动装置的金属部件；

3）配电柜与控制柜的金属框架；

4）配电装置的金属箱体、框架及靠近带电部分的金属围栏和金属门；

5）电力线路的金属保护管、敷线的钢索、起重机的底座和轨道、滑升模板金属操作平台等；

6）安装在电力线路杆（塔）上的开关、电容器等电气装置的金属外壳及支架。

（2）城防、人防、隧道等潮湿或条件特别恶劣施工现场的电气设备必须采用保护接零。

（3）在 TN 系统中，下列电气设备不带电的外露可导电部分，可不做保护接零：

1）在木质、沥青等不良导电地坪的干燥房间内，交流电压 380V 及以下的电气装置金属外壳（当维修人员可能同时触及电气设备金属外壳和接地金属物件时除外）；

2）安装在配电柜、控制柜金属框架和配电箱的金属箱体上，且与其可靠电气连接的电气测量仪表、电流互感器、电器的金属外壳。

接底人	李××、章××、刘××、程××…

7.2.2 接地与接地电阻安全技术交底

接地与接地电阻施工现场安全技术交底表

表 AQ-C1-9

工程名称：××大厦工程　　施工单位：××建设集团有限公司　　　编号：×××

交底部门	安全部	交底人	王××
交底项目	接地与接地电阻安全技术交底	交底时间	×年×月×日

交底内容：

（1）单台容量超过 100kVA 或使用同一接地装置并联运行且总容量超过 100kVA 的电力变压器或发电机的工作接地电阻值不得大于 4Ω。单台容量不超过 100kVA 或使用同一接地装置并联运行且总容量不超过 100kVA 的电力变压器或发电机的工作接地电阻值不得大于 10Ω。在土壤电阻率大于 1000Ω·m 的地区，当达到上述接地电阻值有困难时，工作接地电阻值可提高到 30Ω。

（2）TN 系统中的保护零线除必须在配电室或总配电箱处做重复接地外，还必须在配电系统的中间处和末端处做重复接地。

在 TN 系统中，保护零线每一处重复接地装置的接地电阻值不应大于 10Ω。在工作接地电阻值允许达到 10Ω 的电力系统中，所有重复接地的等效电阻值不应大于 10Ω。

（3）在 TN 系统中，严禁将单独敷设的工作零线再做重复接地。

（4）每一接地装置的接地线应采用 2 根及以上导体，在不同点与接地体做电气连接。

不得采用铝导体做接地体或地下接地线。垂直接地体宜采用角钢、钢管或光面圆钢，不得采用螺纹钢。

接地可利用自然接地体，但应保证其电气连接和热稳定。

（5）移动式发电机供电的用电设备，其金属外壳或底座应与发电机电源的接地装置有可靠的电气连接。

（6）移动式发电机系统接地应符合电力变压器系统接地的要求。下列情况可不另做保护接零：

1）移动式发电机和用电设备固定在同一金属支架上，且不供给其他设备用电时；

2）不超过 2 台的用电设备由专用的移动式发电机供电，供、用电设备间距不超过 50m，且供、用电设备的金属外壳之间有可靠的电气连接时。

（7）在有静电的施工现场内，对集聚在机械设备上的静电应采取接地泄漏措施。每组专设的静电接地体的接地电阻值不应大于 100Ω，高土壤电阻率地区不应大于 1000Ω。

接底人	李××、章××、刘××、程××…

7.2.3 防雷安全技术交底

防雷施工现场安全技术交底表

表 AQ-C1-9

工程名称：××大厦工程　　施工单位：××建设集团有限公司　　　编号：×××

交底部门	安全部	交底人	王××
交底项目	防雷安全技术交底	交底时间	×年×月×日

交底内容：

（1）在土壤电阻率低于 200Ω·m 区域的电杆可不另设防雷接地装置，但在配电室的架空进线或出线处应将绝缘子铁脚与配电室的接地装置相连接。

（2）施工现场内的起重机、井字架、龙门架等机械设备，以及钢脚手架和正在施工的在建工程等的金属结构，当在相邻建筑物、构筑物等设施的防雷装置接闪器的保护范围以外时，应按表 7-5 规定安装防雷装置。表 7-5 中地区年均雷暴日（d）应按《施工现场临时用电安全技术规范》（JGJ 46-2005）附录 A 执行。

当最高机械设备上避雷针（接闪器）的保护范围能覆盖其他设备，且又最后退出现场，则其他设备可不设防雷装置。

确定防雷装置接闪器的保护范围可采用《施工现场临时用电安全技术规范》（JGJ 46-2005）附录 B 的滚球法。

表 7-5　　　　　　施工现场内机械设备及高架设施需安装防雷装置的规定

地区年平均雷暴日（d）	机械设备高度（m）
≤15	≥50
>15，<40	≥32
≥40，<90	≥20
≥90 及雷害特别严重地区	≥12

（3）机械设备或设施的防雷引下线可利用该设备或设施的金属结构体，但应保证电气连接。

（4）机械设备上的避雷针（接闪器）长度应为 1～2m。塔式起重机可不另设避雷针（接闪器）。

（5）安装避雷针（接闪器）的机械设备，所有固定的动力、控制、照明、信号及通信线路，宜采用钢管敷设。钢管与该机械设备的金属结构体应做电气连接。

（6）施工现场内所有防雷装置的冲击接地电阻值不得大于 30Ω。

（7）做防雷接地机械上的电气设备，所连接的 PE 线必须同时做重复接地，同一台机械电气设备的重复接地和机械的防雷接地可共用同一接地体，但接地电阻应符合重复接地电阻值的要求。

接底人	李××、章××、刘××、程××…

7.3 配电室与自备电源

7.3.1 配电室工程安全技术交底

配电室工程施工现场安全技术交底表

表 AQ-C1-9

工程名称：××大厦工程　　施工单位：××建设集团有限公司　　编号：×××

交底部门	安全部	交底人	王××
交底项目	配电室工程安全技术交底	交底时间	×年×月×日

交底内容：

　　（1）配电室应靠近电源，并应设在灰尘少、潮气少、振动小、无腐蚀介质、无易燃易爆物及道路畅通的地方。

　　（2）成列的配电柜和控制柜两端应与重复接地线及保护零线做电气连接。

　　（3）配电室和控制室应能自然通风，并应采取防止雨雪侵入和动物进入的措施。

　　（4）配电室布置应符合下列要求：

　　1）配电柜正面的操作通道宽度，单列布置或双列背对背布置不小于 1.5m，双列面对面布置不小于 2m；

　　2）配电柜后面的维护通道宽度，单列布置或双列面对面布置不小于 0.8m，双列背对背布置不小于 1.5m，个别地点有建筑物结构凸出的地方，则此点通道宽度可减少 0.2m；

　　3）配电柜侧面的维护通道宽度不小于 1m；

　　4）配电室的顶棚与地面的距离不低于 3m；

　　5）配电室内设置值班或检修室时，该室边缘距配电柜的水平距离大于 1m，并采取屏障隔离；

　　6）配电室内的裸母线与地面垂直距离小于 2.5m 时，采用遮栏隔离，遮栏下面通道的高度不小于 1.9m；

　　7）配电室围栏上端与其正上方带电部分的净距不小于 0.075m；

　　8）配电装置的上端距顶棚不小于 0.5m；

　　9）配电室内的母线涂刷有色油漆，以标志相序；以柜正面方向为基准，其涂色符合表 7-6 规定；

　　10）配电室的建筑物和构筑物的耐火等级不低于 3 级，室内配置砂箱和可用于扑灭电气火灾的灭火器；

　　11）配电室的门向外开，并配锁；

　　12）配电室的照明分别设置正常照明和事故照明。

交底部门	安全部	交底人	王××
交底项目	配电室工程安全技术交底	交底时间	×年×月×日

交底内容：

（5）配电柜应装设电度表，并应装设电流、电压表。电流表与计费电度表不得共用一组电流互感器。

（6）配电柜应装设电源隔离开关及短路、过载、漏电保护电器。电源隔离开关分断时应有明显可见分断点。

（7）配电柜应编号，并应有用途标记。

（8）配电柜或配电线路停电维修时，应挂接地线，并应悬挂"禁止合闸、有人工作"停电标志牌。停送电必须由专人负责。

（9）配电室应保持整洁，不得堆放任何妨碍操作、维修的杂物。

表 7-6　　　　　　　　　　　　　　　　　母线涂色

相别	颜色	垂直排列	水平排列	引下排列
L1（A）	黄	上	后	左
L2（B）	绿	中	中	中
L3（C）	红	下	前	右
N	淡蓝	—	—	—

接底人	李××、章××、刘××、程××…

7.3.2 230/400V 自备发电机组安全技术交底

230/400V 自备发电机组施工现场安全技术交底表

表 AQ-C1-9

工程名称：××大厦工程　　　施工单位：××建设集团有限公司　　　编号：×××

交底部门	安全部	交底人	王××
交底项目	230/400V 自备发电机组安全技术交底	交底时间	×年×月×日

交底内容：

（1）发电机组及其控制、配电、修理室等可分开设置；在保证电气安全距离和满足防火要求情况下可合并设置。

（2）发电机组的排烟管道必须伸出室外。发电机组及其控制、配电室内必须配置可用于扑灭电气火灾的灭火器，严禁存放贮油桶。

（3）发电机组电源必须与外电线路电源连锁，严禁并列运行。

（4）发电机组应采用电源中性点直接接地的三相四线制供电系统和独立设置 TN-S 接零保护系统，其工作接地电阻值应符合要求。

（5）发电机控制屏宜装设下列仪表：

1）交流电压表；

2）交流电流表；

3）有功功率表；

4）电度表；

5）功率因数表；

6）频率表；

7）直流电流表。

（6）发电机供电系统应设置电源隔离开关及短路、过载、漏电保护电器。电源隔离开关分断时应有明显可见发断点。

（7）发电机组并列运行时，必须装设同期装置，并在机组同步运行后再向负载供电。

接底人	李××、章××、刘××、程××…

7.4 配电线路

7.4.1 架空线路架空安全技术交底

架空线路架空施工现场安全技术交底表

表 AQ-C1-9

工程名称：××大厦工程　　施工单位：××建设集团有限公司　　　编号：×××

交底部门	安全部	交底人	王××
交底项目	架空线路架空安全技术交底	交底时间	×年×月×日

交底内容：

（1）架空线必须采用绝缘导线。

（2）架空线必须架设在专用电杆上，严禁架设在树木、脚手架及其他设施上。

（3）架空线导线截面的选择应符合下列要求：

1）导线中的计算负荷电流不大于其长期连续负荷允许载流量；

2）线路末端电压偏移不大于其额定电压的 5%；

3）三相四线制线路的 N 线和 PE 线截面不小于相线截面的 50%，单相线路的零线截面与相线截面相同；

4）按机械强度要求，绝缘铜线截面不小于 $10mm^2$，绝缘铝线截面不小于 $16mm^2$；

5）在跨越铁路、公路、河流、电力线路档距内，绝缘铜线截面不小于 $16mm^2$，绝缘铝线截面不小于 $25mm^2$。

（4）架空线在一个档距内，每层导线的接头数不得超过该层导线条数的 50%，且一条导线应只有一个接头。

在跨越铁路、公路、河流、电力线路档距内，架空线不得有接头。

（5）架空线路相序排列应符合下列规定：

1）动力、照明线在同一横担上架设时，导线相序排列是：面向负荷从左侧起依次为 L_1、N、L_2、L_3、PE；

2）动力、照明线在二层横担上分别架设时，导线相序排列是：上层横担面向负荷从左侧起依次为 L_1、L_2、L_3；下层横担面向负荷从左侧起依次为 L_1（L_2、L_3）、N、PE。

（6）架空线路的档距不得大于 35m。

（7）架空线路的线间距不得小于 0.3m，靠近电杆的两导线的间距不得小于 0.5m。

交底部门	安全部	交底人	王××
交底项目	架空线路架空安全技术交底	交底时间	×年×月×日

交底内容：

（8）架空线路横担间的最小垂直距离不得小于表 7-7 所列数值；横担宜采用角钢或方木，低压铁横担角钢应按表 7-8 选用，方木横担截面应按 80mm×80mm 选用；横担长度应按表 7-9 选用。

表 7-7　　　　　　　　　　横担间的最小垂直距离（m）

排列方式	直线杆	分支或转角杆
高压与低压	1.2	1.0
低压与低压	0.6	0.3

表 7-8　　　　　　　　低压铁横担角钢选用导线截面（mm²）

导线截面（mm²）	直线杆	分支或转角杆	
		二线及三线	四线及以上
16	L50×5	2×L50×5	2×L63×5
25			
35			
50			
70	L63×5	2×L63×5	2×L70×6
95			
120			

表 7-9　　　　　　　　横担长度选用横担长度（m）

横担长度（m）		
二线	三线、四线	五线
0.7	1.5	1.8

（9）架空线路与邻近线路或固定物的距离应符合表 7-10 的规定。

（10）架空线路宜采用钢筋混凝土杆或木杆。钢筋混凝土杆不得有露筋、宽度大于 0.4mm 的裂纹和扭曲；木杆不得腐朽，其梢径不应小于 140mm。

（11）电杆埋设深度宜为杆长的 1/10 加 0.6m，回填土应分层夯实。在松软土质处宜加大埋入深度或采用卡盘等加固。

（12）直线杆和 15° 以下的转角杆，可采用单横担单绝缘子，但跨越机动车道时应采用单横担双绝缘子；15° 到 45° 的转角杆应采用双横担双绝缘子；45° 以上的转角杆，应采用十字横担。

（13）架空线路绝缘子应按下列原则选择：

1）直线杆采用针式绝缘子；

2）耐张杆采用蝶式绝缘子。

交底部门	安全部	交底人	王×××
交底项目	架空线路架空安全技术交底	交底时间	×年×月×日

交底内容：

表 7-10　　　　　　　　　　架空线路与邻近线路或固定物的距离项目距离类别最小净空

项目	距离类别					
最小净空距离（m）	架空线路的过引线、接下线与邻线		架空线与架空线电杆外缘架		架空线与摆动最大时树梢	
	0.13		0.05		0.50	
最小垂直距离（m）	架空线同杆架设下方的通信、广播线路	架空线最大弧垂与地面		架空线最大弧垂与暂设工程顶端	架空线与邻近电力线路交叉	
		施工现场	机动车道	铁路轨道		1kV 以下	1～10kV
	1.0	4.0	6.0	7.5	2.5	1.2	2.5
最小水平距离（m）	架空线电杆与路基边缘		架空线电杆与铁路轨道边缘		空线边线与建筑物凸出部分	
	1.0		杆高（m）+3.0		1.0	

（14）电杆的拉线宜采用不少于 3 根 D4.0mm 的镀锌钢丝。拉线与电杆的夹角应在 30°～45°之间。拉线埋设深度不得小于 1m。电杆拉线如从导线之间穿过，应在高于地面 2.5m 处装设拉线绝缘子。

（15）因受地形环境限制不能装设拉线时，可采用撑杆代替拉线，撑杆埋设深度不得小于 0.8m，其底部应垫底盘或石块。撑杆与电杆的夹角宜为 30°。

（16）接户线在档距内不得有接头，进线处离地高度不得小于 2.5m。接户线最小截面应符合表 7-11 规定。接户线线间及与邻近线路间的距离应符合表 7-12 的要求。

（17）架空线路必须有短路保护。

采用熔断器做短路保护时，其熔体额定电流不应大于明敷绝缘导线长期连续负荷允许载流量的 1.5 倍。

采用断路器做短路保护时，其瞬动过流脱扣器脱扣电流整定值应小于线路末端单相短路电流。

（18）架空线路必须有过载保护。

采用熔断器或断路器做过载保护时，绝缘导线长期连续负荷允许载流量不应小于熔断器熔体额定电流或断路器长延时过流脱扣器脱扣电流整定值的 1.25 倍。

表 7-11　　　　　　　　　　　接户线的最小截面

接户线架设方式	接户线长度（m）	接户线截面（mm²）	
		铝线	铝线
架空或沿墙敷设	10～25	6.0	10.0
	≤10	4.0	6.0

交底部门	安全部	交底人	王××
交底项目	内线安装安全技术交底	交底时间	×年×月×日

交底内容：

表 7-12　　　　　　　　　　接户线线间及与邻近线路间的距离

接户线架设方式	接户线档距（m）	接户线线间距离（mm）
架空敷设	≤25	150
	>25	200
沿墙敷设	≤6	100
	>6	150
架空接户线与广播电话线交叉时的距离（mm）		接户线在上部，600 接户线在下部，300
架空或沿墙敷设的接户线零线和相线交叉时的距离（mm）		100

接底人	李××、章××、刘××、程×× …

7.4.2 电缆线路敷设安全技术交底

电缆线路敷设施工现场安全技术交底表

表 AQ-C1-9

工程名称：××大厦工程　　施工单位：××建设集团有限公司　　编号：×××

交底部门	安全部	交底人	王××
交底项目	电缆线路敷设安全技术交底	交底时间	×年×月×日

交底内容：

（1）电缆中必须包含全部工作芯线和用作保护零线或保护线的芯线。需要三相四线制配电的电缆线路必须采用五芯电缆。五芯电缆必须包含淡蓝、绿/黄二种颜色绝缘芯线。淡蓝色芯线必须用作 N 线；绿/黄双色芯线必须用作 PE 线，严禁混用。

（2）电缆截面的选择应符合上述"架空线导线截面的选择"中"1）～3）"的规定，根据其长期连续负荷允许载流量和允许电压偏移确定。

（3）电缆线路应采用埋地或架空敷设，严禁沿地面明设，并应避免机械损伤和介质腐蚀。埋地电缆路径应设方位标志。

（4）电缆类型应根据敷设方式、环境条件选择。埋地敷设宜选用恺装电缆；当选用无恺装电缆时，应能防水、防腐。架空敷设宜选用无恺装电缆。

（5）电缆直接埋地敷设的深度不应小于 0.7m，并应在电缆紧邻上、下、左、右侧均匀敷设不小于 50mm 厚的细砂，然后覆盖砖或混凝土板等硬质保护层。

（6）埋地电缆在穿越建筑物、构筑物、道路、易受机械损伤、介质腐蚀场所及引出地面从 2.0m 高到地下 0.2m 处，必须加设防护套管，防护套管内径不应小于电缆外径的 1.5 倍。

（7）埋地电缆与其附近外电电缆和管沟的平行间距不得小于 2m，交叉间距不得小于 1m。

（8）埋地电缆的接头应设在地面上的接线盒内，接线盒应能防水、防尘、防机械损伤，并应远离易燃、易爆、易腐蚀场所。

（9）架空电缆应沿电杆、支架或墙壁敷设，并采用绝缘子固定，绑扎线必须采用绝缘线，固定点间距应保证电缆能承受自重所带来的荷载，敷设高度应符合（1）架空线路敷设高度的要求，但沿墙壁敷设时最大弧垂距地不得小于 2.0m，架空电缆严禁沿脚手架、树木或其他设施敷设。

（10）在建工程内的电缆线路必须采用电缆埋地引入，严禁穿越脚手架引入。电缆垂直敷设应充分利用在建工程的竖井、垂直孔洞等，并宜靠近用电负荷中心，固定点每楼层不得少于一处。电缆水平敷设宜沿墙或门口刚性固定，最大弧垂距地不得小于 2.0m。

装饰装修工程或其他特殊阶段，应补充编制单项施工用电方案。电源线可沿墙角、地面敷设，但应采取防机械损伤和电火措施。

（11）电缆线路必须有短路保护和过载保护，短路保护和过载保护电器与电缆的选配应符合 7.4.1 中（17）、（18）的要求。

接底人	李××、章××、刘××、程××…

7.4.3 室内配线安全技术交底

室内配线施工现场安全技术交底表

表 AQ-C1-9

工程名称：××大厦工程　　施工单位：××建设集团有限公司　　编号：×××

交底部门	安全部	交底人	王××
交底项目	室内配线安全技术交底	交底时间	×年×月×日

交底内容：

（1）室内配线必须采用绝缘导线或电缆。

（2）室内配线应根据配线类型采用瓷瓶、瓷（塑料）夹、嵌绝缘槽、穿管或钢索敷设。

潮湿场所或埋地非电缆配线必须穿管敷设，管口和管接头应密封；当采用金属管敷设时，金属管必须做等电位连接，且必须与PE线相连接。

（3）室内非埋地明敷主干线距地面高度不得小于2.5m。

（4）架空进户线的室外端应采用绝缘子固定，过墙处应穿管保护，距地面高度不得小于2.5m，并应采取防雨措施。

（5）室内配线所用导线或电缆的截面应根据用电设备或线路的计算负荷确定，但铜线截面不应小于$1.5mm^2$，铝线截面不应小于$2.5mm^2$。

（6）钢索配线的吊架间距不宜大于12m。采用瓷夹固定导线时，导线间距不应小于35cm，瓷夹间距不应大于800mm；采用瓷瓶固定导线时，导线间距不应小于100mm，瓷瓶间距不应大于1.5m；采用护套绝缘导线或电缆时，可直接敷设于钢索上。

（7）室内配线必须有短路保护和过载保护，短路保护和过载保护电器与绝缘导线、电缆的选配应符合7.4.1（17）、（18）的要求。对穿管敷设的绝缘导线线路，其短路保护熔断器的熔体额定电流不应大于穿管绝缘导线长期连续负荷允许载流量的2.5倍。

接底人	李××、章××、刘××、程××…

7.5 配电箱及开关箱

7.5.1 配电箱及开关箱设置安全技术交底

配电箱及开关箱设置施工现场安全技术交底表

表 AQ-C1-9

工程名称：××大厦工程　　施工单位：××建设集团有限公司　　编号：×××

交底部门	安全部	交底人	王××
交底项目	配电箱及开关箱设置	交底时间	×年×月×日

交底内容：

（1）配电系统应设置配电柜或总配电箱、分配电箱、开关箱，实行三级配电。

配电系统宜使三相负荷平衡。220V 或 380V 单相用电设备宜接入 220/380V 三相四线系统；当单相照明线路电流大于 30A 时，宜采用 220/380V 三相四线制供电。

室内配电柜的设置应符合 7.3.1 和 7.3.2 的规定。

（2）总配电箱以下可设若干分配电箱；分配电箱以下可设若干开关箱。

总配电箱应设在靠近电源的区域，分配电箱应设在用电设备或负荷相对集中的区域，分配电箱与开关箱的距离不得超过 30m，开关箱与其控制的固定式用电设备的水平距离不宜超过 3m。

（3）每台用电设备必须有各自专用的开关箱，严禁用同一个开关箱直接控制 2 台及 2 台以上用电设备（含插座）。

（4）动力配电箱与照明配电箱宜分别设置。当合并设置为同一配电箱时，动力和照明应分路配电；动力开关箱与照明开关箱必须分设。

（5）配电箱、开关箱应装设在干燥、通风及常温场所，不得装设在有严重损伤作用的瓦斯、烟气、潮气及其他有害介质中，亦不得装设在易受外来固体物撞击、强烈振动、液体浸溅及热源烘烤场所。否则，应予清除或做防护处理。

（6）配电箱、开关箱周围应有足够 2 人同时工作的空间和通道，不得堆放任何妨碍操作、维修的物品，不得有灌木、杂草。

（7）配电箱、开关箱应采用冷轧钢板或阻燃绝缘材料制作，钢板厚度应为 1.2～2.0mm，其中开关箱箱体钢板厚度不得小于 1.2mm，配电箱箱体钢板厚度不得小于 1.5mm，箱体表面应做防腐处理。

（8）配电箱、开关箱应装设端正、牢固。固定式配电箱、开关箱的中心点与地面的垂直距离应为 1.4～1.6m。移动式配电箱、开关箱应装设在坚固、稳定的支架上。其中心点与地面的垂直距离宜为 0.8～1.6m。

交底部门	安全部	交底人	王××
交底项目	配电箱及开关箱设置	交底时间	×年×月×日

交底内容：

（9）配电箱、开关箱内的电器（含插座）应先安装在金属或非木质阻燃绝缘电器安装板上，然后方可整体紧固在配电箱、开关箱箱体内。

金属电器安装板与金属箱体应做电气连接。

（10）配电箱、开关箱内的电器（含插座）应按其规定位置紧固在电器安装板上，不得歪斜和松动。

（11）配电箱的电器安装板上必须分设 N 线端子板和 PE 线端子板。N 线端子板必须与金属电器安装板绝缘；PE 线端子板必须与金属电器安装板做电气连接。

进出线中的 N 线必须通过 N 线端子板连接；PE 线必须通过 PE 线端子板连接。

（12）配电箱、开关箱内的连接线必须采用铜芯绝缘导线。导线绝缘的颜色标志应按《施工现场临时用电安全技术规范》的要求配置并排列整齐；导线分支接头不得采用螺栓压接，应采用焊接并做绝缘包扎，不得有外露带电部分。

（13）配电箱、开关箱的金属箱体、金属电器安装板以及电器正常不带电的金属底座、外壳等必须通过 PE 线端子板与 PZ 线做电气连接，金属箱门与金属箱体必须通过采用编织软铜线做电气连接。

（14）配电箱、开关箱的箱体尺寸应与箱内电器的数量和尺寸相适应，箱内电器安装板板面电器安装尺寸可按照表 7-13 确定。

（15）配电箱、开关箱中导线的进线口和出线口应设在箱体的下底面。

表 7-13　　　　　　　　　　　配电箱、开关箱内电器安装尺寸选择值

间距名称	最小净距（mm）
并列电器（含单极熔断器）间	30
电器进、出线瓷管（塑胶管）孔与电器边沿间	15A，30 20～30A，50 60A 及以上，80
上、下排电器进出线瓷管（塑胶管）孔间	25
电器进、出线瓷管（塑胶管）孔至板边	40
电器至板边	40

（16）配电箱、开关箱的进、出线口应配置固定线卡，进出线应加绝缘护套并成束卡固在箱体上，不得与箱体直接接触。移动式配电箱、开关箱的进、出线应采用橡皮护套绝缘电缆，不得有接头。

（17）配电箱、开关箱外形结构应能防雨、防尘。

接底人	李××、章××、刘××、程××…

7.5.2 电气装置选择安全技术交底

电气装置选择施工现场安全技术交底表

表 AQ-C1-9

工程名称：××大厦工程　　施工单位：××建设集团有限公司　　编号：×××

交底部门	安全部	交底人	王××
交底项目	电气装置选择安全技术交底	交底时间	×年×月×日

交底内容：

（1）配电箱、开关箱内的电器必须可靠、完好，严禁使用破损、不合格的电器。

（2）总配电箱的电器应具备电源隔离，正常接通与分断电路，以及短路、过载、漏电保护功能。电器设置应符合下列原则：

1）当总路设置总漏电保护器时，还应装设总隔离开关、分路隔离开关以及总断路器、分路断路器或总熔断器、分路熔断器。当所设总漏电保护器是同时具备短路、过载、漏电保护功能的漏电断路器时，可不设总断路器或总熔断器。

2）当各分路设置分路漏电保护器时，还应装设总隔离开关、分路隔离开关以及总断路器、分路断路器或总熔断器、分路熔断器。当分路所设漏电保护器是同时具备短路、过载、漏电保护功能的漏电断路器时，可不设分路断路器或分路熔断器。

3）隔离开关应设置于电源进线端，应采用分断时具有可见分断点，并能同时断开电源所有极的隔离电器。如采用分断时具有可见分断点的断路器，可不另设隔离开关。

4）熔断器应选用具有可靠灭弧分断功能的产品。

5）总开关电器的额定值、动作整定值应与分路开关电器的额定值、动作整定值相适应。

（3）总配电箱应装设电压表、总电流表、电度表及其他需要的仪表。专用电能计量仪表的装设应符合当地供用电管理部门的要求。

装设电流互感器时，其二次回路必须与保护零线有一个连接点，且严禁断开电路。

（4）分配电箱应装设总隔离开关、分路隔离开关以及总断路器、分路断路器或总熔断器、分路熔断器。其设置和选择应符上述（2）条要求。

（5）开关箱必须装设隔离开关、断路器或熔断器，以及漏电保护器。当漏电保护器是同时具有短路、过载、漏电保护功能的漏电断路器时，可不装设断路器或熔断器。隔离开关应采用分断时具有可见分断点，能同时断开电源所有极的隔离电器，并应设置于电源进线端。当断路器是具有可见分断点时，可不另设隔离开关。

交底部门	安全部	交底人	王××
交底项目	电气装置选择安全技术交底	交底时间	×年×月×日

交底内容：

（6）开关箱中的隔离开关只可直接控制照明电路和容量不大于 3.0kW 的动力电路，但不应频繁操作。容量大于 3.0kW 的动力电路应采用断路器控制，操作频繁时还应附设接触器或其他启动控制装置。

（7）开关箱中各种开关电器的额定值和动作整定值应与其控制用电设备的额定值和特性相适应。通用电动机开关箱中电器的规格可按《施工现场临时用电安全技术规范》（JGJ 46-2005）附录 C 选配。

（8）漏电保护器应装设在总配电箱、开关箱靠近负荷的一侧，且不得用于启动电气设备的操作。

（9）漏电保护器的选择应符合现行国家标准《剩余电流动作保护器的一般要求》（GB 6829）和《漏电保护器安装和运行的要求》（GB 13955）的规定。

（10）开关箱中漏电保护器的额定漏电动作电流不应大于 30mA，额定漏电动作时间不应大于 0.1s。

使用于潮湿或有腐蚀介质场所的漏电保护器应采用防溅型产品，其额定漏电动作电流不应大于 15mA，额定漏电动作时间不应大于 0.1s。

（11）总配电箱中漏电保护器的额定漏电动作电流应大于 30mA，额定漏电动作时间应大于 0.1s，但其额定漏电动作电流与额定漏电动作时间的乘积不应大于 30mA·s。

（12）总配电箱和开关箱中漏电保护器的极数和线数必须与其负荷侧负荷的相数和线数一致。

（13）配电箱、开关箱中的漏电保护器宜选用无辅助电源型（电磁式）产品，或选用辅助电源故障时能自动断开的辅助电源型（电子式）产品。当选用辅助电源故障时不能自动断开的辅助电源型（电子式）产品时，应同时设置缺相保护。

（14）漏电保护器应按产品说明书安装、使用。对搁置已久重新使用或连续使用的漏电保护器应逐月检测其特性，发现问题应及时修理或更换。漏电保护器的正确使用接线方法应按图 7-1 选用。

（15）配电箱、开关箱的电源进线端严禁采用插头和插座做活动连接。

交底部门	安全部	交底人	王××
交底项目	电气装置选择安全技术交底	交底时间	×年×月×日

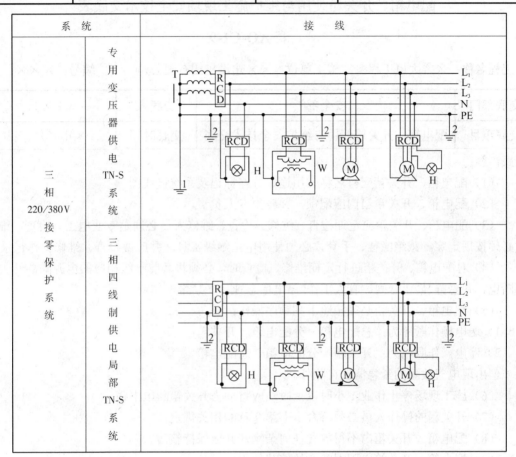

图 7-1 漏电保护器使用接线方法示意

L₁、L₂、L₃-相线；N-工作零线；PE-保护零线、保护线；
1-工作接地；2-重复接地；T-变压器；RCD-漏电保护器；H-照明器；W-电焊机；M-电动机

接底人	李××、章××、刘××、程××…

7.5.3 配电箱、开关箱使用与维护安全技术交底

配电箱、开关箱使用与维护施工现场安全技术交底表

表 AQ-C1-9

工程名称：××大厦工程　　施工单位：××建设集团有限公司　　编号：×××

交底部门	安全部	交底人	王××
交底项目	配电箱、开关箱使用与维护安全技术交底	交底时间	×年×月×日

交底内容：

（1）配电箱、开关箱应有名称、用途、分路标记及系统接线图。

（2）配电箱、开关箱箱门应配锁，并应由专人负责。

（3）配电箱、开关箱应定期检查、维修。检查、维修人员必须是专业电工。检查、维修时必须按规定穿、戴绝缘鞋、手套，必须使用电工绝缘工具，并应做检查、维修工作记录。

（4）对配电箱、开关箱进行定期维修、检查时，必须将其前一级相应的电源隔离开关分闸断电，并悬挂"禁止合闸、有人工作"停电标志牌，严禁带电作业。

（5）配电箱、开关箱必须按照下列顺序操作：

1）送电操作顺序为：总配电箱—分配电箱—开关箱；

2）停电操作顺序为：开关箱—分配电箱—总配电箱。

但出现电气故障的紧急情况可除外。

（6）施工现场停止作业1小时以上时，应将动力开关箱断电上锁。

（7）开关箱的操作人员必须符合本书第9章的相关规定。

（8）配电箱、开关箱内不得放置任何杂物，并应保持整洁。

（9）配电箱、开关箱内不得随意挂接其他用电设备。

（10）配电箱、开关箱内的电器配置和接线严禁随意改动。

熔断器的熔体更换时，严禁采用不符合原规格的熔体代替。漏电保护器每天使用前应启动漏电试验按钮试跳一次，试跳不正常时严禁继续使用。

（11）配电箱、开关箱的进线和出线严禁承受外力，严禁与金属尖锐断口、强腐蚀介质和易燃易爆物接触。

接底人	李××、章××、刘××、程××…

7.6 照明

7.6.1 照明供电安全技术交底

照明供电施工现场安全技术交底表

表 AQ-C1-9

工程名称：××大厦工程　　施工单位：××建设集团有限公司　　　编号：×××

交底部门	安全部	交底人	王××
交底项目	照明供电安全技术交底	交底时间	×年×月×日

交底内容：

（1）一般场所宜选用额定电压为 220V 的照明器。

（2）下列特殊场所应使用安全特低电压照明器：

1）隧道、人防工程、高温、有导电灰尘、比较潮湿或灯具离地面高度低于 2.5m 等场所的照明，电源电压不应大于 36V；

2）潮湿和易触及带电体场所的照明，电源电压不得大于 24V；

3）特别潮湿场所、导电良好的地面、锅炉或金属容器内的照明，电源电压不得大于 12V。

（3）使用行灯应符合下列要求：

1）电源电压不大于 36V；

2）灯体与手柄应坚固、绝缘良好并耐热耐潮湿；

3）灯头与灯体结合牢固，灯头无开关；

4）灯泡外部有金属保护网；

5）金属网、反光罩、悬吊挂钩固定在灯具的绝缘部位上。

（4）远离电源的小面积工作场地、道路照明、警卫照明或额定电压为 12～36V 照明的场所，其电压允许偏移值为额定电压值的-10%～5%；其余场所电压允许偏移值为额定电压值的±5%。

（5）照明变压器必须使用双绕组型安全隔离变压器，严禁使用自耦变压器。

（6）照明系统宜使三相负荷平衡，其中每一单相回路上，灯具和插座数量不宜超过 25 个，负荷电流不宜超过 15A。

（7）携带式变压器的一次侧电源线应采用橡皮护套或塑料护套铜芯软电缆，中间不得有接头，长度不宜超过 3m，其中绿／黄双色线只可作 PE 线使用，电源插销应有保护触头。

（8）工作零线截面应按下列规定选择：

1）单相二线及二相二线线路中，零线截面与相线截面相同；

2）三相四线制线路中，当照明器为白炽灯时，零线截面不小于相线截面的 50%；当照明器为气体放电灯时，零线截面按最大负载相的电流选择；

3）在逐相切断的三相照明电路中，零线截面与最大负载相相线截面相同。

（9）室内、室外照明线路的敷设应符合上述 7.4 配电线路要求。

接底人	李××、章××、刘××、程××…

7.6.2 照明装置安装安全技术交底

照明装置安装施工现场安全技术交底表

表 AQ-C1-9

工程名称：××大厦工程　　施工单位：××建设集团有限公司　　　编号：×××

交底部门	安全部	交底人	王××
交底项目	照明装置安装安全技术交底	交底时间	×年×月×日

交底内容：

（1）照明灯具的金属外壳必须与 PE 线相连接，照明开关箱内必须装设隔离开关、短路与过载保护电器和漏电保护器，并应符合 7.5 配电箱及开关箱的规定。

（2）室外 220V 灯具距地面不得低于 3m，室内 220V 灯具距地面不得低于 2.5m。

普通灯具与易燃物距离不宜小于 300mm；聚光灯、碘钨灯等高热灯具与易燃物距离不宜小于 500mm，且不得直接照射易燃物。达不到规定安全距离时，应采取隔热措施。

（3）路灯的每个灯具应单独装设熔断器保护。灯头线应做防水弯。

（4）荧光灯管应采用管座固定或用吊链悬挂。荧光灯的镇流器不得安装在易燃的结构物上。

（5）碘钨灯及钠、铊、铟等金属卤化物灯具的安装高度宜在 3m 以上，灯线应固定在接线柱上，不得靠近灯具表面。

（6）投光灯的底座应安装牢固，应按需要的光轴方向将枢轴拧紧固定。

（7）螺口灯头及其接线应符合下列要求：

1）灯头的绝缘外壳无损伤、无漏电；

2）相线接在与中心触头相连的一端，零线接在与螺纹口相连的一端。

（8）灯具内的接线必须牢固，灯具外的接线必须做可靠的防水绝缘包扎。

（9）暂设工程的照明灯具宜采用拉线开关控制，开关安装位置宜符合下列要求：

1）拉线开关距地面高度为 2～3m，与出入口的水平距离为 0.15～0.2m，拉线的出口向下；

2）其他开关距地面高度为 1.3m，与出人口的水平距离为 0.15～0.2m。

（10）灯具的相线必须经开关控制，不得将相线直接引入灯具。

（11）对夜间影响飞机或车辆通行的在建工程及机械设备，必须设置醒目的红色信号灯，其电源应设在施工现场总电源开关的前侧，并应设置外电线路停止供电时的应急自备电源。

接底人	李××、章××、刘××、程××…

第8章 施工现场消防及文明施工

8.1 施工现场消防安全

8.1.1 施工现场防火要求安全技术交底

施工现场防火要求施工现场安全技术交底表

表 AQ-C1-9

工程名称：××大厦工程　　施工单位：××建设集团有限公司　　编号：×××

交底部门	安全部	交底人	王××
交底项目	施工现场防火要求安全技术交底	交底时间	×年×月×日

交底内容：

　　（1）各单位在编制施工组织设计时，施工总平面图，施工方法和施工技术均要符合消防安全要求。

　　（2）施工现场应明确划分用火作业、易燃可燃材料堆场、仓库、易燃废品集中站和生活区等区域。

　　（3）施工现场夜间应有照明设备；保持消防车通道畅通无阻，并要安排力量加强值班巡逻。

　　（4）施工作业期间需搭设临时性建筑物，必须经施工企业技术负责人批准，施工结束应及时拆除。但不得在高压架空下面搭设临时性建筑物或堆放可燃物品。

　　（5）施工现场应配备足够的消防器材，指定专人维护、管理、定期更新，保证完整好用。

　　（6）在土建施工时，应先将消防器材和设施配备好，有条件的，应敷设好室外消防水管和消防栓。

　　（7）焊、割作业点与氧气瓶、电石桶和乙炔发生器等危险物品的距离不少于10m，与易燃易爆物品的距离不得少于30m；如达不到上述要求的，应执行动火审批制度，并采取有效的安全隔离措施。

　　（8）乙炔发生器和氧气瓶的存放之间距离不得少于2m；使用时两者的距离不得少于5m。

　　（9）氧气瓶、乙炔发生器等焊割设备上的安全附件应完整有效，否则不准使用。

　　（10）施工现场的焊、割作用，必须符合防火要求，严格执行"十不烧"规定：

　　1）焊工必须持证上岗，无上海市特种作业人员安全操作证的人员，不准进行焊、割作业；

交底部门	安全部	交底人	王××
交底项目	施工现场防火要求安全技术交底	交底时间	×年×月×日

交底内容：

2）凡属一、二、三级动火范围的焊、割作业，未经办理动火审批手续，不准进行焊、割；

3）焊工不了解焊、割现场周围情况，不得进行焊、割；

4）焊工不了解焊件内部是否安全时，不得进行焊、割；

5）各种装过可燃气体、易燃液体和有毒物质的容器，未经彻底清洗，排除危险性之前，不准进行焊、割；

6）用可燃材料作保温层、冷却层、隔音、隔热设备的部位，或火星能飞溅到的地方，在未采取切实可靠的安全措施之前，不准焊、割；

7）有压力或密闭的管道、容器，不准焊、割；

8）焊、割部位附近有易燃易爆物品，在未作清理或未采取有效的安全措施前，不准焊、割；

9）附近有与明火作业相抵触的工种在作业时，不准焊、割；

10）与外单位相连的部位，在没有弄清有无险情，或明知存在危险而未采取有效的措施之前，不准焊、割。

（11）施工现场用电，应严格执行市建委《施工现场电气安全管理规定》，加强电源管理，防止发生电气火灾。

（12）冬季施工采用保温加热措施时，应符合以下要求：

1）采用电热法加温，应设电压调整器控制电压；导线应绝缘良好，连接牢固，并在现场设置多处测量点。

2）采用锯生石灰蓄热，应选择安全配合比，并经工程技术人员同意后方可使用。

3）采用保温或加热措施前，应进行安全教育；施工过程中，应安排专人巡逻检查，发现隐患及时处理。

（13）高度 24m 以上的高层建筑施工现场，应设置具有足够扬程的高压水泵或其他防火设备和设施，并根据施工现场的实际要求，增设临时消防水箱，保证有足够的消防水源。

（14）高层建筑施工楼面应配备专职防火监护人员，巡回检查各施工点的消防安全情况。进入内装饰阶段，要明确规定吸烟点。

（15）高层建筑和地下工程施工现场应备有通讯报警装置，便于及时报告险情。

（16）严禁在屋顶用明火熔化柏油。

（17）古建筑和重要文物单位，应由主管部门、使用单位会同施工单位共同制订消防安全措施，报上级管理部门和当地公安消防部门批准后，方可开工。

接底人	李××、章××、刘××、程××…

8.1.2 施工现场动火等级划分及灭火器配备安全技术交底

施工现场动火等级划分及灭火器配备安全技术交底表

表 AQ-C1-9

工程名称：××大厦工程　　施工单位：××建设集团有限公司　　编号：×××

交底部门	安全部	交底人	王××
交底项目	动火等级划分及灭火器配备安全技术交底	交底时间	×年×月×日

交底内容：

（1）施工现场的动火作业，必须执行审批制度。

（2）凡属下列情况之一的属一级动火：

1）禁火区域内；

2）油罐、油箱、油槽车和储存过可燃气体、易燃液体的容器以及连接在一起的辅助设备；

3）各种受压设备；

4）危险性较大的登高焊、割作业；

5）比较密封的室内、容器内、地下室等场所；

6）现场堆有大量可燃和易燃物质的场所。

（3）一级动火作业由所在单位行政负责人填写动火申请表，编制安全技术措施方案，报公司保卫部门及消防部门审查批准后，方可动火。

（4）凡属下列情况之一的为二级动火：

1）在具有一定危险因素的非禁火区域进行临时焊、割等用火作业；

2）小型油箱等容器；

3）登高焊、割等用火作业。

（5）二级动火作业由所在工地、车间的负责人填写动火申请表，编制安全技术措施方案，报本单位主管部门审查批准后，方可动火。

（6）在非固定的、无明显危险因素的场所进行用火作业，均属三级动火作业。

（7）三级动火作业由所在班组填写动火申请表，经工地、车间负责人及主管人员审查批准后，方可动火。

（8）古建筑和重要文物单位等场所动火作业，按一级动火手续上报审批。

（9）临时搭设的建筑物区域内应按规定配备消防器材。一般临时设施区，每 $100m^2$ 配备两只 10L 灭火机；

大型临时设施总面积超过 $1200m^2$ 的，应备有专供消防用的太平桶、积水桶（池），黄砂池等器材设施；

上述设施周围不得堆放物品。

（10）临时木工间、油漆间、木、机具间等、每 $25m^2$ 应配置一只种类合适的灭火机；油库、危险品仓库应配备足够数量、种类合适的灭火机。

接底人	李××、章××、刘××、程××…

8.2 文明施工

8.2.1 新工人安全生产须知安全技术交底

新工人安全生产须知施工现场安全技术交底表

表 AQ-C1-9

工程名称：××大厦工程　　施工单位：××建设集团有限公司　　编号：×××

交底部门	安全部	交底人	王××
交底项目	新工人安全生产须知安全技术交底	交底时间	×年×月×日

交底内容：

（1）新工人进入工地前必须认真学习本工种安全技术操作规程。未经安全知识教育和培训，不得进入施工现场操作。

（2）进入施工现场，必须戴好安全帽，扣好帽带。

（3）在没有防护设施的 2m 高处，悬崖和陡坡施工作业必须系好安全带。

（4）高空作业时，不准往下或向上抛材料和工具等物件。

（5）不懂电器和机械的人员，严禁使用和玩弄机电设备。

（6）建筑材料和构件要堆放整齐稳妥，不要过高。

（7）危险区域要有明显标志，要采取防护措施，夜间要设红灯示警。

（8）在操作中，应坚守工作岗位，严禁酒后操作。

（9）特殊工种（电工、焊工、司炉工、爆破工、起重及打桩司机和指挥、架子工、各种机动车辆司机等）必须经过有关部门专业培训考试合格发给操作证，方准独立操作。

（10）施工现场禁止穿拖鞋、高跟鞋、赤脚和易滑、带钉的鞋和赤膊操作。

（11）施工现场的脚手架、防护设施、安全标志、警告牌、脚手架连接铅丝或连接件不得擅自拆除，需要拆除必须经过加固后经施工负责人同意。

（12）施工现场的洞、坑、井架、升降口、漏斗等危险处，应有防护措施并有明显标志。

（13）任何人不准向下、向上乱丢材、物、垃圾、工具等。不准随意开动一切机械。操作中思想要集中，不准开玩笑，做私活。

（14）不准坐在脚手架防护栏杆上休息和在脚手架上睡觉。

（15）手推车装运物料，应注意平稳，掌握重心，不得猛跑或撒把溜放。

（16）拆下的脚手架、钢模板、轧头或木模、支撑要及时整理，圆钉要及时拔除。

（17）砌墙斩砖要朝里斩，不准朝外斩。防止碎砖堕落伤人。

（18）工具用好后要随时装入工具袋。

交底部门	安全部	交底人	王××
交底项目	新工人安全生产须知安全技术交底	交底时间	×年×月×日

交底内容：

　　（19）不准在井架内穿行；不准在井架提升后不采取安全措施到下面去清理砂浆、混凝土等杂物；不准吊篮久停空中；下班后吊篮必须放在地面处，且切断电源。

　　（20）脚手架上霜、雪、泥等要及时清扫。

　　（21）脚手板两端间要扎牢，防止空头板（竹脚手片应四点扎牢）。

　　（22）脚手架超载危险：

　　砌筑脚手架均布荷载每平方米不得超过 270kg，即在脚手架上堆放标准砖不得超过单行侧放三侧高。20 孔多孔砖不得超过单行侧放四侧高，非承重三孔砖不得超过单行平放五皮高。只允许二排脚手架上同时堆放。

　　脚手架连接物拆除危险；　　坐在防护栏杆上休息危险；　　搭、拆脚手架，井字架不系安全带危险。

　　（23）单梯上部要扎牢，下部要有防滑措施。

　　（24）挂梯上部要挂牢，下部要绑扎。

　　（25）人字梯中间要扎牢，下部要有防滑措施，不准人坐在上面，骑马式移动。

　　（26）从事高空作业的人员，必须身体健康。严禁患有高血压、贫血症、严重心脏病、精神症、癫痫病、深度近视眼在 500 度以上人员，以及经医生检查认为不适合高空作业的人员，从事高空作业。对井架，起重工等从事高空作业工种人员的要每年体检一次。

　　1）在平台、屋沿口操作时，面部要朝外，系好安全带。

　　2）高处作业不要用力过猛，防止失去平衡而坠落。

　　3）在平台等处拆木模撬棒要朝里，不要向外，防止人向外坠落。

　　4）遇有暴雨、浓雾和六级以上的强风应停止室外作业。

　　5）夜间施工必须要有充分的照明。

接底人	李××、章××、刘××、程××…

8.2.2 起重吊装"十不吊"安全技术交底

起重吊装"十不吊"施工现场安全技术交底表

表 AQ-C1-9

工程名称：××大厦工程　　　施工单位：××建设集团有限公司　　　编号：×××

交底部门	安全部	交底人	王××
交底项目	起重吊装"十不吊"安全技术交底	交底时间	×年×月×日

交底内容：

（1）起重臂和吊起的重物下面不准有人停留或行走。

（2）起重指挥应由技术培训合格的专职人员担任，无指挥或信号不清不准吊。

（3）钢筋、型钢、管材等细长和多根物件必须捆扎牢靠，多点起吊。单头"千斤"或捆扎不牢靠不准吊。

（4）多孔板、积灰斗、手推翻斗车不用四点吊或大模板外挂板不用卸甲不准吊。预制钢筋混凝土楼板不准双拼吊。

（5）吊砌块必须使用安全可靠的砌块夹具，吊砖必须使用砖笼，并堆放整齐。木砖、预埋件等零星物件要用盛器堆放稳妥，叠放不齐不准吊。

（6）楼板、大梁等吊物上站人不准吊。

（7）埋入地面的板桩、井点管等，以及粘连、附着的物件不准吊。

（8）多机作业，应保证所吊重物距离不小于 3m，在同一轨道上多机作业，无安全措施不准吊。

（9）六级以上强风区不准吊。

（10）斜拉重物或超过机械允许荷载不准吊。

接底人	李××、章××、刘××、程××…

8.2.3 气割、电焊"十不烧"安全技术交底

气割、电焊"十不烧"施工现场安全技术交底表

表 AQ-C1-9

工程名称：××大厦工程　　施工单位：××建设集团有限公司　　编号：×××

交底部门	安全部	交底人	王××
交底项目	气割、电焊"十不烧"安全技术交底	交底时间	×年×月×日

交底内容：

（1）焊工必须持证上岗，无上海市特种作业人员安全操作证的人员，不准进行焊、割作业。

（2）凡属一、二、三级动火范围的焊、割作业，未经办理动火审批手续，不准进行焊、割。

（3）焊工不了解焊、割现场周围情况，不得进行焊、割。

（4）焊工不了解焊件内部是否安全时，不得进行焊、割。

（5）各种装过可燃气体、易燃液体和有毒物质的容器，未经彻底清洗，排除危险性之前，不准进行焊、割。

（6）用可燃材料作保温层、冷却层、隔音、隔热设备的部位，或火星能飞溅到的地方，在未采取切实可靠的安全措施之前，不准焊、割。

（7）有压力或密闭的管道、容器，不准焊、割。

（8）焊、割部位附近有易燃易爆物品，在未作清理或未采取有效的安全措施之前，不准焊、割。

（9）附近有与明火作业相抵触的工种在作业时，不准焊、割。

（10）与外单位相连的部位，在没有弄清有无险情，或明知存在危险而未采取有效的措施之前，不准焊、割。

接底人	李××、章××、刘××、程××…

8.2.4 井道垃圾清除安全技术交底

井道垃圾清除施工现场安全技术交底表

表 AQ-C1-9

工程名称：××大厦工程　　施工单位：××建设集团有限公司　　编号：×××

交底部门	安全部	交底人	王××
交底项目	井道垃圾清除安全技术交底	交底时间	×年×月×日

交底内容：

　　(1) 进入电梯井道内清除垃圾必须正确佩戴安全带。

　　(2) 清除电梯井道内垃圾要从上至下，一层一清。

　　(3) 清除电梯井道内垃圾，必须将上部电梯井口封闭，并悬挂醒目的"禁止抛物"的标志。

　　(4) 清除电梯井道内安全网中的垃圾时，操作者不准站在安全网内。

　　(5) 在电梯井道内使用气泵，要注意安全用电，操作面要安全可靠，不能有空档。

　　(6) 用劳动车装运垃圾时，操作者不能倒拉劳动车。

接底人	李××、章××、刘××、程××…

参 考 文 献

1 中华人民共和国住房和城乡建设部. 建质[2009]87 号 危险性较大的分部分项工程安全管理办法.

2 中华人民共和国住房和城乡建设部. JGJ 180-2009 建筑施工土石方工程安全技术规范. 北京：中国建筑工业出版社，2009

3 中华人民共和国住房和城乡建设部. JGJ 130-2011 建筑施工扣件式钢管脚手架安全技术规范. 北京：中国建筑工业出版社，2011

4 中华人民共和国住房和城乡建设部. JGJ 128-2010 建筑施工门式钢管脚手架安全技术规范. 北京：中国建筑工业出版社，2010

5 中华人民共和国住房和城乡建设部. JGJ 202-2010.建筑施工工具式脚手架安全技术规范. 北京：中国建筑工业出版社，2010

6 中华人民共和国住房和城乡建设部. JGJ 166-2008 建筑施工碗扣式钢管脚手架安全技术规范. 北京：中国建筑工业出版社，2009

7 中华人民共和国住房和城乡建设部.JGJ 162-2008 建筑施工模板安全技术规范.北京：中国建筑工业出版社，2009

8 中华人民共和国住房和城乡建设部. JGJ 33-2012 建筑机械使用安全技术规程. 北京：中国建筑工业出版社，2012

9 中华人民共和国建设部. JGJ 46-2005 施工现场临时用电安全技术规范. 北京：中国建筑工业出版社，2005

10 上海市建筑施工技术研究所. JGJ 80-91 建筑施工高处作业安全技术规范. 北京：中国计划出版社，1991

11 中华人民共和国建设部. JGJ 147-2004 建筑拆除工程安全技术规范. 北京：中国建筑工业出版社，2005

12 中华人民共和国住房和城乡建设部. JGJ 276-2012 建筑施工起重吊装工程安全技术规范. 北京：中国建筑工业出版社，2012